4K2K高精細画像データを10Gbps超で伝送できる
高速ビデオ・インターフェース HDMI&DisplayPortのすべて

長野 英生 著

はじめに

　デジタル・テレビに代表されるように，コンシューマ機器の性能向上に伴って機器が扱うデータ量は年々増加の一途をたどっています．それに対応すべく，各種インターフェースが従来のパラレル・インターフェースからシリアル・インターフェースになって久しくなりました．パソコン系のインターフェースも，PCI Express, SATA, USB に代表されるように，主要なインターフェースはシリアル化され，年々データ伝送量の向上が進んでいます．ディスプレイ系のインターフェースも，HDMI, DisplayPort に代表されるように高速化が進んでいます．

　HDMI は，薄型テレビや DVD レコーダ，STB などのデジタル家電製品の主力 AV インターフェースとなっており，現在のバージョン 1.4b にはネットワーク通信機能や 3D などの新機能が追加され，デジタル・テレビなどの家電機器のみならず，車載向けなどにもその用途が広がっています．さらに現在，次世代 HDMI の仕様策定も進められています．

　一方，DisplayPort は，HDMI より後発ですが，VGA や DVI に代わるパソコンの次世代インターフェースとして普及が始まり，多くのビデオ・カードやモニタに搭載されるようになってきました．現在のバージョン 1.2a では，従来比 2 倍の 21.6Gbps というディスプレイ・インターフェースとしては最高速のデータ伝送量が確保され，マルチモニタ・ディジーチェーン機能，USB2.0 伝送，ミニコネクタなどの大きな機能追加がなされています．今後，4K2K などの高機能ディスプレイやマルチモニタ・ディスプレイなどのハイエンド機器の普及により，そのパフォーマンスをさらに発揮すると期待されています．

　また，機器内(筐体内)における LSI 間インターフェースについても，外部インターフェースと同様に，データ伝送量の増加と高速化が進んでいます．特に，ディスプレイ機器では，パネルの主力解像度が SD (Standard Definition) から HD (High Definition) へと移行し，多数の 3D テレビも販売されています．また，画素のビット数も従来の 8 ビットから 10 ビット，12 ビットへとディープ・カラー化が進んでいます．さらに，4K2K ディスプレイ製品も市場に投入され，今後の次世代ディスプレイとして普及が進むと考えられます．このような状況において，セット開発者はディスプレイの性能を最大限に発揮させると同時に，常にコストの低減を求められます．

　また，現在広く使われている機器内のシリアル・インターフェースである

LVDSインターフェースは，性能面とコスト面でLSI間のデータ転送への対応が難しくなってきており，ポストLVDSとして様々な技術革新が進んでいます．

本書では，これらのコンシューマ・エレクトロニクスにおける高速ビデオ・インターフェースの規格，技術概要を基礎から解説するとともに，各インターフェースの比較検討を行いました．さらに，機器内通信として高速インターフェースの最新技術動向も示しました．特に，年々技術革新が進む液晶ディスプレイのパネル内部のインターフェース技術についても解説しました．

また，高速化が進むにつれて，外部機器間における相互接続性に対する対策も大きな課題になってきています．HDMIやDisplayPortなどの主要なディスプレイ規格は，コンプライアンス・テストやプラグ・フェストの機会を提供していますが，これら以外にも開発段階で十分な相互接続性を考慮して設計しておくことが重要です．本書では，筆者のこれまでの開発経験から，接続問題の実例を挙げて対処策について解説しました．

また，これらの高速インターフェース・デバイスの内部回路について，その回路構成，基本動作をできる限り平易に説明することで，セット設計者，ボード設計者にも高速インターフェースの内部回路のポイントを理解できるように工夫しました．これらの高速インターフェース回路は，従来はハイエンドなサーバ機器などのような一部の産業機器向けに使われてきましたが，近年の半導体技術の進歩と共に，デジタル・テレビやパソコンなど，民生機器にも広く使われるようになり，近年はIPとしてSoC(System on a Chip)への内蔵化が進み，より低コストで扱えるようになってきています．

また，当該高周波デバイスの製造プロセスは年々細線化されており，40nmや28nmプロセスが主流になってきています．高速インターフェースは，外部から見るとデジタル方式を採用しているものの，内部の物理層の設計は高速CMOSアナログ技術が必要です．本書では，セットの設計者が実務として必要とされる高速アナログ技術の知識，ノイズ，基板設計についても解説しました．

これまで，高速ビデオ・インターフェースに関する解説記事などが雑誌などで発表されていますが，ページ数の関係もあり読者にとって直感的かつ深い理解を得ることが困難な状況にありました．本書ではできる限り図表を多く使い，直感的に分かりやすい説明を付け加えることを心がけました．本書がこれから高速ビデオ・インターフェース技術を学ぶ技術者や，大学の電気・電子系の学生の理解の一助になれば幸いです．

2013年5月　　著　者

CONTENTS

はじめに ……………………………………………………………………………………… 3

第1章 高速シリアル・インターフェースの登場と規格

1-1 パラレルからシリアルへ …………………………………………………… 11
　▶ディスプレイ・インターフェースとデータ・インターフェース　▶シリアルへの移行が進むディスプレイ・インターフェース　▶パラレル・インターフェースの課題

1-2 シリアル・インターフェース化によるメリット …………………………… 14
　▶代表的なシリアル・インターフェースLVDS　▶クロックとデータのタイミング・フリーになったDisplayPort　▶シリアル・インターフェースの利点を整理すると

1-3 高速シリアル・インターフェースの規格書 ………………………………… 17
　▶HDMI関連規格書　▶DisplayPort関連規格書　▶その他の規格書

　Keyword　レーン（lane）………………………………………………… 16
　Keyword　E-EDID ………………………………………………………… 20
　Keyword　CEA …………………………………………………………… 22

第2章 DVIとHDMIの基本技術

2-1 DVIの成り立ち ……………………………………………………………… 23
　▶デジタル化された最初のシリアル・ディスプレイ・インターフェース　▶アナログ・インターフェースは信号品質が劣化する

2-2 DVIの特徴 …………………………………………………………………… 25

2-3 DVIの物理層 ………………………………………………………………… 25
　▶DVIコネクタはデジタル信号とアナログ信号を同時に伝送できる　▶DVIの問題点がHDMIとDisplayPortの開発につながった

2-4 HDMIの成り立ち …………………………………………………………… 32
　▶デジタル・テレビの入力インターフェース　▶レガシ・インターフェースの問題点から生まれたHDMI　▶世界の家電主要7社で設立されたHDMIコンソーシアム

2-5 HDMIの基本技術 …………………………………………………………… 35
　▶レガシ・インターフェースの問題点を解決したHDMI 1.0　▶テレビ・フォーマットとPCフォーマットの両方をサポート　▶HDMIの物理層はDVIを踏襲　▶HDCPによるコンテンツの保護　▶音声とパケット・データの送信　▶Sink機器側で音声クロックを再生　▶音声フォーマットと音声インターフェース　▶一つのリモコンで周辺機器を一括制御するCEC　▶CECの便利な機能　▶コネクタのバリエーション　▶ケーブルを繋ぐだけで動作が開始するプラグアンドプレイ

2-6	HDMIとDVIの比較 ·· 61
	Keyword　RGBとYCC ··· 40
	Keyword　ピクセル・レピティション ····································· 41

第3章　HDMIの応用技術とHDMIのハードウェア

3-1	HDMI 1.3で追加された機能 ··· 65
	▶なめらかな画質を実現するディープ・カラー　▶TMDSクロック周波数の高速化
	▶ディスプレイにより異なる色表現を統一するカラー・マネージメント　▶映像と音声を同期させるリップシンク　▶本格的な高音質への対応
3-2	HDMI 1.4で追加された機能 ··· 71
	▶3次元映像への対応　▶超高精細映像フォーマットへの対応　▶カラーリメトリの追加　▶映像コンテンツ・タイプの自動設定が可能に　▶イーサネットや音声を1本のHDMIケーブルで接続　▶用途に応じたコネクタやケーブルのバリエーションを整備
3-3	HDMIのハードウェア構成 ·· 82
	▶HDMIトランスミッタの構成　▶HDMIレシーバの構成
3-4	今後のHDMIに求められる機能 ····································· 88
	▶オープンな規格の策定を実現するHDMIフォーラム
	COLUMN　3Dの仕組みと3Dフォーマット ·························· 93
	Keyword　ディープ・カラーのTMDSクロック周波数 ············ 66

第4章　DisplayPortの基本技術とハードウェア

4-1	DisplayPortの成り立ち ·· 101
	▶DisplayPortが開発された背景
4-2	DisplayPortの標準規格 ·· 101
	▶VESAはオープンな国際的コンソーシアム
4-3	DisplayPortの特徴 ·· 104
	▶DisplayPortの信号構成　▶1本のケーブルで21.6Gbpsの伝送レートが可能　▶映像解像度によらず固定ビット・レートで安定に動作　▶伝送レーン数やビット・レートを最適化できる
4-4	高速伝送を実現するための回路技術 ··························· 108
	▶Main Linkを高速化する工夫　▶マイクロパケットによるディスプレイ・フレームの構成　▶マイクロパケットとフレーミング・シンボルによる映像フレームの構成　▶ブランキング期間中に送信する様々なデータを定義　▶多数のオプション機能が充実　▶VGAやDVIより小型になったコネクタ　▶EMI・ノイズ対策技術——高速化とEMI低減化を両立
4-5	DisplayPortのリンク層の構成 ·································· 120
4-6	DisplayPortの物理層の構成 ···································· 123
	▶Source側の物理層の構成　▶Sink側の物理層の構成

4-7 AUX-CHの機能 …………………………………………………………………… 126
　▶高機能な補助チャネルAUX-CH　▶双方向/半二重通信のAUX-CH　▶AUX-CHの通信──2つの通信シンタックス　▶DisplayPortのレイヤ構成におけるAUX-CHの機能との関係

4-8 DisplayPort1.2で追加された機能 ……………………………………………… 130
　▶DisplayPortの改定履歴　▶21.6Gbpsのデータ伝送量を実現するHBR-2　▶マルチモニタ機能を実現するマルチストリーム　▶モバイル機器向けのミニコネクタをサポート　▶USB2.0も伝送できる高速AUX-CH

4-9 DisplayPortとレガシ・インターフェースの接続 ……………………………… 136

　Keyword　DPCD ……………………………………………………………… 105
　Keyword　コア・トランジスタとI/Oトランジスタ ………………………… 109
　Keyword　DCバランスとANSI-8B10B ……………………………………… 110
　Keyword　リンク・トレーニング ……………………………………………… 113
　Keyword　シングルストリーム伝送とマルチストリーム伝送 ……………… 114

第5章 HDMIとDisplayPortの比較

5-1 HDMIとDisplayPortの位置づけ ……………………………………………… 139
5-2 HDMIとDisplayPortの対比 …………………………………………………… 140

第6章 DisplayPortのファミリ規格と機器内インターフェース

6-1 デジタル・テレビの内部インターフェース …………………………………… 147
　▶3つの基板で構成されるデジタル・テレビ　▶信号処理用SoC基板──デジタル・テレビの心臓部　▶タイミング・コントローラ（TCON）基板──パネルの特性を制御　▶画像データを受けてパネル専用の画像処理とタイミングを作るTCON　▶画像データを受信するLVDSレシーバ部　▶LEDテレビの精細な画質と低消費電力を実現するバックライト・コントロール　▶液晶の応答速度を向上させるオーバドライブ技術　▶液晶パネルの入力電圧とパネルの輝度を補正するパネル・ガンマ技術

6-2 液晶パネルの駆動方法 ………………………………………………………… 155
　▶フルHDパネルの横方向と縦方向の画素数　▶液晶パネルへの画像データの書き込み

6-3 液晶テレビの内部インターフェース …………………………………………… 158
　▶データ量が増え続けるデジタル・テレビ　▶SoC基板とTCON基板間のインターフェース──LVDSの課題が顕在化

6-4 iDP（Internal DisplayPort）…………………………………………………… 160
6-5 miniLVDS ……………………………………………………………………… 164
　▶液晶パネルのデファクト・インターフェースminiLVDS　▶miniLVDSの動作モード──シングル・モードとデュアル・モード　▶TCONのソース・ドライバ間の制御信号（TLPとPOL）　▶TCONとゲート・ドライバ間は制御信号のみ

6-6 ポストminiLVDSインターフェース …………………………………………… 171

　　　　▶ポスト mini LVDSの必要性──データ量の増大とパネルの大型化　　▶液晶パネル・メーカ各社がポスト miniLVDSインターフェースを提案

6-7　ポスト miniLVDSの事例 ……………………………………………………… 175
　　　　▶EPIインターフェース
6-8　ノート・パソコンの内部インターフェース ………………………………… 177
　　　　▶長らく使われてきたLVDSとその課題
6-9　eDP（Embedded DisplayPort）…………………………………………… 178
　　　　▶PCディスプレイ専用機能を盛り込んだeDP　　▶eDPとLVDSの比較──レーン数の削減によるコスト低減とパネル特化機能のサポート
6-10　モバイル系高速ディスプレイ・インターフェース MyDP …………………… 184
　　　　▶MyDP──高いデータ伝送量
6-11　DisplayPortファミリ規格の比較 …………………………………………… 185

第7章　高速ディスプレイ・インターフェースの相互接続性

7-1　高速ディスプレイ・インターフェースの相互接続問題 …………………… 189
　　　　▶相互接続問題とは？
7-2　映像が出ないケース ……………………………………………………… 190
7-3　Sink機器が信号を誤判定するケース …………………………………… 197
7-4　画質が問題（表示がおかしい）になるケース …………………………… 201
7-5　画面にノイズが出るケース ……………………………………………… 202
7-6　音声が出ないケース ……………………………………………………… 203
7-7　音声にノイズが出るケース ……………………………………………… 206
7-8　HDCPエラーが発生するケース ………………………………………… 207
7-9　デバッグ・アプローチ …………………………………………………… 208
　　　　▶まず原因を特定するヒントを掴む　　▶映像が出ない場合のデバッグ──問題を分類する　　▶映像が出ない場合のデバッグのアプローチ　　▶音声が出ない場合のデバッグ──問題を分類する　　▶音声が出ない場合のデバッグのアプローチ

第8章　高速ディスプレイ・インターフェースのシステム動作

8-1　HDMIのシステム動作 …………………………………………………… 217
　　　　▶HDMIのファームウェアの役割　　▶Source機器のシステム動作　　▶Sink機器のシステム動作
8-2　DisplayPortのシステム動作 …………………………………………… 229
　　　　▶DisplayPortのファームウェアの役割　　▶Source機器のシステム動作　　▶Sink機器のシステム動作
8-3　コンプライアンス・テストとプラグ・フェスタ …………………………… 235

▶HDMIのコンプライアンス・テスト　▶DisplayPortのコンプライアンス・テスト
▶プラグ・フェスタ

8-4 ロゴポリシ ………………………………………………………………… 239
　　▶HDMIのロゴポリシ　▶DisplayPortのロゴポリシ
8-5 高速ディスプレイ・インターフェースの評価 ……………………………… 240
　　▶高速インターフェースの評価には特別な対策が必要　▶HDMIのSource機器の評価　▶HDMIのSink機器の評価　▶DisplayPortのSource機器の評価　▶DisplayPortのSink機器の評価
8-6 伝送路の評価項目 ………………………………………………………… 250
　　Keyword　AVI InfoFrame ………………………………………… 221
　　Keyword　Audio InfoFrame ……………………………………… 222
　　Keyword　HDMI Vendor Specific InfoFrame ………………… 223

第9章　高速ディスプレイ・インターフェースのデバイス設計

9-1 高速差動信号の特長 ……………………………………………………… 255
　　▶高速動作以外にも多くのメリットがある差動回路
9-2 最適な回路技術を選択 …………………………………………………… 258
9-3 差動増幅回路の基本動作 ………………………………………………… 259
　　▶差動回路の増幅のメカニズム
9-4 LVDS回路の設計技術 …………………………………………………… 261
　　▶高速シリアル・インターフェースの先駆けとなったLVDS　▶LVDSの動作原理はシンプル
9-5 LVDSトランスミッタの設計 …………………………………………… 265
　　▶シリアライザ（SERIALIZER）　▶PLL　▶電圧レベルシフタ　▶LVDSドライバ
9-6 LVDSレシーバの設計 …………………………………………………… 270
　　▶LVDSレシーバ・アンプ　▶DLL（Delay Lock Loop）　▶デシリアライザ（De-SERIALIZER）　▶電圧レベルシフタ
9-7 HDMI/DisplayPortの回路設計技術 …………………………………… 274
　　▶エンベデッド・クロック技術
9-8 コーディング方式 ………………………………………………………… 277
　　▶ANSI-8B10B方式—DCバランスを保つためのデータ・コーディング　▶TMDS方式—HDMIに使われるデータ・コーディング　▶AC結合とDC結合
9-9 クロック・データ・リカバリ（CDR）技術 ……………………………… 279
　　▶エンベデッド・クロック・システムに必須のクロック再生回路　▶オーバサンプリング型CDR　▶PLL型位相制御方式CDR　▶DLL型位相制御方式CDR　▶位相インターポーレータ型CDR　▶CDR回路方式の比較
9-10 シグナル・インテグリティ補正技術 …………………………………… 286
　　▶プリエンファシス/デエンファシス—トランスミッタで信号品質を補正する定番回路　▶イコライザ—レシーバで信号品質を補正する定番回路

9

9-11 出力回路 ·· 293
　　▶オープン・ドレイン型回路　▶CML型回路──高速インターフェースの主力回路
　　▶高速インターフェース回路の比較
9-12 ジッタ ·· 296
　　Keyword　MOSトランジスタ ·· 264

第10章　高速ディスプレイ・インターフェースのプリント基板設計

10-1 プリント基板設計における問題点 ·· 301
　　▶集中定数回路と分布定数回路　▶損失成分の考慮──有損失伝送線路でアイパターンは悪化する　▶ディファレンシャル・モードとコモン・モード　▶差動間スキュ（イントラペア・スキュ）──コモン・モード・ノイズの発生を抑える　▶電源ノイズの発生源となるLSIの同時スイッチング　▶同時スイッチング・ノイズの低減
10-2 プリント基板設計の注意点 ·· 307
　　▶高速インターフェースはノイズ対策に注意が必要　▶プリント基板の設計例

Appendix
アナログ・ディスプレイ・インターフェース ··· 317
A-1　ディスプレイ・インターフェースの変遷 ·· 317
A-2　コンポジット ·· 318
　　▶CRTテレビで使われてきたアナログ・インターフェース
A-3　S端子（S Video）·· 319
　　▶コンポジットより画質が改善されたアナログ・インターフェース
A-4　コンポーネント ··· 319
　　▶HDまで対応する高画質なアナログ・インターフェース
A-5　D端子 ··· 321
　　▶1本のケーブルになった高画質なアナログ・インターフェース
A-6　VGA ··· 324
　　▶パソコンのアナログ・インターフェース
A-7　デジタル放送規格 ·· 325
　　▶4種類ある世界のデジタル放送の仕様
　　Keyword　RGBとYCbCr ·· 322

参考文献 ·· 327
索引 ·· 332
著者略歴 ·· 336

第1章 高速シリアル・インターフェースの登場と規格

1-1 パラレルからシリアルへ

● ディスプレイ・インターフェースとデータ・インターフェース

図1.1に，主要な高速シリアル・インターフェースの規格を示します．高速シリアル・インターフェースは，ディスプレイ・インターフェースとデータ・インターフェースに分類できます．

ディスプレイ・インターフェースは，ディスプレイ機器と外部機器間のインターフェース，およびディスプレイ機器内部で使われるインターフェースと定義し，ディスプレイ機器に特化した機能を搭載したインターフェースになります．主な高速ディスプレイ・インターフェースとしては，LVDS，miniLVDS，DVI，HDMI，DisplayPortなどがあります．

データ・インターフェースは，パソコンと周辺機器間，およびパソコン機器内部で使われる高速インターフェースと定義し，パソコンに特化した機能を搭載したインターフェースになります．主なデータ・インターフェースとしては，USB，SATA，PCI-Express，Thunderboltなどがあります．

● シリアルへの移行が進むディスプレイ・インターフェース

デジタル・テレビに代表されるコンシューマ機器の性能向上に伴い，機器が扱うデータ量は年々増加の一途をたどり，機器間のインターフェースは従来のパラレル・インターフェースではコストや消費電力，EMI性能といった面で対応できなくなってきました．そこで，パラレル・インターフェースに代わり，シリアル・インターフェースが広く普及するようになっています．

図1.2に，パラレル・インターフェースとシリアル・インターフェースのそれぞれに使用されるLSIのピン数の比較を示しますが，パラレルからシリアルにすることでLSIのピン数が大きく削減されます．

ピン数の削減は，LSIのコストを低減させるだけではなく，コネクタやケーブ

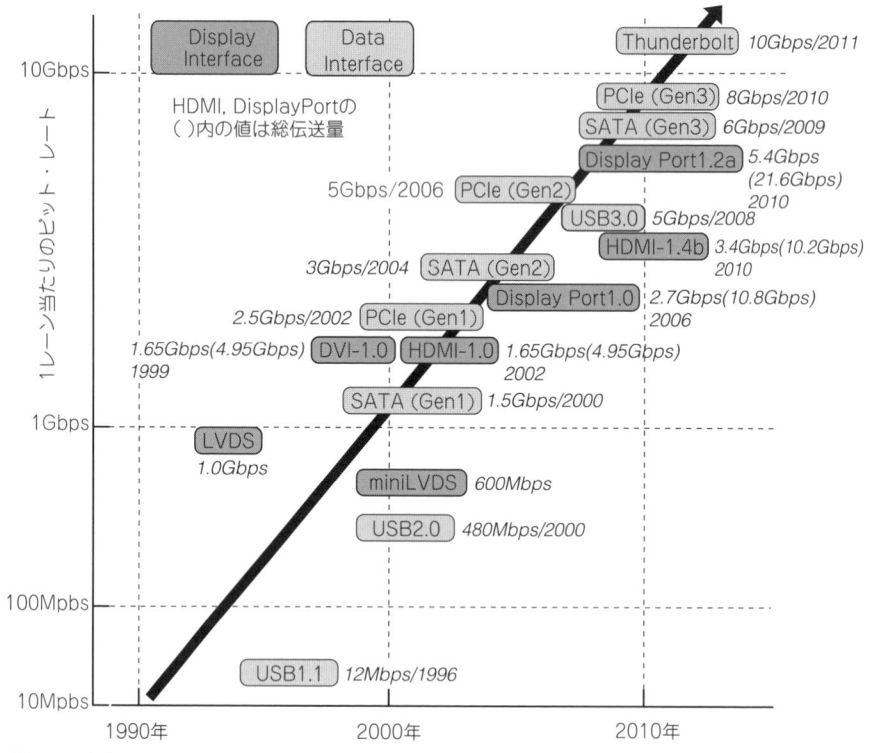

図1.1　高速シリアル・インターフェースの歴史

ルなどの周辺部品のコストも削減することができます．さらに，シリアル・インターフェースでは小振幅差動伝送が採用されているため，パラレル・インターフェースと比べて伝送振幅が大幅に小さくなり，消費電力とEMIを低減することが可能になります．このように，シリアル化により，性能の向上とコストの低減ともに大きなメリットが得られます．

● パラレル・インターフェースの課題

図1.3に，パラレル・インターフェースにおけるLSI間の伝送の様子を示します．この例では，映像データがRGB 24ビット，同期信号が3ビット，クロック信号が1ビットの合計28ビットのデータ信号をクロックに同期したパラレル・インターフェースで伝送しています．

例えば，ディスプレイの解像度が1,080iの場合，クロック信号は74.25MHzに

第1章 高速シリアル・インターフェースの登場と規格

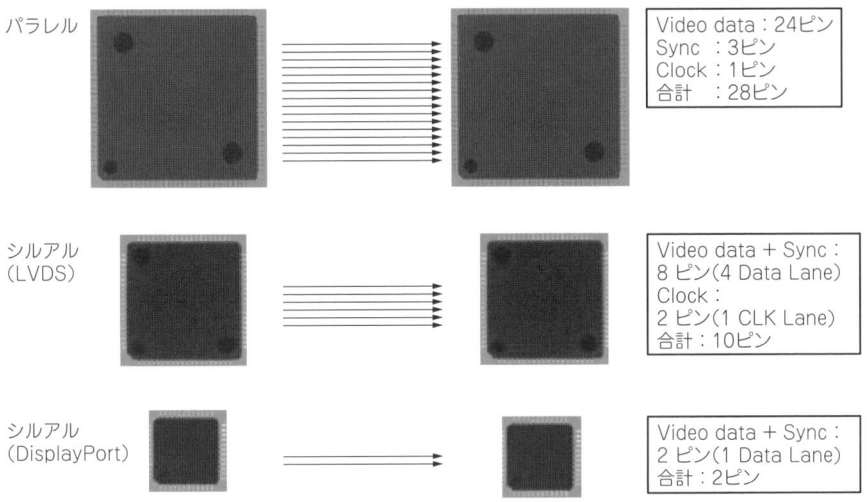

図1.2 高速シリアル・インターフェース化によるピン数の削減効果

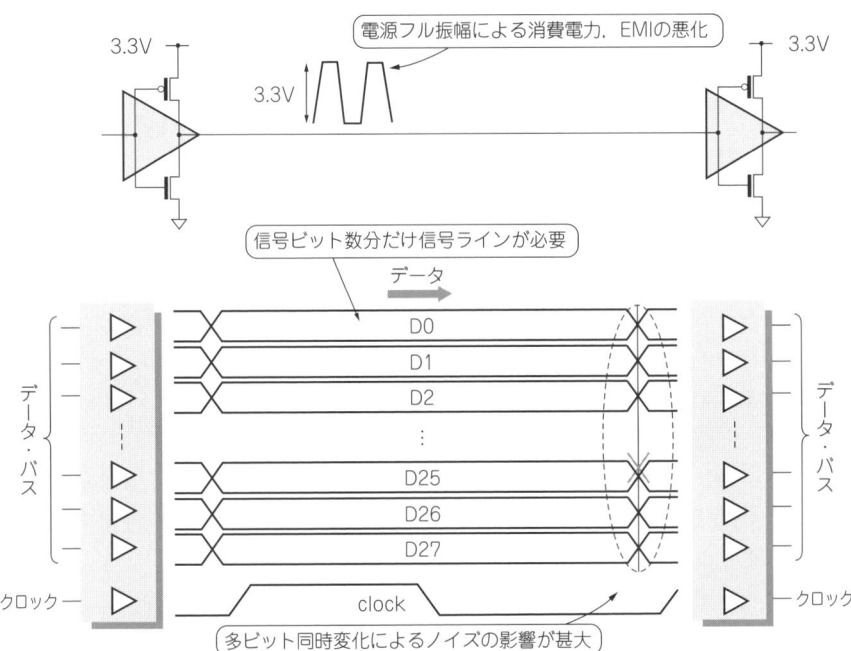

図1.3 パラレル・インターフェースの問題点

なります．このときのデータ伝送量は，74.25MHz × 28 = 2.079Gbps になります．
1,080p では，その倍の 4.158Gbps になります．

　パラレル伝送の場合，一般的に電源電圧をフル振幅（図 1.3 では 3.3V）で伝送するため消費電力が大きく，また 28 ビット・バスが同時に変化することで発生する電源ノイズや EMI は，セットの性能に深刻な影響を与えます．ノイズ対策や EMI 対策のため，電源の強化やシールドの追加などに余分なコストが発生します．

　また，映像データが全黒（00h）から全白（FFh）へ変化するときは，全データ・バスが一斉に変化します．この同時変化により，電源および GND が大きくバウンスすることでノイズが発生し，PLL や A-D コンバータなどのセンシティブなアナログ系回路に回り込み，ディスプレイに映像ノイズを発生させることがあります．

　また，パラレル伝送ではビット数が多く，電源電圧をフル振幅で動作させるため，大きな消費電流が必要になります．したがって，電源や GND のピン数も多数確保しなければなりません．図 1.3 のシステムで必要な電源ピンや GND ピンは，おおよそ 4 ペア（8 本）が必要になります．

1-2　シリアル・インターフェース化によるメリット

● 代表的なシリアル・インターフェース LVDS

　図 1.4 に，LVDS インターフェースにおける LSI 間の伝送の概要を示します．この例は，図 1.3 と同様に映像データ RGB24 ビット，同期信号 3 ビット，クロック信号 1 ビットの合計 28 ビット信号を伝送しています．LVDS（Low Voltage Differential Signaling，詳細は後述）では，図 1.4 のように（＋）と（－）の差動伝送を行います．

　伝送パラレル・インターフェースでは 28 本の伝送信号が必要であったのに対して，LVDS では差動 5 ペア，計 10 本（クロック・レーン込み）ですみます．また，信号振幅も 350mV（typ）とパラレル・インターフェースの約 1/10 になるので，消費電力，EMI ともに大きく低減します．

　しかし，1 ビット当たりの時間（図中の T ビット）は，パラレル・インターフェースの 1/7（周波数が 7 倍）になります．レシーバ（RX）側では，この時間内で正しくデータをリカバリ（再抽出）する必要があります．すなわち，クロック・ラインとデータ・ライン間のタイミング・スキュ管理がパラレル・インターフェースに比べて難しくなるため，クロック周波数が高速になればなるほど T ビットは短くなり，レシーバ側でのデータ・リカバリが困難になるという問題があります．

第1章 高速シリアル・インターフェースの登場と規格

● クロックとデータのタイミング・フリーになったDisplayPort

次に，同じシリアル・インターフェースの1つであるDisplayPortのLSI間の伝送の様子を図1.5に示します．この例も，図1.3のパラレル・インターフェースと同様に，映像データRGB24ビット，同期信号3ビット，クロック信号1ビットの合計28ビットの信号を1,080iのピクセル周波数74.25MHzで伝送するものとします．

図1.5では，HBR（High Bit Rate）モードの2.7Gbps/laneを使用すると，必要なバンド幅である2.227Gbps（ANSI-8B10Bデコード後）を十分カバーすることができ，わずか1ペアの信号線で伝送することが可能になります．

また，DisplayPortの場合，クロック信号はレシーバ側でデータ・ラインから再生することになっているため，クロック信号自身を伝送する必要がありません．これは，伝送ペア数（レーン数）が複数レーンになったとしても，LVDSで問題となったクロックとデータ・ライン間でのタイミング・スキュは，DisplayPortでは問題にならなくなることを意味します．

また，クロック・ラインの分だけ，さらに信号ピンの本数を削減することが可

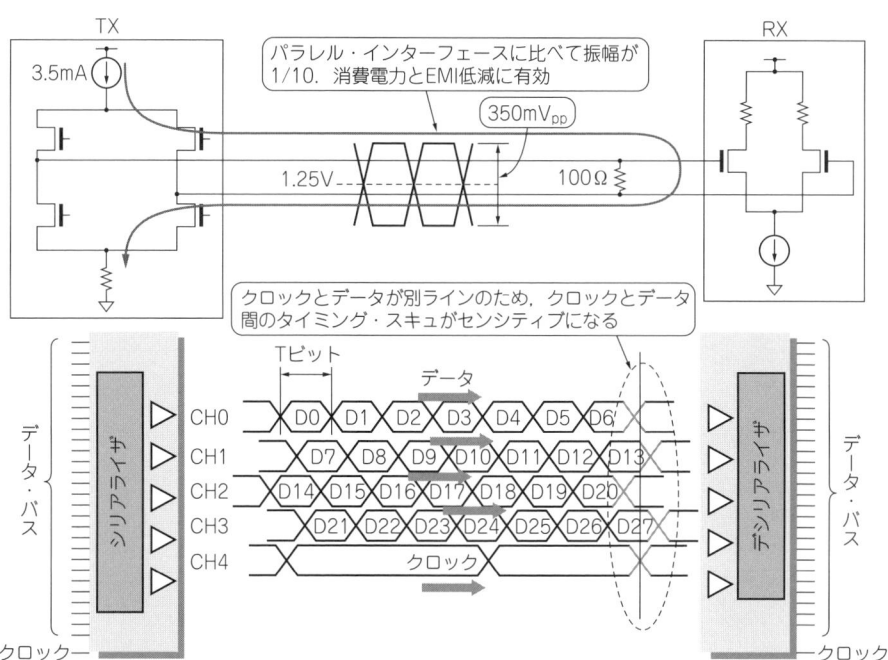

図1.4　LVDSによるデータ・バスのシリアル化

能になります．図 1.5 に示すように，DisplayPort は送信側と受信側をコンデンサで接続する，いわゆる AC 結合で伝送するため，送信側と受信側の電源電圧を同じにする必要がありません．すなわち，送信側，受信側に使用する LSI の製造プロセスに応じた電源電圧に設定することが可能になります．

ただし，AC 結合を適用するためには，伝送する信号は DC 成分が片寄らないように，ANSI-8B10B などの適切な DC バランスのとれた信号コーディングを適用する必要があります．これについては後述します．DisplayPort の伝送方式は，すでに PCI-Express や SATA (Serial ATA) などのインターフェースにも使われており，現在の高速シリアル伝送の主力方式として広く普及しています．

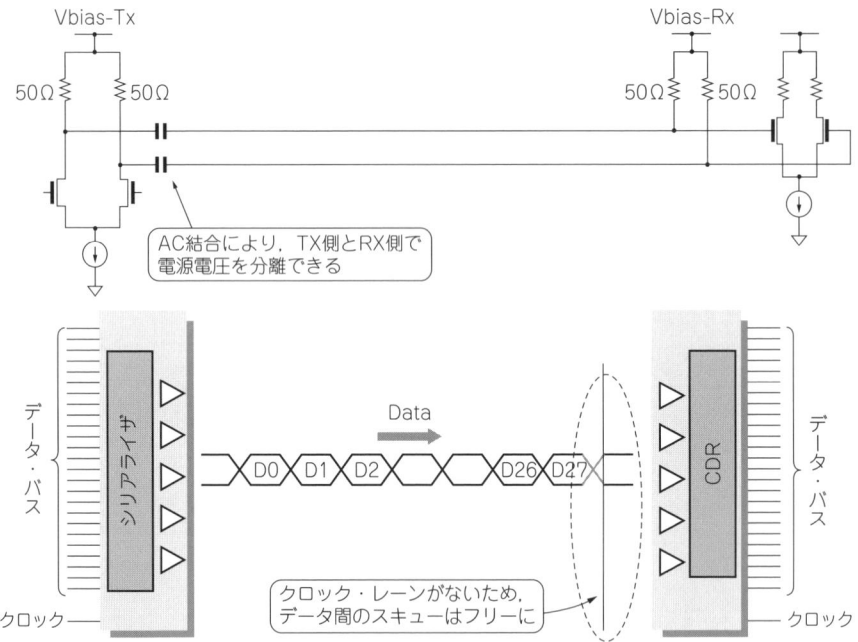

図 1.5 DisplayPort によるデータ・バスのシリアル化

> **Keyword**
>
> ## レーン（lane）
>
> 高速インターフェースにおいては，データはプラス信号とマイナス信号の差動ペアで伝送されます．この 1 差動ペアの伝送ラインのことを「チャネル」，または「レーン」といいます．本書では，「レーン」で統一します．

● シリアル・インターフェースの利点を整理すると

このように，パラレル・インターフェースをシリアル・インターフェース化することで，以下のメリットが得られます．

① データ伝送量の向上

シリアル化により1ピン当たりのデータ伝送量が向上するため，パラレル・インターフェースと比べて総データ伝送量が向上します．

② LSIのピン数の削減とLSIのコスト低減

シリアル化によりピン数を削減できるため，LSIのコスト削減が可能です．

③ 消費電力の低減

シリアル・インターフェースは，一般的に小振幅差動伝送方式を用いるため，消費電力が少なくてすみます．

④ スイッチング・ノイズ，EMIの低減

パラレル・インターフェースでは課題であった多ビット・バスの同時変化はシリアル化により改善されるため，スイッチング・ノイズやEMIノイズも低減されます．

⑤ ケーブル，コネクタ，ノイズ対策部品など，周辺部品のコスト低減

シリアル化によりピン数を削減できるため，LSIのピン数のみではなく，ケーブルやコネクタ，ノイズ対策部品など，周辺部品のコストを低減できます．

1-3 高速シリアル・インターフェースの規格書

HDMI，DisplayPortともに，最新バージョンの規格書は一般には公開されておらず，規格書を入手するには両者ともコンソーシアムに加入する必要があります．ただし，旧バージョンの規格書はWebサイトから登録すると入手することが可能です．

機器を設計する場合には，最新バージョンの規格書を入手して，その内容を理解する必要があります．以下に，HDMIとDisplayPortの関連規格書の入手方法について説明します．

● HDMI関連規格書

(1) HDMI本体規格書

HDMIの規格書の最新バージョンは1.4bです．HDMIアダプタに加入することで規格書を入手することができます．ただし，HDMI1.3aとHDMI1.4aの一部

は，HDMI の Web サイトから登録の上で入手が可能です．
　　　http://www.hdmi.org/index.aspx
(2) HDMI テスト仕様書 (CTS：Compliance Test Specification)
　HDMI テスト仕様書は，機器開発者が製品のコンプライアンス・テストを確認するための仕様書です．最新バージョンは 1.4b です．HDMI アダプタに加入することで入手できます．
　　　http://www.hdmi.org/index.aspx
(3) (HDMI) Adopted trademark and logo usage guidelines
　HDMI のトレードマーク，ロゴの使用方法などについて規定された規格書です．HDMI の Web サイトから登録の上で入手が可能です．
　　　http://www.hdmi.org/index.aspx
(4) (HDMI) CEC implementation guidelines
　HDMI-CEC 製品のインタオペラビリティ向上のための CEC インプリメンテーション・ガイドラインです．HDMI の Web サイトから登録の上で入手が可能です．
　　　http://www.hdmi.org/index.aspx

● DisplayPort 関連規格書
(1) DisplayPort 本体規格書
　DisplayPort の規格書の最新バージョンは 1.2a です．VESA (Video Electronics Standard Association) メンバに加入することで規格書を入手することができます．ただし，DisplayPort1.1a は VESA の Web サイトから入手することが可能です．
　　　http://www.vesa.org/vesa-standards/free-standards/
(2) DisplayPort テスト仕様書 (CTS)
　DisplayPort テスト仕様書は，機器開発者が製品のコンプライアンス・テストを確認するための仕様書です．Link-CTS と PHY-CTS に分かれています．VESA メンバに加入することで入手できます．
(3) Embedded DisplayPort (eDP) 本体規格書
　Embedded DisplayPort (eDP) はモバイル機器の内部接続に特化した規格で，規格書の最新バージョンは 1.4 です．VESA メンバに加入することで規格書を入手することができます．
(4) Embedded DisplayPort (eDP) テスト・ガイドライン
　　(CTG：Compliance Test Guideline)

eDPのテスト・ガイドラインは，PHY-CTGとLink-CTGに分かれています．VESAメンバに加入することで規格書を入手することができます．

(5) Internal DisplayPort(iDP)本体規格書

Internal DisplayPort(iDP)は筐体内部に特化した規格で，最新バージョンは1.0aです．VESAのWebサイトから購入が可能です．

   http://www.vesa.org/vesa-standards/free-standards/

(6) Internal DisplayPort(iDP)テスト・ガイドライン(CTG)

iDPのテスト・ガイドラインは，VESAのWebサイトから購入が可能です．

   http://www.vesa.org/vesa-standards/free-standards/

(7) Mobility DisplayPort(MyDP)本体規格書

Mobility DisplayPort(MyDP)はモバイル機器から外部ディスプレイに転送するための規格で，最新バージョンは1.0です．VESAメンバに加入することで規格書を入手することができます．

(8) DisplayPort Interoperability Guideline

DisplayPortのインタオペラビリティに関するガイドラインです．VESAのWebサイトから登録の上，入手することができます．

   http://www.vesa.org/vesa-standards/free-standards/

(9) E-EDID

E-EDID(Enhanced Extended Display Identification Data)の規格書です．VESAのWebサイトから購入が可能です．

   http://www.vesa.org/vesa-standards/standards-summaries/

(10) E-DDC

E-DDC(Enhanced Display Data Channel)は，プラグアンドプレイを実現するための制御線です．Source機器がSink機器のEIDIDをリードしたり，HDCP認証を実施するために使われます．この規格は，VESAのWebサイトから購入が可能です．

   http://www.vesa.org/vesa-standards/standards-summaries/

● その他の規格書

(1) HDCP

HDCP(High-bandwidth Digital Content Protection)は，インテルが開発したコンテンツ保護システムで，DCP(Digital Content Protection) LLCがライ　センスやHDCPキーの管理を行っています．コンテンツ保護が必要なコンテンツを

Source 機器から HDMI でデジタル出力する際には，不正コピーができないように HDCP により暗号化して Sink 機器に送信します．以下の Web サイトから入手が可能です．

　　　http://www.digital-cp.com/

(2) DVI (Digital Visual Interface)

DVI は HDMI のベースとなっているインターフェース規格であり，HDMI の基本技術を理解するのに役立ちます．以下の Web サイトから入手が可能です．

　　　http://www.ddwg.org/

Keyword

E-EDID

E-EDID (Enhanced Extended Display Identification Data) は，ディスプレイの性能を表した規格です．受信機であるディスプレイ機器から送信機である DVD やパソコンなどへディスプレイの性能を知らせるためのものです．受信機側に EEPROM などを配置し，送信機から DDC ラインを介して読み出す仕様になっています．VGA 時代から用いられており，HDMI，DisplayPort でも必要な機能です．

E-EDID の内容は，BASE-EDID ブロック (Block0) と，Extension ブロック (Block1 以降) に分かれます．Block 0 と Block1 に記載する内容を**表 1-A** に示します．Block 0 では Sink 機器の基本的な仕様を記載しており，レガシ・インターフェースでも使われています．ディスプレイの型名，メーカ情報，映像タイミング情報，ディスプレイ・サイズ情報などを設定します．Block1 は，HDMI で使う場合は CEA Extension として Block0 から拡張された領域になります．この領域に CEA-861 に対応した映像タイミングや音声タイミングなどを設定します．

表 1-A　E-EDID のブロック 0 とブロック 1 に記載する内容

ブロック 0 （0～127 バイト）	ブロック1 （128～255 バイト）
ヘッダ	ヘッダ
機器の製造情報	CEA861 拡張ブロックのバージョン
EDID のバージョン	映像フォーマットの指定
ディスプレイの情報	音声フォーマットの指定
色の特性	ベンダ・スペシフィック・データ・ブロック
映像フォーマットの指定	映像フォーマット指定
ディスプレイの名称情報	拡張有無
拡張有無	チェックサム
チェックサム	

（ブロック1以降も，128バイト単位で拡張が可能）

（ブロック1は CEA 拡張部分．HDMI に関する機器情報を記載可能）

(3) CEA-861

CEA-861（DTV Profile for Uncompressed High Speed Digital Interface）は，CEA（Key word 参照）で規格化された，DTV Profile に関する規格書です．以下の Web サイトから購入することが可能です．

  http://www.ce.org/Standards/Standard-Listings/
    R4-8-DTV-Interface-Subcommittee/CEA-861-E.aspx

(4) I^2C bus

I^2C（Inter-Integrated Circuit）は，フィリップスで開発されたシリアル・バスです．コンシューマ・エレクトロニクスを含め多数の機器で使われているシリアル・インターフェースです．I^2C の規格書は，以下の Web サイトから入手可能です．

  http://www.nxp.com/acrobat_download/literature/
  9398/39340011.pdf

(5) IEC60958-1/-3

IEC60958 は，IEC International Electrotechnical Commission，国際電気標準会議）で標準化されたデジタル・オーディオに関する規格です．CD や DVD プレーヤなどのデジタル・オーディオのインターフェースを規定しています．S/PDIF もデジタル・オーディオの一つです．以下の Web サイトから規格書を購入することが可能です．

  http://webstore.iec.ch/

(6) IEC61937

IEC61937 は，IEC で標準化された圧縮デジタル・オーディオに関する規格です．DVD オーディオでは Dolby の AC-3 と MPEG2 圧縮オーディオを使っていますが，これらが IEC61937 として標準化されました．IEC61937 では，AC-3，MPEG2，DTS，AAC，ATRAC，WMA，MAT などが盛り込まれています．以下の Web サイトから規格書を購入することが可能です．

  http://webstore.iec.ch/

(7) IEC61966-2-1/-2-4/-2-5

IEC61966-2-1 は，IEC で標準化された規格で，「Multimedia Systems and Equipment -Color Measurement and Management Default RGB color space -sRGB」として sRGB カラー・スペースを規格化しています．

IEC61966-2-4 は，同じく IEC で標準化された規格で，「Multimedia Systems and Equipment -Color Measurement and Management Extended gamut YCC color space for video application -xvYCC」として xvYCC を規格化しています．

IEC61966-2-5 は，同じく IEC で標準化された規格で，「Multimedia Systems and Equipment -Color Measurement and Management Optional RGB color space for video application -opRGB」として Optional RGB カラー・スペースを定義しています．

下記 Web サイトから規格書を購入することが可能です．

   http://webstore.iec.ch/

(8) ITU-R　BT709-5/BT601-5

ITU-R(International Telecommunication Union Radiocommunications Sector) は，国際電気通信連合の部門の一つです．BT709-5 は，HDTV の映像フォーマットと各種パラメータを定義した規格書です．BT601-5 は，SDTV に関する規格書です．以下の Web サイトから入手することが可能です．

   http://www.itu.int/rec/R-REC-BT.709-5-200204-I/en
   http://www.itu.int/rec/R-REC-BT.601-5-199510-S/en

Keyword

CEA

CEA(Consumer Electronics Association)は，コンシューマ・エレクトロニクス関連の規格を開発しているコンソーシアムで，プラグ・フェストなどのイベントも行っています．多数のコミッティやサブコミッティ，ワーキング・グループで構成されています．主なものは以下があります．

- Audio System
- Video System
- Television Data Systems Committee
- DTV Interface Subcommittee
- Antennas Committee
- Portable Handheld and In-Vehicle Electronics Committee
- Home Network Committee
- Residential System

CEA-861 は，DTV Interface Subcommittee で開発され，DTV，DVD，STB などの CE 機器の映像フォーマット，カラーリメトリ，音声，InfoFrame などを規定した規格書です．

第2章 DVI と HDMI の基本技術

本章では，HDMI(High-Definition Multimedia Interface)について解説しますが，HDMIの解説に入る前にHDMIとバックワード・コンパチビリティのあるDVI(Digital Visual Interface)を紹介します．DVIではTMDSなどのHDMIの根幹となる基本技術を使っており，その概要を把握しておくことはHDMIを理解するためにも役立ちます．

2-1 DVIの成り立ち

● デジタル化された最初のシリアル・ディスプレイ・インターフェース

DVIは，パソコンとモニタ間のインターフェースとして長い間使用されてきたVGA(Video Graphic Array)によるアナログ伝送を，画質劣化のないデジタル伝送にした最初のシリアル・ディスプレイ・インターフェース規格です．DVIは，非圧縮の映像データを伝送することができます(図2.1)．

DVIは，1999年にIBM, Intel, Compaq, Hewlett Packard, NEC, Fujitsu, Silicon Imageがプロモータとなって立ち上げたDDWG(Digital Display Working Group)というコンソーシアムで標準化が行われました．DVIで開発された基本技術のほとんどはHDMIに引き継がれており，今日のHDMIの普及の基礎技術

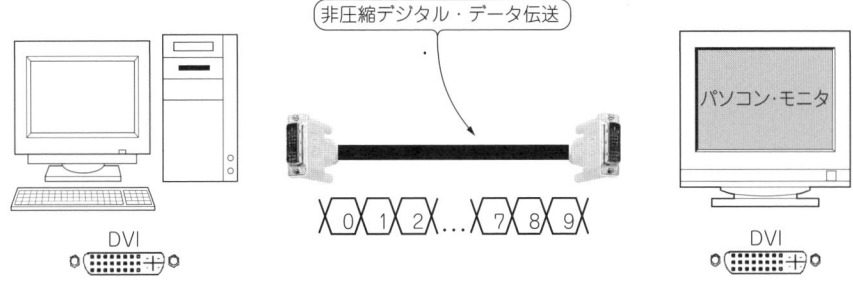

図2.1 DVIはパソコンとモニタ間のインターフェース

はDVI時代に築かれました．DVIの規格書は，以下のWebサイトから入手が可能です．

　　　　http://www.ddwg.org/

● アナログ・インターフェースは信号品質が劣化する

　DVIが開発される以前のディスプレイ・インターフェースはすべてアナログ・インターフェースであったため，周波数が高くなるほど，また伝送距離が長くなるほど，信号品質の劣化，すなわち画質が劣化（輝度や色彩のずれ）する懸念が高まります．

　図2.2に，アナログ・インターフェースとデジタル・インターフェースの信号品質の比較を示します．アナログ・インターフェースは，映像データをシングルエンド（1本の信号線）で多値レベル（8ビット映像の場合，256レベル）のアナログ情報を伝送する必要があり，波形の歪やノイズの影響を受けやすく，高速化や長距離伝送によりその影響は大きくなります．

　一方，デジタル・インターフェースは，映像データを2値（0と1）のデジタル情報を差動伝送により伝送するため，ノイズ耐性がアナログより原理的に高くな

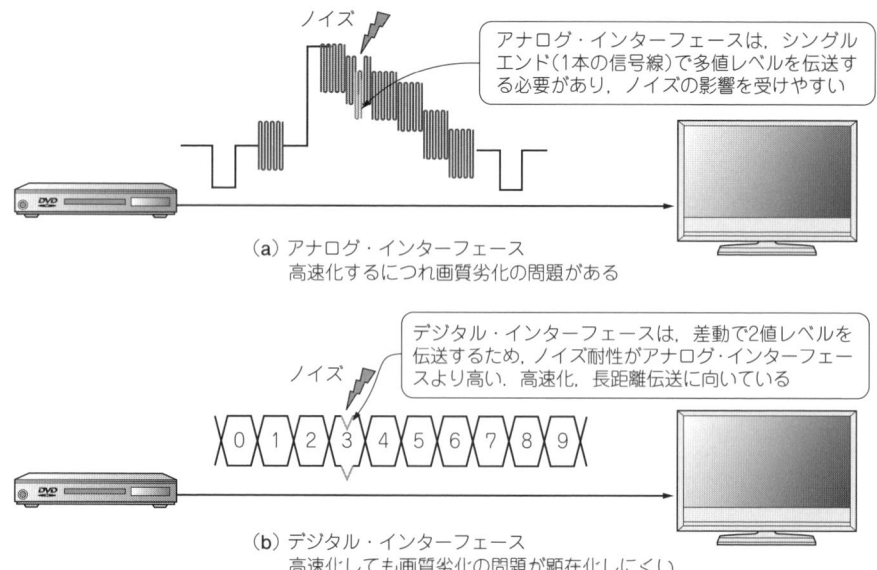

（a）アナログ・インターフェース
　　高速化するにつれ画質劣化の問題がある

（b）デジタル・インターフェース
　　高速化しても画質劣化の問題が顕在化しにくい

図2.2　アナログとデジタルの信号波形の比較

ります．したがって，高速化や長距離伝送に有利になります．デジタル・インターフェースで高画質化できる理由は，このような画質劣化の影響を受けにくいことによります．

2-2 DVI の特徴

DVI には，以下のような特徴があります．
(1) 最大 4.95Gbps のデータ伝送が可能

DVI は，最大クロック周波数が 165MHz までサポートしており，UXGA(1,600 × 1,200 ピクセル)や現在主流となっているフル HD(1,080p, 1,920 × 1,080 プログレッシブ)までサポート可能な仕様になっています．

(2) 非圧縮の RGB デジタル HD 映像データを伝送可能

DVI は，RGB の非圧縮のデジタル・データを送ることができます．デジタル・データなので画質が劣化する懸念が少なく，圧縮技術も使っていないので高解像度ディスプレイでゲームなどを楽しむ際，タイムラグの違和感がありません．

(3) TMDS を採用

DVI は，TMDS 技術を使った最初のディスプレイ・インターフェースです．TMDS は HDMI でも使われており，今日のデジタル・ディスプレイ・インターフェースの基本技術となっています．

(4) プラグアンドプレイに対応

DVI は，ケーブルをモニタに接続するだけで映像を表示するプラグアンドプレイに対応しています．これは，専用の信号線(HPD, DDC)を使って実現しています．

(5) アナログとデジタルを 1 つのコネクタ(DVI-I コネクタ)で伝送可能

DVI は，TMDS のデジタル信号以外に，アナログ信号も同時に送れるようにコネクタが工夫されています．

2-3 DVI の物理層

図 2.3 に，DVI の信号構成を示します．DVI の信号線は，TMDS，DDC，+5V-Power，HPD で構成されています．

TMDS は，高速差動シリアル・ラインで RGB 映像データの伝送を行います．DDC ラインは EDID アクセスと HDCP 認証を行います．+5V-Power ラインは，

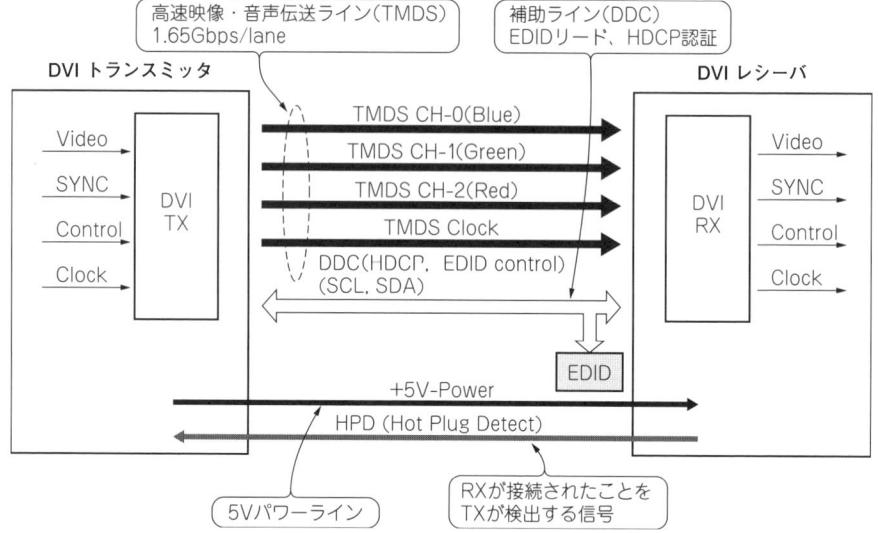

図 2.3　DVI の信号構成

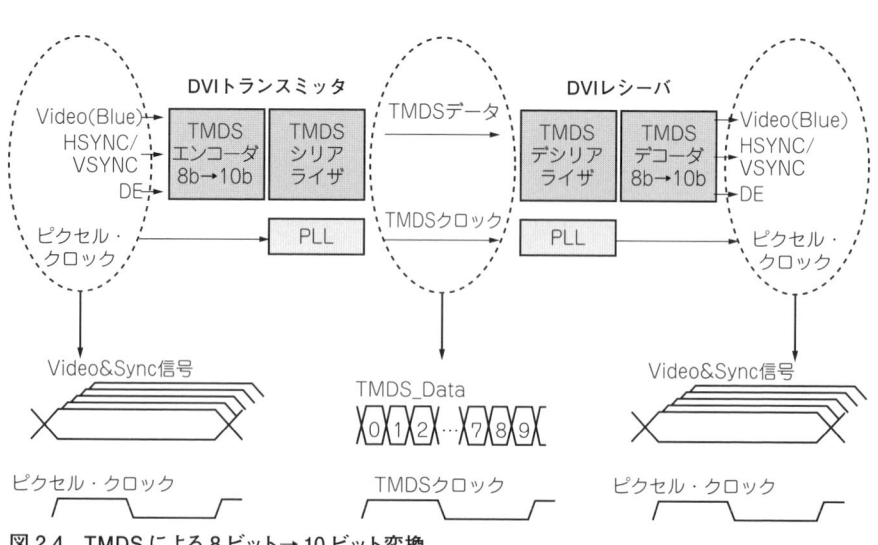

図 2.4　TMDS による 8 ビット→10 ビット変換

送信機から受信機に5Vの電力を供給します．HPDラインはケーブル・コネクト時のレシーバ検出の役割を果たします．

各信号について，以下に説明します．

▶ TMDS

TMDS(Transition Minimized Differential Signaling)はSilicon Image社が開発した高速シリアル伝送技術であり，DVIとHDMIで使われています．8ビットの映像信号を10ビット化する(8B→10B変換)ことで，データの'1'，'0'の遷移を最小化し，高周波成分を抑えることができます(図2.4)．

高周波成分ほど，高速化や長距離伝送により波形が減衰しやすく，レシーバ側で信号を正しく再生できなくなる可能性が高くなります．そこで，高周波成分を抑えることで，より高速に，より長距離に伝送することが可能になります．また，TMDSはピクセル・クロックも伝送するため，ディスプレイ側の同期ずれの問題を改善することもできます．

TMDSのコーディングはアクティブ・ビデオ期間(DE = "H"レベル期間)だけでなく，ブランキング期間(DE = "L"レベル期間)も8B→10B変換が適用さ

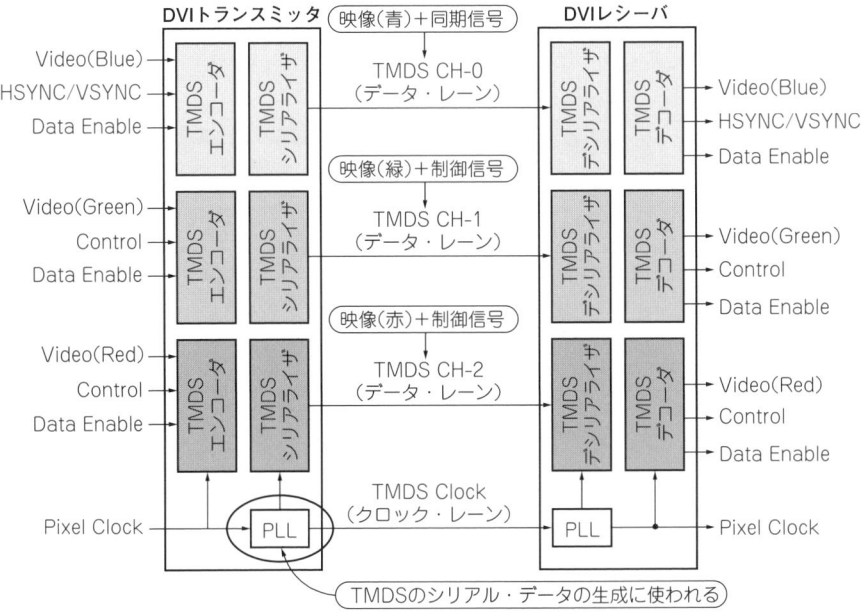

図2.5 TMDS部分のブロック図

れます．ブランキング期間は映像データが送られないため，'1'，'0' の状態遷移が少なくなります．したがって，できる限り '1'/'0' の遷移を多くしています．

図 2.5 に，TMDS 部分のブロック図を示します．TMDS には，データ・レーンが 3 レーン（CH-0，CH-1，CH-2）と，クロック・レーンが 1 レーンあります．CH-0 は，RGB のうち B 映像と VSYNC（垂直同期信号）/HSYNC（水平同期信号）がアサインされています．CH-1 は，G 映像とコントロール信号がアサインされています．CH-2 には，R 映像とコントロール・データがアサインされています．

TMDS の 1 クロック周期内に TMDS のデータは 10 ビット配置されます．すなわち，10:1 のパラレル - シリアル変換が行われて TMDS データ・ラインが作られています．また，TMDS の 10:1 のシリアル・データの生成にはトランスミッタの PLL が使われます．

図 2.6 に，TMDS の測定波形を示します．元の映像データは 1 ピクセル・クロックあたり 8 ビット単位ですが，TMDS データは 1TMDS クロックあたり 10 ビッ

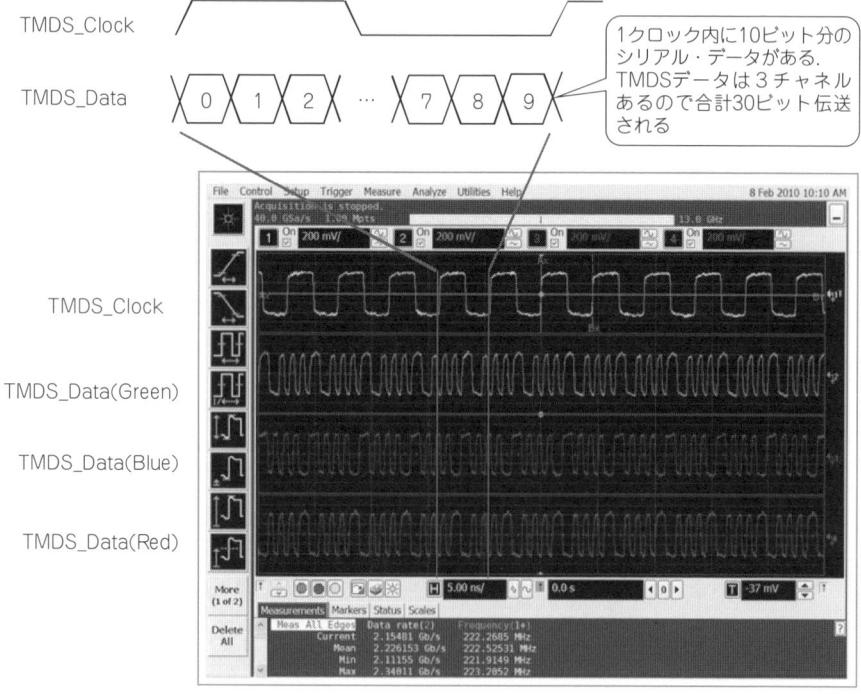

図 2.6　TMDS 信号の測定波形

第 2 章　DVI と HDMI の基本技術

ト単位で構成されています．DVI の場合は，TMDS のクロック周波数は最大 165MHz まで対応しており，DVI としての最大データ伝送量は 4.95Gbps（165MHz × 10 ビット × 3 レーン）になります．HDMI の場合は，TMDS のクロック周波数は最大 340MHz まで対応しており，HDMI としての最大データ伝送量は 10.2Gbps（340MHz × 10 ビット × 3 レーン）まで対応することができます．

▶ DDC

DDC（Display Data Channel）は，VESA で標準化されたディスプレイ・データに関するインターフェース規格であり，通信プロトコルは I^2C を使った低速の通信線を使用します．レシーバの EDID のデータを読み込んだり，ディスプレイの性能（解像度，製品情報など）をトランスミッタから読み込むために使います．また，HDCP の認証動作も DDC ラインを使って行います．

▶ ＋5V-Power

＋5V-Power は，5V 電源ラインで，トランスミッタは DDC あるいは TMDS を出力するときは＋5V-Power を"H"レベルにします．トランスミッタは少なくとも 55mA を出力し，レシーバは最大 50mA まで電流を引き込むことができます．

▶ HPD

レシーバは＋5V-Power の"H"レベルを検出し，EDID を読み込み可能であれば HPD（Hot Plug Detect）を"H"レベルにします．

図 2.7 に，DVI の物理層の等価回路図を示します．送信側はオープン・ドレイ

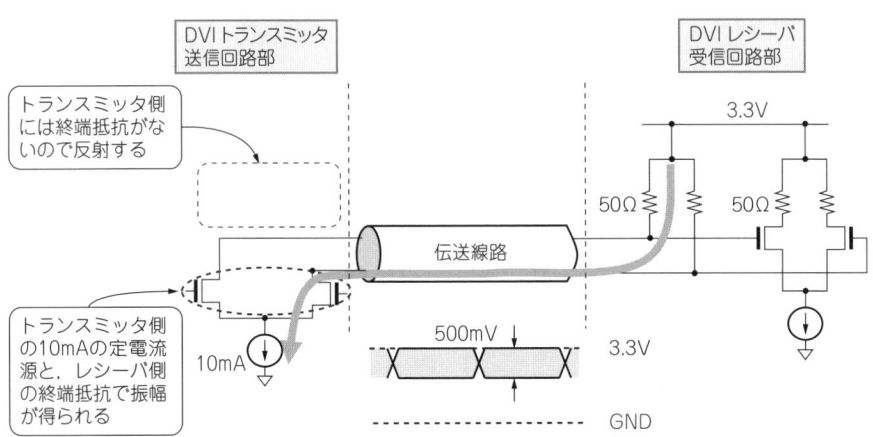

図 2.7　DVI の物理層の構造

ンの定電流ドライバで 10mA(typ) をドライブします．受信側には 50 Ω の終端抵抗があり，10mA と 50 Ω の積で得られる振幅 500mV(信号減衰がない場合) をレシーバのアンプで増幅します．終端抵抗はシングルエンドで 50 Ω になっており，ケーブルの特性インピーダンスは差動 100 Ω に規定されています．なお，この等価回路図では，送信側はオープン・ドレイン構成のため，出力インピーダンスはケーブルの特性インピーダンスとマッチングしないため反射が起こります(実際のインプリメンテーションでは終端されている回路もある)．

DVI では，クロック周波数は 25MHz から 165MHz まで対応可能です．

● DVI コネクタはデジタル信号とアナログ信号を同時に伝送できる

図 2.8 に，DVI コネクタの種類を示します．DVI には，5 種類のコネクタがあります．DVI は一つのコネクタでデジタルとアナログを同時に伝送できる仕様になっており，両方を伝送できるコネクタが DVI-I です．

また，DVI では TMDS クロック 1 レーン，TMDS データ 3 レーンの合計 4 レーンの対応となっていますが，さらに TMDS データ 3 レーン分を送信することも可能です．実効バンド幅が 2 倍になるため，デュアル・リンクと呼ばれます．なお，アナログのみを伝送するコネクタは DVI-A，デジタルのみを伝送するコネ

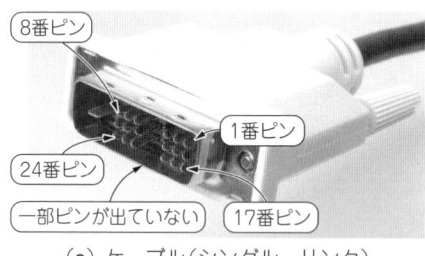

(a) ケーブル（シングル・リンク）

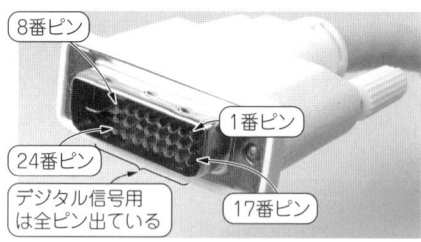

(b) ケーブル（デュアル・リンク）

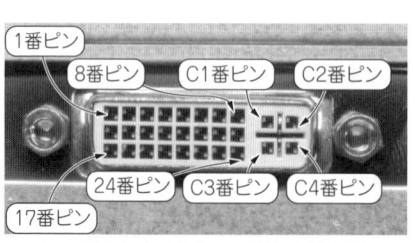

(c) コネクタ（DVI-I，アナログ共用）

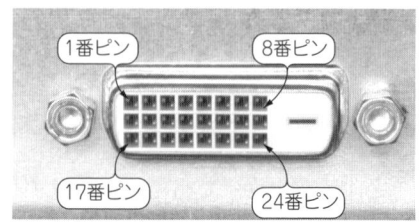

(d) コネクタ（DVI-D，デジタル専用）

図 2.8　DVI コネクタの種類

クタは DVI-D です．図 2.9 に，DVI-I のデュアル・リンク・コネクタのピン配置図を示します．

デスクトップ・パソコンやモニタの多くに DVI コネクタが搭載されていますが，コネクタのサイズがかなり大きいため，ノート・パソコンへの普及は進みませんでした．

● DVI の問題点が HDMI と DisplayPort の開発につながった

DVI は，パソコンのディスプレイ・インターフェースを従来のアナログ伝送からデジタル伝送に変更する大きな役割を果たしました．しかし，DVI は映像のみしか伝送ができず，音声や各種パケット・データを伝送できないため，音声を送る場合は別途音声ケーブルが必要になります．

また，DVI は 1999 年 4 月にバージョン 1.0 がリリースされて以降，一度も改定がなされず，データ伝送量も初版からアップされないまま現在に至っています．コンプライアンス・テストの仕様書も整備されていませんでした．これらの課題を改善することが，HDMI の開発につながりました．

なお，主要パソコン・メーカ各社は，HDMI とは別にパソコン - モニタ間のインターフェースとして DisplayPort の開発を進めました．そして，インテルや AMD などの主要なパソコン関連企業は，パソコンとモニタ間のインターフェー

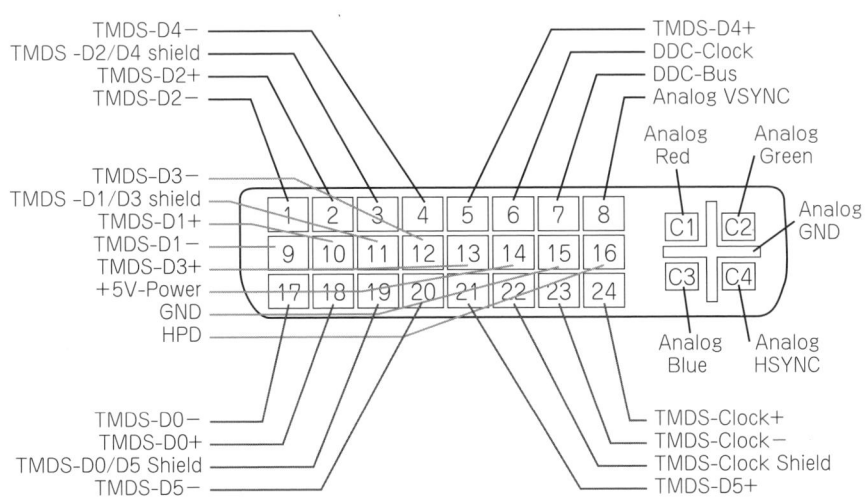

図 2.9 DVI コネクタのピン配置

スは，VGA や DVI から，2015 年までに段階的に DisplayPort や HDMI へ移行させると発表しています．また，パソコン内部の LVDS インターフェースも 2013 年までにサポートを終了するとしています[1]．

2-4　HDMI の成り立ち

● デジタル・テレビの入力インターフェース

　現在のデジタル・テレビに用意されている外部インターフェースを図 2.10 に示します．アンテナ端子は，地上デジタル放送，BS 放送，110°CS 放送などを受信するためのアンテナに接続する入力端子です．LAN 端子はインターネットに接続します．コンポジット端子，S ビデオ端子，コンポーネント端子はアナログ映像入力端子で DVD プレーヤやゲーム・マシンなど，映像出力する外部の送信機と受信機であるテレビをケーブルで接続します．これらは映像伝送のみのため，音声は別に L/R の音声入力端子が付けられています．USB 端子は USB メモリなどを接続することができます．DVI 端子と Dsub 端子はパソコンからの映像を入力することができます．オーディオ出力は，外部スピーカに接続するため

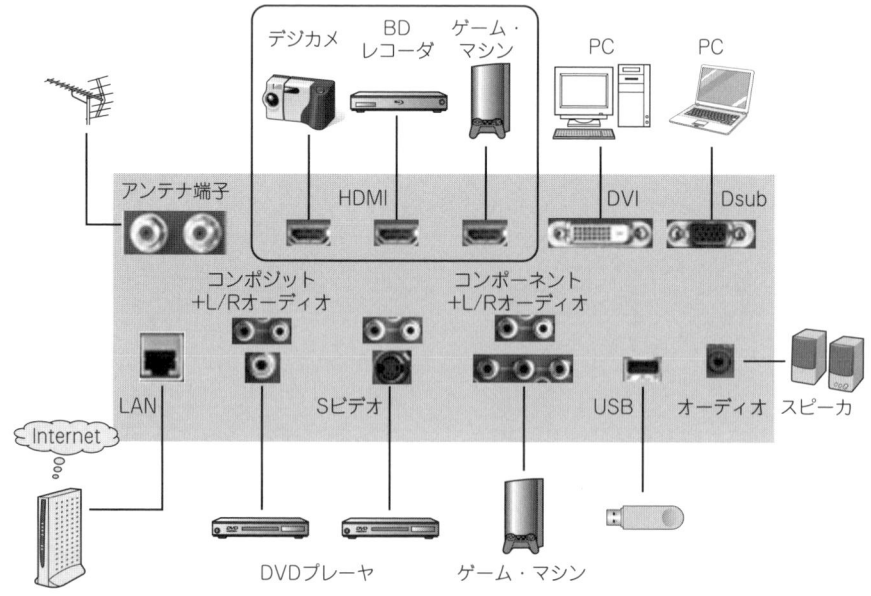

図 2.10　デジタル・テレビに用意されている入出力端子の例

の端子です．

　HDMIは，BDレコーダやゲーム機器，デジタル・カメラなどと1本のケーブルを接続するだけで，高解像度の映像と音声の両方を伝送することができ，デジタル・テレビ，DVDプレーヤ，ゲーム機器に標準装備されるようになりました（図2.11）．

　HDMIは，2002年に初版バージョン1.0がリリースされてから10年以上が経ち，常に将来の市場で求められる技術を反映して規格改定を行ってきました．

● レガシ・インターフェースの問題点から生まれたHDMI
　HDMIが登場する以前は，HD映像に対応できるディスプレイ・インターフェースとしてコンポーネントとDVIがありました．
　コンポーネントには，以下のような問題がありました．
(1)アナログ伝送であるため，画質の劣化が生じる場合がある
(2)デジタル・インターフェースに比べてコンテンツ保護が不十分である
(3)映像のみをサポートしており，音声は別ケーブル(L/R)が必要になる
(4)高速化には限界がある
　　また，HDMIの前身であるDVIにも以下の問題がありました．
(1)映像信号しか送れず，音声やパケットを送ることができない

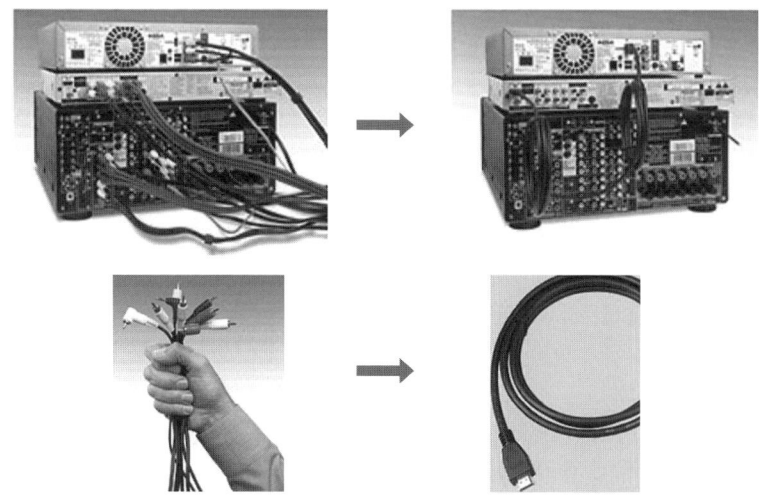

図2.11　HDMIは映像と音声を1本のケーブルでつなぐ[2]

(2) コネクタのサイズが大きくセットの設計に制約が生じる
(3) ビデオ・フォーマットとして RGB のみをサポートしており，テレビの映像フォーマットである YCbCr をサポートしていない
(4) テレビ周辺機器制御機能(CEC)をサポートしていない
(5) パソコンとモニタ間のインターフェースとしては，HDCP の適用が普及していない
(6) バージョン 1.0 のリリース後，DVI の規格が進化していない

HDMI は，これらの既存のディスプレイ・インターフェースの課題を改善するために開発されました．

● 世界の家電主要 7 社で設立された HDMI コンソーシアム

HDMI は，日立コンシューマ・エレクトロニクス(株)，パナソニック(株)，Koninklijle Philips Electronics N.V．Silicon Image Inc，Technicolor S.A，ソニー(株)，(株)東芝の，日欧米の 7 社のメーカによって設立された HDMI コンソーシアムにより開発され，2002 年にバージョン 1.0 がリリースされました．また，HDMI は HDCP に対応しておりコンテンツ保護が可能であり，コンテンツ・プロバイダから大きな支持を得ました．

なお，映像コンテンツのコピー・プロテクト規格 AACS(Advanced Access Content System)の規定によると，今後は Blu-ray 関連機器において，コンポーネント信号による映像出力が段階的に禁止されていきます．セキュアな HDCP に対応している HDMI が，今後一層重要な役割を果たします．

HDMI は，HDMI Licensing LLC によって管理されています．HDMI を搭載する機器(テレビ，DVD などのセット，ケーブルなど)を開発するには，HDMI Licensing LLC に加入する必要があります．加入にあたっては，年会費の支払いとライセンス契約の締結が必要になります．以下の Web サイトから，詳細な情報を得ることができます．

    http://www.hdmi.org/index.aspx

HDMI の規格書は，バージョン 1.3a までとバージョン 1.4 の一部(3D のセクション)は HDMI コンソーシアムに加入しなくても，上記の Web サイトから入手することが可能です[4]．

HDMI では，ATC(Authorized Test Center)による市場投入前の事前テスト機関を設けています．現在，世界の 12 箇所に ATC が設置されています(図 2.12)[3]．ATC での認証試験は，CTS(Compliance Test Specification，テスト仕様書)に

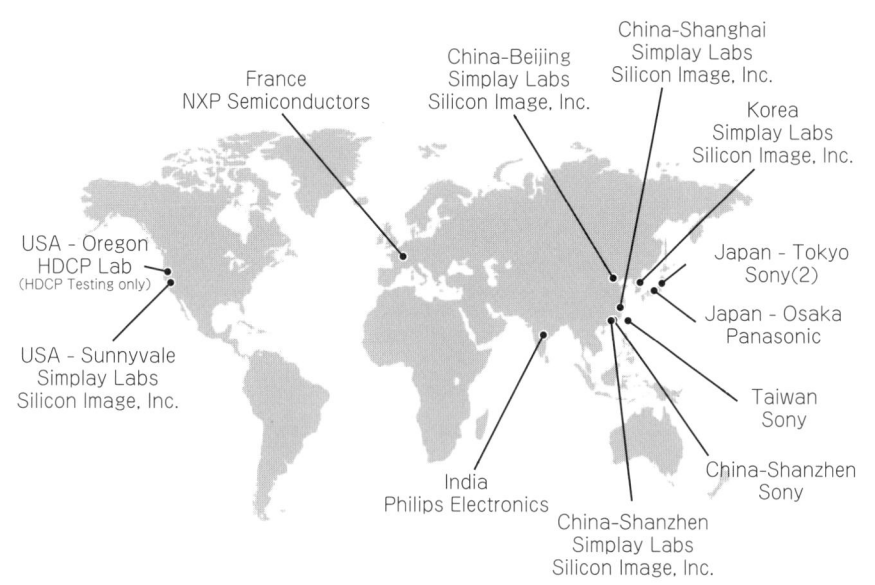

図 2.12　HDMI のテスト・センター [3]

基づいたテストが行われます．アダプタは，この CTS にパスすることを確認する必要があります．CTS は，HDMI 本体の規格書と合わせて改定が行われています．

2-5　HDMI の基本技術

図 2.13 に，HDMI の改定履歴を示します．また，表 2.1 に HDMI 関連規格を示します．HDMI は 2002 年にバージョン 1.0 がリリースされましたが，その後も常に市場動向を先取りした新機能が追加されて，2013 年 5 月にバージョン 1.4b になっています．HDMI では規格が改定されると，新たなバージョンに一定期間内に準拠する必要があります．しかし，追加される機能は基本的には全てオプション機能なので，正しく設計された製品であれば改定前の製品でも問題なく使用し続けることが可能です．

HDMI などの高速インターフェースでは，以下のデバイスのカテゴリが定義されています（図 2.14）．

						3D拡張
				タイプEコネクタ	タイプEコネクタ
				タイプDコネクタ	タイプDコネクタ
				4K2K	4K2K
				3D	3D
				ARC	ARC
				HEC	HEC
		Lip sync	Lip sync	Lip sync	Lip sync
		高音質フォーマット	高音質フォーマット	高音質フォーマット	高音質フォーマット
		タイプCコネクタ	タイプCコネクタ	タイプCコネクタ	タイプCコネクタ
		xvYCC	xvYCC	xvYCC	xvYCC
		Deep Color	Deep Color	Deep Color	Deep Color
		TMDS高速化	TMDS高速化	TMDS高速化	TMDS高速化
		PC-format	PC-format	PC-format	PC-format
		SACD	SACD	SACD	SACD
	DVD-Audio	DVD-Audio	DVD-Audio	DVD-Audio	DVD-Audio
V1.0	V1.0	V1.0	V1.0	V1.0	V1.0	V1.0
V1.0	V1.1	V1.2/V1.2a	V1.3/V1.3a	V1.4	V1.4a/V1.4b
2002年	2004年	2005年	2006年	2009年	2010年

オプション → (上段)
必須 + オプション → (下段)

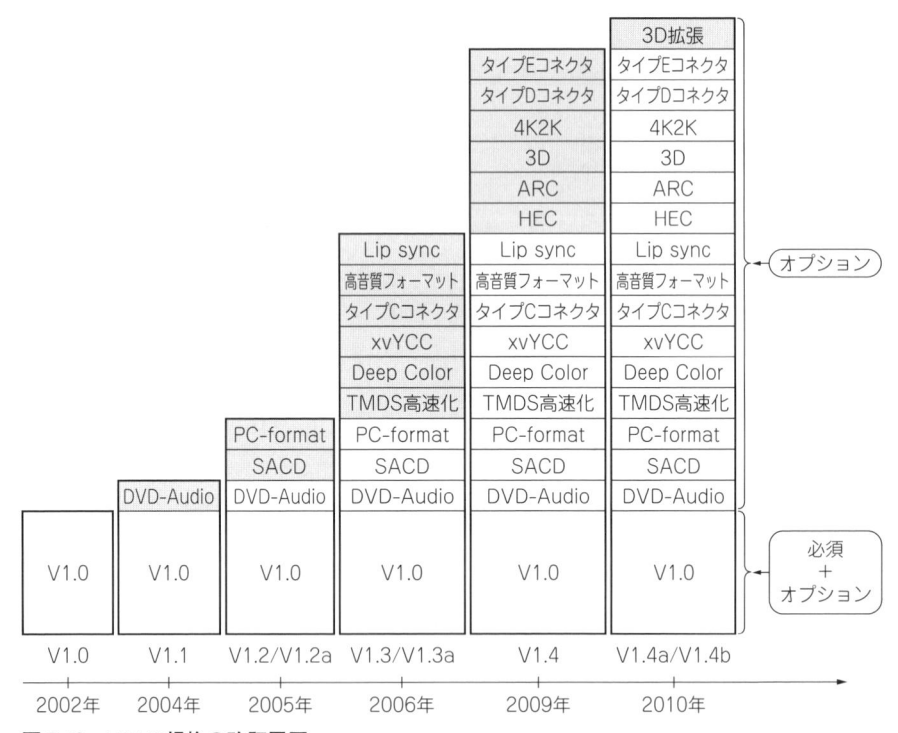

図 2.13　HDMI 規格の改訂履歴

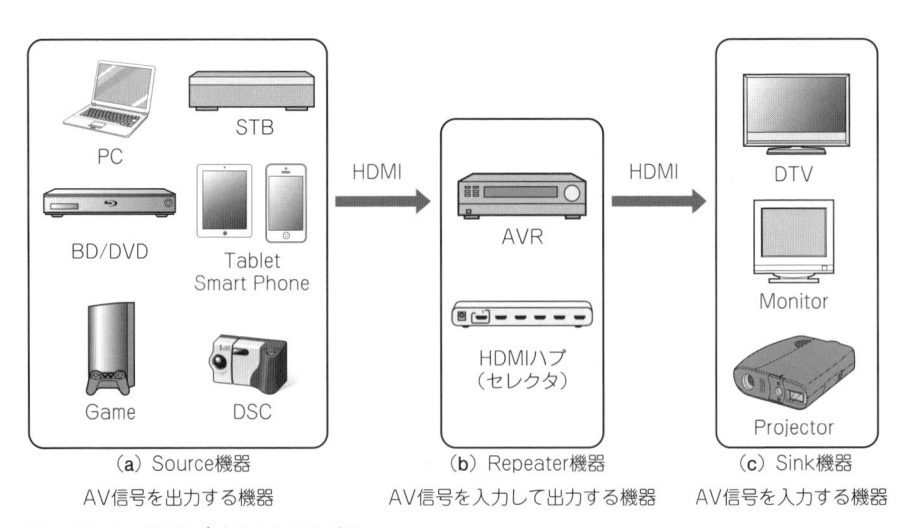

(a) Source機器　　AV信号を出力する機器
PC, STB, BD/DVD, Tablet Smart Phone, Game, DSC

(b) Repeater機器　　AV信号を入力して出力する機器
AVR, HDMIハブ（セレクタ）

(c) Sink機器　　AV信号を入力する機器
DTV, Monitor, Projector

図 2.14　HDMI のデバイスのカテゴリ

第 2 章 DVI と HDMI の基本技術

(1) Source（ソース）
　HDMI 信号などの AV 信号を出力する機器. DVD プレーヤ, セットトップボックス（STB）など.
(2) Sink（シンク）
　HDMI 信号などの AV 信号を受信する機器. デジタル・テレビ, モニタ, プロジェクタなどのディスプレイ機器.
(3) Repeater（リピータ）
　HDMI 信号などの AV 信号を一度受信して出力する中継機器. AV アンプなど.

表 2.1　HDMI 関連規格

ドキュメント	ドキュメント概要
HDMI 規格書本体	HDMI の規格書本体
HDMI Compliance test specification	HDMI のテスト仕様書
(HDMI) Adopted trademark and logo usage guidelines	HDMI のトレードマーク, ロゴの使用方法などの規定
(HDMI) CEC implementation guideline	HDMI の CEC インプリメンテーション・ガイドライン
DVI (Digital Visual Interface)	DVI の規格書本体
CEA-861	DTV の映像フォーマット規格書本体
I²C bus	I²C バスの規格書本体
VESA E-EDID	EDID の規格書本体
VESA E-DDC	DDC の規格書本体
HDCP	HDCP の規格書本体
IEC60958 -1/-3	デジタル・オーディオの規格書本体
IEC61937	圧縮オーディオの規格書本体
IEC61966-2-1/-2-4/-2-5	sRGB, xvYCC などのカラー・スペース規格書本体
ITU-R　BT709-5/BT601-5	SDTV, HDTV の映像フォーマット規格書本体
DVD Specification for read-only Disc	DVD のファイル・システムに関する仕様書
Super Audio CD System Description version2.0	スーパ・オーディオ CD に関する仕様書
SMPTE-170M/-274M/-296M	SMPTE で規定された各種映像規格

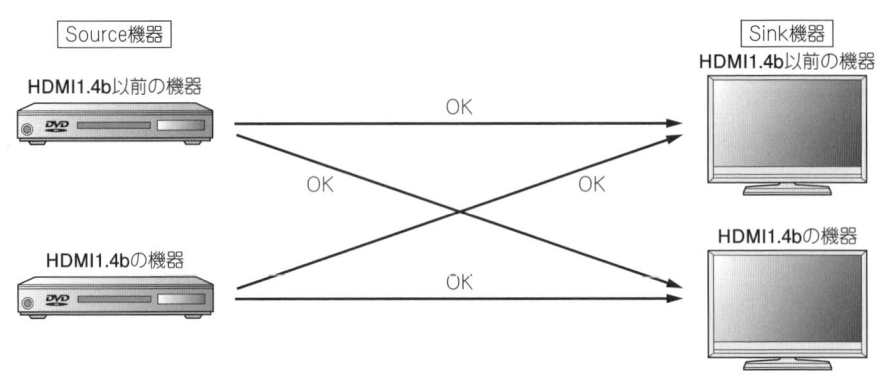

図 2.15　HDMI はバックワード・コンパチビリティを確保

(4) Cable（ケーブル）
　高速シリアル信号を伝送するケーブル．
　HDMI では，最新のバージョンと従前のバージョンの機器間でも正しくつながる，いわゆるバックワード・コンパチビリティが確保されています．図 2.15 に示すように，バージョン 1.4b の Source 機器や Sink 機器と，バージョン 1.4b 以前の Source 機器や Sink 機器間の接続が行われます．このような機器が市場で混在しても問題なく接続されなければなりません．そのために，通常動作の前に Sink 機器の能力が格納された EDID のデータを Source 機器は DDC ラインから確認し，それに対応したデータを Source 機器から出力するようになっています．

● レガシ・インターフェースの問題点を解決した HDMI 1.0
　2002 年にリリースされた HDMI 1.0 の基本技術をまとめると，以下のようになります．
(1) テレビや DVD のテレビ映像フォーマットに対応
(2) 物理層に TMDS 技術を使用し，DVI に対して上位互換
(3) HDCP に対応した暗号化によるコピー・プロテクション機能
(4) 映像ブランキング期間に音声とパケット情報（InfoFrame など）を重畳 TERC4(TMDS Error Reduction Cording 4)による信頼性の向上．
(5) Sink 機器側で音声クロックを映像クロック基準で再生可能．ただし，レシーバ側にクロック・リカバリ回路が必要

(6) 各種音声フォーマットをサポート．IEC60958（デジタル・オーディオ），IEC61937（圧縮オーディオ）
(7) 周辺機器連携制御(CEC)により，One touch play など，一つのリモコンで周辺機器を制御可能
(8) 小型コネクタを採用し，小型セットへの搭載を推進
(9) Plug & Play（プラグアンドプレイ）により，テレビの表示能力に最適な映像・音声フォーマットを自動選択

これらの基本技術について，順に説明します．

● テレビ・フォーマットと PC フォーマットの両方をサポート

HDMI は，テレビや DVD などのコンシューマ機器のデジタル・インターフェースとして登場しましたが，バージョン 1.2 でパソコンの映像フォーマットにも対応しました．

HDMI では，Source 機器も Sink 機器も必ずサポートが必要なマンダトリ（必須）

(a) 色空間（カラー・スペース）規格

(b) ピクセル・エンコード規格

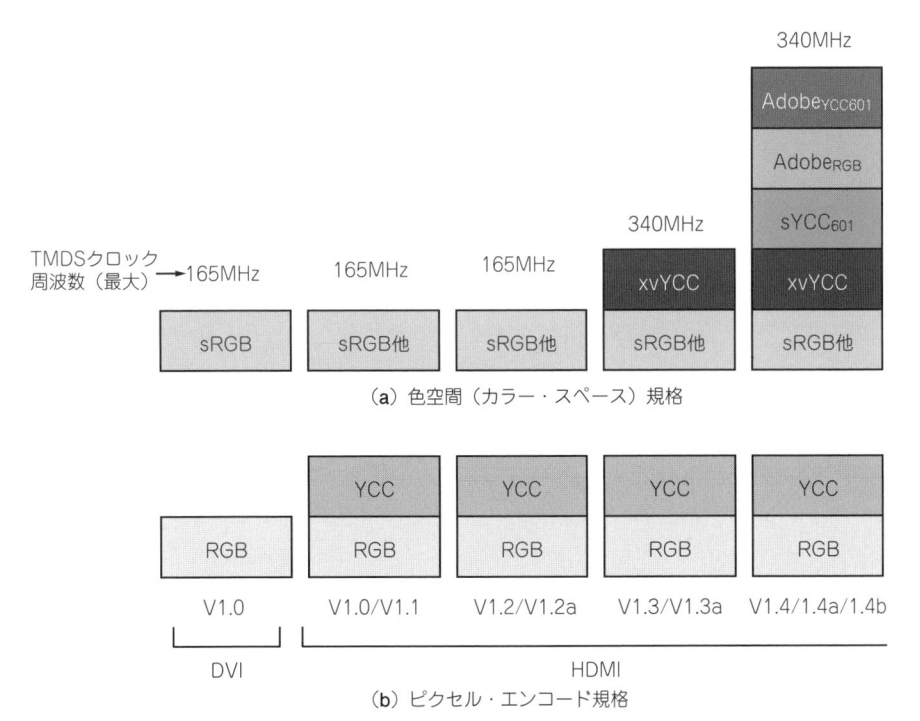

図 2.16 HDMI の色空間とピクセル・エンコードの規格対応

フォーマットが規定されており，残りのフォーマットについては任意に選択（オプション）が可能です．ただし，HDMI 以外の映像端子でサポートしている映像フォーマットは，HDMI 端子でもサポートすることが求められます．

HDMI がサポートしているピクセル・エンコード規格と色空間（カラー・スペース）規格を図 2.16 に示します．ピクセル・エンコード規格は，DVI では RGB444 を，HDMI では YCC444，YCC422，RGB444 に対応しています．色空間は，sRGB やその他レガシーの色空間が使われていますが，HDMI の規格改定と共に多数の色空間が追加されてきました．バージョン 1.3 で xvYCC が追加され，バージョン 1.4 では sYCC，AdobeYCC，AdobeRGB が追加されました．

● HDMI の物理層は DVI を踏襲

図 2.17 に，HDMI の物理層の構成を示します．HDMI の物理層は DVI を踏襲しており，TMDS，DDC，+ 5V-Power，HPD，CEC の各線で構成されています．

TMDS，DDC，+ 5V-Power，HPD は DVI にも使われている信号線であり，2.3 節で説明しました．CEC（Consumer Electronics Channel）は HDMI で追加された信号線で，テレビと周辺機器を一つのリモコンで連動制御できる便利な機能です（後述）．

TMDS について，少し補足します．HDMI では送信側と受信側で TMDS クロックを共用し，TMDS クロック周波数は 25MHz から 340MHz までピクセル・クロック周波数に連動して変動する仕様になっています（ディープ・カラーやピクセル・レピティションの場合は，ピクセル・クロックと TMDS クロックの周波数は異なる）．

HDMI では，広い周波数範囲で安定した信号品質とデータ・リカバリをする必

> **Keyword**
>
> ### RGB と YCC
>
> 色の三原色で構成される RGB は，パソコンや液晶ディスプレイなどに広く使われています．一方，YCC は人の目が色の識別より明るさに敏感であることを利用し，輝度信号（Y）と色差信号（Cb，Cr）で構成され，テレビや DVD などの家電製品で使われています．
>
> YCC444 は，Y：Cb：Cr = 8 ビット：8 ビット：8 ビットという比率で，YCC422 は Y：Cb：Cr = 8 ビット：4 ビット：4 ビットという比率で構成されます．

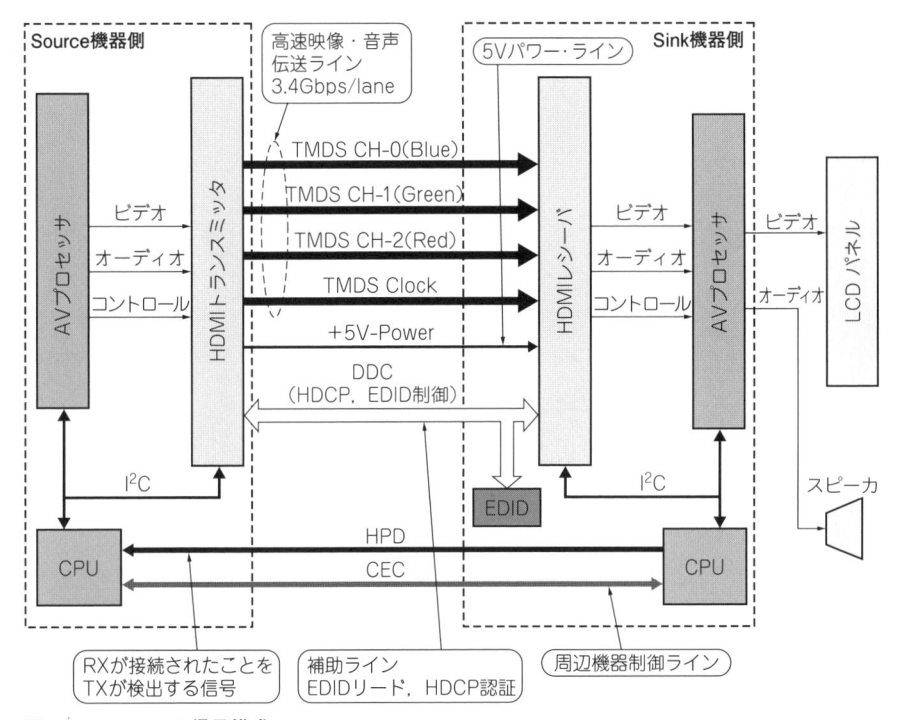

第 2 章　DVI と HDMI の基本技術

図 2.17　HDMI の信号構成

> **Keyword**
>
> ## ピクセル・レピティション
>
> 　HDMI では送信側と受信側でクロックを共用し，TMDS クロック周波数はピクセル・クロック周波数に連動して，25MHz から 340MHz まで変動する仕様になっています．ただし，TMDS の下限周波数は 25MHz で，ピクセル・クロック周波数が 25MHz を下回る場合は，ピクセル・レピティション (Pixel-Repetition) ビットを AVI InfoFrame に設定します．
>
> 　ピクセル・レピティションを 0 に設定すると，オリジナルのピクセル・クロックと TMDS クロックは等しくなります．ピクセル・レピティションを 1 に設定すると，実際に送信する TMDS クロックはオリジナルのピクセル・クロックの 2 倍になります．例えば，720 × 480i の場合，映像解像度のピクセル・クロック周波数が 13.5MHz なので，ピクセル・レピティションを 1 に設定すれば 27MHz の TMDS クロックで伝送されることになります．ピクセル・レピティション機能は，ピクセル・クロック周波数が 25MHz 以上でも使用可能です．

要があり，送信側の PLL，受信側の PLL の設計がポイントになります．後述する DisplayPort では伝送レートが固定であるため，PLL の帯域は狭くてすみます．

● HDCP によるコンテンツの保護

HDCP (High-bandwidth Digital Content Protection) は，インテルが開発した

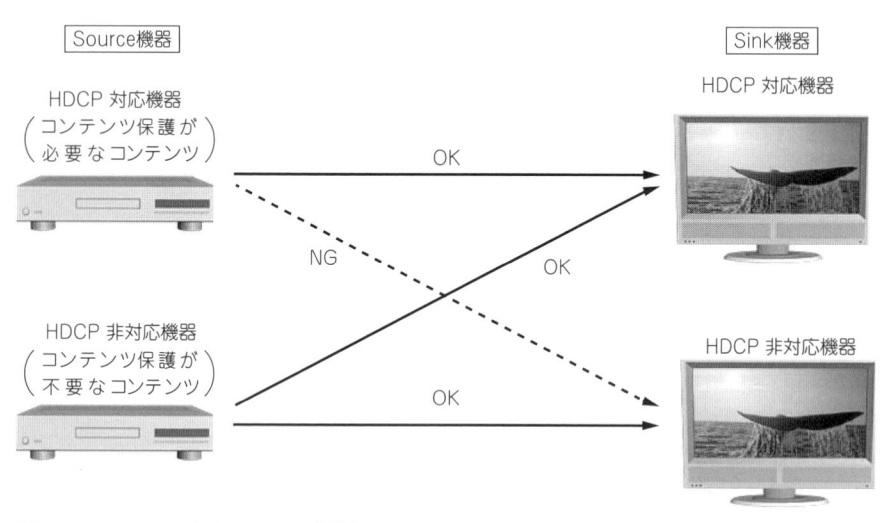

図 2.18 HDCP によるコンテンツ保護

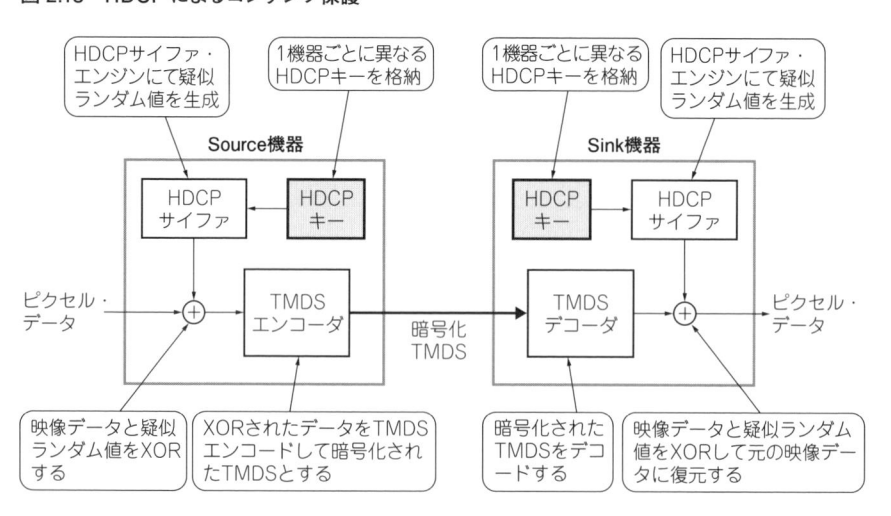

図 2.19 HDCP のブロック図

第2章 DVIとHDMIの基本技術

コンテンツ保護システムで，DCP（Digital Content Protection）.LLCがライセンスや暗号キーの管理を行っています．2013年5月現在，660社を超えるアダプタが加盟しています[5]．

映画など，著作権保護が必要なコンテンツをSource機器からSink機器にデジタル伝送する場合，HDCPで暗号化することにより不正コピーができないようにすることが可能です．

HDCP非対応のSource機器とHDCP対応Sink機器の接続は可能ですが，HDCP対応Source機器とHDCP非対応Sink機器は接続できません（図2.18）．

図2.19にHDCPのブロック図を示します[6]．HDCPでは，Source機器，Sink機器それぞれ1機器ごとに一つのユニークな暗号キーを実装し，Source機器とSink機器との間で，お互いの暗号キーを使った認証を行います（図2.20）[6][7][8]．この暗号キーは，ライセンスを受けたアダプタがDCP.LLCから購入できます．HDCPキーは，LSIメーカがSoCに書き込んでセット・メーカに提供する場合と，セット・メーカが基板上の不揮発性メモリに書き込む場合がありますが，昨今はSoCに書き込んで提供されるケースが多くなっています．

HDCPの認証は，Source機器とSink機器がケーブル接続された後，Source機器がマスタとなりSink機器に対してHDCP認証を行い，結果がOKになれば，

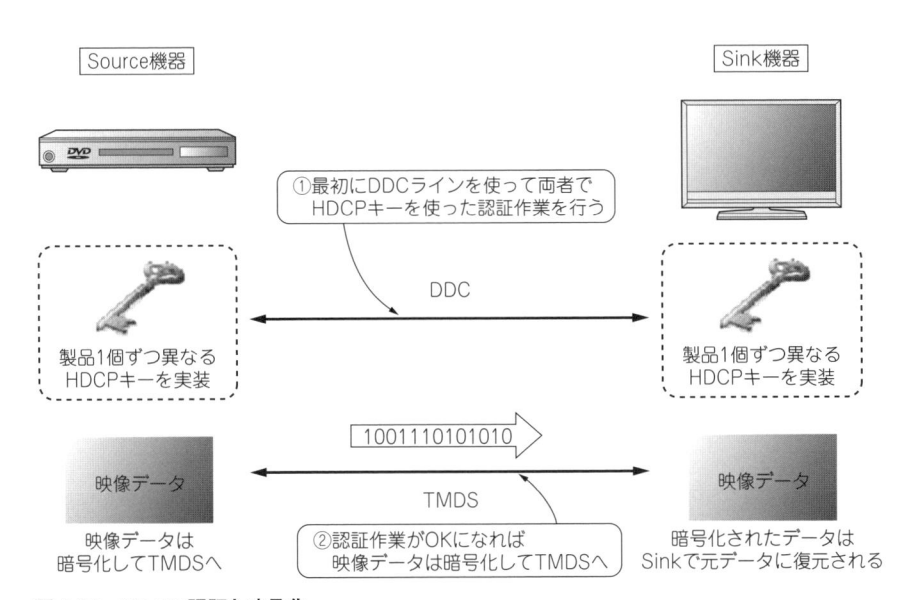

図2.20　HDCP認証と暗号化

Source 機器から HDMI の映像・音声データを暗号化して Sink 機器に送信し，Sink 機器側で暗号を解いてディスプレイに表示します．この認証動作は，128 フレームごとに定期的に実施されます[6][7][8]．

HDCP に関する詳細情報および規格書は，以下の Web サイトから入手が可能です．

   http://www.digital-cp.com/

● 音声とパケット・データの送信

DVI では音声を伝送できないので，映像とは別に音声ケーブルが必要でした．そこで HDMI では，ブンランキング期間を活用して，音声データや InfoFrame の各種パケット信号を送信する方式が採用されました．

図 2.21 に，HDMI におけるデータ伝送タイミング図を示します．HDMI では，以下の三つのデータ送信期間が定義されています．

①アクティブ映像期間

 アクティブ映像期間は，DE(Data Enable)アクティブ期間に映像データを送信します．

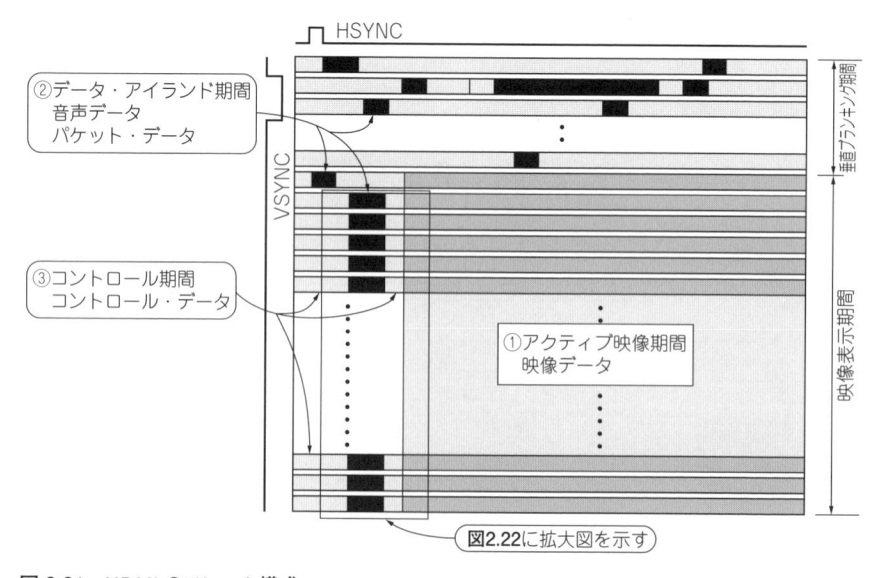

図 2.21　HDMI のフレーム構成

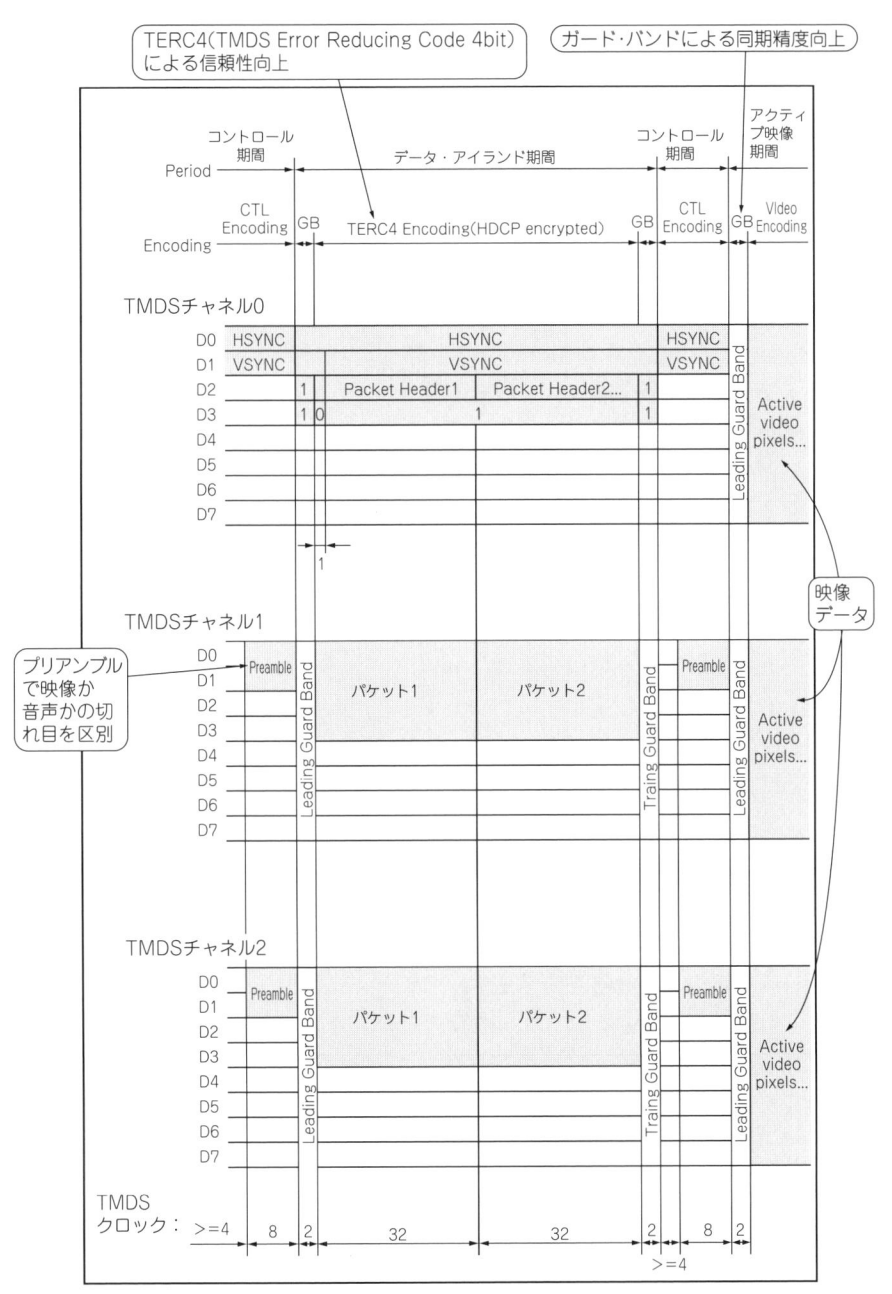

第 2 章　DVI と HDMI の基本技術

図 2.22　HDMI のエンコーディング方式

②データ・アイランド期間

　データ・アイランド期間はブランキング期間に存在し，音声データやInfoFrameなどのパケット・データを送信します．

③コントロール期間

　コントロール期間もブランキング期間に存在し，プリアンブル(Preamble)やHSYNC，VSYNCなどの同期信号を送信します．

　HDMIでは，これらの三つのデータの送信期間の区切りを見つける信号を定義しています．図2.21の四角で囲った部分を拡大したものを図2.22に示します．図2.22は，コントロール期間→データ・アイランド期間→コントロール期間→アクティブ映像期間と順番に切り替わる部分を示しています．

　コントロール期間の最後には，プリアンブルがTMDSチャネル1とTMDSチャネル2に割り当てられるため，Sink機器ではこれを抽出します．また，データ・アイランド期間の最初と最後には，ガード・バンド(Guard Band)と呼ばれるデータがTMDSチャネル1とTMDSチャネル2に割り当てられるため，Sink機器ではこれらのデータを抽出します．アクティブ映像期間の最初には，ガード・バンド・データが全てのTMDSチャネル1，2，3に割り当てられるため，Sink機器ではこれらのデータを抽出します．

　また，音声データに伝送エラーが発生すると，本来小さな音声が突如大きな音声に聞こえてしまう可能性もあるため，伝送の信頼性が映像以上に重要になります．そこで，音声データやパケット・データが送信されるデータ・アイランド期間はTERC4(TMDS Error Reduction Cording 4)と言われるコーディング方式が使われており，4ビット・データを10ビット・データに変換して伝送することで，伝送品質の信頼性を向上させています．

　HDMIは，DVI(TMDS + DDC) + HDCP + DTV映像フォーマット + 音声/InfoFrameを重畳した規格といえます．

● Sink機器側で音声クロックを再生

　HDMIでは音声データは映像ブランキング期間に送信されますが，音声サンプリング・クロック自身は直接Source機器からSink機器に送信されません．したがって，Sink機器は，Source機器から送信されるTMDSクロックの周波数と，N，CTSと呼ばれるパラメータ(N，CTSはパケット・データでブランキング期間中にSourse機器からSink機器に送信される)から，音声のサンプリング・クロックf_sを再生する仕組みを採用しました(図2.23)．

第 2 章　DVI と HDMI の基本技術

① 音声の元クロック．このクロックを Sink 機器側で再生したい

② 音声クロック周波数と TMDS クロック周波数から決まる N, CTS 値を生成

③ N, CTS 値はブランキング期間中にパケット送信

④ TMDS クロックを基準にして N, CTS 値から音声の元クロックを再生する

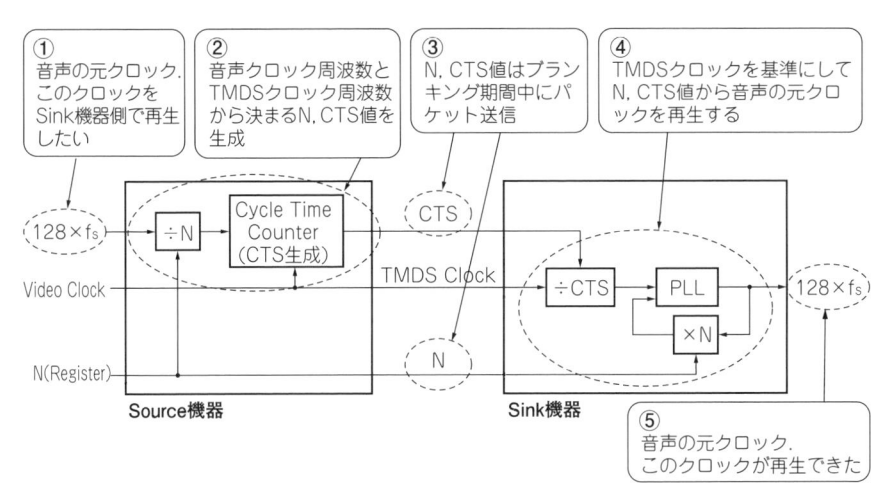

⑤ 音声の元クロック．このクロックが再生できた

図 2.23　HDMI の音声クロックの再生

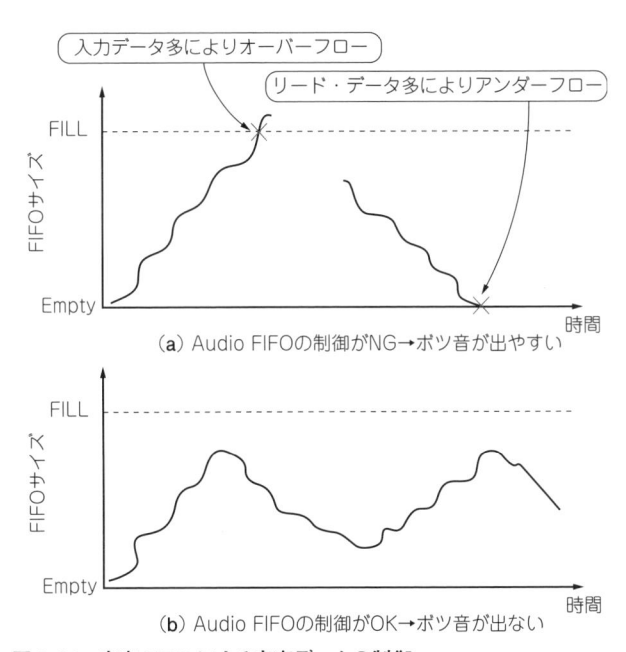

図 2.24　音声 FIFO による音声データの制御

（a）Audio FIFO の制御が NG → ポツ音が出やすい

（b）Audio FIFO の制御が OK → ポツ音が出ない

47

音声周波数を f_s, TMDS クロック周波数を f_{TMDS} とすると，
$$128 \times f_s = f_{TMDS} \times (N/CTS) \quad \cdots (1)$$
という関係式から，Sink 機器は f_s を再生します．

図 2.23 は，音声クロックを再生する方式を表した概念図です．

(1)式から PLL を使って音声サンプリング・クロック f_s を再生することはできますが，実際のインプリメンテーションでは，f_s の低ジッタ性能や，音声クロックの出力時間（ケーブルを挿してから出音するまでの時間）を短くするための様々な工夫が必要です．

Source 機器から送信される音声データは，ブランキング期間に音声パケットとして送信され，一旦 Sink 機器の音声 FIFO（First In First Out）メモリに書き込まれます．Sink 機器は，再生されたサンプリング・クロックで音声データを読み込みます．

Source 機器側のサンプリング・クロック周波数と Sink 機器側で再生したサンプリング・クロック周波数に微妙な誤差が生じると，FIFO メモリがオーバフローしたり，アンダーフローしたりして，スピーカから雑音が生じてしまいます．このため，FIFO メモリのリード・クロック周波数をメモリ容量に応じて微調整しながら読み出すことで，音声データがオーバフローしたり，アンダーフローしないようにする必要があります（図 2.24）．

● 音声フォーマットと音声インターフェース

HDMI では，IEC60958（デジタル・オーディオ），IEC61937（圧縮オーディオ）をサポートしています．音声フォーマットとしては，非圧縮オーディオ・フォーマットである LPCM（Linear Pulse Code Modulation）や，圧縮オーディオ・フォーマットである Dolby Digital などが使われています．これらに加えて，バージョン 1.3 で高音質なロスレス音声フォーマットがサポートされました．

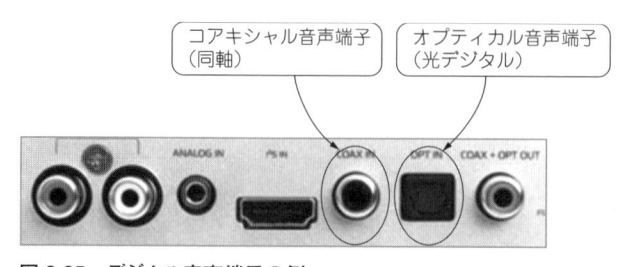

図 2.25 デジタル音声端子の例

▶ S/PDIF 音声インターフェース

HDMI で使われている音声データのインターフェースとしては，S/PDIF（Sony Philips Digital Interface）と I^2S（Inter IC Sound：IIS）があります．

S/PDIF は，ソニーとフィリップスによって策定されたデジタル音声インターフェースです．オプティカル端子（光デジタル）と，コアキシャル音声端子（同軸デジタル）があり，各々 IEC60958(-3) および EIAJ RC-5720B で規格化されています．端子の例を，図 2.25 に示します．

S/PDIF は，1 ビットのシリアル信号を使ったデジタル音声インターフェースです．1 ブロックが 192 のフレームで構成されており，1 つのフレームは，レフト／ライトの 2 つのサブフレームで構成されています〔図 2.26(a)〕．また，一つのサブフレームは 32 ビットのデータで構成されています〔図 2.26 (b)〕．各ビットは，以下のようになっています．

① Sync Preamble：4 ビットのデータで各フレームの先頭を示すとともに，クロック・リカバリのためのデータ．

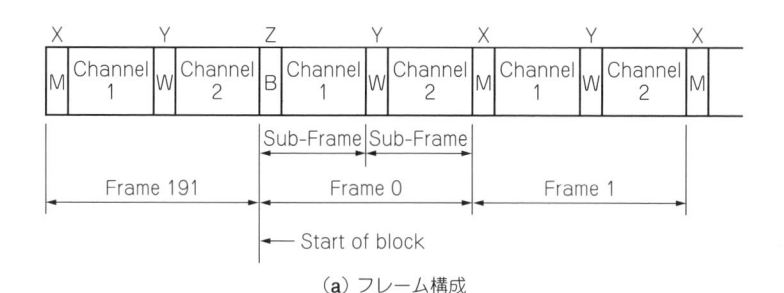

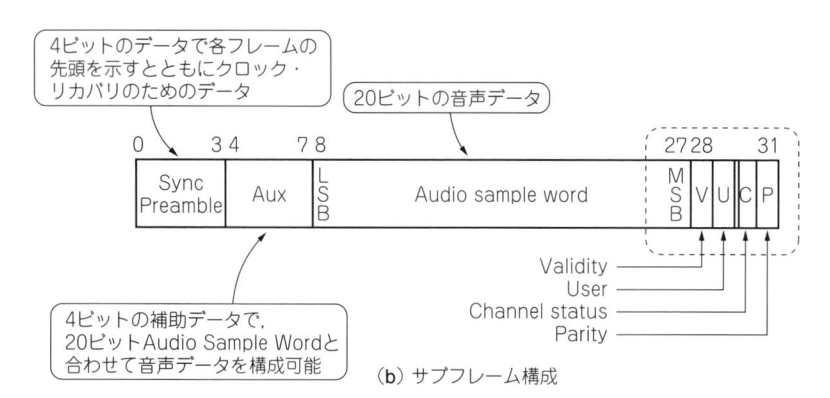

図 2.26 S/PDIF 音声フォーマット [9]

② AUX：4 ビットの補助データで，20 ビット Audio Sample Word と合わせて音声データを構成することが可能．
③ Audio Sample Word：20 ビットの音声データ．その後に，V/U/C/P の各 1 ビット，合計 4 ビットのデータがある
④ V：Validity ビット．送信データのエラー有無を示す．
⑤ U：User ビット
⑥ C：Channel Status ビット．S/PDIF 音声データの詳細な情報が格納されている (表 2.2)．Channel Status ビットは，192 フレームを使って 192 ビットの情報を伝送可能ですが，主に先頭の 32 ビット分が使われます．Sink 機器は，S/PDIF の Channel Status ビット，Audio InfoFrame の情報，Audio データ

表 2.2 S/PDIF チャネルのステータス・ビット

項　目	内　容
タイプ	民生用，業務用
データ・タイプ	PCM，非 PCM オーディオ
著作権保護	著作権保護有無
プリエンファシス	プリエンファシス有無
チャネル数	2ch, 4ch, その他
モード	モード 0
カテゴリ・コード	機器情報
ソース番号	ソース番号
チャネル番号	Lch, Rch
サンプリング周波数	32kHz, 44.1kHz, 48kHz
クロック精度	標準モード，高精度モード

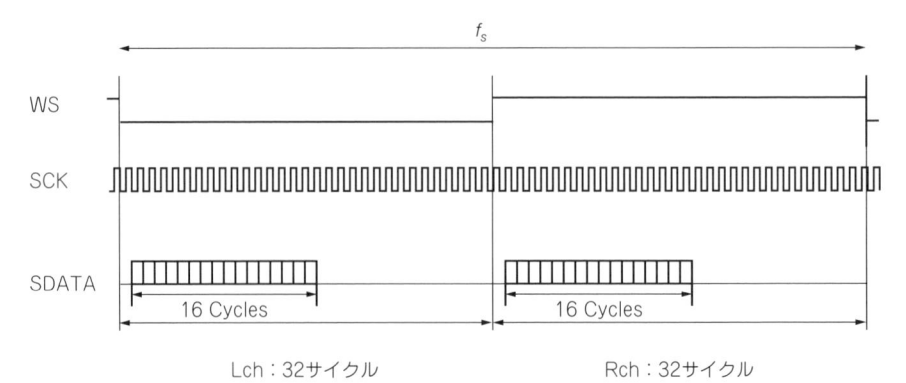

図 2.27　I²S の音声フォーマットの例 (16 ビット)[9]

の Layout 値，N/CTS 値などから Source 機器が送信する音声の情報を取得します．
⑦ P：Parity ビット

▶ I^2S 音声インターフェース

I^2S は，主に機器内部の LSI 間のデジタル音声インターフェースとして使われます．I^2S は，3本の信号線により構成されます（図 2.27）．

① WS

　LR クロックとも呼ばれます．レフト・チャンネルとライト・チャンネルの識別に使われます．WS の周波数は，音声サンプル周波数（f_s）と等しくなります．

② SCK

　音声データ（SDATA）を取り込む基準クロックです．BCLK（ビット・クロック）とも呼ばれます．

③ SDATA

　シリアル音声データです．SDATA は，複数の信号線で構成される場合があります．

I^2S は，主に非圧縮音声（L-PCM）に使われます．圧縮音声は，主に S/PDIF に使われます．なお，S/PDIF では Channel Status 情報を伝送できましたが，I^2S では伝送できない点に注意が必要です．

● 一つのリモコンで周辺機器を一括制御する CEC

　CEC は，1ビットの CEC ラインで接続された複数の機器同士を，1つのリモコンで連動して制御できる便利な機能です．これまでは，テレビ，DVD レコーダ，STB，AV アンプを制御するには，それぞれにリモコンが必要だったため，ユーザにとって煩雑な作業が必要でした．

　しかし，各機器間を HDMI ケーブルで接続することにより，CEC 機能を使って1つのリモコンで各機器を連動させて制御できるようになりました．CEC は欧州で使われている SCART 端子にあった機器制御プロトコルを起源としており，CEC が普及する以前からも同様な機能はありました．

　CEC では，テレビを頂点として各機器が CEC ラインでバス接続された構造となっています（図 2.28）．機器の接続情報は，各機器の EDID に物理アドレス（Physical Address）として割り振られます（図 2.29）．物理アドレスを使って，CEC に接続されている機器情報を得ます．テレビの物理アドレスは必ず 0000 と定義され，その先に接続される機器から順番にアドレスが決められます．

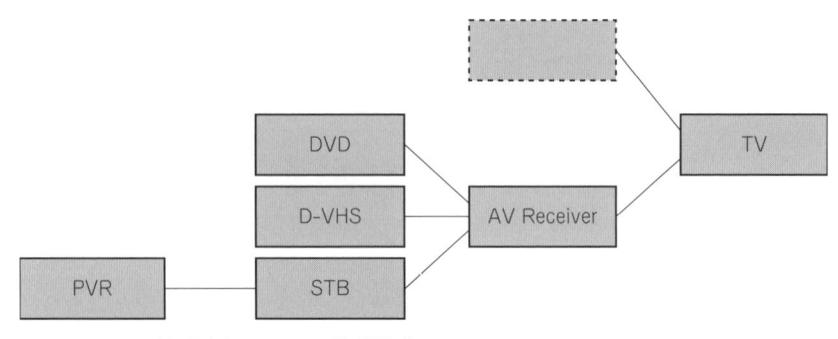

図 2.28　テレビを頂点とした CEC 接続構成

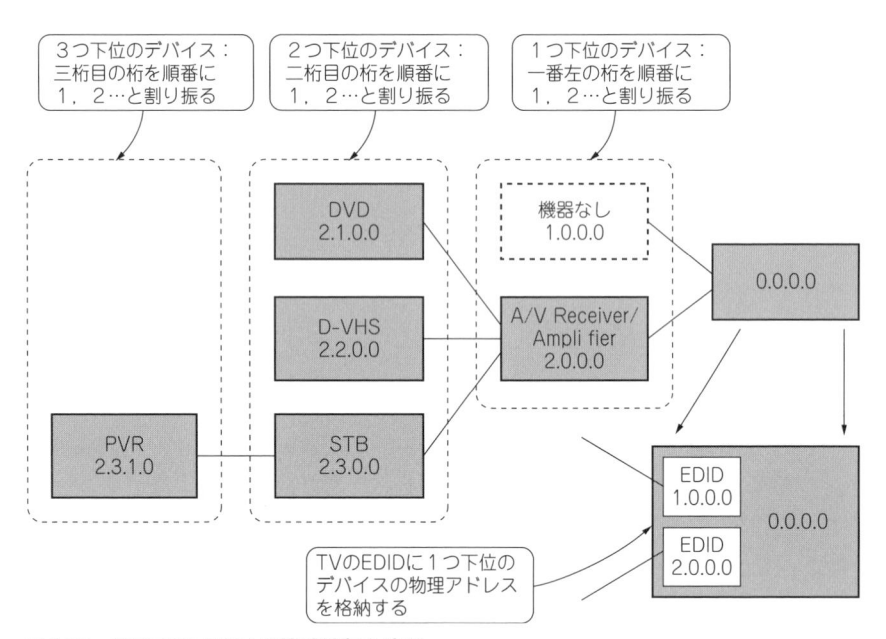

図 2.29　物理アドレスにより接続情報を確認

図 2.29 の例では，テレビの HDMI 入力 1 は接続されておらず，HDMI 入力 2 に AV レシーバが接続されているので，AV レシーバの物理アドレスは 2000 となります．さらに，AV レシーバから先に三つの機器が接続されており，それぞれ物理アドレスは，DVD プレーヤが 2100，D-VHS が 2200，STB が 2300 となります．STB の先にはさらに PVR が接続されており，2310 となります．このようにして，順番に物理アドレスが割り振られます．CEC は，機器が電源オフ

表 2.3 主な CEC メッセージと機能

CEC メッセージ	動 作
One Touch Play	DVD の"再生"ボタンを押すと、接続されている TV が自動的に当該 HDMI 入力を選択し再生が始まる。TV が電源オフの状態であれば自動的にオンにする。"再生"ボタンのワンタッチ操作で TV で DVD が再生できる。
System Standby	TV の電源オフにより、DVD など CEC 接続された機器の電源をオフにする機能(ただし、録画中や録画予約が入っている場合は電源オフにならない)。
One Touch Record	"録画"ボタンをオンにすると、今 TV で視聴中の番組が自動的に録画される。レコーダのチャンネルを TV のチャンネルに合わせる必要がない。
Timer Programming	TV の EPG(電子番組表)で録画予約をすると、その予約情報が自動的にレコーダに送られ、レコーダを操作することなく予約設定ができる。
System Audio Control	CEC で接続された機器の音声制御。TV のリモコン一つで CEC で接続されたシステム全体の音声切り替え、ボリューム調整などができる。テレビの音声を消音し、アンプの音声をテレビのリモコンで調整できる。
Remote Control Pass Through	TV のリモコンによる操作コマンドを TV から目的とする機器に転送する。ユーザはリモコンを複数制御する必要がない。メニュー操作、再生・停止などの操作、電源操作などができる。
Routing Control	CEC で TV から末端の Source 機器まで複数の機器が接続されている場合、ユーザがアクティブにする経路設定を切り替えたとき、映像信号の入力経路も自動的に設定する。

でもリモコンで動作する必要があるため、コマンドの送受信は、各機器のスタンバイ・マイコンが担当します。

また、CEC では物理アドレスと合わせて、ロジカル・アドレス(Logical Address)を規定しています。ロジカル・アドレスは、接続されている機器の種別、すなわち接続された機器がテレビなのか DVD レコーダなのか STB なのかを識別することができます。

● CEC の便利な機能

CEC では、多数の機能が規定されています。CEC の機能の一覧を、表 2.3 に示します。

(1) ワンタッチ・プレイ

ワンタッチ・プレイの動作を図 2.30 に示します。ワンタッチ・プレイとは、HDMI で接続された複数の機器において DVD の再生がテレビのリモコン 1 つで可能になるというものです。ユーザが DVD プレーヤのリモコン・キーを使って"再生ボタン"を押すと、AV レシーバが自動的に DVD プレーヤを認識して再生を開始します。さらに、液晶テレビも同様に自動的に HDMI 入力を認識し再生を開始します。このように、1 つのリモコンで周辺機器が連動して動作できるという便利な機能です。

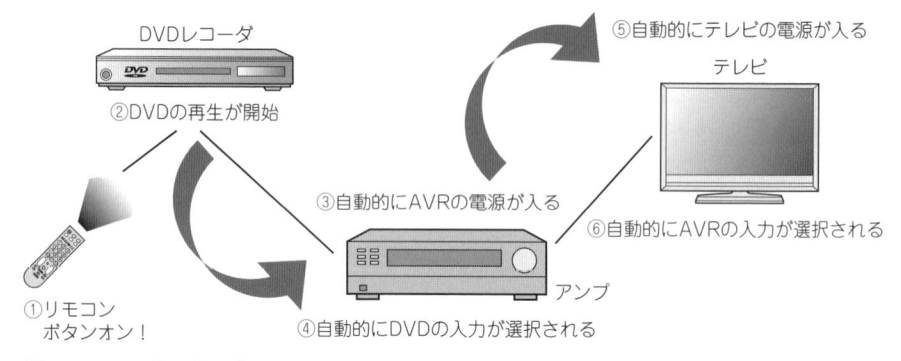

図 2.30　ワンタッチ・プレイ

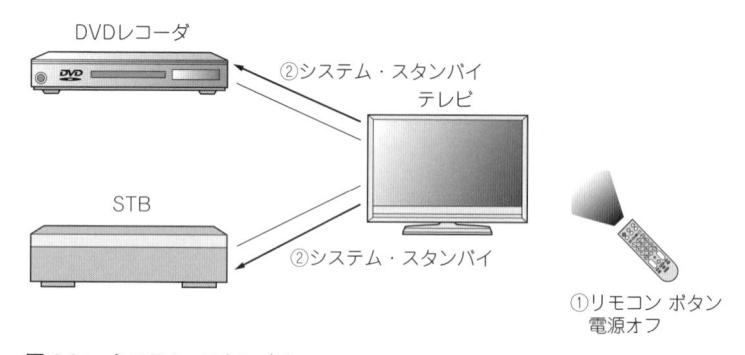

図 2.31　システム・スタンバイ

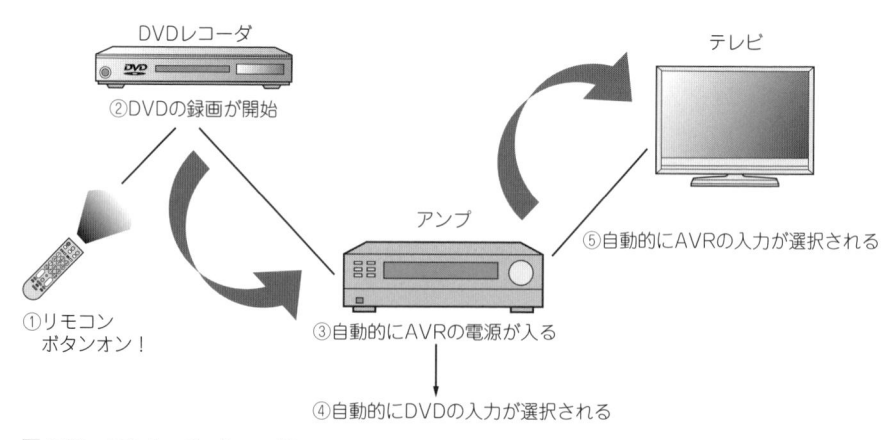

図 2.32　ワンタッチ・レコード

(2) システム・スタンバイ

システム・スタンバイの動作を図2.31に示します．テレビのリモコンでテレビの電源をオフにすると，CEC接続された全ての機器の電源をオフにできるというものです．ただし，録画中は電源がオフにならないようになっています．

(3) ワンタッチ・レコード

ワンタッチ・レコードの動作を図2.32に示します．"録画ボタン"をオンにすると，今テレビで視聴中の番組が自動的にレコーダに録画される機能です．ワンタッチ・レコードにより，レコーダのチャンネルをテレビのチャンネルに合わせる必要がありません．

(4) タイマ・プログラミング

タイマ・プログラミングの動作を，図2.33に示します．タイマ・プログラミングは，テレビのEPG(Electrical Program Guide，電子番組表)で録画予約をすると，その予約情報が自動的にレコーダに送られ，レコーダを操作することなく予約が完了するという機能です．

(5) システム・オーディオ・コントロール

システム・オーディオ・コントロールの動作を図2.34に示します．システム・オーディオ・コントロールは，テレビのリモコン1つでCECで接続されたシステム全体の音声切り替え，ボリューム調整などの主要動作を行うことができる機能です．テレビとシアターシステムが接続されている場合，テレビの音声をテレビのスピーカから出力するか，シアターシステムに接続されたスピーカから出力するか選択することができます．

(6) リモート・コントロール・パス・スルー

リモート・コントロール・パス・スルーの動作を図2.35に示します．テレビのリモコンによる操作コマンドを，テレビから目的とする機器に転送できる機能です．これによりユーザは，メニューの操作や再生停止などの操作，電源の操作などでリモコンを複数用意する必要がなくなります．

(7) ルーティング・コントロール

ルーティング・コントロールの動作を図2.36に示します．設定を切り替える前は，テレビ→AVレシーバ→DVDの経路が選択されていて，ユーザがテレビ→AVレシーバ→STBの経路に変更したとします．このようにユーザがアクティブにする経路設定を切り替えたとき，CECの入力経路も自動的に設定できる機能です．

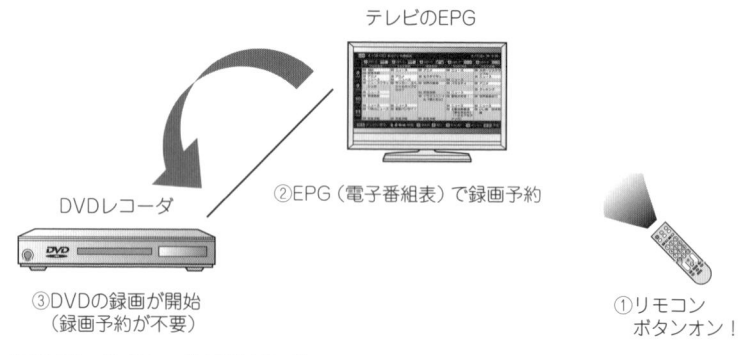

図 2.33　タイマ・プログラミング

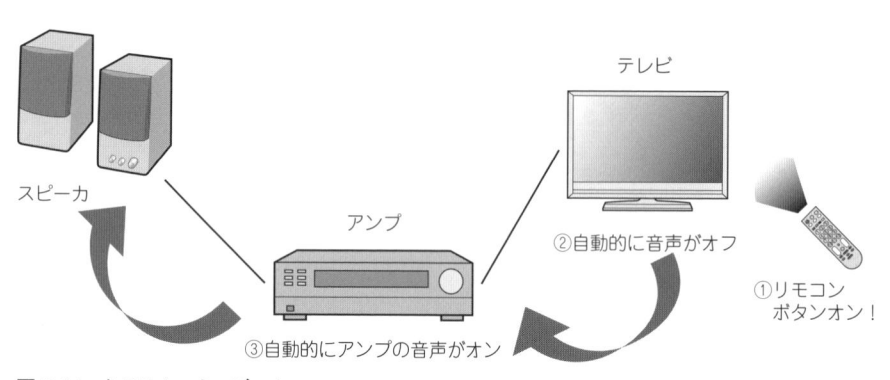

図 2.34　システム・オーディオ

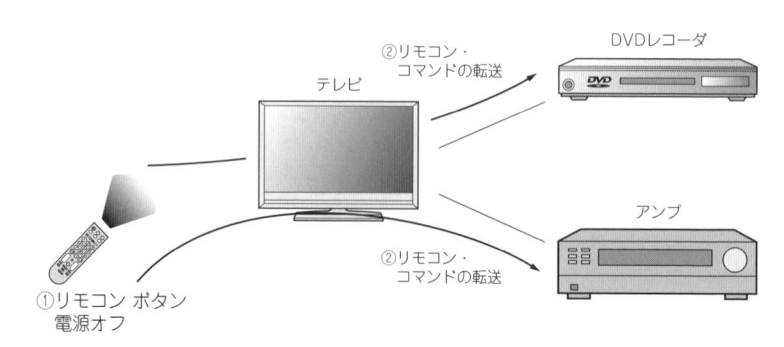

図 2.35　リモート・コントロール・パス・スルー

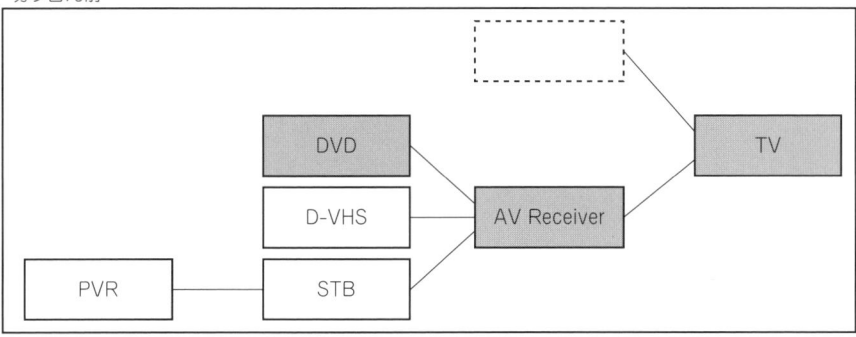

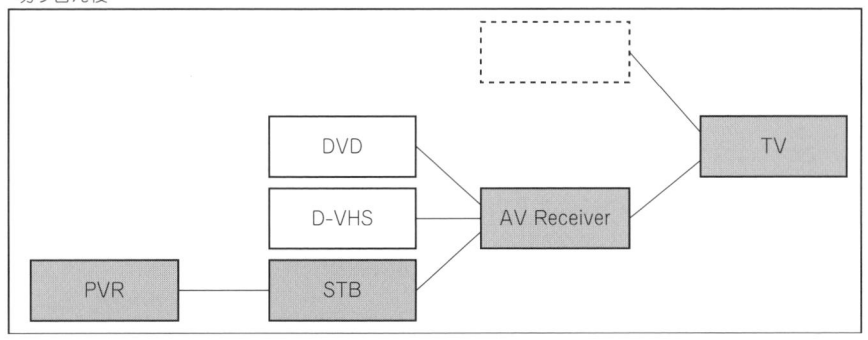

第 2 章　DVI と HDMI の基本技術

図 2.36　ルーティング・コントロール

● コネクタのバリエーション

　DVI はコネクタが大きいため，特にモバイル機器に搭載する場合にセットを設計する際の制約となっていました．そこで，HDMI ではできる限りコネクタ・サイズが小さくなっています．図 2.37 に，DVI コネクタと HDMI タイプ A コネクタの外形を示します．このように，HDMI ではかなり小型化されていることが分かります．

　さらに，タイプ C のミニコネクタや，さらに小型のタイプ D のマイクロコネクタも追加されて，さまざまなモバイル機器に対応できるように配慮されています．HDMI1.4 では，車載用コネクタであるタイプ E コネクタも追加されています．コネクタのバリエーションを図 2.38 に示します．

　図 2.39 に，タイプ A コネクタのピン配置図を示します．各 TMDS 差動ペア間に GND が配置されています．DVI ではコネクタ内でアナログとデジタルの両

図 2.37　DVI コネクタと HDMI コネクタの比較

方に対応していましたが，HDMI では対応していません．また，タイプ B のデュアル・コネクタは，実際には存在していないので注意が必要です．

タイプ	タイプA：スタンダード	タイプC：小型映像機器向け
基板側のコネクタ（レセプタクル）	ライト・アングル・タイプ TCX3253　バーティカル・タイプ TCX3262	TCX3281
ケーブル側のコネクタ（プラグ）	14mm	10.5mm

図 2.38　HDMI コネクタの種類（写真提供：ホシデン株式会社）

第2章　DVIとHDMIの基本技術

```
TMDS CH-0
TMDS CH-2
GND
TMDS CH-1
TMDS Clock

CEC
DDC
HPD
+5V
Utility
```

図 2.39　HDMI コネクタの端子配置

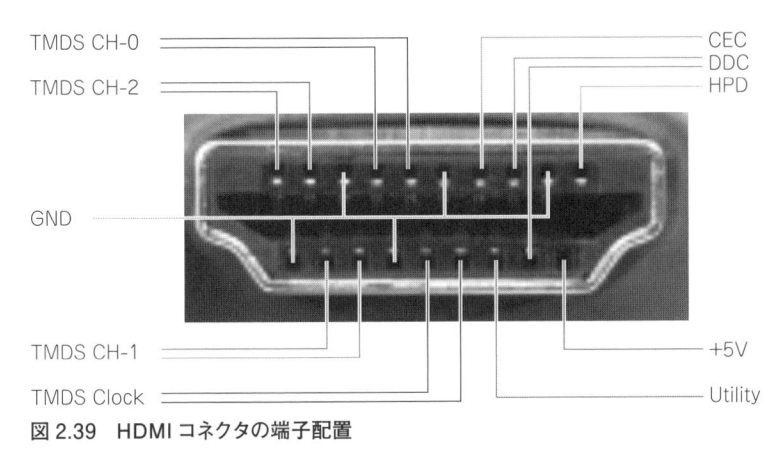

● ケーブルを繋ぐだけで動作が開始するプラグアンドプレイ

　HDMI では，どの機器間においてもケーブルを挿すだけで，ドライバをインストールしなくても映像が表示され，音声も出力されるように工夫されています．これは，機器間でプラグアンドプレイが実行されているためです．プラグアンド

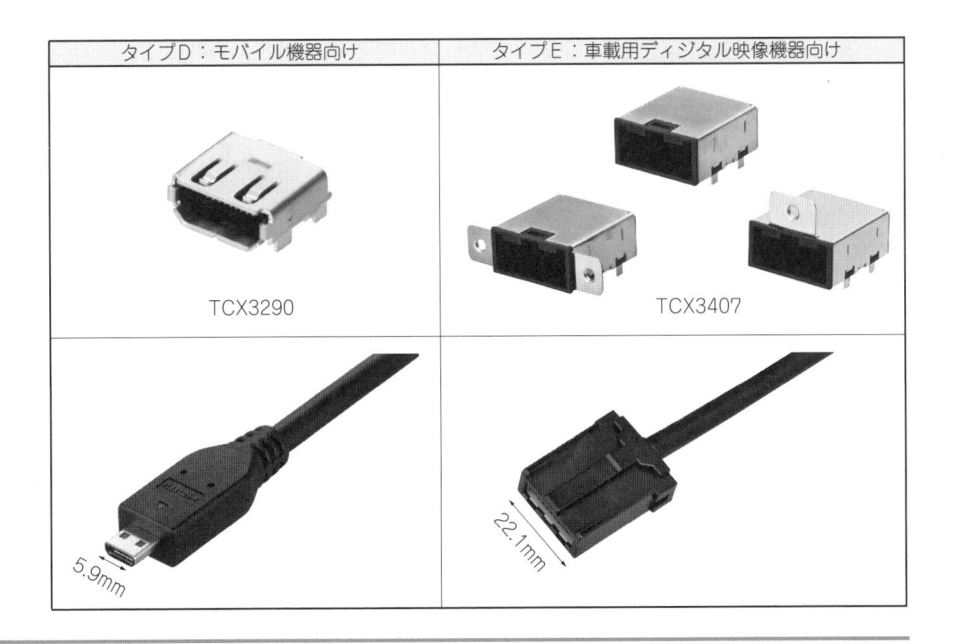

タイプD：モバイル機器向け	タイプE：車載用ディジタル映像機器向け
TCX3290	TCX3407
5.9mm	22.1mm

59

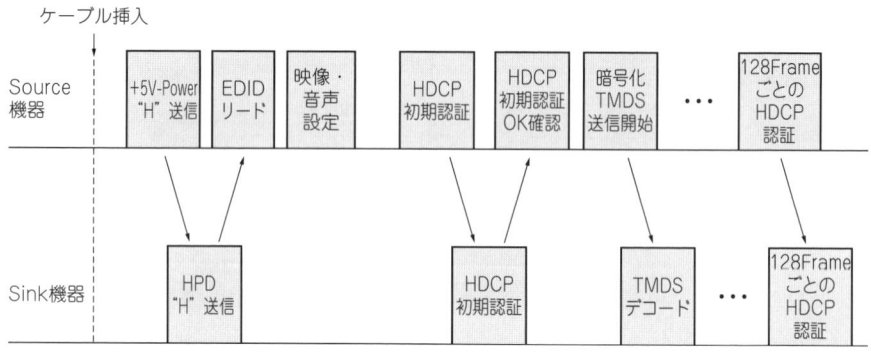

図 2.40 HDMI のプラグアンドプレイ

プレイの流れを，以下に示します（図 2.40）．
① Step1
　HDMI ケーブルが Source 機器から Sink 機器に接続される（プラグイン）．
② Step2
　HDMI ケーブル内の + 5V-Power ピンを Source 機器が"H"レベルにする．
③ Step3
　Sink 機器が + 5V-Power ピンの"H"レベルを検出し，EDID をリード可能な状態であれば，HPD ピンを"L"レベルから"H"レベルに遷移する（ホット・プラグ検出）．
④ Step4
　Source 機器は，HPD が安定するまで少し待つ．
⑤ Step5
　Source 機器は HPD の"H"レベルが安定したことを検出し，Sink 機器の EDID をリードする．
　EDID には，Sink 機器のディスプレイ性能（映像フォーマット，音声フォーマット，製品情報など）が格納されており，Source 機器はこの情報を読み取って，どのフォーマットで映像と音声を送信すべきか決めます．
⑥ Step6
　Source 機器が Sink 機器に対して，HDCP 初期認証を開始する．
⑦ Step7
　SHDCP 初期認証が完了すれば，映像・音声データを暗号化して Sink 機器に出力する．

このようにして，ケーブルを挿せば正常に映像と音声を出力できますが，上記の一連の流れは数秒以上要する場合が多く，HDMIではユーザは最初に画像が出るまで長く感じられる要因になっています．

2-6 HDMI と DVI の比較

HDMI は DVI の基本技術を踏襲しつつ，DVI を含めたレガシ・インターフェースの課題を改善するように工夫されました．HDMI と DVI を比較したものを**表2.4** に示します．

▶規格書バージョン

DVI はバージョン 1.0 が 1999 年にリリースされて以降，一度も更新がされておらず事実上凍結されています．HDMI は 2013 年 5 月現在ではバージョン 1.4b まで進んでおり，常に市場の要求を先取りした先進的な機能の追加が行われています．

▶用途

DVI は，パソコンとモニタ間のアナログ・インターフェースをデジタル化するために開発されました．HDMI は，パソコンやモニタ，テレビ，DVD，STBなど，コンシューマ・エレクトロニクス機器全般のデジタル・インターフェースとして広く普及しました．さらに，モバイル機器や車載用途など，さらにアプリケーションの広がりを見せています．

▶信号線の構成

DVI は，TMDS 4 レーン（クロックが 1 レーン + データが 3 レーン），DDC，+ 5V-Power，HPD で構成されています．HDMI は，それ以外に CEC，Utilityにより構成されています．

▶クロック周波数とデータ伝送量

DVI は，最大 TMDS クロック周波数として，165MHz まで対応しています．データ・レーンが 3 レーンあるため，TMDS リンクのデータ伝送量は 4.95Gbps（165MHz × 10 × 3，TMDS デコード後）まで対応しています．HDMI は，最大 TMDS クロック周波数として 340MHz まで対応しており，TMDS リンクのデータ伝送量は 10.2Gbps（340MHz × 10 × 3，TMDS デコード後）まで対応しています．

▶コネクタ

DVI は，デジタルとアナログを同時に伝送できる DVI-I コネクタ，アナログのみ伝送する DVI-A コネクタ，デジタルのみ伝送する DVI-D コネクタがあります．

表 2.4　DVI と HDMI の比較

項　目	DVI	HDMI
規格書バージョン（2013/5 現在）	本体 1.0	本体　1.4b CTS　1.4b
用途	PC 関連機器	PC 関連機器 CE 関連機器，モバイル，車載など多数
信号線の構成	TMDS(Clock1 本 + Data3 本) DDC +5V-Power HPD	TMDS(Clock 1 本 + Data 3 本) DDC +5V-Power HPD CEC Utility
クロック周波数	165MHz（max）	340MHz(max)
データ伝送量	4.95Gbps	10.2Gbps
コネクタ	DVI-I(アナログ，デジタル) DVI-A(アナログ) DVI-D(デジタル)	タイプ A(標準)，タイプ C(ミニ)，タイプ D(マイクロ)，タイプ E(車載)
	コネクタ内 アナログ信号伝送可能	コネクタ内 アナログ信号伝送不可
エンコード方式	Active Video 期間（映像） ブランキング期間(制御信号)	Active Video 期間（映像） Control 期間(制御信号) Data Island 期間（音声，InfoFrame）
	TMDS	TMDS，TERC4+ECC
Guard Band/Preamble	なし	あり(送信データの信頼性向上)
EDID	あり	あり
給電	Source → Sink（+5V-Power）	Source → Sink（+5V-Power）
映像フォーマット	PC フォーマット 初期のころ，CE フォーマットを送っていた時代もあった	PC フォーマット CE フォーマット（SD, HD）
	RGB	RGB，YCC，xvYCC，AdobeYCC，AdobeRGB
	メタデータは送信不可	メタデータ送信可（AVI InfoFrame）
	8bit/pixel 8bit 以上は Dual Link で対応	8bit，10bit，12bit，16bit/pixel
	フル・レンジのみ	フル・レンジ，リミテッド・レンジ
	Sink 側で 2 D/3D の区別不可	3D 対応可能 (Sink で 2 D/3D の区別可能)
音声	−（対応なし）	L-PCM，Compressed-Audio HD-Audio
		Sink → Source への Audio 伝送(ARC)
InfoFrame	−（対応なし）	CEA861 InfoFrame
HDCP	対応可能	対応可能(ほとんど実装)
CEC	−（対応なし）	可能
Ethernet 伝送	−（対応なし）	可能(HEC)

HDMIは，標準のタイプAコネクタ以外に，タイプCのミニコネクタ，タイプDのマイクロコネクタ，タイプEの車載コネクタがあります．

▶エンコード方式

　DVIは，アクティブ映像期間に映像データのみが伝送され，ブランキング期間に制御信号が伝送されます．コーディング方式はTMDSが採用されています．

　HDMIも，アクティブ映像期間に映像データのみが伝送される点はDVIと同じです．しかし，ブランキング期間はコントロール期間とデータ・アイランド期間に分かれ，コントロール期間には制御信号を，データ・アイランド期間には音声データとInfoFrameを伝送します．映像のコーディング方式はDVIと同様にTMDSが採用されています．音声，InfoFrameには，TERC4(＋ECC)が採用されています．また，HDMIではガード・バンドとプリアンブルが使われています．

▶ EDID, 給電

　DVI, HDMIともEDIDをサポートしています．また，Source機器からSink機器に，＋5V-Powerラインを使って給電することが可能になっています．

▶映像フォーマット

　DVIは，パソコンとモニタ間のデジタル・インターフェースとして開発されたため，RGBをサポートしていますがYCCはサポートされていません．また，映像レンジはフル・レンジだけの対応になります．映像フォーマットは，PCフォーマットがサポートされています．

　HDMIは，RGB，YCCともにサポートしており，フル・レンジとリミテッド・レンジの両方の対応が可能です．HDMIではさらに，xvYCC，AdobeRGB，AdobeYCCなどのカラー・リメトリもサポートしています．また，映像フォーマットはPCフォーマットとCEフォーマットの両方がサポートされています．

　DVIでは，ディープ・カラーはデュアル・リンクでの対応となっていましたが，HDMIは全コネクタでディープ・カラーの対応が可能です．また，DVIは3Dに非対応ですが，HDMIでは対応が可能です．

▶音声, InfoFrame

　DVIでは音声，InfoFrameとも対応不可ですが，HDIMでは両者とも対応が可能です．音声はL-PCM，圧縮音声，HD音声などに対応しています．また，通常の映像伝送と同様に，Source機器からSink機器への音声伝送だけでなく，Sink機器からSource機器へ音声を逆送するARC(Audio Return Channel)を利用することも可能です．

▶ HDCP

DVI, HDMI ともに, HDCP によるコンテンツ保護に対応していますが, HDMI ではほとんどの機器で標準装備されています.

▶ CEC

DVI は, パソコンとモニタ間のインターフェースであったこともあって CEC 機能をサポートしていませんでした. HDMI では CEC をサポートしており, 1つのリモコンでテレビ周辺機器を制御できます.

▶ イーサネット伝送

DVI は映像伝送のみでイーサネット・データを伝送することはできませんでした. しかし, HDMI では HEC(HDMI Ethernet Channel)としてイーサネット伝送が可能になっています.

第3章 HDMIの応用技術とHDMIのハードウェア

　前章では，HDMI 1.0に対応したHDMIの基本技術について述べました．本章では，HDMIの改定に伴って追加された拡張技術について解説します．

　HDMIは，2004年5月にリリースされたバージョン1.1ではDVDオーディオ・フォーマットが追加されました．また，2005年8月にリリースされたバージョン1.2ではSACD（Super Audio CD）フォーマットと，PC機器への対応を考慮したPCフォーマットが追加されました．さらに，2005年12月にリリースされたバージョン1.2aでは，CECの仕様が追加されました．

　しかし，2006年6月にリリースされたバージョン1.3は，それまでの改定とは異なり，かなり大きな改定が行われました．また，2009年にリリースされたバージョン1.4でも，HDMI 1.3と同様に大きな改定が行われています．そこで本章では，バージョン1.3とバージョン1.4で行われた主な改定内容について解説します．

3-1 HDMI 1.3で追加された機能

● なめらかな画質を実現するディープ・カラー

　HDMI 1.2までの映像信号の色深度は8ビット／ピクセル（RGB3色で24ビット）でしたが，バージョン1.3において10ビット（RGB3色で30ビット），12ビット（RGB3色で36ビット），16ビット（RGB3色で48ビット）のディープ・カラー（Deep Color）の仕様が追加されました．

　8ビットでは256階調までしか表現できませんが，10ビットでは1,024階調，12ビットでは4,096階調，16ビットでは65,536階調まで表現することが可能になります．

　グラデーション・パターンのような映像では，8ビット／ピクセルでは等高線のような模様が出てしまいますが，ディープ・カラーにすることでより滑らかな画像となり，より自然に近い映像を表示できます．

● TMDS クロック周波数の高速化

　バージョン 1.3 では，ディープ・カラー化と合わせて TMDS の動作周波数もこれまでの 165MHz(max) から 340MHz(max) の 2 倍に引き上げられました．165MHz は 8 ビットに対応し，340MHz は 16 ビットに対応します．TMDS クロック周波数が 340MHz になると，TMDS の 1 データ・レーンあたりのビット・レートは 3.4Gbps と，かなり高速になります．

　フル HD の 12 ビットのディープ・カラー対応の場合，TMDS クロック周波数は 222.75MHz となり，8 ビットからは 1.5 倍になります．TMDS クロックを高速にすることにより，これまで以上にハイエンドなディスプレイに対応できるようになり，高速なリフレッシュ・レートにも対応できるようになります．

● ディスプレイにより異なる色表現を統一するカラー・マネージメント

　ディスプレイ装置は，CRT，LCD，LED，PDP，プロジェクタなど多様であり，表示される画像の色はディスプレイによってまちまちになってしまう可能性があります．この問題を解決するために，Source 機器と Sink 機器間で予め RGB の色がどういう色か標準色空間を決めておいて，それに基づいて映像を伝送するようにしています．これがカラー・マネージメントです．

Keyword　**ディープ・カラーの TMDS クロック周波数**

ディープ・カラーは，ビット数によってピクセル・クロック周波数と TMDS クロック周波数が異なります．例えば，1920 × 1080p の映像フォーマットの場合，ピクセル・クロック周波数は 148.5MHz ですが，TMDS クロック周波数は以下のようになります．

- 8 ビット / ピクセルの場合
  TMDS クロック周波数 = 148.5MHz
- 10 ビット / ピクセルの場合
  TMDS クロック周波数 = 148.5MHz × 10/8 = 185.625MHz
- 12 ビット / ピクセルの場合
  TMDS クロック周波数 = 148.5MHz × 12/8 = 222.75MHz
- 16 ビット / ピクセルの場合
  TMDS クロック周波数 = 148.5MHz × 16/8 = 297MHz

標準色空間の例としては，ITU-R BT709-5/BT601-5，sRGB(IEC61966-2-1)などがあります．

▶ CRTの特性をもとに決められたsRGB

従来のテレビの色空間は，CRTの特性を基準にして決められたsRGBが採用されてきました．sRGBはディスプレイ用の標準色空間として広く使われており，IEC(International Electrotechnical Commission，国際電気標準会議)において標準化されています．ディスプレイ以外にデジタルカメラやプリンタでも利用されており，広く一般的な存在になっています．

色空間の定義には，CIE(Commission internationale de l'Eclairage，国際照明委員会)が定める定義や，マンセル・カラー(Munsell Color Cascade)があります．

図3.1に示すCIExy色座標系は，人が認識できる色を定義したもので，周りの数字は各色の波長を示します．この領域内の内側にある破線で示した三角形がsRGBの色空間になります[10]．

▶ sRGBより広い色域を持つAdobeRGBとsYCC

sRGBはIECが定めた国際標準規格であり，一般的なモニタのディスプレイはこの規格を採用しています．しかし，図中の三角形の面積が小さいことから分かるように，再現できる色範囲が限られており，実在する物体の色，マンセル・カラーで定義されている全769色の約55%しか表現できません．また，薄型ディスプレイは色域を拡張させたものが開発されていましたが，xvYCC以前のコンテンツの多くはsRGBの色域に制限された画作りがされていたため，ディスプレ

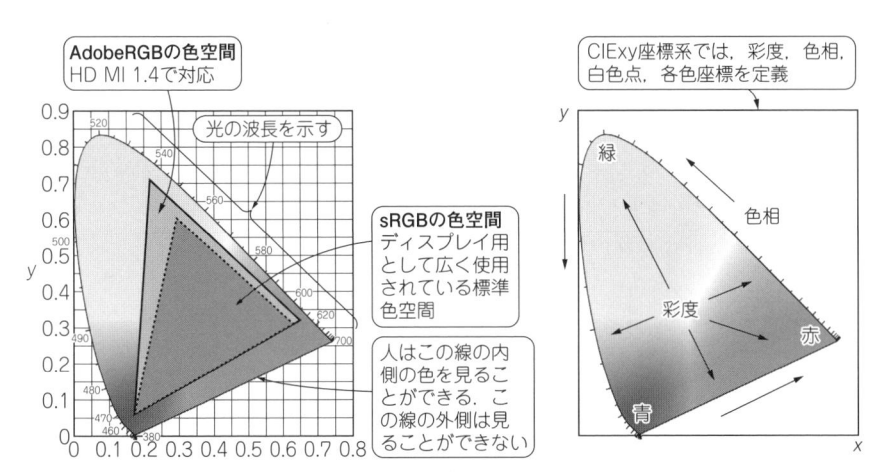

図3.1 人が認識できる色を定義したCIExy色度図

イが広色域となったメリットを活かしきれていませんでした．

そこで，sRGB以外の色空間に関する規格として，Adobe RGBがあります．AdobeRGBはAdobe Systems社が開発した色空間で，sRGBよりも広い色空間を有し，DTP（Desk Top Prepress）などの印刷分野では広く使用されています．

また，デジタルカメラなどの静止画の分野では，sRGBより色域が広いsYCC色空間が採用されています．JPEGなどの符号化ではYCCが用いられていましたが，YCCにはその空間の範囲に関する定義がありませんでした．そこで，sRGBと関連付けてYCCの範囲を規定したのがsYCC規格です．

sYCCは，sRGBの規格IEC 61966-2-1 Amendment1で規定されています．

▶ 新しい動画用の色空間 xvYCC

従来のテレビ信号と互換性を保持しつつ，より鮮やかな色を表現するため，新しい動画用の色空間規格が必要になりました．そこで，三菱電機，ソニーが中心となって国際標準化を進めたxvYCC（エックスブイ・ワイシーシー，extended video YCC）が，IECにおいて国際標準規格として制定されました（IEC 61966-2-4）[11]．

xvYCCには，以下に示すメリットがあります．

(1) 未定義であったsRGB色域外の領域に対し，明確な定義が加えられた．
(2) CRTをもとにしたテレビ信号によるsRGB色域では（マンセル物体色定義の）55%しか表現できなかった物体色が，xvYCCではほぼ100%の表現が可能となり，ほとんどの物体色の表現が可能になった．
(3) YCC色空間を採用している従来のテレビの画像処理や現在使用されているビデオ信号との互換性を保持することができる．
(4) sRGB色域内では同一定義となるので，従来の色域で作成されたコンテンツがそのまま使用できる．

xvYCCでは，sRGBより広い色域を表現することができます（図3.2）[11]．したがって，従来のテレビではsRGBを超える色を再現することはできませんでしたが，xvYCCを使えば鮮やかな花の色（紅・橙・黄・紫）や，南国の海の美しい青緑色など，見た目どおりの色で忠実に再現することが可能になります．

● 映像と音声を同期させるリップシンク

リップシンクとは，映像と音声の間で生じる遅延時間の調整機能です．映像信号処理や音声処理が年々複雑化しており，映像と音声の遅延時間のずれが大きくなっています．特に，ゲーム機器などでは実際の表示と音声がずれると問題になるアプリケーションもあるため，リップシンクの重要性が高まっていました．

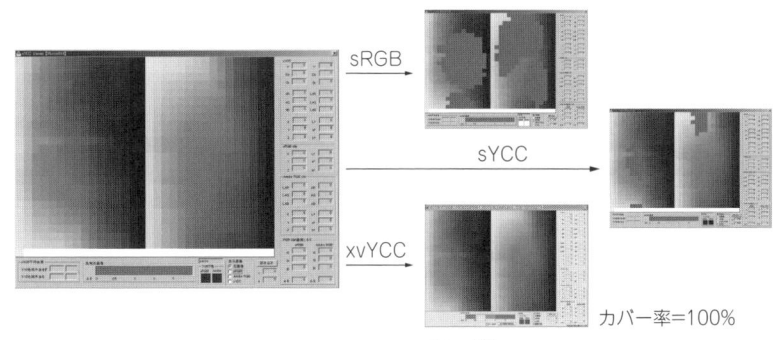

第3章　HDMIの応用技術とHDMIのハードウェア

図3.2　sRGB，sYCC，xvYCCの色のカバー範囲[11]

そこでHDMIでは，Sink機器側にあらかじめ映像と音声の遅延時間をEDID上に設定しておき，Source機器でこの情報をDDCラインから読み取り，データを送る前に遅延を設定して，最終的に映像と音声の遅延時間を合わせるようにすることができます．

図3.3に，リップシンクの使用例を示します．DVDプレーヤとテレビの間にAVレシーバが接続されています．この例で，リップシンクの動作を説明します．

(1) AVレシーバは，テレビのビデオ・レイテンシ(映像遅延時間)をEDIDから読み込み，自身のEDIDに設定する(AVレシーバ自身の遅延がある場合，その遅延時間も含める)．
(2) AVレシーバは，オーディオ・レイテンシ(音声遅延時間) 80msを自身のEDIDに設定する．
(3) DVDプレーヤは，ビデオ・レイテンシ100msとレイテンシ80msからリップシンクを20msと計算する．

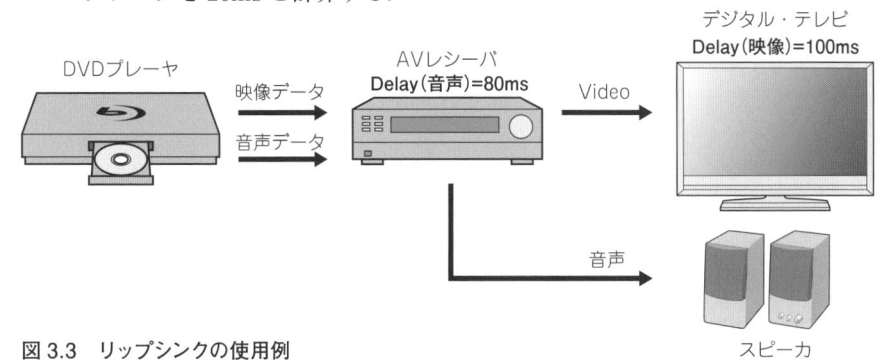

図3.3　リップシンクの使用例

(4) DVD プレーヤは，この遅延差を見込んでビデオとオーディオを送信する．

● 本格的な高音質への対応

　HDMIでは，映像フォーマットだけでなく音声フォーマットも規格に含まれています．そして，HDMIの改定に合わせて高音質の音声フォーマットが追加されてきました．

　表3.1に，HDMIがサポートしている主なオーディオ・フォーマットを示します．HDMI 1.0ではL-PCMとCompressed Audio，HDMI 1.1ではDVDオーディオ，HDMI 1.2ではSACDオーディオ，そしてHDMI 1.3ではDTS，HD Master Audioなどの高音質ロスレスのオーディオ・フォーマットがサポートされました．以下に，HDMIで主に使われているオーディオ・フォーマットを示します．

(1) L-PCM (Linear Pulse Code Modulation)

　CDやDVDにおいて広く採用されている非圧縮のデジタル音声符号化方式です．CDのフォーマットは量子化ビット数が16ビット，サンプリング周波数が44.1kHzです．また，DVDのフォーマットは16，20，24ビットで，48kHz，96kHz，192kHzです．

(2) Compressed Audio (圧縮オーディオ)

　圧縮オーディオの一つに，Dolby Digital/AC3（Audio Code number 3）があります．Dolby Digital/AC3は，ドルビー研究所が開発したデジタル音声符号化方式です．映画やゲームなどに幅広く使われており，フロント(L/R)，センター(C)，サラウンド(SL/SR)の5チャンネルと重低音(SW)チャンネルで構成されます．

(3) DVD Audio

　DVDフォーラムが開発したデジタル音声符号化方式です．5.1chなど，高音質

表3.1 HDMIがサポートしているオーディオ・フォーマット

	V1.0	V1.1	V1.2	V1.3/V1.3a
L-PCM	○	○	○	○
Compressed Audio	○	○	○	○
DVD Audio		○	○	○
Super Audio CD			○	○
DST (Direct Stream Transport)				○
High Bit Rate Audio (DTS-HD Master Audioなど)				○

の音声をDVDに記録する方式です．CDに比べ高音質で，コンテンツ保護などの複製されにくい特徴を備えた，オーディオ専用フォーマットです[12]．

(4) SACD (Super Audio CD)

次世代CD規格として，ソニーとフィリップスにより規格化されたデジタル音声符号化方式です．SACDはDSD (Direct Stream Digital) 方式を採用しており，PCMと異なり音声信号の大小を1ビットの密度(濃淡)で表す方式です[11]．SACDはCDより高速で，より高い可聴帯域を有し，最大5.1chサラウンド・オーディオまでサポートしています[13][14]．

(5) DST (Direct Stream Transport)

フィリップスが開発したロスレス圧縮音声方式で，CDよりも高音質のステレオと5.1chサラウンド・オーディオに対応しています．DSD信号を圧縮するために開発され，ディスク内に効率よくデータを記録するための技術です．この技術を用いることで，スーパーオーディオCDは，2chステレオとマルチchサウンドの両方の音楽データを，一枚のディスクにCDと同等の記録時間で収録することを可能にしています．

(6) Dolby True HD

ドルビー研究所が開発したロスレスのデジタル音声符号化方式です．Blu-ray DiscとHD DVDの両方に対応しています．最大24ビット，192kHzまで対応しています．また，最大7.1chサラウンド・オーディオにも対応しています[15]．

(7) DTS-HD Master Audio

DTS (Digital Theater Systems) が開発したロスレスのデジタル音声符号化方式です．Blu-ray DiscとHD DVDの両方に対応しています．最大24ビット，192kHzまで対応しています．また，最大7.1chサラウンド・オーディオに対応しています[16]．

以上のように，HDMI 1.3では大きな機能追加がなされました．これによりゲーム機器，ハイエンドなオーディオ機器，DVDプレーヤ，デジタル・テレビへの普及に弾みがつきました．

3-2　HDMI 1.4 で追加された機能

2009年にHDMI 1.4がリリースされた後，2010年にHDMI 1.4a，2011年にHDMI 1.4bがリリースされています．どちらもHDMI 1.4からのマイナ改定です．ここでは，バージョン1.4の主な改定内容について解説します．

● 3次元映像への対応

HDMI 1.4で行われた改定の大きなポイントは,3Dフォーマットへの対応です.昨今,デジタルシネマの普及で3Dに対応した映画が増加しており,3Dゲーム機器も普及が始まっており,3Dに対応したコンテンツが増加しています.しかしHDMI 1.3までは3Dフォーマットに対応していなかったため,3Dの映像信号を伝送できるインフラの整備が急務となっていました.

HDMI 1.4がリリースされたことにより,3Dゲームや3Dホーム・シアタなどの3Dコンテンツを家庭で視聴できる環境整備が整ったことになります.

▶ HDMIの3Dフォーマット

表3.2に,HDMI 1.4bで対応しているマンダトリ3Dフォーマットを示します.フレーム・パッキング,サイド・バイ・サイド,トップ・アンド・ボトムの3種類があります.HDMI 1.4ではTMDSクロックの最高周波数は変更されなかったため,TMDSクロックの340MHzまでに対応できるフォーマットに限定されます.1080pでは,24Hzまでになっています.

3Dをサポートする場合,Source機器はこれらのマンダトリ・フォーマットの少なくとも1つをサポートする必要があり,Sink機器は全てをサポートしなければなりません.HDMI 1.4bでは,マンダトリ・フォーマット以外にオプション・フォーマットなども定義されています.

● 超高精細映像フォーマットへの対応

ディスプレイの高解像度化のトレンドを図3.4に示します.次世代の高解像度ディスプレイとして,4K2Kと8K4Kの開発が進められています[12].

表3.2 HDMI 1.4でサポートされた3D伝送フォーマット

3D Format	Video Format	Frame Rate
Frame Packing	1080p	23.98/24Hz
	720p	50Hz
		59.94/60Hz
Side by side (half)	1080i	50Hz
		59.94/60Hz
Top & bottom	1080p	23.98/24Hz
	720p	50Hz
		59.94/60Hz

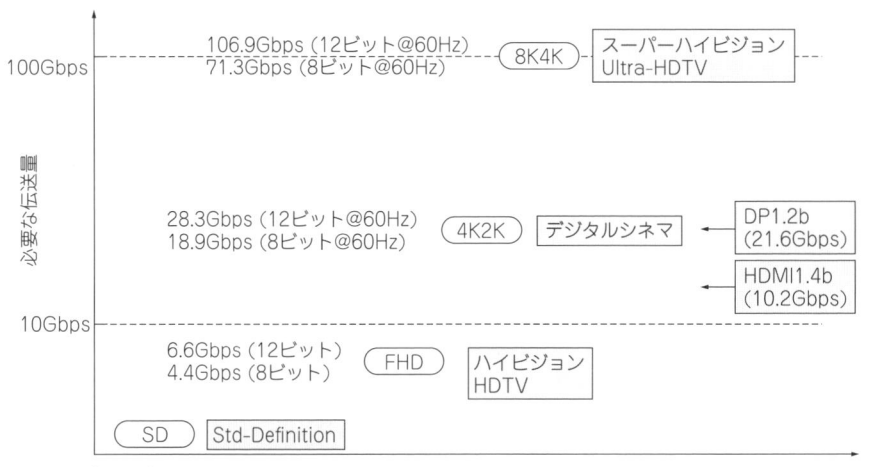

図 3.4 ディスプレイの高解像度化のトレンド

図 3.5 4K2K の解像度 [4]

　図 3.5 に，4K2K ディスプレイの解像度のイメージを示します．フル HD に比べて，縦横それぞれ 2 倍，合計 4 倍の解像度が得られます．

　4K2K の映像フォーマットには，3,840 × 2,160 と 4,096 × 2,160 の 2 種類があります[20][21][22][23]．3,840 × 2,160 は，国際電気通信連合(ITU)により標準化された超高精細放送仕様「Ultra High Definition Television(UHDTV)」です．そして，UHDTV には，4K(3,840 × 2,160)と 8K(7,680 × 4,320)があります．

　4,096 × 2,160 は，映画のデジタル映像規格である「デジタルシネマ」に採用されたフォーマットです．デジタルシネマは，ハリウッドの映画会社が加盟する DCI(Digital Cinema Initiative)で規格の策定が行われています．デジタルシネマ

表3.3 高解像度ディスプレイの仕様

項　目	スーパーハイビジョン	デジタルシネマ	ハイビジョン
画素数	4320 × 7680	4096 × 2160	1920 × 1080
横縦比	16：9	17：9	16：9
圧縮方式	MPEG-4 AVC/H.264	Motion JPEG2000	MPEG2
音響システム	22.2ch	16ch	5.1ch

の規格書は，以下から入手できます．
　　　http://www.dcimovies.com/specification/index.html
　8K4K(4,320 × 7,680)は，スーパーハイビジョンあるいは8K-UHDTVと呼ばれている超高精細放送仕様です．スーパーハイビジョンの仕様を**表3.3**に示します．走査線が4,320本で，これまでのハイビジョンの16倍の画素数を有し，視野角がフルHDより広く，あたかもそこにいるような臨場感をターゲットとする次世代の超高精細フォーマットです．音声は22.2マルチチャンネルに対応し，リアルで迫力ある音場処理が可能です．

　8K4Kは，現在ITU（International Telecommunication Union），SMPTE（Society of Motion Picture and Television Engineers），ARIB（電波産業会）などで標準化が進められています．スーパーハイビジョン放送は，日本では2020年に放送開始が計画されています．

▶ **HDMI 1.4で追加された4K2Kフォーマット**
　HDMI 1.4では，4K2Kディスプレイの映像フォーマットが追加されました．バージョン1.4ではTMDSクロック周波数は以前と変わらず340MHz（3.4Gbps/lane）なので，データ伝送量は10.2Gbpsであることに変わりありません．したがって，4K2Kフォーマットでサポート可能なのは30Hzまでです．

● **カラーリメトリの追加**
　カラーリメトリは，sRGB，ITU-R BT601，ITU-R BT709などに加えて，HDMI 1.3でxvYCCが追加されました．さらに，HDMI 1.4では，sYCC601，AdobeRGB，AdobeYCC601が追加されました（**表3.4**）．前述したように，sYCC，AdobeRGBはsRGBよりも広い色空間を有しています[4]．

　これらの拡張カラーリメトリが追加されたことにより，DSC（デジタル・スチルカメラ）などのSource機器の色空間をデジタル・テレビで再生することが可能になり，高精度画質の正確性と一貫性が向上しました．

　Sink機器がどのようなカラーリメトリをサポートしているかは，EDIDに設定

表 3.4 HDMI 1.4 で追加された色空間

色空間	概要	標準規格	HDMIでの対応
sRGB	メーカ間で色の再現性が異なっていたものを統一するために標準化された．モニタ，プロジェクタ，プリンタなどに使われてきた．sRGBでは，標準とするディスプレイの条件と，RGBをどう定義するか具体的な座標との変換式を定義している．	IEC61966-2-1	HDMI1.0
xvYCC	三菱電機，ソニーが中心となり標準化され，これまで未定義であったsRGB色域外の信号領域に対し明確な定義が加えられた．sRGB色域で55%しか表現できていなかった物体色が，xvYCCでは，ほぼ100%の表現が可能となった．	IEC 61966 -2-4	HDMI 1.3 で追加
$sYCC_{601}$	プリンタなどのデータ転送に使用され，sRGBより色域が広いことが特長．カムコーダなどのsYCCの動画撮影装置は，sRGB色域外の撮影能力はあるが，ディスプレイ側の色域がsRGBで制限されている場合は，色域外の色は色域内の色に置き換えられる．	IEC 61966-2-1 Amendment 1	HDMI 1.4 で追加
AdobeRGB	米 Adobe Systems が開発した色空間で，sRGBよりも広い色空間を有し，DTP (Desk Top Prepress) などの印刷分野では広く使用されている．IECで標準化されており，Adobe社が提供している Adobe RGB (1998) Color Image Encoding にも詳細情報がある．	IEC61966-2-5	HDMI 1.4 で追加
$AdobeYCC_{601}$	米 Adobe Systems が開発した色空間で，sRGBよりも広い色空間を有している．	IEC61966-2-5 Annex-A	HDMI 1.4 で追加

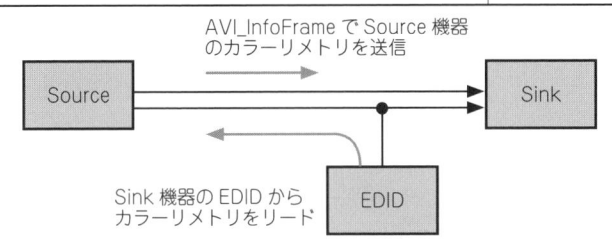

します．Source 機器は EDID を確認してから，自身が送信するカラーリメトリを AVI InfoFrame に設定して Sink 機器に送信します．Sink 機器は，AVI InfoFrame をデコードし，送信されたカラーリメトリを認識することができます．

● 映像コンテンツ・タイプの自動設定が可能に

HDMI 1.4 では，Source 機器から Sink 機器に，映像コンテンツのタイプをリアルタイムに伝送できる機能が追加されました．例えば，ゲーム機器をデジタル・テレビに接続した場合，ゲーム機器からデジタル・テレビに映像を送りたいと伝えます．するとデジタル・テレビは，自身の映像設定をゲーム・モードに自動で切り替えます．コンテンツ・タイプには，グラフィックス(Graphics)，フォト(Photo)，シネマ(Cinema)，ゲーム(Game)などがあります[4]．

● イーサネットや音声を1本のHDMIケーブルで接続

HDMI 1.4 では，HEAC(HDMI Ethernet and Audio return Channel)としてイーサネット(HEC)と音声データ・チャネル(ARC)が追加されました．

HDMI 1.4 でのコンシューマ機器のケーブル接続例を図 3.6 に示します．従来，HDMI ケーブルと LAN ケーブルの接続は大変煩雑になっていましたが，HDMI 1.4 では LAN ケーブルはテレビを介してインターネットに接続されるのみで，各 Source 機器に LAN ケーブルを接続する必要がありません．

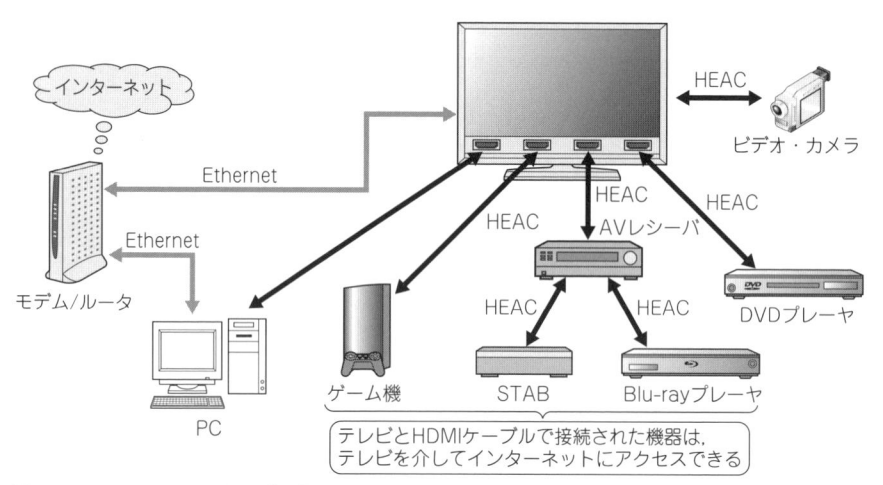

図 3.6　HDMI 1.4 でのケーブル接続

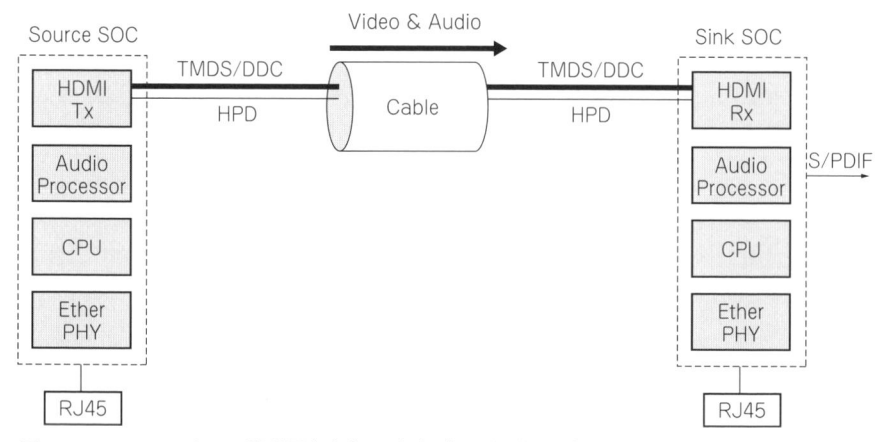

図 3.7　HDMI 1.3 までの構成図（ビデオ＆音声データ伝送部分）

また，これまでのHDMIケーブルではHD映像とHD音声をSource機器からSink機器に単方向に送信されましたが，HDMI 1.4ではイーサネット（100BASE-TX）のデータをSource機器からSink機器へ，さらにSink機器からSource機器へ双方向伝送することが可能になりました．この機能をHEC（HDMI Ethernet Channel）といいます．イーサネットをHDMIケーブルで伝送することで室内のLAN接続がシンプルになり，HEC機器間でコンテンツ分配が可能になります[4]．

　HDMI 1.3までのHDMIの構成例を図3.7に，HDMI 1.4bでのHDMIの構成例を図3.8に示します．HDMI 1.3ではSource機器からSink機器に映像と音声を単方向で伝送するシステムでしたが，HDMI 1.4ではSource機器とSink機器の間でHPD（Hot Plug Detect）ピンとUtilityピン（旧Reservedピン）を使って，イーサネットの差動データ信号を双方向に伝送できると共に，Sink機器からSource機器に音声データを逆送することも可能になりました．

　HECシステムでは，100BASE-TXの2ペア4線の信号線を，HPDピン（HEAC−ピン）とUtilityピン（HEAC＋）ピンに重畳させるため，4線から2線への変換回路が必要になります．図3.8のHEACインターフェース・ブロックでHPDラインとUtilityラインに100BASE-TXの信号を重畳させます．

▶音声データを逆送するオーディオ・リターン・チャネル（ARC）

　HDMI 1.4では，Sink機器からSource機器に音声データを逆送するオーディオ・リターン・チャネル（Audio Return Channel：ARC）が追加されました．

　図3.9に，オーディオ・リターン・チャネルの構成図を示します．HDMI 1.3

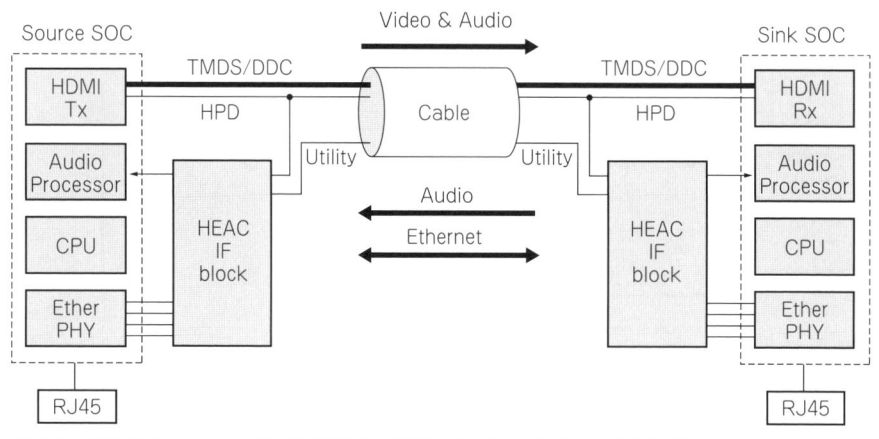

図3.8　HDMI 1.4における構成図（ビデオ＆音声データ＋HEC＋ARC部分）

までは，テレビのチューナで受信した音声信号を外部のオーディオ・アンプに接続する際は，テレビの音声出力端子(S/PDIF)などを使って音声ケーブルで接続していました．また，DVD プレーヤから HD の映像・音声信号をテレビに接続するには HDMI ケーブルも使うため，室内のケーブル接続が煩雑でした．

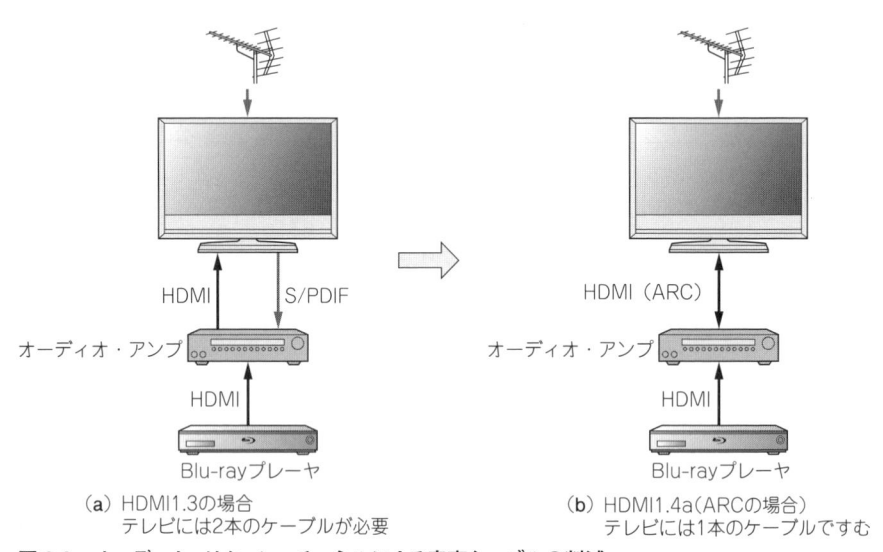

（a）HDMI1.3の場合
　　テレビには2本のケーブルが必要

（b）HDMI1.4a(ARCの場合)
　　テレビには1本のケーブルですむ

図 3.9　オーディオ・リターン・チャネルによる音声ケーブルの削減

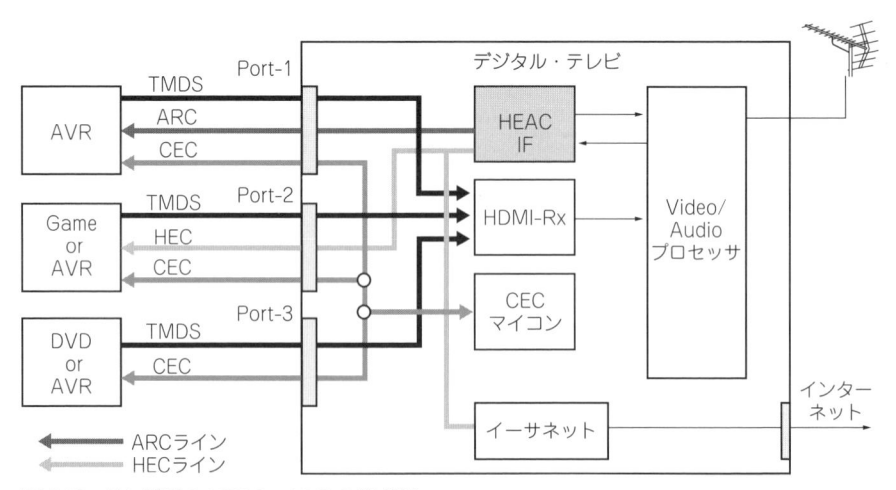

図 3.10　テレビ側の HEAC，ARC の構成例

第3章　HDMIの応用技術とHDMIのハードウェア

HDMI 1.4では，HDMIケーブルだけでテレビからオーディオ・アンプへ音声信号を逆送することが可能になりました．HECと同様に，室内のケーブル配線がより簡略化できることになります．

図3.10に，テレビ側のHEC，ARCの構成例を示します．HDMIが3ポートあるテレビでは，3ポートともHDMIによる受信は可能ですが，ポート1はARC機能も対応，ポート2はHEC機能も対応というように，入力ポートを限定して機能を設定することができます[4]．

▶ HEACの三つの動作モード

HEACの動作モードには，ディファレンシャル・モード，コモン・モード，シングル・モードの3つの伝送モードがあります(表3.5)．

(1)ディファレンシャル・モード

ディファレンシャル・モードは，HEAC＋ピンとHEAC－ピンを使った差動小振幅伝送で，イーサネット(HEC)の伝送に使います．

表3.5　HEACの動作モード

	動　作	伝送モード	対応規格	伝送方向		信号名
HEC	HDMI Ethernet Channel	Differential mode	100BASE-Tx	双方向	Sink ⇔ Source	HEAC+ HEAC−
ARC	Audio Return Channel	Common mode	IEC60958-1	単方向	Sink → Source	HEAC+ HEAC−
		Single mode	IEC60958-1	単方向	Sink → Source	HEAC+

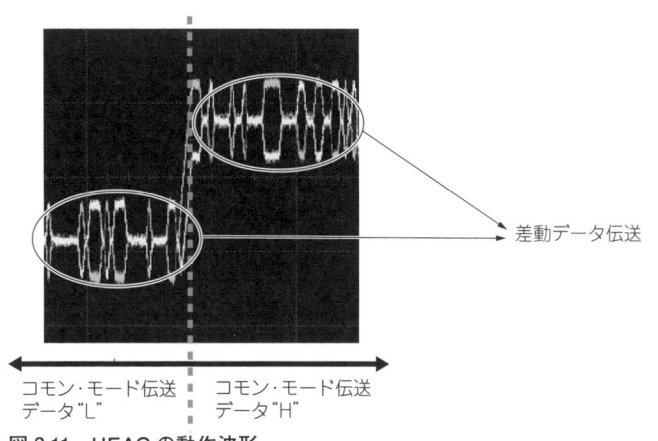

図3.11　HEACの動作波形

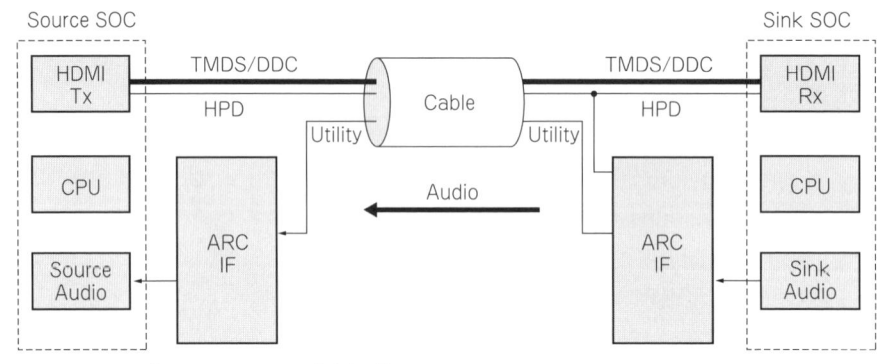

図 3.12　シングル・モードによる音声伝送

(2) コモン・モード

コモン・モードは，HEAC ＋ピンと HEAC －ピン間のコモン電位の変動を使って音声信号を伝送する方式です．図 3.11 は，ディファレンシャル・モードとコモン・モードの両方が動作している HEAC の波形を示しています．

(3) シングル・モード

シングル・モードは，HEAC －ピンのみを使って音声信号を伝送する方式です．図 3.12 は，シングル・モードで ARC のみ伝送する ARC-Only モードを示しています．

イーサネット(100BASE-Tx)とオーディオ(IEC60958-1)の両方を伝送する場合，ディファレンシャル・モードとコモン・モードになります．イーサネット伝送する場合はディファレンシャル・モードで，オーディオ伝送(逆走)する場合はシングル・モード伝送になります．

● 用途に応じたコネクタやケーブルのバリエーションを整備

HDMI 1.4 では，コネクタおよびケーブルのバリエーションが拡充されました．図 3.13 に，HDMI 1.4 でサポートしているコネクタを示します．これまでテレビや DVD 向けには，主にタイプ A コネクタ(19 ピン)が使われてきました．デュアルの 29 ピンで構成されるタイプ B コネクタは，市場では使われていませんでした．モバイル機器向けには，タイプ A コネクタと同様の 19 ピンで構成されているタイプ C コネクタが使われています．

HDMI 1.4 では，モバイル用としてタイプ C よりさらに小型のタイプ D マイクロコネクタが追加されました．タイプ C コネクタと比べて，面積比で約 50 ％の

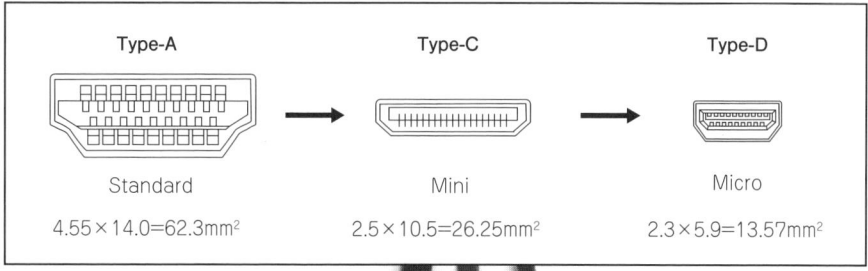

第 3 章　HDMI の応用技術と HDMI のハードウェア

Type-A	Type-C	Type-D
Standard	Mini	Micro
4.55×14.0=62.3mm²	2.5×10.5=26.25mm²	2.3×5.9=13.57mm²

図 3.13　HDMI 1.4 でサポートしている小型コネクタ [4]

Type-E
10.0×22.1=221 mm²

Type A Plug

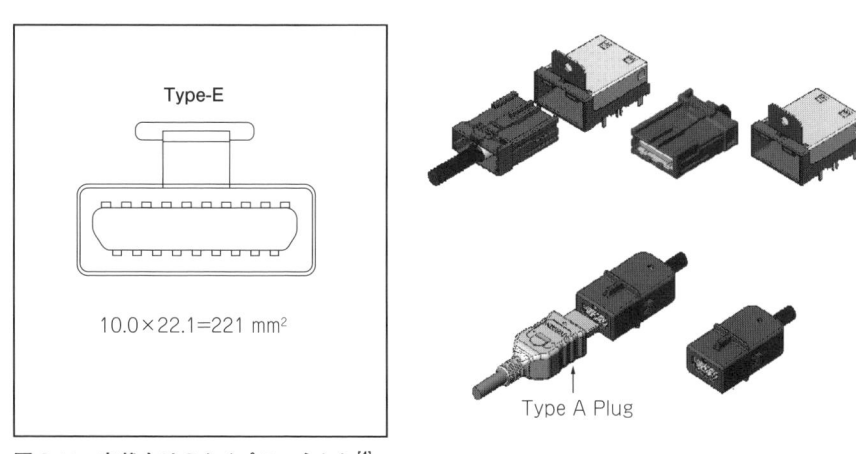

図 3.14　車載向けのタイプ E コネクタ [4]

小型化が図られています．ピン数は，従来と同様に 19 ピンをサポートしています．
　また，車載用にタイプ E コネクタが追加されました．例えば，フロントにある Source 機器とリア・シートのディスプレイ機器間で HD コンテンツの伝送が可能です．車内用ということで，インターロック接続や振動，熱，ノイズなどの厳しい環境に耐えうるラバストネスが確保されています．タイプ E コネクタも

81

表 3.6　HDMI 1.4 のケーブル・バリエーション

ケーブル・カテゴリ	最大 TMDS 周波数(MHz)	名　称
CAT-1	74.25	Standard
CAT-2	340	High Speed
CAT-1 w/HEAC	74.25	Standard w/Ethernet
CAT-2 w/HEAC	340	High Speed w/Ethernet
CAT-1 Automotive	74.25	Standard Automotive

19 ピンをサポートしています(図 3.14).

ケーブルについても，HDMI 1.4 で HEAC と車載向け仕様が追加されたことを考慮して，そのバリエーションが拡充されました．表 3.6 に，HDMI 1.4 でのケーブルのバリエーションを示します．

従来は，スタンダード・ケーブルと呼ばれるカテゴリ 1（CAT1，74.25MHz）と，ハイスピード・ケーブルと呼ばれるカテゴリ 2（CAT2，340MHz）の 2 種類が定義されていましたが，HDMI 1.4 では CAT1，CAT2 の各々に HEAC に対応したケーブルと CAT1 の車載用ケーブルが追加されました[4]．

3-3　HDMI のハードウェア構成

● HDMI トランスミッタの構成

DVD プレーヤを例に，Source 機器における HDMI トランスミッタの内部を説明します．図 3.15 に DVD プレーヤの内部構造を示しますが，左側から電源基板，光学ドライブ，信号処理基板の三つで構成されています．このブロック図を図 3.16 に示します．

光学ドライブでは，DVD ディスクのデータを読み取り，信号処理基板にデータを送ります．

信号処理基板では，DVD 用の SoC が DVD 光学ドライブで読み取ったデータを信号処理します．MPEG-2 で圧縮された映像データをデコードして，映像信号を HDMI とアナログ・ビデオ端子に出力します．また，コンテンツ保護されたデータもデコードします．さらに，音声などのアナログ信号をデジタル・データに変換する L-PCM，または音声のデジタル符号化方式 Dolby Digital/AC-3 などの音声フォーマットをデコードして，L/R のステレオ音声を出力します．これら全体の処理は，DVD-SoC 内蔵の CPU が制御します．

第3章　HDMIの応用技術とHDMIのハードウェア

　ファームウェアを格納するためのフラッシュROMと，メイン・メモリ用のDRAMはSoCに外付けされています．

　HDMIトランスミッタには単品ICが使われることもありますが，図3.16のように，SoCに集積されるのが一般的です．

　電源基板は，外部電源からDVD光学ドライブと信号処理基板へ電源を供給します．

　HDMIトランスミッタのブロック図を図3.17に示します．HDMIトランスミッタへ入力される信号は，信号処理ブロックから出力される映像データ，音声データ，CPUからのI^2Cバスになります．

　映像信号処理は，ビデオ・プロセッサ部で行われます．RGB/YCC444/YCC422の変換，フル・レンジ/リミテッド・レンジの変換，ピクセル・レピティションの設定などといった主要な設定を行います．

　音声信号処理は，オーディオ・プロセッサ部で行われます．128fs（fs：サンプリング周波数）やN/CTS設定などの音声基準信号を生成します．これらの設定は，CPUからI^2C経由でレジスタに設定されます．

　その後，HDMIプロトコル・ジェネレータにて，パケット・データの生成，

〔電源基板〕　　　〔光学ドライブ〕　　　〔信号処理基板〕

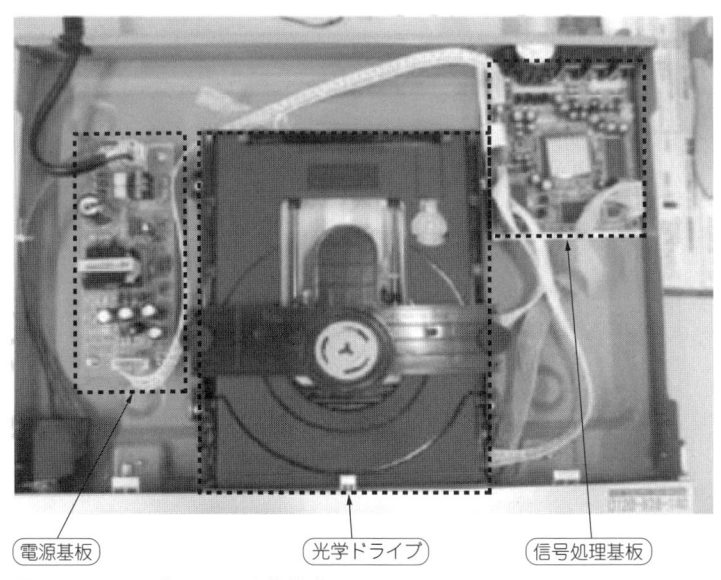

図3.15　DVDプレーヤの内部構造

HDMI プロトコルへのマッピングなどを行います．そして，HDCP エンジンにおいて HDCP 認証・暗号化処理を行います．HDCP 認証には HDCP キーを使うため，ほとんどの場合は SoC 内部の不揮発性メモリに格納されます．

　TMDS デコーダで，8 ビットの映像データが 10 ビットの TMDS データに変換されます．音声データは，TERC4（TMDS Error Reduction Cording 4）による 4 ビット・データを 10 ビット・データに変換します．その後，TMDS PHY（物理層）において，10:1 のパラ-シリ変換を行い，差動バッファから出力されます．

● HDMI レシーバの構成
　デジタル・テレビを例に，Sink 機器における HDMI レシーバの内部動作を説

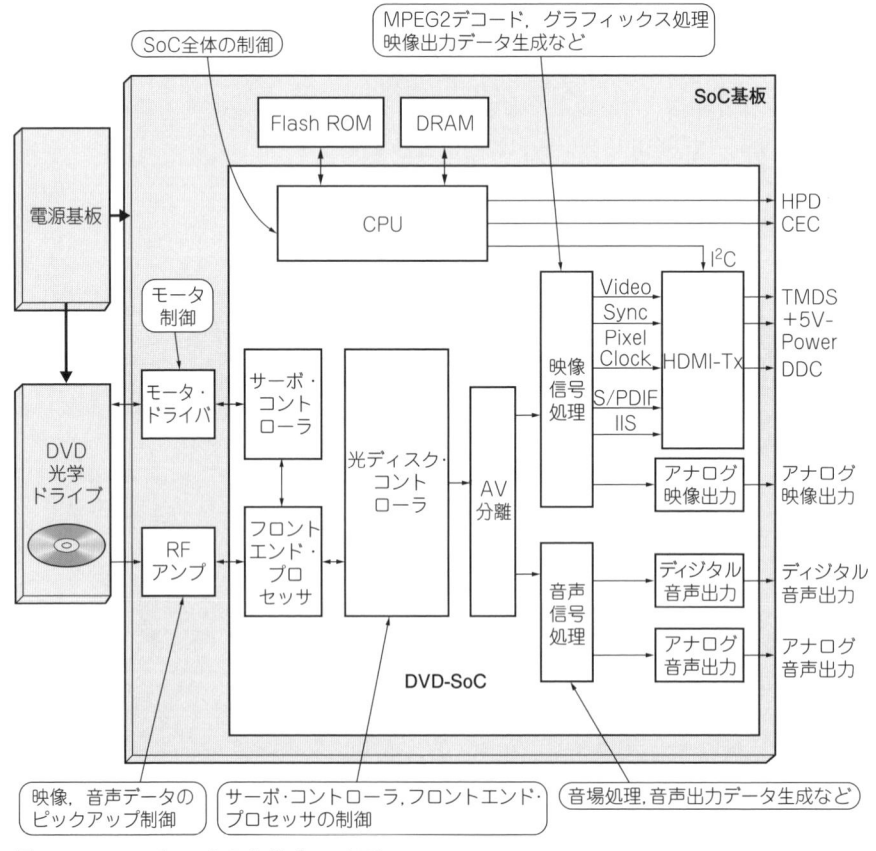

図 3.16　DVD プレーヤの内部ブロック図

第3章 HDMIの応用技術とHDMIのハードウェア

明します．図3.18に示すように，デジタル・テレビは信号処理基板，電源基板，TCON（タイミング・コントローラ）基板の三つのブロックで構成されます．

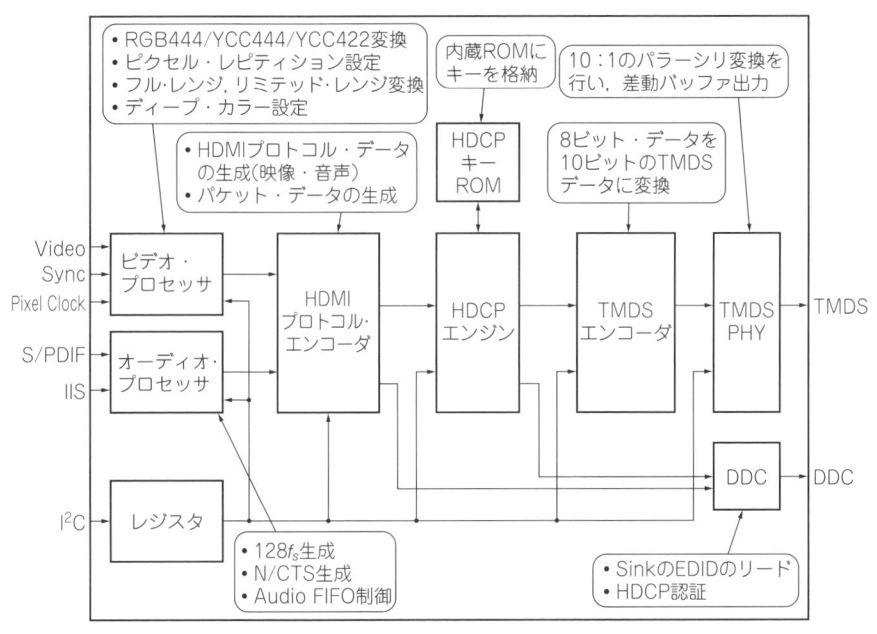

図3.17　HDMIトランスミッタのブロック図

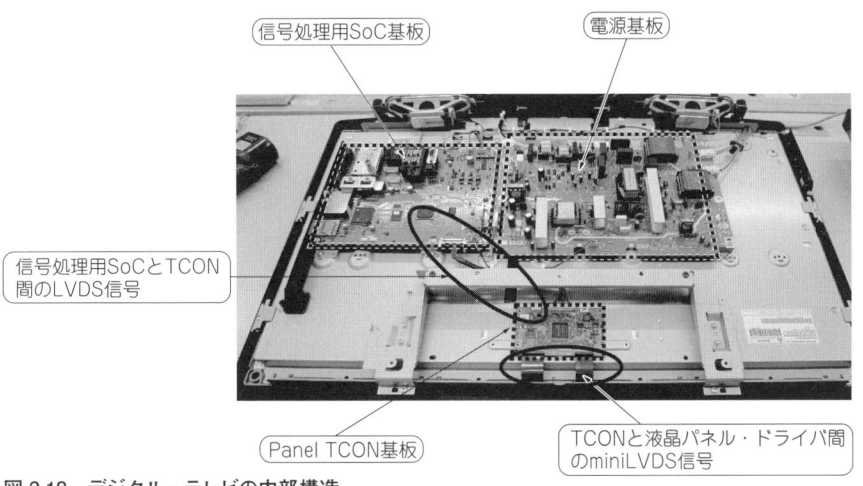

図3.18　デジタル・テレビの内部構造

信号処理用 SoC のブロック図を**図 3.19** に示します．信号処理用 SoC は，テレビ放送や HDMI，コンポーネントなどの外部映像入力信号を受信して，テレビの仕様に合わせた画像，音声処理を行い，使用する液晶パネルの仕様に合わせた映像信号を生成します．

アンテナにより受信した地上デジタル放送の電波は，チューナ IC で受けて IF（Intermediate Frequency）信号に変換されて，信号処理用 SoC のデモジュレータで TS（Transfer Stream）に変換します．その後，映像と音声のデコード処理

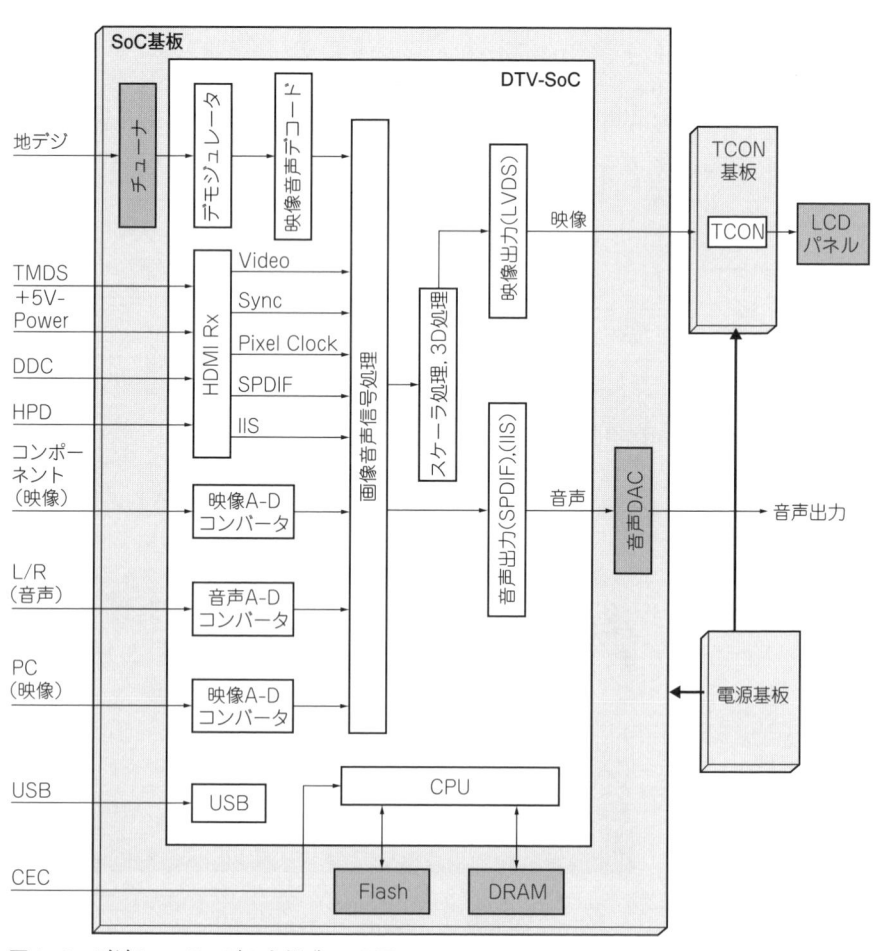

図 3.19　デジタル・テレビの内部ブロック図

を行い，デコードされた映像と音声はテレビの仕様に合わせて画像処理と音声処理を行います．画像処理された映像はパネルの仕様に合わせてスケーリング処理を行い，3Dや倍速処理（FRC：Frame Rate Control）を行い，LVDSでパネルのタイミング・コントローラ基板に伝送します．

アナログ系の入力として，コンポーネント映像入力やVGA映像入力，音声のL/R入力は，一度A-Dコンバータでデジタル化した後，後段の画像・音声処理回路に送ります．ファームウェアを格納するフラッシュROMと，メイン・メモリとしてDRAMがSoCに外付けされています．全体はCPUが制御します．

電源基板は，外部電源から信号処理基板とTCON基板に電源を供給します．

HDMIレシーバは信号処理基板にあり，DVD-SoCに集積されるのが一般的です．HDMIの入力ポートが複数ある場合は，DVD-SoCの前段にHDMIスイッチICが使われることもあります．

HDMIレシーバのブロック図を図3.20に示します．HDMIレシーバへの入力はSource機器からのTMDS信号とDDCライン，+5V-Power，HPDです．TMDS PHY（物理層）ではTMDS信号を受信してイコライザを経由し，CDR

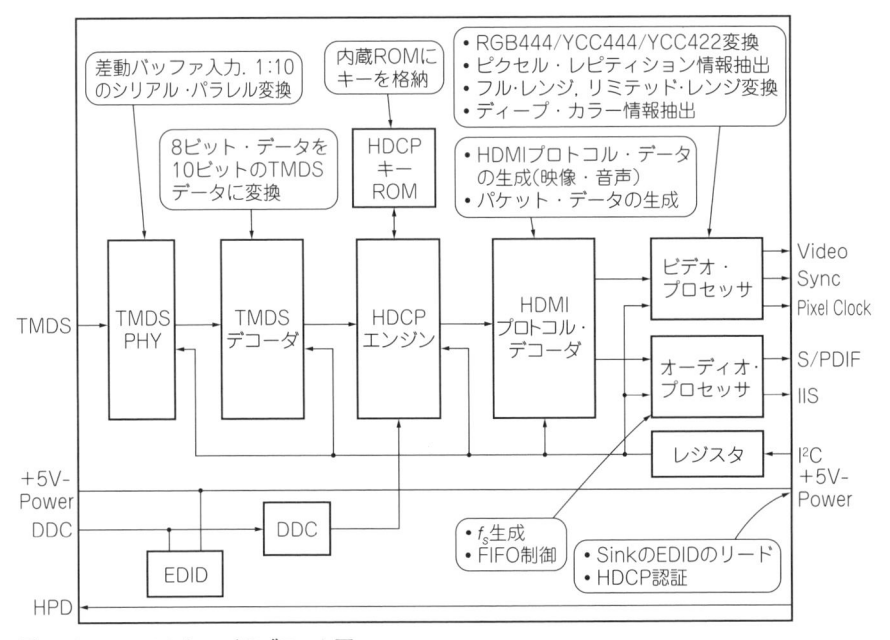

図3.20　HDMIレシーバのブロック図

(Clock Data Recovery)で1：10のシリ‐パラ変換を行います．パラレル・データに変換された後，TMDSデコーダにより映像データは10ビットのTMDSデータ8ビットの映像データに変換します．

音声データは，TERC4による10ビット・データから4ビット・データに変換します．その後，HDCPエンジンにより暗号を解除します．HDCPの認証にはHDCPキーを使うので，Source機器と同様にSoC内部の不揮発性メモリに格納されます．HDMIプロトコル・デコーダによりパケット・データを抽出し，レジスタに格納します．映像データは，ビデオ・プロセッサにてRGB/YCC444/YCC422の変換処理，フル・レンジ/リミテッド・レンジ処理，ピクセル・レピティション処理など，HDMIの主要な映像処理を行います．

音声データはオーディオ・プロセッサにおいて，N/CTS値から$128f_s$を再生します．また，音声データがオーバフロー，アンダーフローしないようにFIFOメモリで調整します．各種レジスタの設定は，I^2Cバス経由で信号処理SoCのCPUから制御します．

3-4　今後のHDMIに求められる機能

HDMIはこれまで市場の要求を先取りして規格を改定し，常に先駆的な製品を市場に送り出してきました．また，新機能が追加されても，前世代製品との接続の互換性，いわゆるバックワード・コンパチビリティが考慮されてきました．このように広く普及したHDMIですが，今後のHDMIに求められる機能には三つの方向性があると考えられます（図3.21）．

一つ目は，データ伝送量の向上です．今後はさらに，次世代ディスプレイへの対応，高解像度への対応，高フレーム・レートへの対応，広色域への対応などが要求されるでしょう．これらはどれもデータ伝送量の向上が必要になります．

二つ目は，使いやすさの向上です．例えば，スマートホンとの接続性能の向上，高速CEC，低消費電力化などです．

三つ目は，新機能への対応です．例えば，ワイヤレス対応，マルチモニタへの対応，USBデータの伝送，高速Ethernet伝送などです．これらは全て現バージョンとのバックワード・コンパチビリティが前提になります．

以下に，主な項目について解説します．

▶次世代ディスプレイ対応とデータ伝送量の向上

図3.4に示したように，次世代ディスプレイではより高精細な映像を大画面で

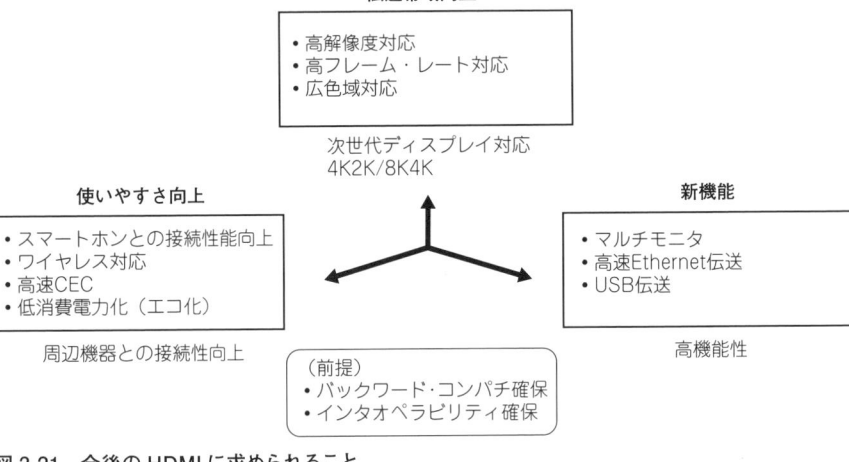

第 3 章　HDMI の応用技術と HDMI のハードウェア

```
                    伝送帯域向上
              ┌─────────────────────┐
              │ • 高解像度対応        │
              │ • 高フレーム・レート対応│
              │ • 広色域対応          │
              └─────────────────────┘
                 次世代ディスプレイ対応
                    4K2K/8K4K
   使いやすさ向上          ↑              新機能
┌───────────────────┐    │    ┌─────────────────┐
│•スマートホンとの   │    │    │•マルチモニタ     │
│ 接続性能向上      │ ←──┼──→ │•高速Ethernet伝送 │
│•ワイヤレス対応    │    │    │•USB伝送          │
│•高速CEC           │    ↓    │                 │
│•低消費電力化(エコ化)│         │                 │
└───────────────────┘         └─────────────────┘
 周辺機器との接続性向上                   高機能性
              ┌─────────────────────┐
              │（前提）              │
              │ •バックワード・コンパチ確保│
              │ •インタオペラビリティ確保 │
              └─────────────────────┘
```

図 3.21　今後の HDMI に求められること

視聴できるようになるので，これらのディスプレイへの対応が求められます．現状の HDMI には最大 10.2Gbps の伝送能力がありますが，次世代ディスプレイに対応するにはデータ伝送量の拡大が必要になります．データ伝送量を上げるには，TMDS のビット・レートを上げるか，TMDS のビット・レートはそのままで送信するデータを圧縮して送るかのどちらかが必要です．これまでの HDMI は，非圧縮方式を採用してきました．回路規模が抑えられ，レイテンシも短くできるのでゲーム機器などには有利です．

　TMDS のビット・レートを上げるには，現状の HDMI の伝送方式をそのまま延長することは技術的に課題があると考えられます．**図 3.22** に示すように，現在の HDMI は 3 つのデータ・レーンと 1 つのクロック・レーンで構成されています．DisplayPort や PCI Express など，他のシリアル・インターフェースと同様にクロック・レーンをデータ・レーンに割り当てることで，レーンあたりのビット・レートを上げることなく全体のデータ伝送量は 10.2Gbps（3.4Gbps × 3）から 13.6Gbps（3.4Gbps × 4）まで上げることが可能になります．

　しかし，これだけでは次世代ディスプレイの 4K2K @ 60Hz にも届きません．現状の 3.4Gbps/lane からさらなる高速化が求められるでしょう．DisplayPort はすでに 21.6Gbps（5.4Gbps/lane × 4 lane）に対応しており，今後の HDMI はこれを越えるスペックが求められるのではないでしょうか．クロック・エンベデッド方式を採用する場合，当然ながら HDMI 1.4 以前の機器とのバックワード・コン

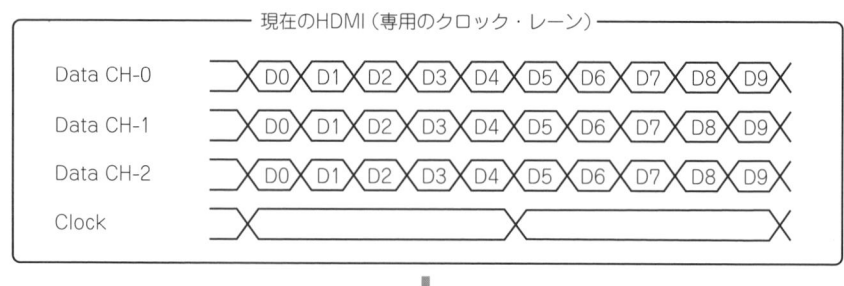

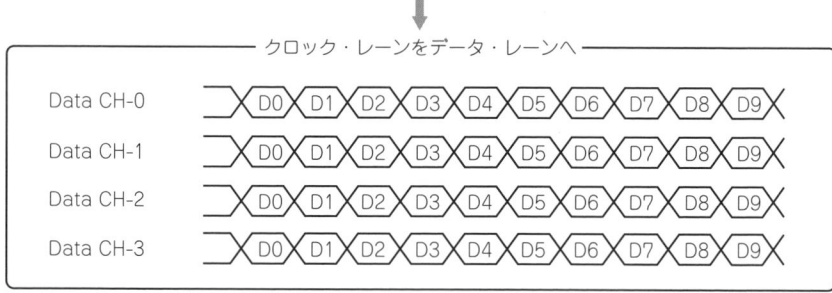

図3.22 エンベデッド・クロック方式

パチビリティを確保する必要があります．

　バックワード・コンパチビリティを実現するための一例として，Source機器は，Sink機器が次期HDMIであれば4レーンともデータ・レーンで出力し，Sink機器が従来のHDMI 1.4以前の機器であれば3レーンのみデータ・レーンで，残り1レーンはクロック・レーン対応で出力することも可能です．また，Sink機器においては，Sourceが次期HDMIであれば4レーンともデータ・レーン対応で受信し，Source機器が従来のHDMI 1.4以前の機器であれば3レーンのみデータ・レーンで，残り1レーンはクロック・レーン対応で受信することも可能です．Source機器，Sink機器とも，いわゆるデュアル・モードとしての動作が必要になってきます．

　高速化の手法としては，このようなエンベデッド・クロック方式ではなく，従来の延長線上で高速化を図ることも考えられます．しかし，エンベデッド・クロック方式よりも1レーン少ないことからデータ伝送量がやはり不利であるばかりでなく，専用クロックによるEMIの問題も残ります．反面，デュアル・モードなど，煩雑な設計から回避されるメリットがあります．

▶スマートホンとの接続性の向上

スマートホンやタブレット端末に代表されるモバイル機器の画面をリビングの大型ディスプレイで視聴する需要が増えています．現在，HDMI 1.4ではタイプDコネクタがモバイル機器への対応として追加されました．しかし，モバイル機器を大型ディスプレイにHDMIで接続すると，HDMI自身ではSink機器(DTV)からSource機器(モバイル機器)へ給電できないという課題があります．

自宅でバッテリを気にせず，モバイル端末を大型ディスプレイに接続できると便利ですし，シンプルテレビ(インターネット接続機能のないテレビ)がスマートホンと接続するだけで，インターネット上の各種コンテンツに接続できる，いわゆるコネクテッド・テレビのように使うことができます．また，CEC機能を使えば，スマートホンからのテレビ側のメニューや画面の制御が可能になり，テレビ側からリモコンを使ってスマートホンのメニューやアプリケーションの制御も可能になります．

すでに，モバイル機器とディスプレイ機器とのHDインターフェースとしてMHL(Mobile HD Link)やDisplayPortの派生規格であるMyDPが存在しており，次期HDMIが当該機能をサポートすると，これらの既存規格との競争になってきます．

▶ワイヤレス対応

HDMIは有線インターフェースなので，室内にケーブル配線が必要です．リビングではLANケーブルや音声ケーブルなども必要で，煩雑さを解消したいというユーザは多いでしょう．そこで**表3.7**に示すように，いくつかのワイヤレス・インターフェース規格が策定されています．

大きく分けると，Wi-Fi系の無線方式を使ったものと，独自の無線方式を使ったWHDI，WirelessHDなどがあります．現状で室内のHDワイヤレス伝送を行うには，既存のSource機器とSink機器の間にワイヤレス送信機と受信機を追加する必要があります．このワイヤレス送信機と受信機の間のみケーブルレスに

表3.7 様々なワイヤレス伝送方式の比較

方　式	WiFi Display	WiDi	WiVu	WHDI	WirelessHD	WiGig
プロモータ	WiFi	Intel	Cavium	Amimon	Silicon Image	WiGig
無線方式	WiFi Direct	WiFi	WiFi	独自方式	独自方式	WiGig
無線周波数	2.4GHz/5.0GHz			5.2/5.3/5.6GHz	60GHz	60GHz
伝送距離	30m程度				10m程度	

できるということです．

　今後の HDMI では，直接 Source 機器からデジタル・テレビなどの大型ディスプレイに HD 映像・音声をワイヤレス伝送できることが求められるでしょう．そのためには，より安価なシステムで Source 機器，Sink 機器に実装できる仕組みが求められます．

● オープンな規格の策定を実現する HDMI フォーラム

　従来，HDMI の規格の改定は，7 社の HDMI ファウンダ企業のみで議論が行われてきました．しかし，2011 年に HDMI フォーラムが新たに作られ，次期 HDMI の規格については，HDMI フォーラムにおいて議論されることになりました．HDMI フォーラムはオープンなコンソーシアムで，年会費の支払いと契約書を締結すれば，次期規格策定の議論に参加することができます．

　HDMI フォーラムでは，BoD（Board of Director）がリーディング・メンバとしてメンバ企業から選出されています．HDMI フォーラムの詳細は，以下の Web サイトから入手できます．

```
http://www.hdmiforum.org/
```

COLUMN　3Dの仕組みと3Dフォーマット

　人間の左右の目が離れていることにより，両方の目の見え方に微妙な違いが生じ，それを脳が処理して立体画像として認識します．2D映像では1枚の画像を左右の目で見るため，左右の目に映る画像にずれはなく，立体的に認識することはできません．

　そこで，3Dとして撮影する場合は，図3.Aのように2台のカメラを人間の目の間隔くらいに離し，同じ立体を同時に左右の異なるカメラでずれた画像を撮影し，左側のカメラで撮影した写真を左目で，右側のカメラで撮影した写真を右目で見るようにすると立体感を感じることができます[17][18][19]．

● 3D伝送フォーマット

　3Dの映像フォーマットには，大きく分けて3種類あります．図3.B(a)が2Dの映像フォーマットで，下の3つが3Dの映像フォーマットです．

(1) フレーム・パッキング方式

　図3.B(b)は，フレーム・パッキング方式です．2Dの映像フォーマットの画素数そのままに左目に対応するフレーム(L：レフト)，右目に対応するフレーム(R：ライト)の画素を1つのフレームにパッキングしたものです．この方式では画質を落とすことなく伝送が可能ですが，2Dのときと同じフレーム・レートで伝送する

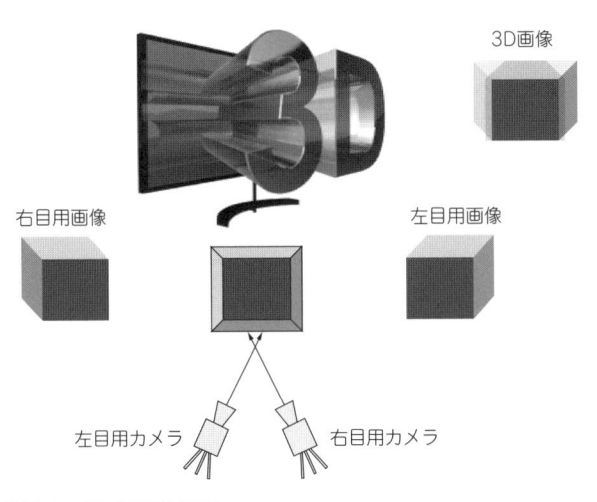

図3.A　3D画像の撮影

場合はピクセル・クロック周波数が2倍，すなわちTMDSクロック周波数が2倍になります．

(2) サイド・バイ・サイド方式

図3.B(c)は，サイド・バイ・サイド方式です．2Dの映像フォーマットの画素数がレフトとライトで左右半分ずつ間引いて1つのフレームにしています．すなわち，画素数は半分になりますが，2Dのときと同じフレーム・レートで伝送する場合，ピクセル・クロック周波数は2Dと同じでよくTMDS周波数も同じですみます．

(3) トップ・アンド・ボトム方式

図3.B(d)は，トップ・アンド・ボトム方式です．2Dの映像フォーマットの画素数がレフトとライトで上下半分ずつ間引いて1つのフレームにしています．すなわち，画素数は半分になりますが，2Dのときと同じフレーム・レートで伝送する場合，画素クロック周波数は2Dと同じでよくTMDS周波数も同じですみます．

● 3Dのディスプレイ方式

次に3Dのディスプレイ方式について説明します．**表3.A**に，主な3D方式の概

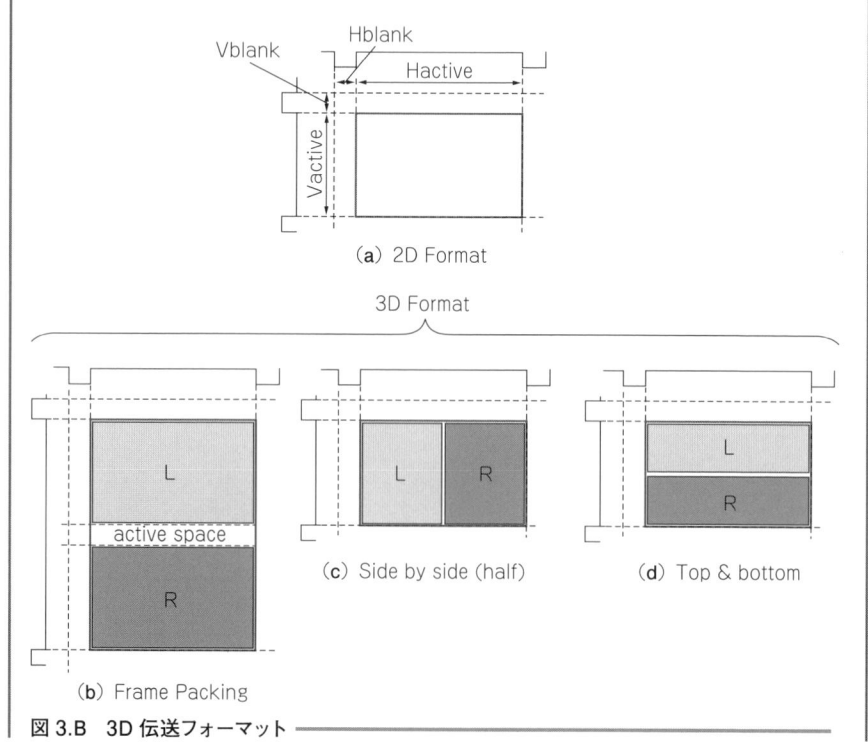

(a) 2D Format

3D Format

(b) Frame Packing

(c) Side by side (half)

(d) Top & bottom

図3.B　3D伝送フォーマット

要と特徴を示します．3Dのディスプレイ方式は，メガネ方式と裸眼方式の2つに分けられます．

(1) シャッタ・グラス方式

図 3.C は，シャッタ・グラス方式（フレーム・シーケンシャル方式）です．60Hzのディスプレイであれば2D映像の場合，1/60secの間に1フレームを表示しますが，フレーム・シーケンシャル方式の3D映像の場合，1/60secの間に右目フレームと左目フレームの2フレームを交互に表示します．右目フレームと左目フレームの切り替えに同期した信号をテレビから3Dメガネに赤外線で送信し，高速にメガネのシャッタの開閉を切り替えます．右目用フレームを表示しているときはメガネの右目を開き，左目用フレームを表示しているときはメガネの左目を開きます．

シャッタ・メガネを高速に切り替える必要があるため，メガネに電池を搭載する必要があるなど，3Dメガネ自体が高価で重くなります．

2D時と同等のフレーム・レートを確保する場合，2倍速（2Dで60Hzの場合，3Dで120Hz）が必要になります．2倍速化することと，解像度の劣化（映像の間

表 3.A 3Dのディスプレイ方式

方式		内容	特徴	
			長所	短所
メガネ方式	アクティブ・タイプ	シャッタ・グラス方式（フレーム・シーケンシャル方式）	左右の映像をフレームごとに交互に表示．電子シャッタ式で左右の映像を切り替える．	・高画質（FHD表示可能） ・2D表示可	・120Hz以上必要 ・クロストーク ・輝度低下 ・メガネが高価
	パッシブ・タイプ	偏光方式（パッシブ方式）	1ラインごとに特性の異なる偏光フィルタを貼り，左右の映像を同時に表示する．左右で特性の異なる偏光メガネで分離する．	・メガネ安価 ・シャッタ・グラスより輝度良好 ・フリッカレス ・2D表示可	・解像度が半減 ・特殊ディスプレイが必要
裸眼方式		パララックス・バリア方式	水平1画素ごとに左右の映像を同時に表示する．ディスプレイの前面に縦縞状バリア（スリット）を設置し，各画素の可視範囲を限定することで，左右の映像を分離する．	・メガネ不要	・解像度低下 ・視位置限定 ・レンチキュラー方式より輝度低下 ・3D専用
		レンチキュラー方式	パララックス・バリア方式と似た方式．スリットの代わりにかまぼこ状レンチキュラー・レンズを使用．	・メガネ不要 ・パララックス・バリアより明るい	・解像度低下 ・視位置限定 ・3D専用

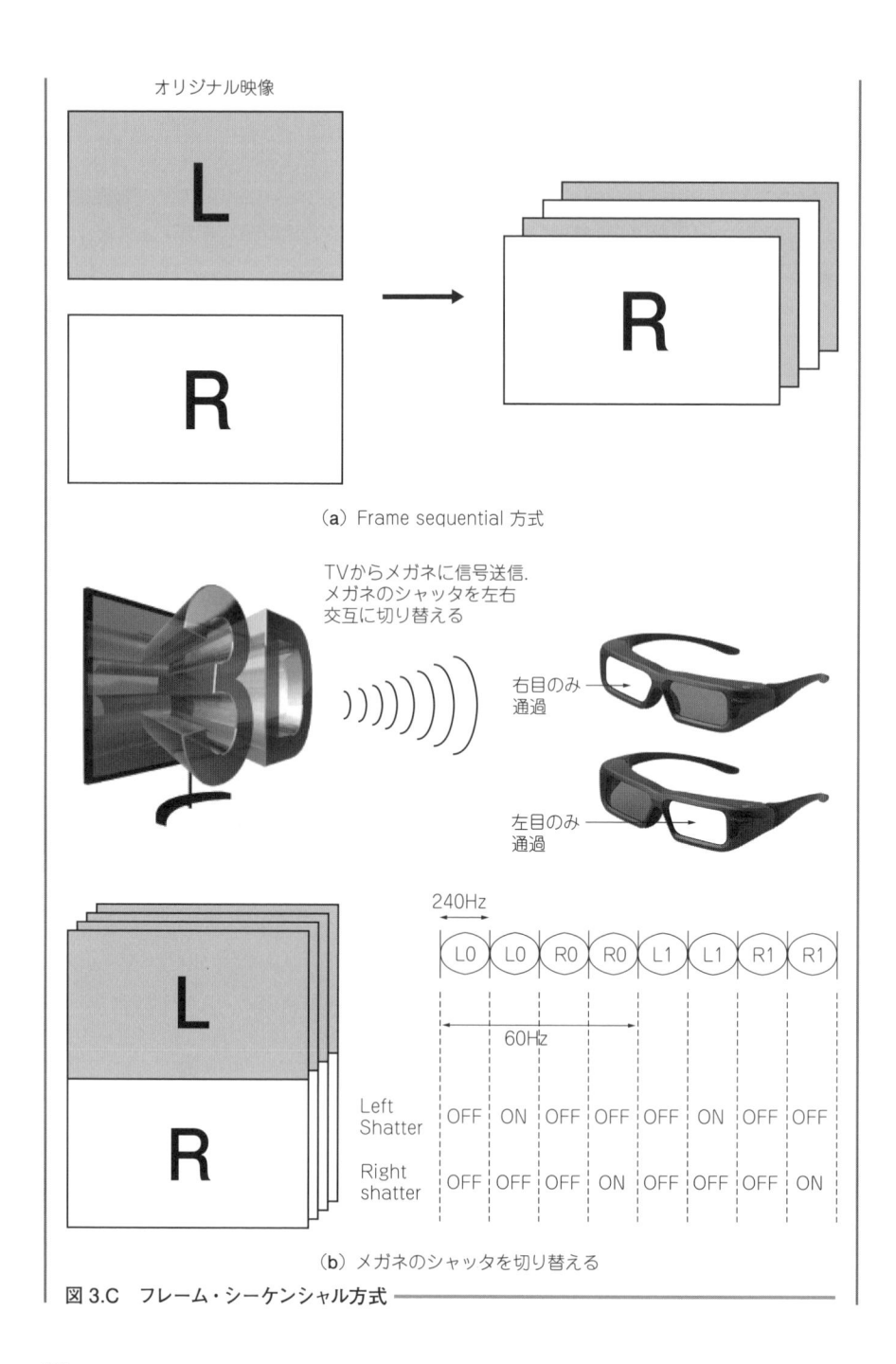

図 3.C　フレーム・シーケンシャル方式

引き)がないため，フルHDの画像を劣化なく送ることができます．

　しかし，本方式では3Dメガネを使うため，メガネを光が通過する際に輝度が低下します．さらに，シャッタ方式で右目と左目を切り替えるため，原理的に単位時間中に通過する光の量は半分になり，輝度がさらに低下します．このため，後述する偏光方式に比べて3D映像が暗くなるという欠点があります．

　また，シャッタを切り替える際に，左右のフレームの書き換え途中で右目，あるいは左目の視界を開けていると2つの画像が混在して見えるクロストークも問題になります．この問題を解決するための対策の1つとして，フレーム・レートをさらに倍の4倍速(240Hz)にして，1つのフレームの書き換えを完了してからシャッタを開けるようにしています．この場合，ディスプレイとしては240Hzが必要になり，さらにシステムが高価になるという課題があります．

(2) 偏光方式(パッシブ・グラス方式)

　フレーム・シーケンシャル方式では左目用，右目用の映像を1フレームずつ切り替えて表示しましたが，偏光方式では左目用，右目用の映像を1つのフレーム内に同時に表示します．右目用の映像と左目用の映像を1ラインずつ交互に表示し，ディスプレイに1ラインごとに特性の異なる偏光フィルタを貼ることで，左右の映像を同時に表示します．

　この偏光フィルタは，左目用の映像はメガネの左目のみを通過するような偏光特性を有し，右目用の映像はメガネの右目のみを通過するような偏光特性を有します．したがって，メガネにもフィルタが貼ってあります．

　本方式では，フレーム・シーケンシャル方式のようなシャッタの切り替えが不要なため，3D映像を明るく見ることができます．また，60Hzで設計できること，メガネ自体にシャッタ機能が不要であることからディスプレイのシステム，3Dメガネ自体も安価に設計できます．しかし，ディスプレイのフレーム・レートは60Hzを使うことが可能ですが，60Hz内に左目と右目の両方を表示するので，実際の解像度は半分に落ちてしまいます(**図3.D**)．

(3) パララックス・バリア方式(裸眼方式)

　3Dメガネを使用する方式の場合，メガネで左右の映像に分けられますが，裸眼テレビの場合は画面にフィルタを貼って情報を分けています．人間の脳が左右の目の視差(パララックス)を認識して立体視として感じることができます．メガネを必要としない主な裸眼方式には，パララックス・バリア方式とレンチキュラー方式があります(**図3.E**)．

　パララックス・バリア方式は，液晶パネルの手前に細かい網の目状のフィルタ(バリア)が貼ってあり，左右の目で見える画素を別々に分離できる仕組みになってい

オリジナル映像

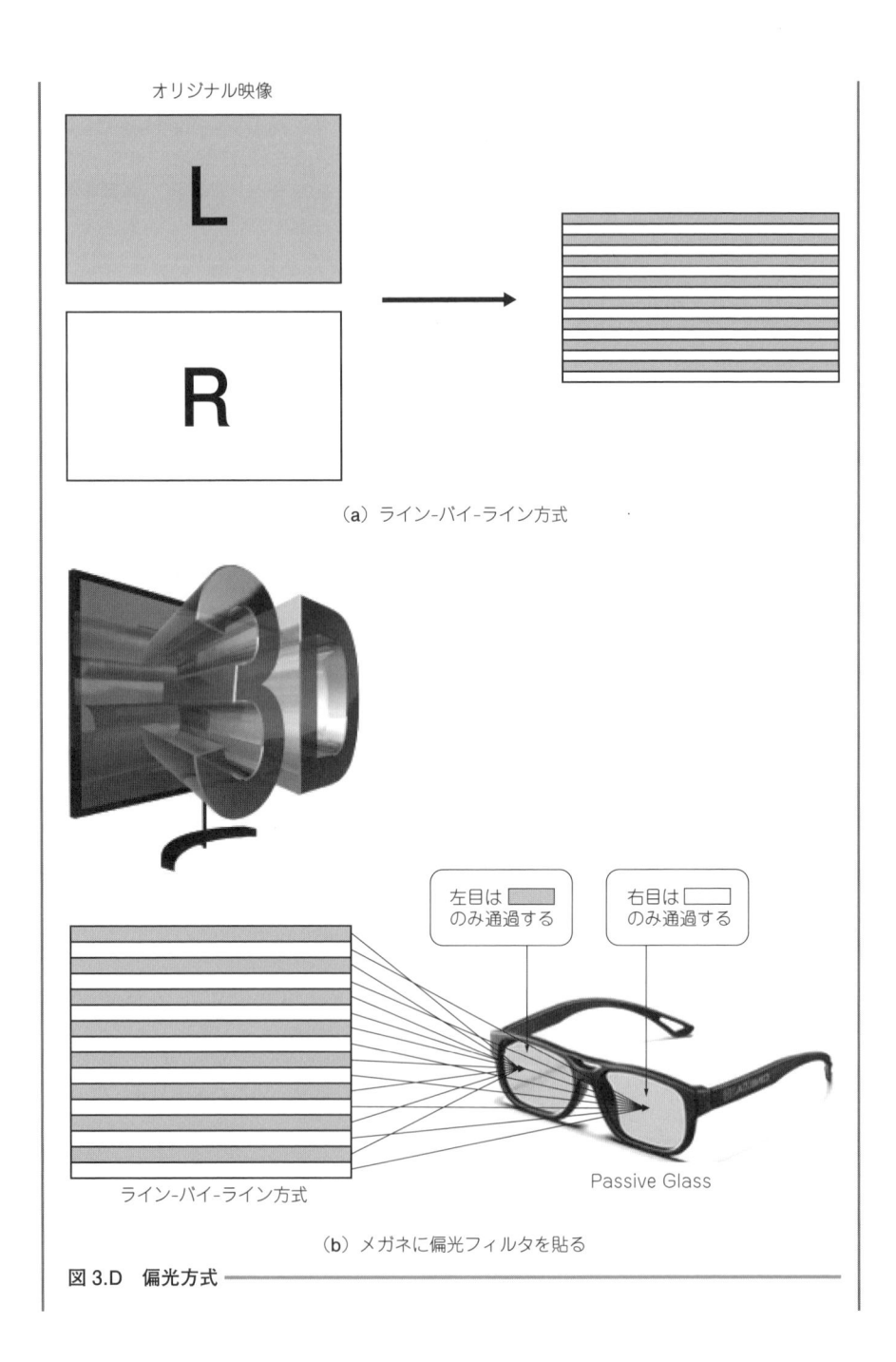

L

R

(a) ライン-バイ-ライン方式

左目は■のみ通過する　右目は□のみ通過する

ライン-バイ-ライン方式　　Passive Glass

(b) メガネに偏光フィルタを貼る

図 3.D　偏光方式

```
R1 L1 R2 L2 R3 L3 R4 L4 R5 L5        R1 L1 R2 L2 R3 L3 R4 L4 R5 L5
```

(a) パララックス・バリア方式　　　　（b）レンチキュラー方式

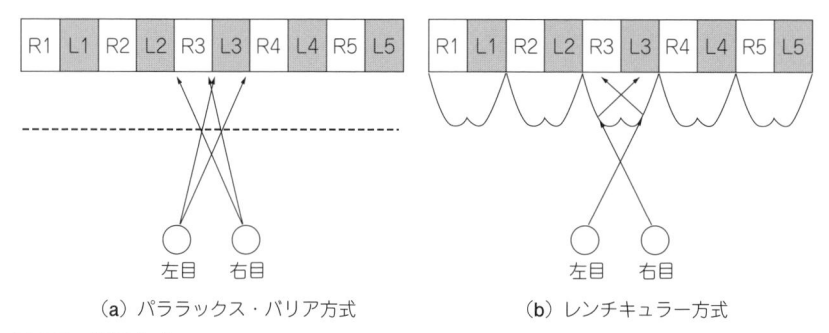

図 3.E　裸眼方式

ます．また，メガネ方式では 2 視差ですが，裸眼方式は多視差にすることでメガネ方式に比べて立体感の向上と広視野角を実現しています．しかし，多視差にするため解像度が低下してしまうという問題点があります．

(4) レンチキュラー方式 (裸眼方式)

　レンチキュラー方式とは，パネルの手前にかまぼこ状の凸レンズを並べたシートを貼ってあり，左右の目で見える画素を別々に分離できる仕組みになっています．パララックス・バリア方式では，バリアにより明るさが半分以下になりましたが，レンチキュラー方式ではレンズを用いているため，パララックス・バリア方式より明るい 3D 映像が得られます．しかし，多視差にするため解像度が低下してしまう問題点があります．

第4章 DisplayPortの基本技術とハードウェア

4-1 DisplayPortの成り立ち

● DisplayPortが開発された背景

　パソコンのディスプレイ・インターフェースには，長い間アナログ・インターフェースであるVGA(Video Graphics Array)が使われてきましたが，その後デジタル・インターフェースであるDVIも使われるようになりました．

　DVIは，非圧縮のデジタル映像データを伝送することができ，対応するディスプレイもUXGAパネル(1,600 × 1,200，ピクセル・クロック周波数162MHz)や，WUXGAパネル(1,920 × 1,200，ピクセル・クロック周波数154MHz，Reduced Blanking仕様)までサポート可能な仕様になっています．しかし，1999年4月にバージョン1.0がリリースされて以降一度も改定がなされず，データ伝送量も高速化されることなく凍結されて現在に至っています．

　また，コネクタのサイズがかなり大きく，ノート・パソコンには採用されませんでした．さらに，映像のみしか伝送ができず，音声やパケット・データの伝送ができないことも課題でした．

　DisplayPortは，DVIの問題を改善するために，ATI(AMD)，Dell，Genesis Microchip(現 STMicro Electronics)，HP，Molex，NVIDIA，Philips，Samsung，Tycoが初期のプロモータとなり，その後，VESA(Video Electronics Standard Association)においてIntel，Apple，Lenovoなどの主要なパソコン関連企業が多数参画し，DisplayPortが標準化されました．

4-2 DisplayPortの標準規格

● VESAはオープンな国際的コンソーシアム

　DisplayPortは，ディスプレイ関連の規格策定を行う国際的なコンソーシアムであるVESAにおいて開発され，標準化されました．VESAで開発されている

主要なディスプレイ関連の規格を**表 4.1** に示します。

DisplayPort 以外にも，VESA は多くのディスプレイ関連規格を標準化しています。以下は，その一例です。

- EDID（Enhanced Display Identification Data）
- Display Identification Data（Display ID）
- GTF（Generated Timing Formula）
- DMT（Display Monitor Timing）
- CVT（Coordinated Video Timings）
- DDC-CI（Display Data Channel Command Interface）
- MCCS（Monitor Control Command Set）

VESA は，北米，アジア，欧州を中心として世界中から 204 社（2013 年 5 月現在）のパソコン，モニタ，半導体，コネクタ，ケーブル・メーカなどのメンバ企業で構成され，ディスプレイ関連の専門家が，各タスク・グループに参加し，標準化活動に従事しています[23]。DisplayPort は，DisplayPort タスク・グループにおいて開発されていました。また，VESA では CEA（Consumer Electronics Association）や，BDA（Blu-Ray Disc Association）などの他のコンソーシアムとも連携をしています。

表 4.1　VESA で開発されたディスプレイに関する標準規格

Published VESA Standard	モニタ・プロジェクタ	デスクトップ・パソコン	ノート・パソコン	ハンドヘルドPC	TV/CE
ノート・パソコン LCD パネル			○		
モニタ LCD パネル	○				
ハンドヘルド PC LCD パネル				○	
モバイル・デジタル・ディスプレイ・インターフェース（MDDI）				○	
DisplayPort	○	○	○		
Embedded DisplayPort（eDP）	○	○	○		
Internal Display Port（iDP）					○
Enhanced Display Identification Data（EDID）	○	○	○	○	○
Monitor Control Command Set（MCCS）	○	○	○		
Flat Display Mounting Interface（FDMI）	○				
Display Timing（GTF/DMT/CVT）	○	○	○	○	○

第4章 DisplayPortの基本技術とハードウェア

　VESAのメンバ企業になれば，タスク・グループに参加して技術提案や標準化活動に参加することができます．また，その過程で業界の最新動向を把握し，将来のディスプレイ市場の動向を議論する機会も得ることができます．また，VESA審議中および承認済みのDisplayPortの規格書や関連ドキュメントをVESA会員の専用Webサイトから入手することができます．

　VESAメンバは，これらの規格書をもとに自社の製品開発を行う際，VESAタスク・グループのメンバと議論することができるため，製品開発者にとっては大変有意義な場となります．なお，VESA会員以外でも承認済みの規格書であれば，有償で(一部無償で)入手することが可能です．

　また，DisplayPortではHDMIと同様に，機器相互接続性を確保するためにATC(Authorized Test Center)を設置し，市場投入前の事前テストができるようになっています．現在，世界で7箇所にATCが設置されています(図4.1)[24]．この認証試験は，CTS(Compliance Test Specification)といわれるテスト仕様書によりテスト項目が定義されています．設計者は，このCTSをパスするようにセットを設計する必要があります．これらのVESAに関する詳細については，www.vesa.orgから情報の入手が可能です．

　また，DisplayPort専用のWebサイトも開設されており，マーケット関連の情報などを入手可能です．

　　　　http://www.displayport.org/

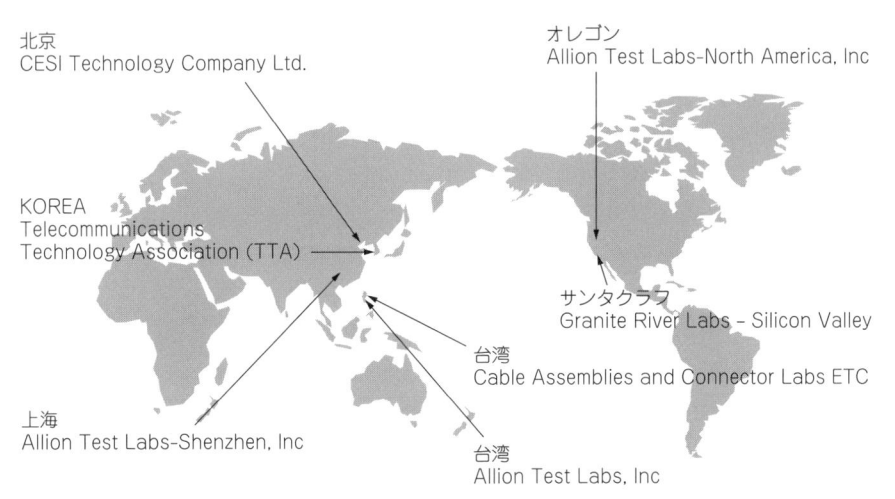

北京
CESI Technology Company Ltd.

オレゴン
Allion Test Labs-North America, Inc

KOREA
Telecommunications
Technology Association (TTA)

サンタクララ
Granite River Labs - Silicon Valley

台湾
Cable Assemblies and Connector Labs ETC

上海
Allion Test Labs-Shenzhen, Inc

台湾
Allion Test Labs, Inc

図4.1　世界各地に設置されているテスト・センタ[24]

4-3 DisplayPort の特徴

　DisplayPort は，HDMI と同じく映像と音声を伝送するインターフェース規格で，2006 年にバージョン 1.0 がリリースされました．HDMI よりも後発ですが，VGA や DVI に替わるパソコンの次世代インターフェースとして普及が始まっています．最大の特徴は，ディスプレイ・インターフェースとしては最高速の 21.6Gbps で伝送できることです．4K2K @ 60Hz の高精細画像も伝送可能です．

　HDMI と DisplayPort は同じような機能を多く持っているので，HDMI と比較しながら DisplayPort の基本的な特徴について説明します．

● DisplayPort の信号構成

　まず，DisplayPort の信号構成から説明します（**図 4.2**）．DisplayPort は，Main Link，AUX-CH（Auxiliary Channel），HPD（Hot Plug Detect）の信号線から構成

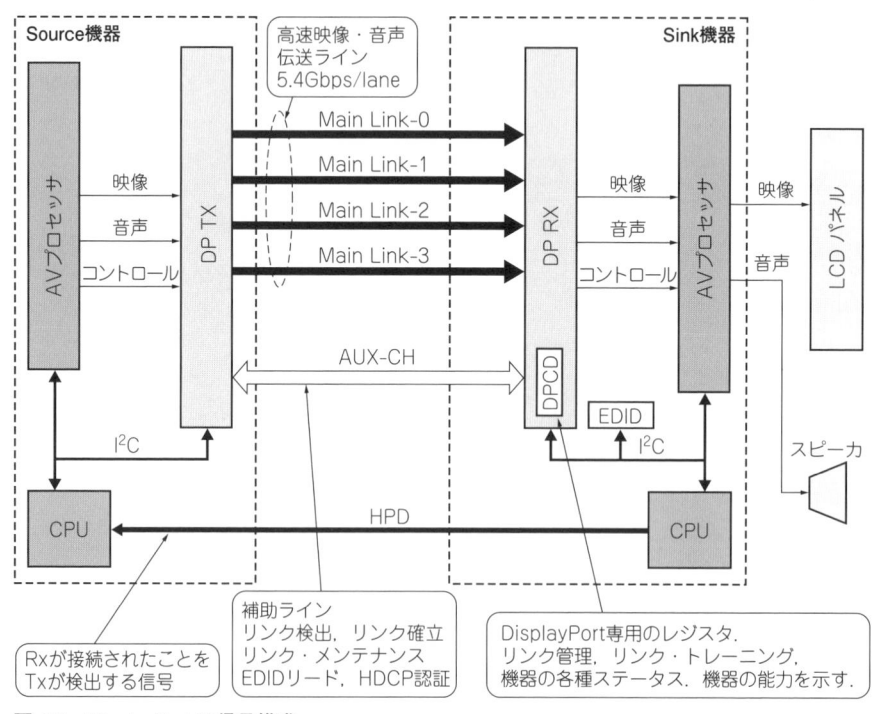

図 4.2　DisplayPort の信号構成

されます．

　Main Link は，映像 / 音声を伝送する高速差動レーンです．Source 機器から Sink 機器へ単方向の通信線です．

　AUX-CH は，DisplayPort のリンク制御のための補助ラインの役割を果たします．Source 機器と Sink 機器間が接続された際にリンクを確立し，リンクが確立された後はリンクの維持・管理を行います．さらに，レシーバ内の DisplayPort レジスタ（DPCD：DisplayPort Configuration Data）のライト・リード，EDID（Extended Display Identification Data）のリードなどを担当します．

　AUX-CH の伝送レートは 1Mbps となっています（後述する FAUX モードでは 675Mbps）．AUX-CH も Main Link と同様に差動伝送方式を採用していますが，Main Link が単方向通信なのに対して，AUX-CH は Source 機器がマスタ，Sink 機器がスレーブの双方向，半二重通信となります．

　HPD は，Source 機器と Sink 機器が接続されたら "H" になり，接続されていない場合は "L" になります．

● 1 本のケーブルで 21.6Gbps の伝送レートが可能

　DisplayPort では，5.4Gbps/lane（HBR-2：High Bit Rate-2），2.7Gbps/lane（HBR：High Bit Rate），1.62Gbps/lane（RBR：Reduced Bit Rate）の 3 つのビット・レートから伝送レートを選択することができます．また，レーン数は 1，2，4 から選択することできます．

　HBR-2 を 4 レーン使った場合，データ伝送量は 21.6Gbps（5.4Gbps × 4 レーン）になり，外部機器間の有線インターフェースとしては最高レベルになります．5.4Gbps モード × 4 レーン・モードを使えば，4K2K @ 60Hz の映像フォーマットを 1 本の DisplayPort ケーブルで伝送することができます．

> **Keyword　DPCD**
>
> 　DPCD は，Sink 機器に配置されている DisplayPort 専用のレジスタです．DisplayPort-Rx の能力（Main Link のレーン数やビット・レートなど）や，リンク・トレーニング，リンク初期化のステータスなどが記載されます．これらのレジスタ情報を DisplayPort-Tx から AUX-CH で確認することができます．なお，EDID は Sink 機器全体のディスプレイ仕様を示すデータ・セットです（表 1-A 参照）．

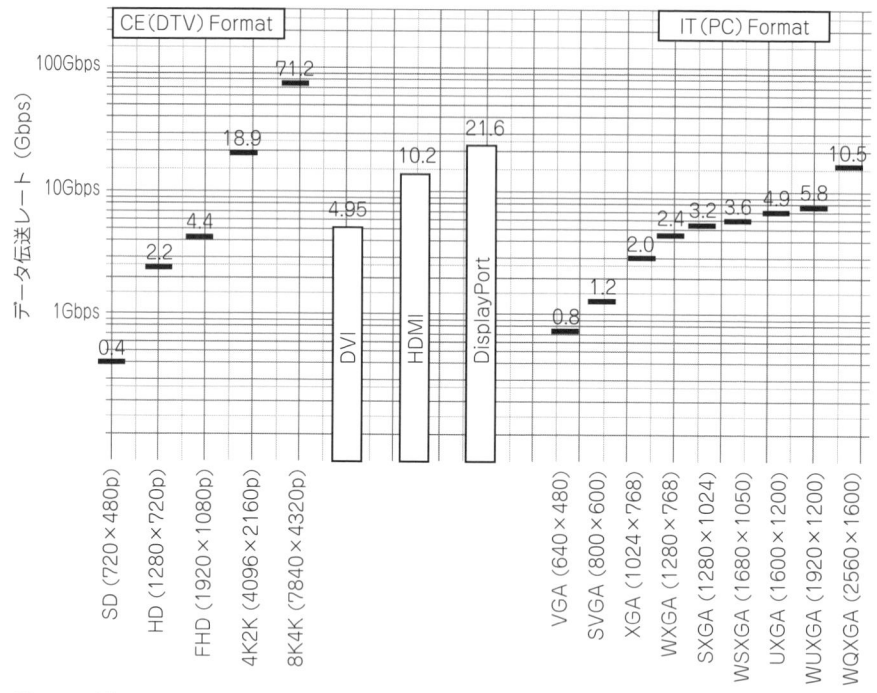

図 4.3 映像フォーマットの解像度とデータ伝送レート

　図 4.3 に，DisplayPort の主要な PC 系映像フォーマットと DTV 系映像フォーマットの対応を示します．DVI は，最高データ伝送量が 4.95Gbps であり，フル HD（1,920 × 1,200p @ 60Hz）に対応しています．HDMI の最高データ伝送量は 10.2Gbps であり，4K2K @ 24Hz に対応しています．DisplayPort は HDMI と比べてもデータ伝送量が圧倒的に高く，ディスプレイ解像度のカバー範囲が広いことが特長です．5.4Gbps × 4 レーン・モードでは，4K2K@60Hz を 1 本のケーブルで伝送できます（図 4.4）．

● 映像解像度によらず固定ビット・レートで安定に動作

　映像解像度が変化するとピクセル・クロック周波数も変化しますが，DisplayPort では Source 機器と Sink 機器の間は固定伝送レート方式を採用しています．固定伝送レート方式とは，映像の解像度，すなわちピクセル・クロックの周波数が変化しても，Main Link のビット・レートは固定値であることを意味

第4章　DisplayPortの基本技術とハードウェア

Lane Width	1.6Gbps	2.7Gbps	5.4Gbps
4lane	1080p-30ビット	WQXGA-30ビット	3840×2160-30ビット
2lane	1080i, SXGA	WUXGA	WQXGA-30ビット
1lane	XGA	1080i, SXGA	WUXGA

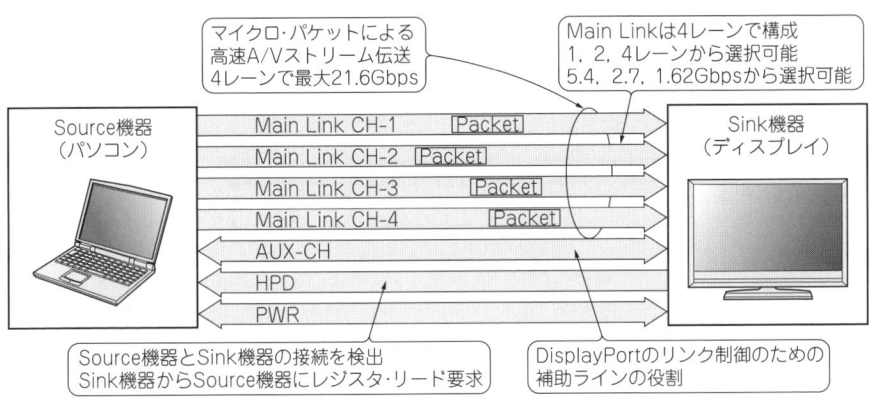

図4.4　DisplayPortの伝送モード

します．

DisplayPortでは，HBR-2，HBR，RBRの3つのビット・レートを選択可能であり，いずれのビット・レートでも常に伝送レートは固定になります．ビット・レートが固定値の場合，特にレシーバのCDR(Clock Data Recovery)をワイド・レンジに設計する必要がなく，安定動作耐性の向上に寄与します(**図4.5**)．

ビット・レートは，ノーマル動作を開始する前にSource機器とSink機器間でネゴシエーションし，レーン数を決定します．HDMIでは，ピクセル・クロックの周波数に応じてTMDS周波数も25MHzから340MHzまで変動するため，レシーバのCDRはワイド・レンジに対応する必要があります．

● 伝送レーン数やビット・レートを最適化できる

DisplayPortは，1, 2, 4レーンの3種類から伝送レーン数を選択することが可能です．セットのデータ伝送量に応じてレーン数を選択することができます．また，セットの仕様に合わせて，ビット・レートも3種類から選択することができるため，ビット・レートとレーン数を最適な設定にすることで，セットのコストや消費電力の最適化が可能になります．伝送レーン数は，通常，動作開始前にSource機器とSink機器の間でネゴシエーションし，使用するレーン数を決定し

107

```
┌─────────────────────────────────────────────────────────────┐
│ 映像解像度によらず，Main Linkのビット・レートは固定にできる（下記の3つから選択） │
│  • 5.4Gbps/lane(HBR-2モード)                                  │
│  • 2.7Gbps/lane(HBRモード)                                    │
│  • 1.62Gbps/lane (RBRモード)                                  │
│                                                             │
│ Main Linkの安定動作に寄与                                      │
└─────────────────────────────────────────────────────────────┘
```

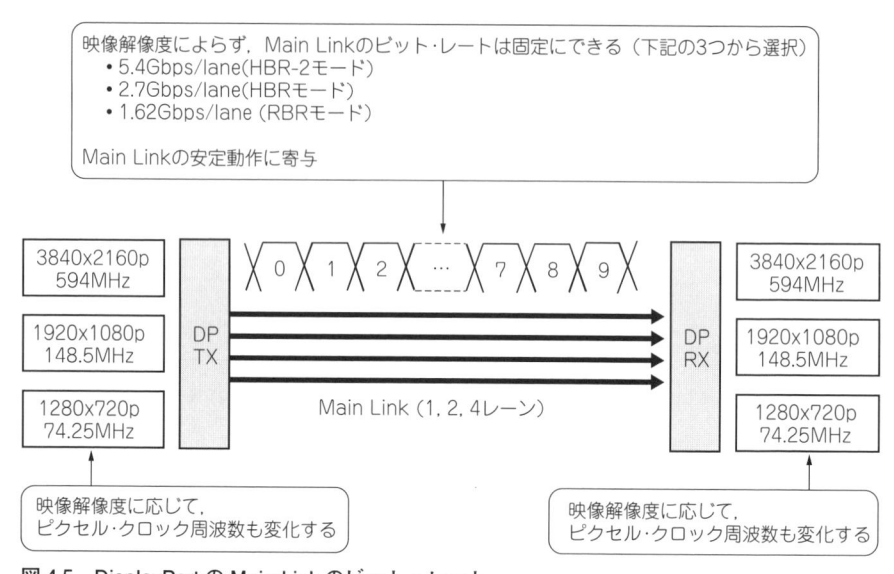

図 4.5　DisplayPort の Main Link のビット・レート

ます．

HDMI の場合，伝送レーンはデータ 3 レーン，専用クロック 1 レーンの合計 4 レーンに固定されており，データ伝送量が低い場合でも高い場合でも常に 4 レーンを動作させる必要があります．

4-4　高速伝送を実現するための回路技術

DisplayPort の物理層は，5.4Gbps/lane という高速性能を出すために以下に示す様々な工夫がなされています．

● Main Link を高速化する工夫

Main Link の送受信部の回路図を図 4.6 に示します[25]．Main Link は差動信号で構成され，Source 機器から Sink 機器への単方向伝送になります．

DisplayPort ではトランスミッタ，レシーバの間を AC 結合しているため，直流成分は伝搬せず，交流成分のみが伝搬します．したがって，両者は異なる電源電圧を使うことができます（図 4.7）．

LVDS や HDMI は，トランスミッタとレシーバ間が基本的には DC 結合によっ

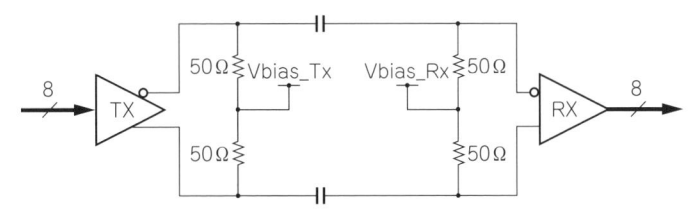

図 4.6　Main Link の送受信部の回路構成

Keyword
コア・トランジスタと I/O トランジスタ

　MOS トランジスタには，コア・トランジスタと I/O トランジスタがあります．コア・トランジスタは SoC 内部の回路で使われるトランジスタで，低電圧で動作します．I/O トランジスタは，SoC の周辺回路や高電源電圧が要求される回路で使われるトランジスタで，電源電圧はコア・トランジスタより高く設定できます．

　両者の断面図を**図 4.A** に示します．主な違いは，ゲート長とゲート酸化膜の厚さです．トランジスタはゲート長が短いほど，ゲート酸化膜が薄いほど高速で動作しますが，印加できる電源電圧はその分低くなっていきます．

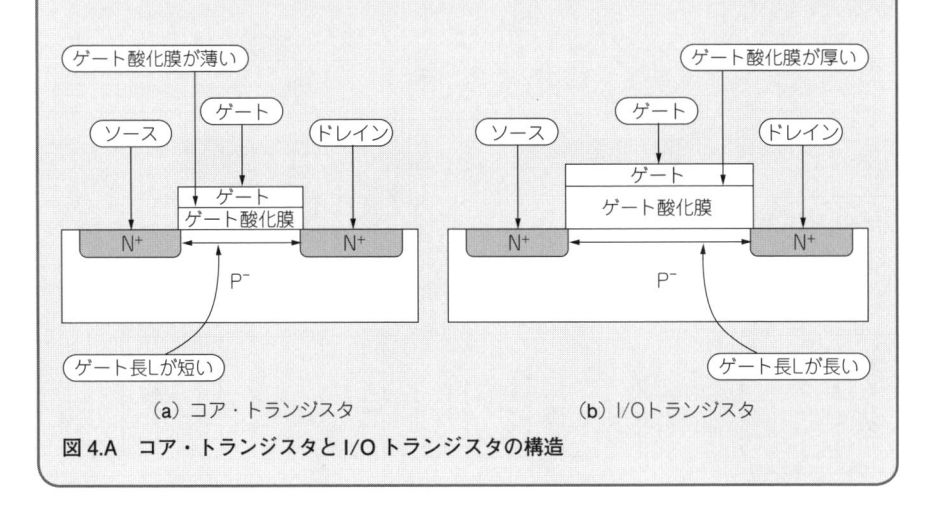

(a) コア・トランジスタ　　(b) I/Oトランジスタ

図 4.A　コア・トランジスタと I/O トランジスタの構造

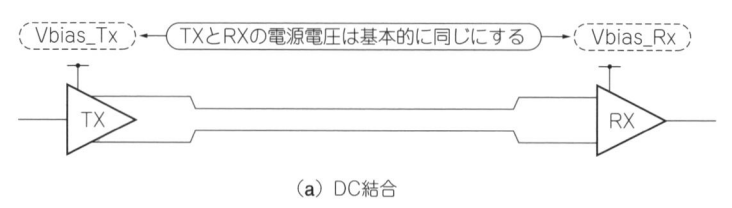

```
    Vbias_Tx ←──(TXとRXの電源電圧は基本的に同じにする)──→ Vbias_Rx
        │                                                    │
       ─▷──────────────────────────────────────────────────▷─
       TX                                                   RX
```

(a) DC結合

図4.7　DC結合とAC結合の違い

Keyword

DCバランスとANSI-8B10B

　DisplayPortでは高速差動信号をAC結合で伝送するため，Link上を流れるデータは，'0'と'1'が均等になっている必要があります．この状態をDCバランスといいます．

　'0'が長く続いた後で'1'に変化する場合や，'1'が長く続いた後に'0'に変化する場合，レシーバ側で正しく信号を受信できなくなり，伝送品質を保てなくなります（図4.B）．このため，DisplayPortではPCI ExpressやSATAと同様に，

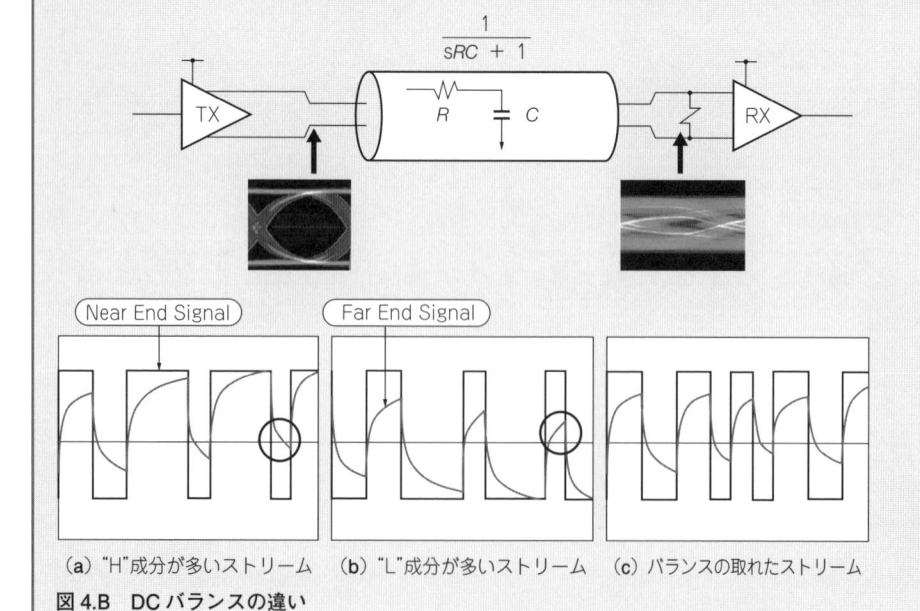

$$\frac{1}{sRC + 1}$$

```
  TX ──▷──┐  ┌─R─┐  ┌──▷── RX
          │  │   │  │
          └──┤ C ├──┘
             └───┘
```

(Near End Signal)　(Far End Signal)

(a) "H"成分が多いストリーム　(b) "L"成分が多いストリーム　(c) バランスの取れたストリーム

図4.B　DCバランスの違い

第4章　DisplayPortの基本技術とハードウェア

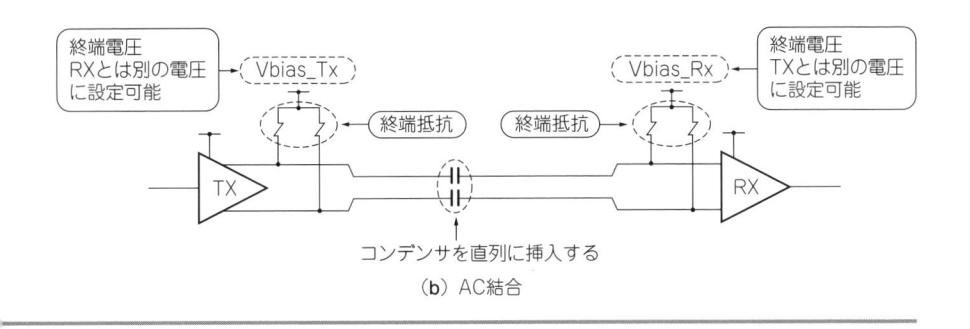

（b）AC結合

ANSI-8B10Bコーディング・システムを適用し，DCバランスを確保しています．
　ANSI-8B10Bコーディングは，8ビットのデータに2ビットの冗長なデータを付加してコーディングすることで，'0'と'1'が均等にバランスされたデータに組み直して伝送する方式です（**図4.C**）．このため，転送されるデータは実際のデータよりも20%のオーバヘッドが発生します

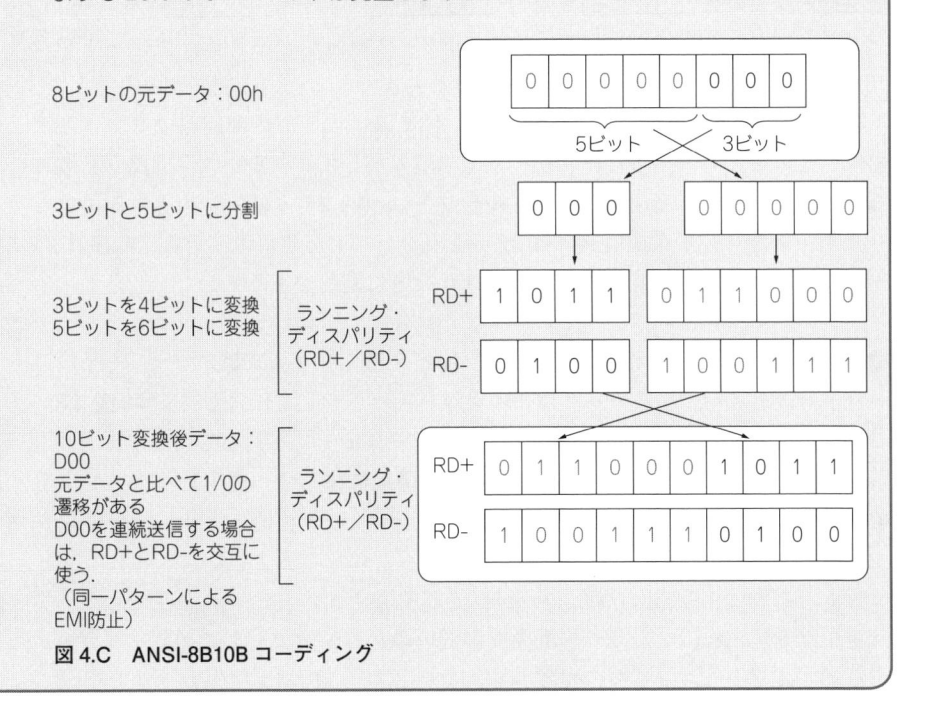

8ビットの元データ：00h

3ピットと5ピットに分割

3ピットを4ピットに変換
5ピットを6ピットに変換
ランニング・ディスパリティ
（RD+／RD-）

10ピット変換後データ：
D00
元データと比べて1/0の遷移がある
D00を連続送信する場合は，RD+とRD-を交互に使う．
（同一パターンによるEMI防止）

図4.C　ANSI-8B10Bコーディング

て接続されています.DC結合の場合,トランスミッタとレシーバは直結されるため,両者の電源電圧の値をルール化しておきます.HDMIの場合,電源電圧は3.3Vが使われます.LVDSもその多くで3.3Vが使われています.

AC結合は,トランスミッタとレシーバ間にコンデンサが挿入されています.コンデンサ(容量)が挿入されるため,線路はハイパス・フィルタの動作を示します.

トランスミッタは,28nmや40nmなどの細線の先端プロセスを使うグラフィック・チップSoCに内蔵されることが多いため,3.3V電源や3.3Vトランジスタから開放され,使用するプロセスのコア電源を使うことができ,3.3Vトランジスタより高速なコア・トランジスタで設計ができるようになります(例えば,40nmプロセスのコア・トランジスタの電源は1.2V).これにより,Main Linkを高速化させることが可能になります.また,レシーバはタイミング・コントローラ(TCON:Timing Controller)に内蔵されることが多いため,130nmや180nmなどの比較的太線の製造プロセスが使われます.

このように,お互いの製造プロセスが異なっていて,使用する電源電圧に自由度を持たせられることは低消費電力化や高速化に有利です.

また,3.3V電源は3.3V耐圧のトランジスタで構成されるため,コア・トランジスタに比べて電源電圧が高く消費電力が大きくなるという問題がありました.消費電力を下げるために,送受信部のみ3.3V電源にして内部回路はコア電源で動作させることも考えられますが,双方の境界部分にレベルシフト回路が必要になります.しかし,高速信号のレベルシフトは,低ジッタ設計に大きな制約となります.また,3.3V電源回路には3.3Vトランジスタを使用するため,内部コア・トランジスタに比べて低速であり,高速化設計に制約がありました.

● マイクロパケットによるディスプレイ・フレームの構成

DisplayPortでは,映像データはマイクロパケット化して伝送されます(図4.8).これは,HDMIや他のディスプレイ・インターフェースと異なる点です.

前述したように,DisplayPortでは映像解像度によらず,固定ビット・レートで伝送します.例えば,HBRモードの2.7Gbpsモードを使って2レーンで伝送する場合,データ伝送量は5.4Gbps(2.7Gbps×2)になります.これは,CEフォーマットであれば1,920×1,080p@60Hzを伝送できます.どの解像度でもデータ伝送量は5.4Gbpsになるため,解像度が低い場合,映像データにダミー・データを付加して送ります.1つのマイクロパケットは,最大64個のデータで構成さ

第 4 章　DisplayPort の基本技術とハードウェア

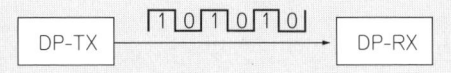

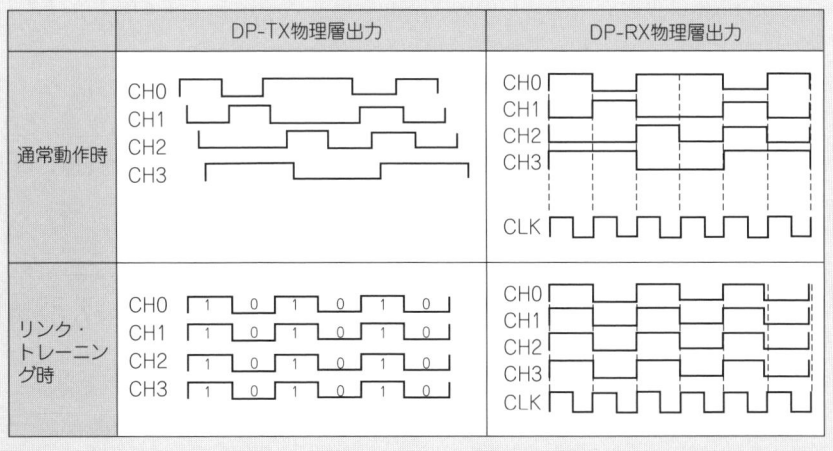

Keyword　リンク・トレーニング

　DisplayPort では，クロック・エンベデッド方式を採用することでデータ伝送量を向上しています．しかし，クロック・レーンがないためレシーバではデータ・レーンのみから各データ・ビットを抽出し，クロック成分をリカバリする必要があります．このため，電源投入後，通常動作が開始する前にリンク・トレーニングというシーケンスを設けています．

　リンク・トレーニングは，101010・・のように 1 と 0 が連続するクロックのような波形をトランスミッタからレシーバに送信し，レシーバの CDR(Clock Data Recovery)の PLL でクロックを再生すると共に，データ・レーンとの同期を取ります．この 1，0 が連続するパターンを D10.2 パターンといいます．リンク・トレーニング完了後は，定期的に送信されるデータの変化(1，0)を活用して PLL のロックを保ちます(**図 4.D**)．

　クロック・エンベデッド方式を採用することにより，LVDS で問題となったクロックとデータ・ライン間でのタイミング・スキューは DisplayPort では問題にならなくなります．また，クロック・レーンの分だけさらに信号ピンの本数を削減することが可能です．

図 4.D　リンク・トレーニング

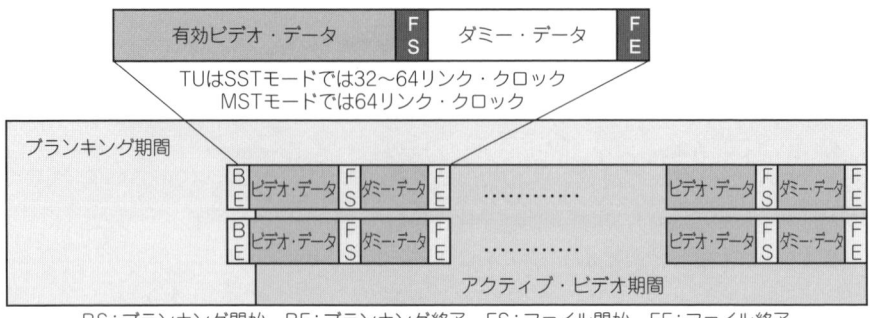

図 4.8 DisplayPort のマイクロパケット構造 [25]

（TUはSSTモードでは32〜64リンク・クロック　MSTモードでは64リンク・クロック）

BS：ブランキング開始　BE：ブランキング終了　FS：ファイル開始　FE：ファイル終了

れます（シングルストリーム伝送時）．

　マイクロパケット方式により，様々な機能の拡張が可能です．応用例として，マルチストリーム伝送があります．これは1本のケーブルを仮想パイプと定義し，この中に複数のディスプレイに対応するデータを混在させて伝送することができます．1つの Source 機器から複数のディスプレイに異なるコンテンツを送ることができる，いわゆるマルチモニタにすることができます [25][26][27]．

● マイクロパケットとフレーミング・シンボルによる映像フレームの構成

　DisplayPort によるディスプレイのフレーム構成の一例を，図 4.9 に示します．この図は，シングルストリーム伝送（SST モード）の例を示しています．DisplayPort では，マイクロパケットとフレーミング・シンボルを使ってディスプレイのフレーム・データを構成します．1 フレームは，実際に映像を表示しているアクティブ・ビデオ期間と，映像を表示していないブランキング期間に分かれます．アクティブ・ビデオ期間では，映像データをマイクロパケット化して送

> **Keyword**　シングルストリーム伝送とマルチストリーム伝送
>
> 　1つの Source から 1 つの Sink に 1 つのコンテンツを送信する伝送方式をシングルストリーム伝送（Single Stream Transmission：SST）といい，1つの Source から複数の Sink に複数のコンテンツを送信する伝送方式をマルチストリーム伝送（Multi Stream Transmission：MST）といいます．

第 4 章　DisplayPort の基本技術とハードウェア

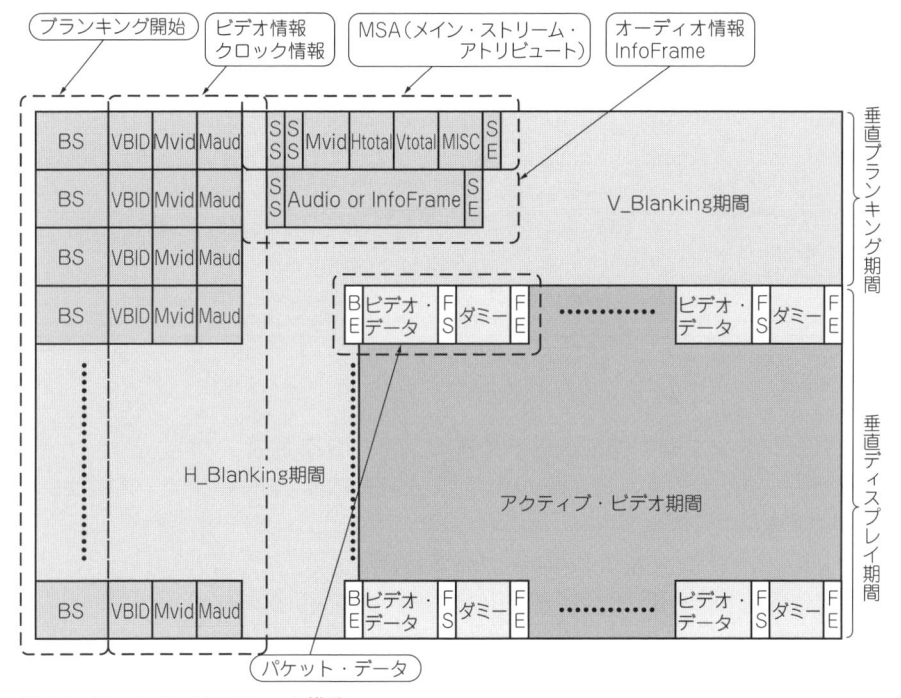

図 4.9　DisplayPort のフレーム構造

ります．

　マイクロパケットは，1TU（Transfer Unit）と呼ばれる決まったサイズのパケット（32 から 64 クロック分のサイズ）により構成されます．前述したように，Main Link 伝送レートは固定値であり，その伝送レートより伝送する映像の解像度が低いフォーマットではビデオ・データのサイズが小さいため，1TU のパケット・サイズに余りが生じます．そのため，余りの部分にはダミー・データをスタッフィングして 1 つのマイクロパケットが構成されます [25][26][27]．

　また，DisplayPort では，いくつかのフレーミング・シンボルを下記のように定義しており，データの切れ目やブランキングの開始，終了を認識することができます（**図 4.10**）[25][26][27]．

- BS/BE：ブランキング期間の始まりと終わりを示す
- FS/FE：スタッフィング・データの始まりと終わりを示す
- SS/SE：SDP（Secondary Data Packet）の始まりと終わりを示す

115

Basic DisplayPort Framing Symbols	略号	内容
Blanking Start	BS	Vertical Blanking の開始
Blanking End	BE	Vertical Blanking の終了
Fill Start	FS	stuffing symbols の開始
Fill End	FE	stuffing symbols の終了
Secondary-data Start	SS	secondary data の開始
Secondary-data End	SE	secondary data の終了
Scrambler Reset	SR	スクランブラ / デスクランブラの Main Link データを同期させるために使用
Content Protection BS	CPBS	Enhanced Framing Mode で使用
Content Protection SR	CPSR	Enhanced Framing Mode で使用

図 4.10　フレーミング・シンボルの定義 [25]

● ブランキング期間中に送信する様々なデータを定義

また，ブランキング期間には，映像データ以外に表 4.2 に示すデータを送ることができます [25]．

(1) MSA(Main Stream Attribute)（表 4.3）[25]
- LS_CLK から Strm_CLK を再生するための定数(N, M)
- 水平同期信号(HSYNC)，垂直同期信号(VSYNC)のタイミング情報
- クロック・モードの情報(同期モード，非同期モード)
- カラーリメトリの情報(RGB/YCC422/YCC444)
- 色深度の情報(6/8/10/12 ビット)
- インタレース時のライン数の情報(odd/even)
- 3D 関連の情報(Top/Bottom/Left/Right)

(2) VBID(Vertical Blanking ID)（表 4.4）[25]
- Vertical blanking の識別
- Video Stream の有無
- Audio Mute の要否など

表 4.2　ブランキング期間に送られる主なデータ

データ名	内容
MSA(Main Stream Attribute)	映像タイミング情報，映像フォーマット情報など
VBID(Vertical Blanking ID)	映像タイミング情報など
Audio パケット	音声ストリーム
InfoFrame	CEA861E 対応の InfoFrame

表 4.3 MSA パケットの定義

パケット・タイプ	内容
Mvid	ディスプレイの video stream clock regeneration に使用
Nvid	ディスプレイの video stream clock regeneration に使用
Htotal	水平ラインのピクセル総数
Vtotal	ビデオ・フレームのライン総数
HSP/HSW	HSYNC polarity/HSYNC width (in pixels)
VSP/VSW	VSYNC polarity/VSYNC width (in lines)
Hstart	HSYNC に関する active video pixel の開始
Vstart	VSYNC に関する active video line の開始
MISC1 : 0	その他，映像関連情報

表 4.4 VBID の内容

SDP
Vertical Blanking Flag
Field ID Flag
Interlace Flag
No Video Stream Flag
Audio Mute Flag
HDCP Sync Detect

(3) 音声パケット
- 音声データの送信

(4) InfoFrame
- CEA861 定義の各種 InfoFrame

● 多数のオプション機能が充実

(1) コンテンツ保護として HDCP1.3 をサポート

　コンテンツ保護が必要なコンテンツに対応するため，DisplayPort では HDMI と同様に HDCP による暗号化技術をオプション機能として採用しています．

(2) 音声データの送信

　DVI では音声を伝送できなかったため，別途に音声ケーブルが必要でした．DisplayPort では，HDMI と同様にブンランキング期間を上手く活用することで，音声データや InfoFrame の各種パケット信号を送信する方式が取られました．また，HDMI と同様に音声クロックは Sink 機器側で再生する機構が採用されています．

(3) 3D もサポートしている

　DisplayPort ではバージョン 1.0 から 3D フォーマットをサポートしています．したがって，DisplayPort はフレーム・シーケンシャル方式，サイド・バイ・サイド方式など，主要な 3D フォーマットを送ることができます．

　最大 21.6Gbps というバンド幅を使えば，フル HD(1080p) のフレーム・シーケンシャル方式の 3D フォーマットの伝送も可能です．

● VGA や DVI より小型になったコネクタ

VGA や DVI の課題の1つとして，コネクタが大きいことが挙げられます。DisplayPort では，VGA や DVI よりもコネクタが小型化されました（図4.11）。

DisplayPort のスタンダード・コネクタのピン配置図を図4.12 に示します。スタンダード・コネクタは DisplayPort1.0 からサポートされており，現在最も使われているコネクタです。DisplayPort のコネクタは，20 ピンで構成されます（HDMI

図4.11 DisplayPort，HDMI，DVI コネクタの比較

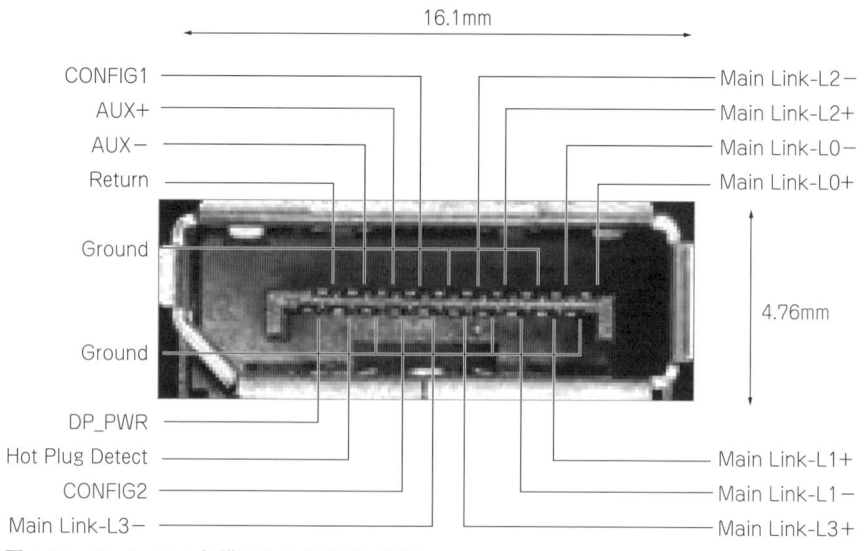

図4.12 DisplayPort 標準コネクタのピン配置

のコネクタは19ピン)．また，DisplayPort1.2で追加されたミニコネクタについては，後述します．

● EMI・ノイズ対策技術——高速化とEMI低減化を両立

　DisplayPortでは，いくつかのEMI低減技術を採用しています．
(1)クロック・レーンの削除
　前述したように，DisplayPortではクロック・エンベデッド方式を採用してクロック・レーンをなくしたため，クロック周波数成分のEMIを低減できます．
(2)スクランブラ回路
　リンク上を同じデータを繰り返し送信すると，特定の周波数に偏ってしまうためEMIが悪化します．そこで，DisplayPortではスクランブラ(Scrambler)回路を採用し，故意にデータを攪拌(かくはん)することで同じデータ・パターンが繰り返されないようにしました．
　スクランブラ回路では，LFSR(Linear Feedback Shift Register, リニア・フィードバック・シフトレジスタ)で乱数を生成し，生成された乱数と送信データを排他的論理和(XOR)します．受信側では受信データに対し，同じ乱数を排他的論理和することで，元のデータに復元します．これにより，EMIを分散させることが可能になります(図4.13)．
(3)スペクトラム拡散回路
　LSI内のクロックが単一の周波数を出力し続けると，その周波数成分とその高調波成分の輻射が大きくなりEMIが悪化します．そこで，故意に基準クロックの周波数を一定周期で微妙に変動させることで周波数成分を分散させ，エネルギを拡散させる技術をスペクトラム拡散(Spread Spectrum)と呼びます．DisplayPortにおいてもスペクトラム拡散を採用し，EMI低減を図っています(図4.14)．
(4)インタレーン・スキュ（ノイズ耐性）
　EMI対策ではありませんが，DisplayPortではインタレーン・スキュ機能をサポートしています．インタレーン・スキュとは，Main Linkの各レーン間で2シンボル・クロック分のタイミング・スキュをつけることで，ノイズに対する耐性の向

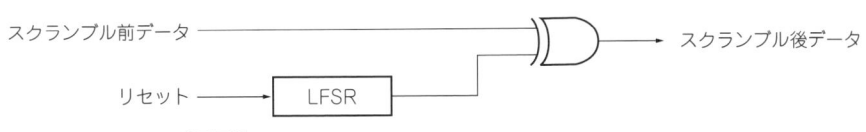

図4.13　スクランブラ回路

（a）SS OFF　　　　　　　　　　（b）SS ON

図 4.14　スペクトラム拡散による EMI 低減

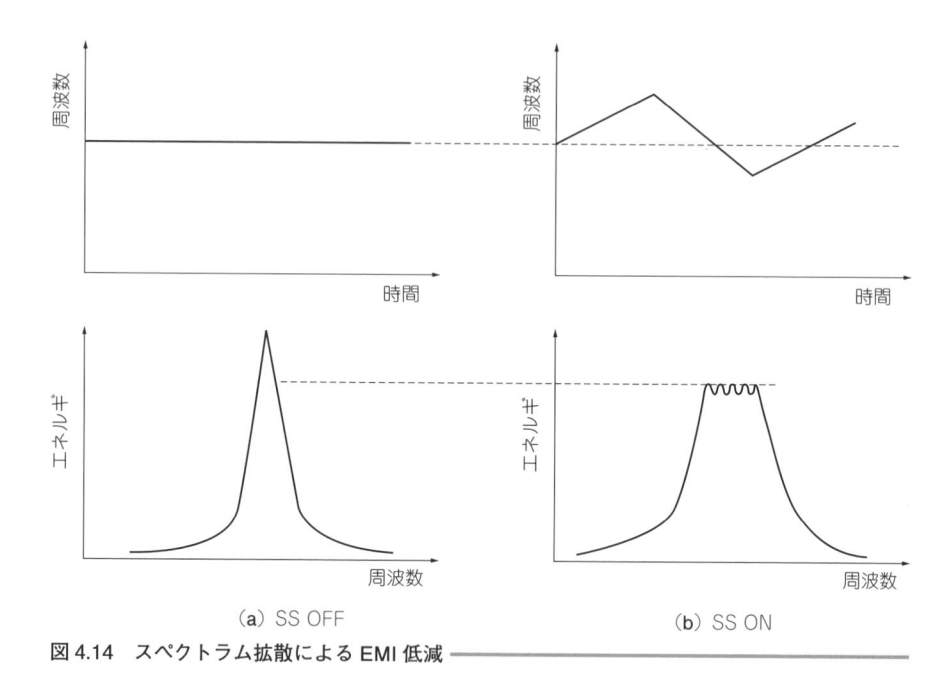

上やデータ伝送におけるビット・エラー・レートの低減を図っています．

　外乱要因などで伝送中にノイズが入った場合，レーン間にスキュがないと，最悪 4 レーンとも同一タイミングでデータを受信できない可能性があります．そこで，インタレーン・スキュにより，ビット・エラーが発生する確率を下げることができます（図 4.15）．

4-5　DisplayPort のリンク層の構成

　DisplayPort のレイヤ構造を図 4.16 に示します．DisplayPort は，リンク層と物理層に別れています．リンク層には，Isochronous Transport Service，AUX-CH Device Service，AUX-CH Link Service の三つの機能があります[25][26][28]．

（1）Main Link のデータ生成を担当する Isochronous Transport Service

　Isochronous Transport Service は，Main Link のデータ生成に関する機能に関して，主に以下の動作を担当します．

- 映像データをマイクロパケットに「パッキング」を行う．

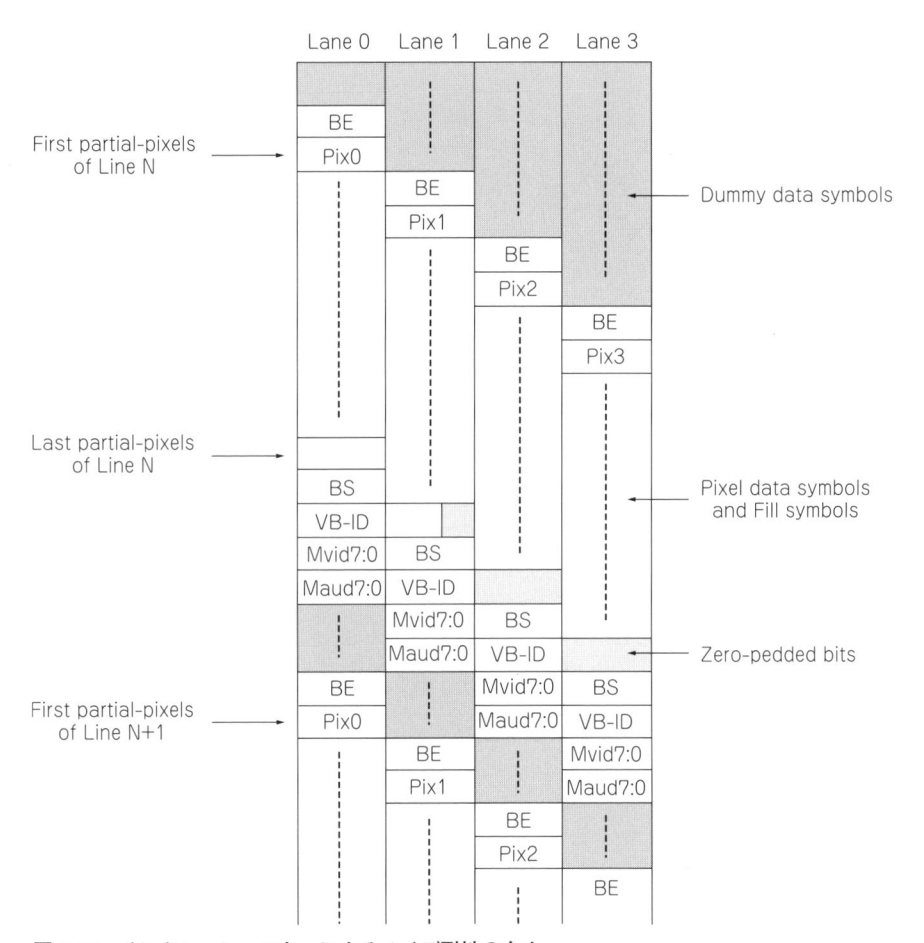

図4.15 インタレーン・スキュによるノイズ耐性の向上

- マイクロパケットに映像データをパッキングした際，余り部分にダミー・データを詰め込む「スタッフィング」を行う
- 1つのフレーム・データを作るために各種コントロール・シンボルを生成し，フレーム・データを生成する「フレーミング」を行う
- Main Link のレーン間のタイミング・スキュを設定する
- MSA（Main Stream Attribute）データを生成する
- 音声データと InfoFrame を生成する（オプション）

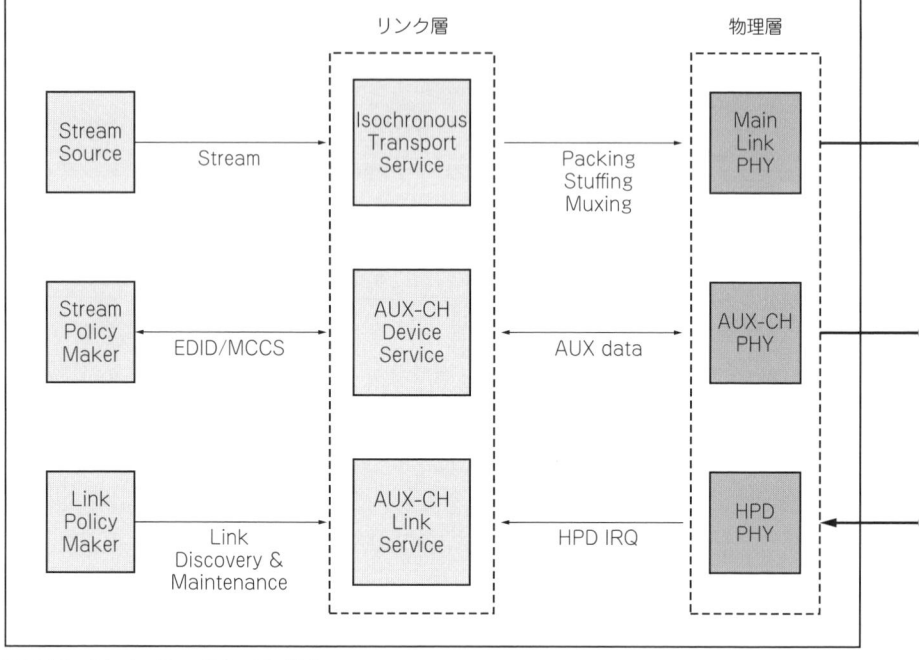

図 4.16　DisplayPort のレイヤ構成

(2) デバイス通信を担当する AUX-CH Device Service

AUX-CH Device Service は，AUX-CH のデバイス通信に関する機能で，主に以下の動作を担当します．
- EDID の制御
- MCCS(Monitor Control Command Set) の制御

(3) リンクの確立を担当する AUX-CH Link Service

AUX-CH Link Service は，AUX-CH のリンクに関する機能で，主に以下の動作を担当します．
- リンクの検出
- リンクの確立
- リンクのメインテナンス

第 4 章　DisplayPort の基本技術とハードウェア

Sink機器

（物理層・リンク層のブロック図：Main Link PHY ─ UnPacking/UnStuffing/UnMuxing ─ Isochronous Transport Service ─ Stream ─ Stream Sink／AUX-CH PHY ─ AUX data ─ AUX-CH Device Service ─ EDID/MCCS ─ Stream Policy Maker ─ EDID／HPD PHY ─ HPD IRQ ─ AUX-CH Link Service ─ Link Discovery & Maintenance ─ Link Policy Maker ─ DPCD）

4-6　DisplayPort の物理層の構成

　物理層では，Main Link，AUX-CH，HPD の信号の送受信部，特に高速差動信号である Main Link，AUX-CH の送受信を担当します．DisplayPort の Main Link の物理層は，PCI Express に近い仕様になっています．Source 側の Main Link の物理層のブロック図を図 4.17 に，Sink 側のブロック図を図 4.18 に示します．両者とも Logical sub-block（論理サブブロック）と，Electrical sub-block（電気サブブロック）に分かれます [25] [26] [28]．

● Source 側の物理層の構成
①論理サブブロック
- Scrambling
- ANSI-8B10B

123

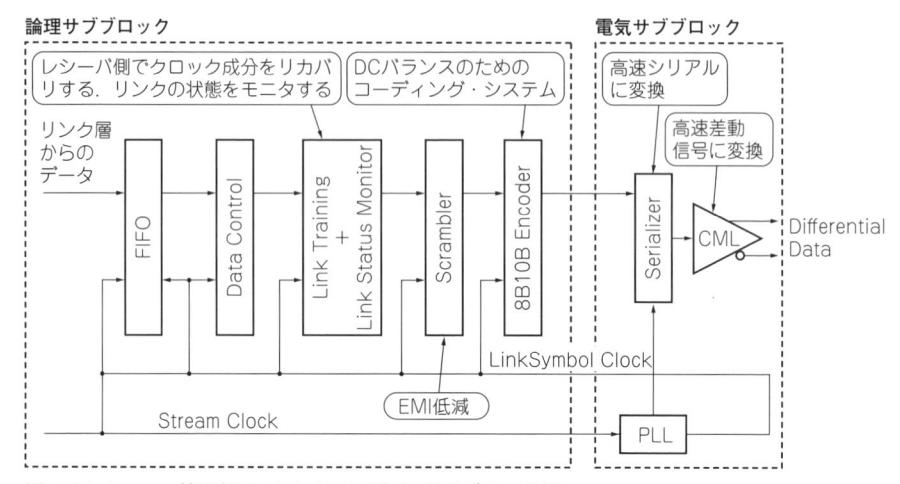

図 4.17　Source 機器側の Main Link の物理層のブロック図

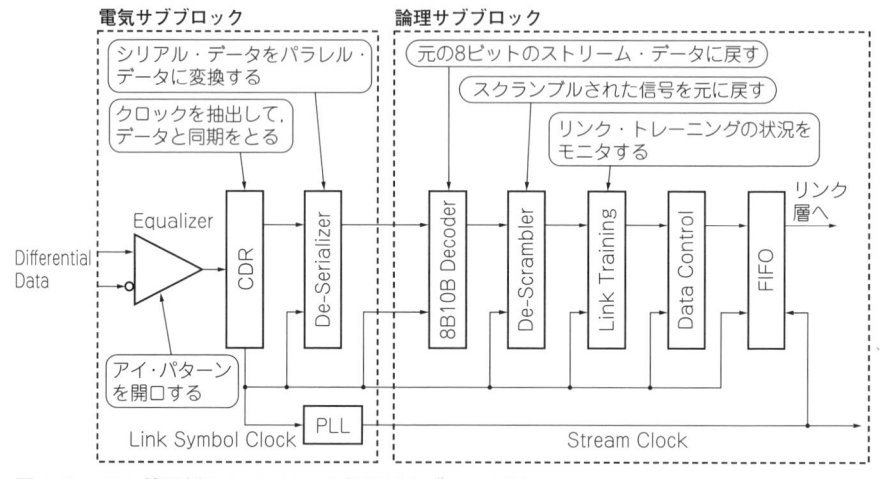

図 4.18　Sink 機器側の Main Link の物理層のブロック図

- Link Training and Link Status Monitor

②電気サブブロック
- Serializer
- Differential Driver（CML）
- Pre-emphasis

論理サブブロックでは，リンク・トレーニングの制御，リンクの管理，スクランブラ，ANSI-8B10Bのエンコードを行います．

DisplayPortではクロック・レーンがないため，レシーバではデータ・レーンから各データ・ビットを抽出し，クロック成分をリカバリする必要があります．このため電源投入後，通常動作が開始される前にリンク・トレーニングというシーケンスを設けています．また，スクランブラはEMI低減のために使われます．そして，ANSI-8B10Bエンコーダは，DCバランスのためのコーディング・システムです．

ここまでが論理サブブロックで，実際のインプリメンテーションはRTLによるロジック設計で行われます．

論理サブブロックでは，各ブロックはストリーム・クロック(Stream_Clock：ピクセル・ベースのクロック)からリンク・シンボル・クロック(LS_Clock：リンク・シンボル・ベースのクロック)に乗せ換えられます．このクロックの乗せ換えは，FIFOメモリを使い周波数誤差を吸収します．

電気サブブロックは，アナログ・フロントエンド・ブロックとしてトランジスタ・ベースのフルカスタム設計にて行われます．シリアライザ(Serializer)は，論理サブブロックで生成された8B10B後の10ビット信号をDisplayPortのMain Linkベースの高速シリアル信号に変換するためのブロックです．ここでは，リンク・シンボル・クロックを使ってパラシリ変換されます．

パラシリ変換されたデータは，CML(Current Mode Logic)バッファによりMain Linkの高速差動信号に変換されます．プリエンファシスは，ケーブルによる信号の高周波成分の損失をトランスミッタ側であらかじめ補正しておく技術です．

● Sink側の物理層の構成
①論理サブブロック
- De-scrambling
- ANSI-8B10B Decoder
- Link Trining

②電気サブブロック
- Differential Receiver
- Equalizer
- CDR (Clock-to-Data Recovery)

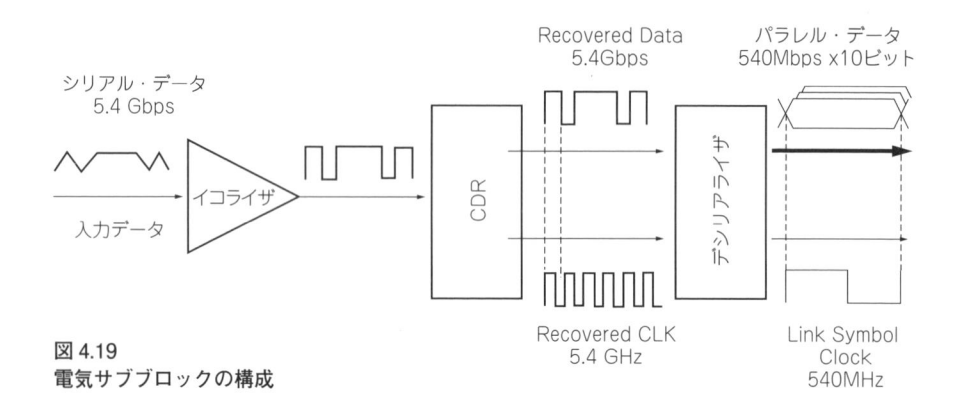

図 4.19 電気サブブロックの構成

- De-Serializer

論理サブブロックでは，各ブロックはリンク・シンボル・クロックで動作します．デスクランブラは，Source 側でスクランブリングをかけた信号を Sink 側で元に戻す回路です．

ANSI-8B10B デコーダは，Source 側で 8B10B にエンコードした信号を Sink 側でデコードして元の 8 ビットのストリーム・データに戻す回路です．

リンク・トレーニングは，Source 側で送信するリンク・トレーニング・パターンを受信して CDR をロックさせます．

電気サブブロックのブロック図を図 4.19 に示します．電気サブブロックでは，各ブロックはリンク・シンボル・クロックで動作します．

イコライザは，ケーブルによる信号の高周波成分の損失をレシーバ側で補正するためのもので，イコライザでアイパターンを開口させます．次に，CDR（Clock & Data Recovery）は，シリアル・データ・ストリームからデータ・ビットの切れ目に同期したクロックを抽出する回路です．レシーバの物理層の設計で，もっとも難易度が高い回路です．デシリアライザは，CDR で抽出したクロックとデータから，シリアル・データをパラレル・データに変換する回路です．

物理層では，リンク・シンボル・クロックからストリーム・クロック（ピクセル・ベースのクロック）に乗せ換えて Link 層に送ります．

4-7 AUX-CH の機能

DisplayPort では，AUX-CH（Auxially-Channel，補助チャネル）が大きな役割

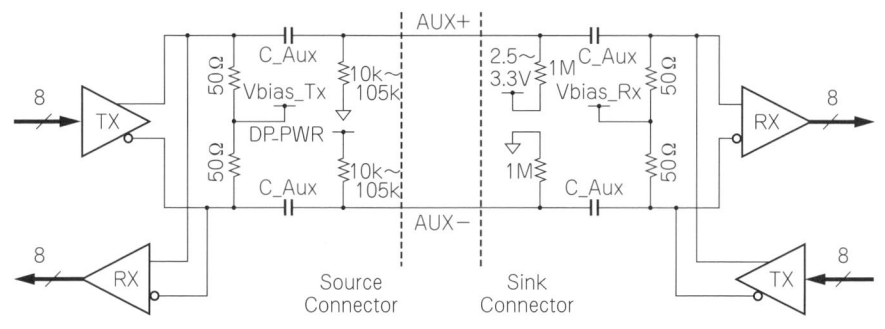

図4.20 AUX-CHの送受信部の回路

を果たしています．ここでは，AUX-CHの動作概要を解説します．

● 高機能な補助チャネル AUX-CH

　AUX-CHは，Main Linkの初期化，リンク・トレーニングの確立，リンク・メインテナンス，DPCDアクセス，HDCP認証，EIDの読み出し，パワー・マネジメントなどを担当します．HDMIでは，DDCラインがHDCP認証，EDIDのリードの役割を果たしていましたが，AUX-CHはDDCよりも多くの役割を果たしています．

　AUX-CHの送受信部の回路図を図4.20に示します[25][26][29]．AUX-CHもMain Linkと同様に，差動伝送線でAC結合を採用しています．これにより，Source機器とSink機器の電源電圧を異なるものに設定することが可能で，終端電圧も任意の電位に設定が可能です．

　Source機器側では，AUX＋ピンは100kΩでプルダウンされており，AUX－ピンは100kΩでプルアップされています．また，Sink機器側ではAUX＋ピンは1MΩでプルアップされており，AUX－ピンは，1MΩでプルダウンされています．このように，Source機器側，Sink機器側で，AUX＋ピン，AUX－ピンのプルアップ，プルダウンが各々異なるため，Sink機器でSource機器が接続されたことを検出できます．

● 双方向/半二重通信の AUX-CH

　Main LinkはSource機器からSink機器への単方向通信ですが，AUX-CHは双方向通信になります．ただし，Source機器がマスタ，Sink機器がスレーブと

なる半二重通信になります．Main Link では ANSI-8B10B コーディングを採用しましたが，AUX-CH では Manchester II コーディングを採用しています．

Manchester II コーディングは，DC レベルを交互に発生させ，DC バランスを保つことでデータ伝送の誤り率を減少させています．1 ビットのデータを送るために 2 クロックを必要とします．また，基準クロックと送信データから生成および再現する方式で，符号 1 を信号レベルの高→低の変化，符号 0 を低→高の変化で表します (図 4.21)．

また，DisplayPort では，リンクがフェイルした際，Sink 機器から Source 機器に HPD ラインから IRQ パルスを送信し，Source 機器に AUX-CH の初期化を促します．

AUX-CH は DisplayPort バージョン 1.0 では 1Mbps でしたが，当初から AC 結合を定義しており，将来の高速化に向けての準備がなされていました．DisplayPort1.2 において FAUX (Fast AUX-CH) モードが追加され，一気に 675Mbps まで高速化されました．FAUX モードでは，ANSI-8B10B コーディングが採用されています．

● AUX-CH の通信──2 つの通信シンタックス

AUX-CH は Main Link の初期化，リンク・トレーニングの確立，リンクのメインテナンス，HDCP 認証，EDID の読み出し，パワー・マネジメントなどを担当します．ここでは，AUX-CH のシンタックスについて説明します (図 4.22)．

(1) Native AUX Transaction

Source 機器，および Sink 機器の DisplayPort コア内部で閉じる通信処理の場合，例えば Main Link の初期化，リンク・トレーニングの確立，リンクのメインテナンスなどは，AUX-CH のみの通信プロトコルで処理できます．この場合，Native AUX Syntax を使います[23], [25], [29]．

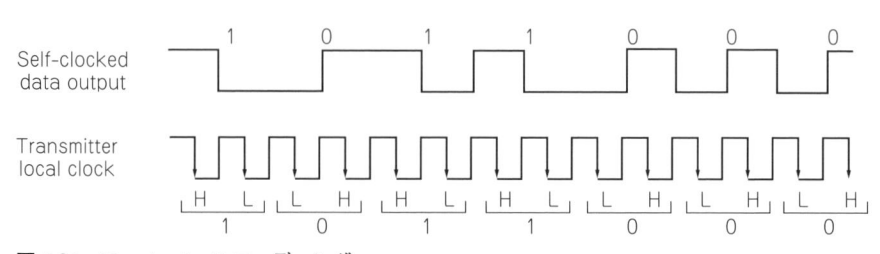

図 4.21 Manchester II コーディング

(2) I²C over AUX Transaction

DisplayPort コア以外の通信，例えば EDID などとの通信する場合は I²C ベースでの通信が必要なため，Source 機器と Sink 機器間では I²C のプロトコルを一度 AUX のプロトコルに乗せ換えて通信します．これを I²C over AUX といいます [25][26][29]．

● DisplayPort のレイヤ構成における AUX-CH の機能との関係

図 4.16 に示したように，DisplayPort のリンク層は，Stream Source，Stream Policy Maker と Link Policy Maker にて管理されています [25][26][29]．

(1) Stream Source

DisplayPort で伝送する，映像，音声のソース・データです．

(2) Stream Policy Maker

Stream Policy Maker は，ストリームの伝送を管理します．AUX-CH Device Service を使ってストリーム伝送の初期化し，必要なリンク情報を Link Policy Maker から入手し，ストリーム伝送の準備をします．

AUX-CH Device Service では，AUX-CH のデバイス通信に関する機能で，主に以下の動作を担当します．

- EDID の制御
- MCCS の制御

(3) Link Policy Maker

Link Policy Maker は，リンクの確立と維持を行います．AUX-CH Link Service を使って，リンクの初期化，リンクの検出，リンクのメインテナンスを行います．

AUX-CH Link Service は，AUX-CH のリンクに関する機能で，主に以下の動作を担当します．

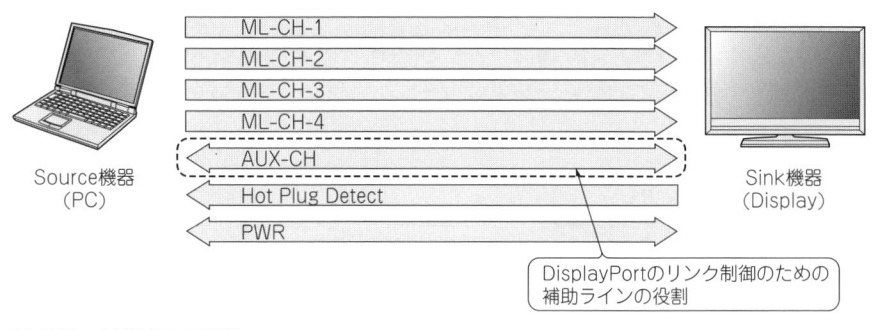

図 4.22 AUX-CH の通信

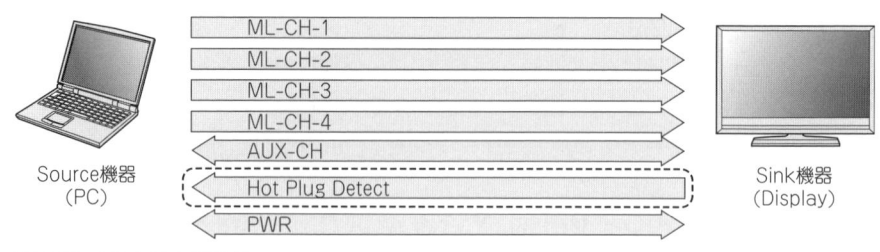

図 4.23　HPD による通信

- リンクの検出
- リンクの確立
- リンクのメインテナンス

　リンクの初期化において，Source 機器が Sink 機器と接続されたら，Sink 機器からの HPD ラインで，0.5ms ～ 1ms の "L" パルスを検出する必要があります（図 4.23）．

　"L" パルスは，Sink 機器が信号を受信可能であることを示します．HPD の立ち上がりエッジを検出すると，Link Policy Maker はリンクのステータスをチェックします．ただし，0.25ms 以下の HPD の "L" パルスおよび "H" パルスに反応してはいけません[25]．

　Link Policy Maker は，リンクの状態をウォッチしてメインテナンスを行います．Sink 機器から HPD パルス（IRQ）を受けたら，リンクの状態を AUX Link Service の機能を使って，Sink 機器の DPCD の関連レジスタをリードし，リンクの状態を確認します．もし，リンク・フェイルしていれば，再度初期化から再開することになります．

4-8　DisplayPort1.2 で追加された機能

　ここでは，多くの新機能が追加された DisplayPort1.2 の主要な機能について説明します．

● DisplayPort の改定履歴

　DisplayPort の改定履歴を，図 4.24 に示します．2006 年にバージョン 1.0 がリリースされた後，2007 年に HDCP，ハイブリッド・デバイスを追加したバージョン 1.1 がリリースされました．

第4章　DisplayPortの基本技術とハードウェア

　その後，2007年にいくつかの説明事項を追加したバージョン1.1aがリリースされました．さらに，2010年にHBR-2（High Bit Rate-2，5.4Gbps/lane），マルチストリーム，Fast AUX-CHなどを追加したバージョン1.2がリリースされ，大幅な機能拡張が行われました．さらに，2012年にマイナ改定となるバージョン1.2aがリリースされています．

● 21.6Gbpsのデータ伝送量を実現するHBR-2

　バージョン1.1aまでのDisplayPortの伝送レートは，2.7Gbps/laneのHBR（High Bit Rate）と1.62Gbps/laneのRBR（Reduced Bit Rate）の2種類で，HBRかつ4レーンを使用したときの10.8Gbps（2.7Gbps/lane × 4）がDisplayPortの最大バンド幅でした．しかし，4K2Kなどの映像フォーマットが登場し，さらに高解像度

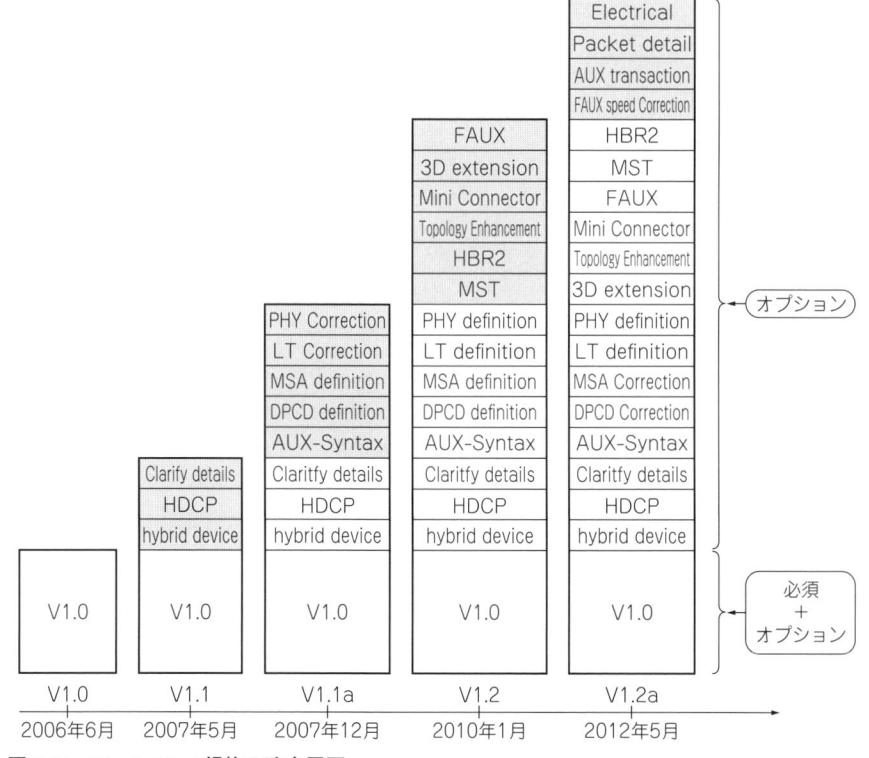

V1.0	V1.1	V1.1a	V1.2	V1.2a
				Electrical
				Packet detail
				AUX transaction
				FAUX speed Correction
			FAUX	HBR2
			3D extension	MST
			Mini Connector	FAUX
			Topology Enhancement	Mini Connector
			HBR2	Topology Enhancement
			MST	3D extension
		PHY Correction	PHY definition	PHY definition
		LT Correction	LT definition	LT definition
		MSA definition	MSA definition	MSA Correction
		DPCD definition	DPCD definition	DPCD Correction
		AUX-Syntax	AUX-Syntax	AUX-Syntax
	Clarify details	Claritfy details	Claritfy details	Claritfy details
	HDCP	HDCP	HDCP	HDCP
	hybrid device	hybrid device	hybrid device	hybrid device
V1.0	V1.0	V1.0	V1.0	V1.0
2006年6月	2007年5月	2007年12月	2010年1月	2012年5月

（上段：オプション，下段：必須＋オプション）

図4.24　DisplayPort規格の改定履歴

131

マルチモニタ機能を実現するため，DisplayPortのバンド幅が5.4Gbps/laneに引き上げられました．

HDMIでは3.4Gbps/lane，PCI Expressでは8Gbps/lane，SATAでは6Gbps/laneが実現されています．また，PCI ExpressとSATAは，両者とも基本的には筐体内部のインターフェースであるのに対して，DisplayPortは外部機器間のインターフェースなので，室内である程度のケーブル配線が引き回されることによるシグナル・インテグリティの劣化を考慮しても高いバンド幅を確保する必要がありました．

HBR-2で4レーンを使用したときは21.6Gbps（5.4Gbps/lane × 4）の伝送速度となり，DisplayPortとして最大のバンド幅になります．4K2KやフルHD（1,080p）のフレーム・シーケンシャル方式の伝送もDisplayPortのケーブル1本で可能になりました．

● マルチモニタ機能を実現するマルチストリーム

1つのSource機器から複数のSink機器に異なるコンテンツを送信するマルチストリーム機能が追加されました．DisplayPortは，当初からマイクロパケット方式を基本技術として採用しており，パケット化して伝送することによりマルチストリーム伝送を容易にしています（図4.25）．

また，バージョン1.2からMain Linkのビット・レートが5.4Gbps/laneに高速化されたため，WUXGAモニタ（1,920 × 1,200）の場合，パソコンから最大4台のモニタに異なるコンテンツを送信することができるようになりました．WQXGAモニタ（2,560 × 1,600）の場合，最大2台のモニタに異なるコンテンツを送信することができます．もちろん，HDCPによるコンテンツ保護も可能です．

シングルストリーム伝送時は，マイクロパケットはトランスファ・ユニット（TU）単位でパケット化されていました．マルチストリーム伝送時は，マルチストリーム・トランスポート・パケット（MTP）で管理されます．

TUは，32から64リンク・クロックで構成されましたが，MTPは64リンク・クロックで構成されます．1リンク・クロック目には，ヘッダ情報が格納（MTPH：MTP Header）されています．また，1,024MTP（1,024 × 64リンク・シンボル・クロック）に1回，MTPHをSRに置換します．実際の映像データは，VC Payloadにアサインされます．

このMTPを使って，1本のケーブル内に最大63個のストリームを伝送することが可能です（図4.26）[26]．

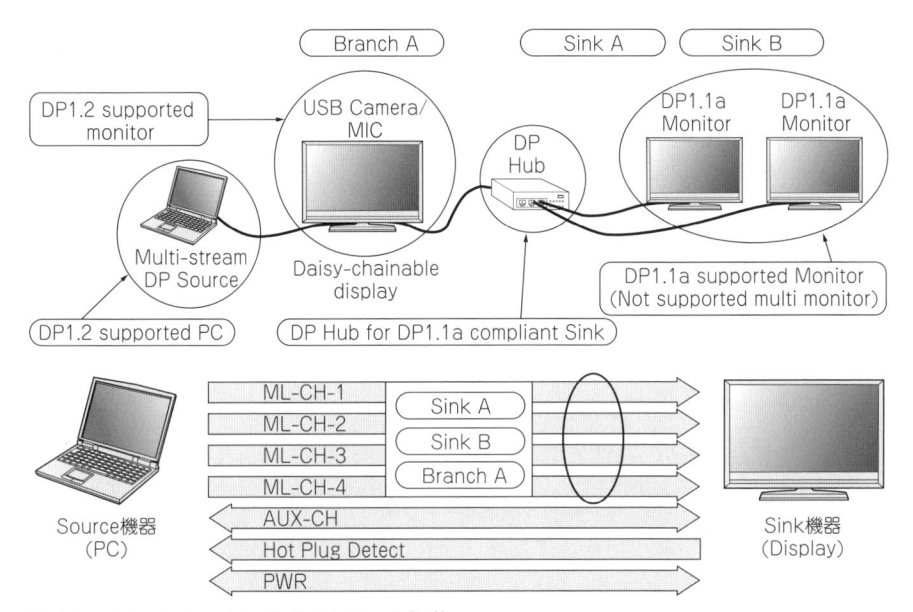

図4.25 DisplayPort のマルチストリーム伝送

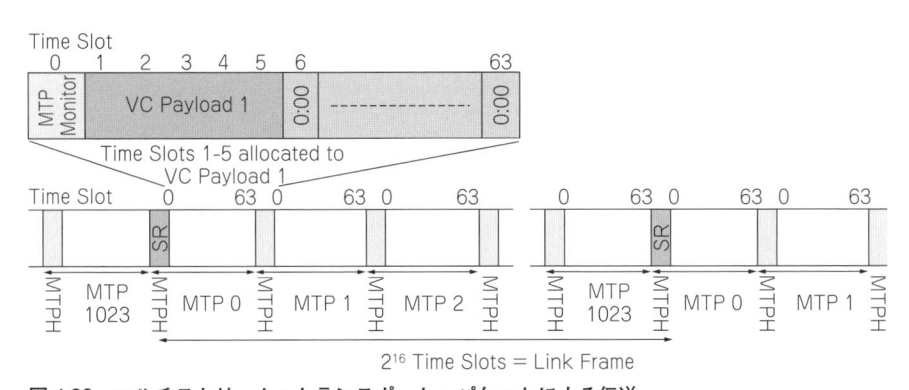

図4.26 マルチストリーム・トランスポート・パケットによる伝送

図4.27 に，マルチストリームのストリーム伝送のようすを示します．Source 機器は，異なる三つのストリームを 1 本のケーブルで送ります．ブランチ・デバイスは自身のデータを受け取り，残りの 2 つのストリームを送ります．ハブ・デバイスが，各々の末端の Sink 機器のストリームを送ります．

また，Source 機器のトポロジ・マネージャが Source 機器から末端の Sink 機器までのストリームの経路(パス)を確立します．

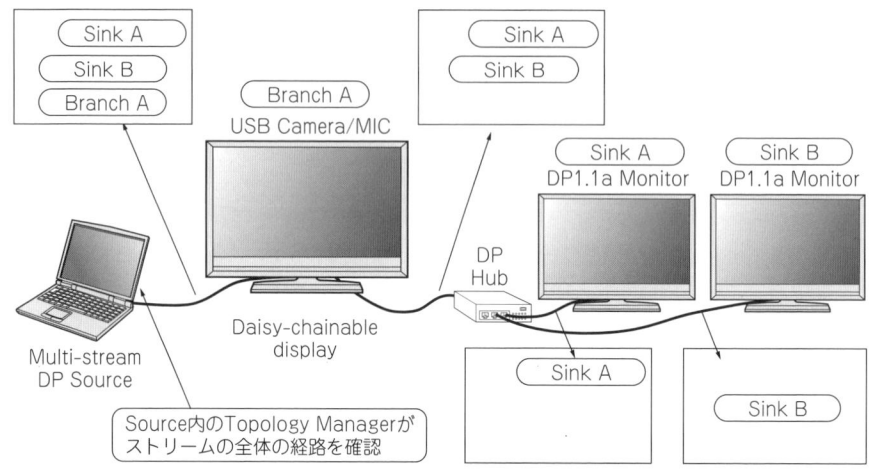

図4.27 マルチストリーム伝送の経路を確立するようす

　これまでの DisplayPort モニタは入力端子のみでしたが，マルチモニタ対応にするにはデイジーチェーン用に出力端子を搭載する必要があります．バージョン 1.1a 以前のモニタ用にハブを接続すれば，マルチモニタが可能になります．

● モバイル機器向けのミニコネクタをサポート

　DisplayPort1.0 では標準コネクタが定義されましたが，ノート・パソコンに実装することを考慮してさらなる小型コネクタが提案され，バージョン 1.2 からミニコネクタが追加されました．標準コネクタに比べると，かなり小型化されています（**図4.28**）．

　HDMI と DisplayPort のコネクタの比較を**図4.29**に示します．HDMI は 19 ピンで構成され，標準（タイプ A），ミニ（タイプ C），マイクロ（タイプ D），車載（タイプ E）のコネクタ・バリエーションがあります．DisplayPort は 20 ピンで構成され，スタンダード・コネクタは HDMI のタイプ A コネクタとほぼ同じ面積です．ミニコネクタは，HDMI のタイプ C コネクタに近い面積です．

　また，DisplayPort のケーブルは，プラグが両方ともスタンダード・タイプのものと，片方がスタンダード・タイプで片方がミニタイプのものなどがあります．

● USB2.0 も伝送できる高速 AUX-CH

　DisplayPort1.1a 以前の AUX-CH のビット・レートは 1Mbps でした．AUX-

第4章 DisplayPortの基本技術とハードウェア

（a）外観

（b）形状

（c）プラグとレセプタクル（出典：VESA）

図4.28 DisplayPortのミニコネクタ

HDMI （19ピン）	タイプA 4.55×14.0 =62.3mm²	タイプC 2.5×10.5 =26.25mm²	タイプD 2.3×5.9 =13.57mm²	タイプE 10.0×22.1 =221 mm²
DisplayPort （20ピン）	スタンダード 4.76×16.1 =76.6mm²	ミニ 4.5×7.5 =33.75mm²		

図4.29 HDMIとDisplayPortのコネクタの比較

CHは，AUX-CH Device ServiceとしてEDID制御やMCCS制御を，AUX-CH Link Serviceとしてリンクの検出，リンクの確立，リンクのメインテナンスを担当していました．

バージョン1.2では，FAUX(Fast AUX)モードが追加され，ビット・レートが675Mbpsまで大幅に高速化されました．

(a) スタンダードDP-スタンダードDPタイプ・ケーブル　　(b) スタンダードDP-ミニDPタイプ・ケーブル

図 4.30 DisplayPort のケーブル

　これにより，バージョン 1.1a 以前の機能だけでなく，USB2.0 のデータ転送が可能になりました．応用例として，Web カメラの映像やマイクの音声などを，モニタ側の USB 機能を使ってパソコン側に伝送することが可能になります．AUX-CH の双方向，高速性能を活用し，DisplayPort ケーブルに一本化することできます（図 4.30）．

4-9　DisplayPort とレガシ・インターフェースの接続

　VGA，DVI，HDMI などの入力のみを有する Sink 機器とのインターフェースをどうするかという問題は，後発のディスプレイ・インターフェースである DisplayPort としては考慮する必要がありました．

　VESA では，DisplayPort とこれらのインターフェースとの変換アダプタ・システムを準備しています（図 4.31）．例えば，DisplayPort 出力端子を持つ Source 機器と HDMI 入力端子を持つ Sink 機器との変換アダプタでは，4 レーンある DisplayPort の Main Link を 4 レーンある TMDS に変換します．

　DisplayPort と TMDS ではレーン数は同じですが，DC レベルが異なるため，変換アダプタ内で電圧のレベルシフトを行います．また，差動の AUX-CH は差動のプラス信号とマイナス信号を DDC のデータ（SDA）とクロック（SCL）に変換します．PWR 信号を Source 機器から Sink 機器に送信すると共に，Sink 機器側から HPD と CEC 信号を Source 機器に送信します（図 4.32）．

　HDMI 以外に，DVI や VGA などのレガシ・インターフェースとの変換アダプタも準備されています．

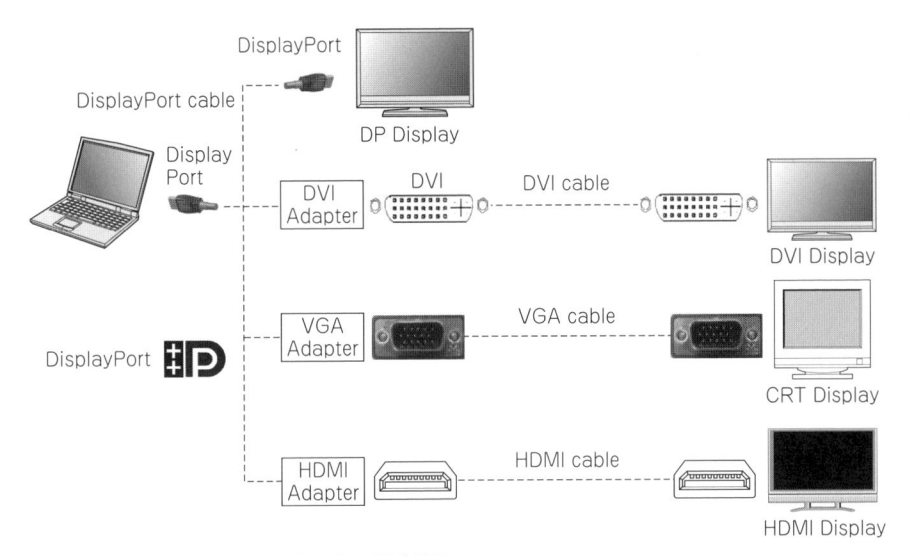

図 4.31　DisplayPort のインターオペラビリティ

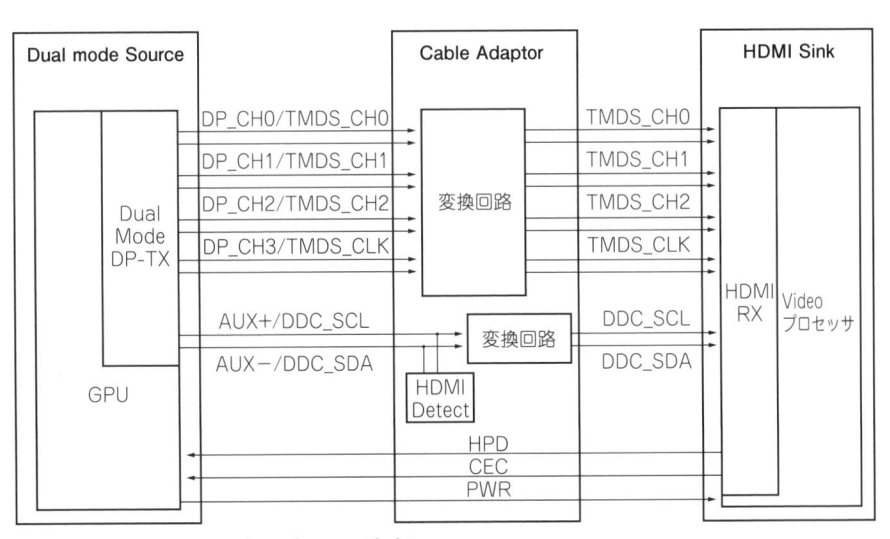

図 4.32　DisplayPort のケーブル・アダプタ

第5章 HDMIとDisplayPortの比較

前章までは，HDMIとDisplayPortに採用されている技術について詳しく解説してきました．どちらも今後の電子機器にとっては重要な規格であり，一概に優劣はつけられませんが，現状においてどのような違いがあるのか理解しておく必要はあるでしょう．

そこで本章では，筆者の独断になりますがHDMIとDisplayPortの優劣をあえて比較してみました．

5-1 HDMIとDisplayPortの位置づけ

HDMIは10.2Gbpsのデータ伝送量を有しており，現在普及しているコンテンツおよびディスプレイの性能をカバーするには十分です．しかし，今後は4K2K @ 60Hzやその3D伝送などが普及してくると予想され，6Gbps/lane超のデータ伝送量が必要になると考えられます．HDMI 1.4bでは4K2K @ 30Hzまでしか対応できず，TMDSの伝送レートは3.4Gbps/laneが最大です．

HDMIの物理層にはDVIを採用しているので，高速差動ラインはデータ・ライン以外に専用クロック・ラインが必要であることや，3.3V終端電圧をベースにしていることなど，アーキテクチャとしてはレガシ・タイプの伝送方式と言えます．また，3.3V終端には，物理層に3.3V対応のトランジスタを使う必要があり，これらは更なる高速性を検討する上でのボトルネックになります．

DisplayPortは，現在のグラフィック・ボードのほぼすべてに搭載されており，モニタにも装備されるようになっています．主要なPC関連企業がDisplayPortの標準化を進めており，DVIやVGAに代わるデファクトとなるべく普及が進んでいます．さらに，eDPやiDPなどの機器内部のインターフェース向け規格や，モバイル機器向け外部インターフェース規格(MyDP)などのファミリ仕様も策定されています(後述)．

DisplayPortの物理層はPCI Expressをベースにしており，エンベデッド・ク

ロック，AC 結合によるインターフェースの低電圧化，Scrambler による EMI 低減，ANSI-8B10B コーディングの採用など，HDMI よりも高速化に適したアーキテクチャになっています．

また，リンク層はマイクロパケット構造を採用しており，マルチストリームなど多種同時データ伝送に適しています．さらに，補助ラインである AUX-CH も 675Mbps まで伝送が可能な仕様になっており，USB2.0 を通すこともできます．そのほか，外部スピーカへの接続も可能です．

5-2 HDMI と DisplayPort の対比

表 5.1 に，HDMI と DisplayPort の技術の比較を示します．比較項目別に，HDMI と DisplayPort の技術内容を記載しました．優位欄には，筆者の個人的な判断で，総合的に利点が大きいと判断した方の規格名を記載しました．

(1) コンソーシアム加入数

HDMI は，バージョン 1.x までは 7C ファウンダと呼ばれる家電および半導体の 7 社〔日立コンシューマエレクトロニクス(株)，パナソニック(株)，Koninklijle Philips Electronics N.V，Silicon Image Inc，ソニー（株），Technicolor S.A，(株) 東芝〕で規格の策定，改定が行われてきました．そのため，7C ファウンダ以外の HDMI アダプタは，改定審議中の技術情報を入手することはできませんでした．現在，次期 HDMI の規格である HDMI 2.0 が検討されていますが，HDMI 2.0 の規格策定は 7C ファウンダ以外からも参加することが可能なオープンなフォーラムになっています．

DisplayPort は，オープンな VESA コンソーシアムで規格の開発が行われてきました．VESA メンバであれば，新たな規格の情報をリリース前に入手することが可能です．

2013 年 5 月現在，HDMI は 1346 社，VESA は 204 社と圧倒的に HDMI の方が加入社数は多く，コンシューマ市場における HDMI の普及状況を示しています．

(2) 規格書の入手性

HDMI は，アダプタになれば無償で規格書を入手できます．現在の最新バージョンは 1.4b です．ただし，バージョン 1.3 の規格書とバージョン 1.4 の 3D の一部の規格書は，アダプタでなくても Web サイトから入手できます．なお，アダプタになるには年会費の支払いが必要です．

DisplayPort は，VESA メンバになれば無償で規格書を入手できます．現在の

第 5 章　HDMI と DisplayPort の比較

表 5.1　DisplayPort と HDMI の比較

No	項目	HDMI 1.4b	DP1.2a	優位
1	コンソーシアム加入数	1346（2013 年 5 月現在）	・VESA 204（2013 年 5 月現在）	HDMI
2	規格書の入手性	・Adopter（年会費要）は入手可 ・V1.3 の全規格書と，V1.4 の 3D の一部の規格書は，非アダプタも入手可	・メンバ（年会費）は入手可 ・非メンバもバージョン 1.1a の規格書を入手可	—
3	バージョンアップに伴う新規追加項目の取り扱い	・追加項目は基本的にオプション ・新規規格がリリースされてから一定日以内に新規格へ準拠対応が必要 ・CTS は CDF にて受験項目を申請	・追加項目は基本的にオプション ・新規規格がリリースされてから一定日以内に新規格へ準拠対応が必要 ・CTS は CDF にて受験項目を申請	—
4	アプリケーション	HDTV，PC(CE 機器，PC，モバイル機器など多数)	PC (今後の PC の主力に)	HDMI
5	普及状況	CE 機器のデファクト	今後 PC 中心に普及	HDMI
6	事前検証	CTS，ATC，Plugfest	CTS，ATC，Plugfest	—
7	ファミリ規格の整備	外部 IF のみ	外部 IF(DP)， 内部 IF(iDP/eDP/MyDP)	DP
8	データ伝送方式	ラスタ・スキャン	マイクロパケット	—
9	伝送クロックの要否	専用クロック必要 -EMI 低減 ………………… △ - 高速化 …………………… △ -CDR 設計工夫不要 ……… ○ -Link Training 不要 ……… ○	専用クロック不要 -EMI 低減 ………………… ○ - 高速化 …………………… ○ -CDR 設計工夫要 ………… △ -Link Training 要 ………… ×	DP
10	高速データ・チャネル	3 data pair + 1 clock pair	Scalamble lanes 1，2，4 pair	DP
		3.4Gbps/lane × 3	1.62Gbps/lane(RBR) × 4 2.7Gbps/lane(HBR) × 4 5.4Gbps/lane(HBR-2) × 4	
		10.2Gbps/cable	21.6Gbps/cable	
		DC couple ………………… × AC couple も許容 ………… ○	AC couple only ………………… ○	
		3.3V トランジスタ必要 …… ×	コア・トランジスタ使用可能 ○	
		変動レート - ワイド周波数レンジ CDR 要 ………………………………… × - 将来の高速性 …………… △ - 周波数変換不要 ………… ○	固定レート - ワイド周波数レンジ CDR 不要 ……………………………… ○ - 将来の高速性 …………… ○ - 周波数変換要 …………… ×	DP
11	コーディング	TMDS	ANSI-8B10B	—
12	サイドバンド・チャネル	・DDC(I^2C) -100kbps -HDCP，EDID ・CEC	AUX -1Mbps -Latency 500μs -Native AUX，I^2C-over-AUX -Link Training FAUX -685 Mbps -Latency 0.2μs -Native AUX，I^2C-over-AUX -Link Training -USB2.0	HDMI

141

表 5.1 DisplayPort と HDMI の比較（つづき）

No	項目	HDMI 1.4b	DP1.2a	優位
13	コンテンツ保護 (HDCP)	HDCP1.4	HDCP1.3	—
14	音声・InfoFrame の送信	Audio 伝送/InfoFrame 伝送	Audio 伝送/InfoFrame 伝送	—
15	3D フォーマット	放送向け 3D Format 充実（Mandatory, Option, Informative の 3 種類）	DP1.1a より Format 追加	—
16	マルチストリーム／マルチディスプレイ	No（Single Stream Only）	Yes（Multi Stream）	DP
17	音声	リップシンク	リップシンク	—
		音声フォーマット	音声フォーマット	—
		音声クロック・リカバリ	音声クロック・リカバリ	—
		Audio Copy Management	Audio Copy Management	—

最新バージョンは 1.2a です．ただし，非メンバもバージョン 1.1a の規格書は Web サイトから入手できます．なお，VESA メンバになるには年会費の支払いが必要です．

(3) 規格のバージョンアップに伴う新規追加項目の取り扱い

　HDMI の場合，新たに追加された項目は基本的に全てオプションになります．また，市場に出す製品には，新規格がリリースされてから一定期日内に新規格への準拠が必要になります．ただし，規格が正しく実装されている製品は，期限を経過しても従来のまま出荷することが認められています．この点は DisplayPort も同様です．

(4) アプリケーション

　HDMI を使用するのは，デジタル・テレビとその周辺機器がメインになります．また，DisplayPort は，パソコンとその周辺機器がメインになります．しかしながら，両者ともその適用範囲を拡大すべくプロモーションを行っています．

　出荷実績は HDMI が圧倒的に多いので，判定は「HDMI」が優位としました．

(5) 普及状況

　HDMI は DisplayPort よりも早い時期に登場し，コンシューマ機器のデファクト・インターフェースになりました．DisplayPort もパソコンやモニタへの搭載が進んでいますが，市場での普及状況は圧倒的に HDMI の方が多いので，判定は「HDMI」が優位です．

第5章　HDMIとDisplayPortの比較

(6) 市場出荷前の事前検証システム

　HDMIもDisplayPortも同様に，CTS(Compliance Test Specification)に基づくセルフテスト，ATC(Authorized Test Center)による正規認証テスト，プラグフェスト(Plugfest)による相互接続大会をサポートしています．プラグフェストは，セルフテストやATCだけでは各種機器の接続不良を回避することが困難なので，Source機器やSink機器の各メーカが自社の製品を持ち寄り，総当たり戦で接続テストを実施して問題の有無を検証し，自社の製品にフィードバックをかけることです．それにより，製品を市場にリリースする前のタイミングでトラブルを未然に防ぐことができる効果があります．

　HDMIではCEAが，DisplayPortではVESAが各々事務局となってプラグフェストを開催しています．両者とも同様なシステムになっているため，判定は「引き分け」です．

(7) ファミリ規格の整備(機器内インターフェースなど)

　HDMIは外部インターフェースとしてのみ使用されていますが，DisplayPortは後述するiDP(Internal DisplayPort)やeDP(Embedded DisplayPort)といった機器内部インターフェースが提供されています．また，スマートホンとモニタ，テレビなどのディスプレイ間の外部インターフェースとして，MyDP(Mobilty DisplayPort)も規格化されています．特にeDPは，ノート・パソコンのグラフィック・チップと液晶パネル間のインターフェースとして普及が始まっています．

　派生規格のバリエーションを考慮して，「DisplayPort」を優位としました．

(8) データ伝送方式

　HDMIは走査線ベースに伝送するラスタ・スキャン方式であるのに対して，DisplayPortはデータもコントロール・シンボルも全てパケット化して伝送するマイクロパケット方式を採用しています．

　DisplayPortの場合，マルチモニタなどの新機能に拡張性の高いデータ伝送方式ですが，伝送方式は各々のポリシーによるところもあるため，優位性は「引き分け」としました．

(9) 伝送クロックの要否

　HDMIは専用のクロック・レーンが必要なので，実質的にデータ伝送に寄与するデータ・レーンは3レーンです．DisplayPortはクロック・レーンが不要なので，データ・レーンは最大4レーンとなりHDMIより有利になります．また，クロック・レーンがないためEMIが改善され，クロックとデータ間のタイミング・スキューの問題もなくなります．

また，DisplayPort にはクロック・レーンがないので，レシーバ側ではデータ・レーンから各データ・ビットのバウンダリを抽出してクロックを作成する必要があります．このため，電源投入後の通常動作が開始する前にリンク・トレーニングが必要です．HDMI はクロック・レーンがあるためリンク・トレーニングは不要です．リンク・トレーニングは，エンベデッド・クロック（クロックレス）方式を採用する副作用です．

優位性は，将来の高速化に対する拡張性を考慮して「DisplayPort」としました．

(10) 高速データ・チャネル (TMDS vs Main Link)

HDMI は，3つの TMDS データ・レーンと1つの TMDS クロック・レーンを使用して，最大 10.2Gbps のデータ伝送量を持ちます．また，DC 結合で伝送し，3.3V 電源を基準に規格化されています．

DisplayPort は，全てのデータ・レーンがクロックレスでアサインされており，仕様に応じて 1，2，4 レーンのいずれかを選択できます．また，ビット・レートは 1.62Gbps/lane，2.70Gbps/lane，5.40Gbps/lane の3種類から選択可能で，最大 21.6Gbps のデータ伝送量を持ちます．そして，AC 結合で規格化されており Source 機器と Sink 機器で異なる電源電圧を使用することが可能です．

HDMI は，0.25Gbps/lane 〜 3.4Gbps/lane という変動レート伝送を採用しているため，広範囲の PLL 設計が必要になり，今後の高速化には負担が伴います．

DisplayPort は固定ビット・レートなので，HDMI よりも CDR が狭帯域でよく，設計が容易になるという利点があります．しかし，ピクセル・クロックと伝送クロックの周波数が異なるため，レシーバ側でクロックを乗り換える FIFO メモリが必要になります．

将来の規格拡張性を考慮して，「DisplayPort」を優位としました．

(11) コーディング方式

HDMI は TMDS を採用し，DisplayPort では ANSI-8B10B を採用しています．どちらも8ビット・データを10ビット・データに変換しているため，データ伝送量に20％のオーバヘッドが発生します．

両者ともほぼ同じと考え，判定は「引き分け」としました．

(12) サイドバンド・チャネル

HDMI，DisplayPort ともに高速データ・レーンである Main Link 以外にサイドバンド・チャネルがあります．HDMI は DDC（Display Data Channel）と CEC（Consumer Electronics Channel）を，DisplayPort は AUX-CH（Axially Channel）を有しています．

DDCはアナログ・インターフェース時代からパソコンとモニタ間のインターフェースとして使用されてきました．約100kbpsと低速で，実際の伝送はI²Cを使っておりSource機器がマスタ，Sink機器がスレーブ動作になります．用途は，ケーブル接続後にSink機器のEIDIDの読み出しやHDCPの認証を行います．CECは，HDMIで接続された機器を1つのリモコンで操作するチャネルで大変普及しています．

　AUX-CHはマンチェスタIIコーディング方式を採用した差動の1ペアのラインです（FAUXは8B10Bコーディングを採用）．DisplayPort 1.1aでは，1MbpsでHDMIと同様にSource機器がマスタ，Sink機器がスレーブ動作です．用途は，Main Linkの初期化，リンク・トレーニングの確立，リンクのメインテナンス，HDCP認証，EDIDの読み出し，パワー・マネジメントなどがあります．DisplayPort 1.2でAUX-CHは一気に675Mbpsまで拡張され，USB2.0のデータ伝送などが可能になりました．DisplayPortではCECはサポートされていません．

　サイドバンド・チャネルでありながら，675Mbpsもの大容量データを伝送できるFAUXをサポートしているDisplayPortの高性能な点は評価すべきですが，これまでのCECの普及とユーザ・メリットを考慮して「HDMI」を優位としました．

(13) コンテンツ保護（HDCP）

　HDMIもDisplayPortも，HDCPによるコンテンツ保護をオプション機能として対応しています．

　両者ともほぼ同じと考え，判定は「引き分け」としました．

(14) 音声・InfoFrameの送信

　HDMIもDisplayPortも，映像のブランキング期間に音声やCEA861定義のInfoFrameパケットの伝送が可能です．

　両者ともほぼ同じと考え，判定は「引き分け」としました．

(15) 3Dフォーマット

　HDMIもDisplayPortも主要な3Dフォーマットに対応しており，特に大きな差異はありません．

　両者ともほぼ同じと考え，判定は「引き分け」としました．

(16) マルチストリーム／マルチディスプレイ

　HDMIには1つのSource機器から複数のSink機器に異なる映像を伝送するマルチストリーム機能はありませんが，DisplayPortではバージョン1.2からマルチストリーム機能がサポートされました．

マルチストリーム機能をサポートする「DisplayPort」を優位としました．

(17) 音声

▶リップシンク

　リップシンクは，音声と映像の同期処理です．HDMI も DisplayPort ともリップシンク機能をサポートしており，判定は「引き分け」としました．

▶音声フォーマット

　HDMI も DisplayPort も，対応している音声フォーマットは基本的に同様であるため，判定は「引き分け」としました．

▶音声クロック・リカバリ

　音声クロックを Sink 機器側でリカバリする機構は，HDMI も DisplayPort も同じです．また，Sink 機器側でリカバリする方式も HDMI も DisplayPort も同様なので，判定は「引き分け」としました．

第6章 DisplayPortのファミリ規格と機器内インターフェース

　前章までは，ディスプレイの外部インターフェースとして，HDMIとDisplayPortを紹介してきましたが，本章では薄型テレビやパソコンの内部に使われている高速インターフェースについて紹介します．

6-1 デジタル・テレビの内部インターフェース

● 3つの基板で構成されるデジタル・テレビ

　デジタル・テレビのキャビネットを開けると，たいてい3つの基板が目に入ります．1つ目は信号処理用SoC基板，2つ目は電源基板，3つ目は液晶パネルのタイミング・コントローラ基板です(図6.1)．液晶パネル・モジュールには，横方向にソース・ドライバIC，縦方向にゲート・ドライバICが実装されており，タイミング・コントローラ(TCON：Timing Controller)の出力とインターフェー

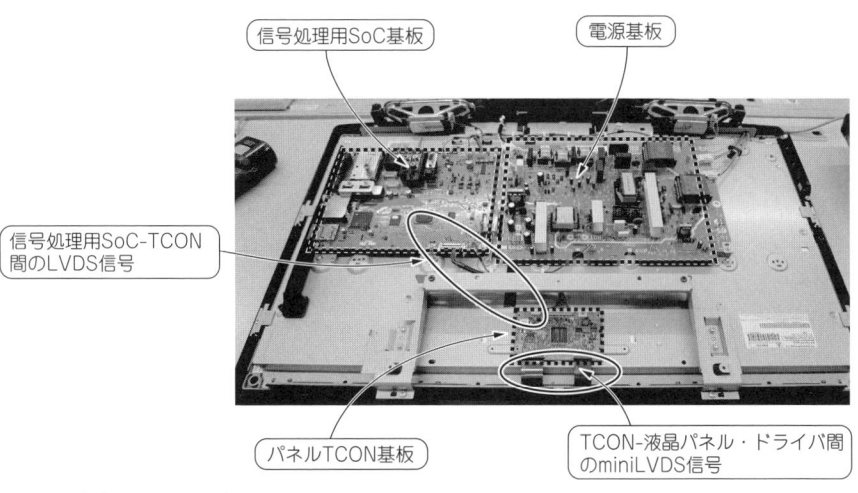

図6.1　デジタル・テレビの内部構造

スされています(図 6.2)[30].

一般的に，信号処理用 SoC 基板と電源基板はテレビ・メーカが開発を担当しますが，タイミング・コントローラ基板は液晶パネル・モジュールに実装されることが多く，液晶パネル・メーカが開発を担当します．

● 信号処理用 SoC 基板――デジタル・テレビの心臓部

信号処理用 SoC のブロック図を，図 6.3 に示します．信号処理用 SoC は，テレビ放送および HDMI やコンポーネント映像などの外部入力信号を受信し，テレビの仕様に合わせた画像/音声処理を行い，液晶パネルの仕様に合わせた映像信号を生成します．

まず，アンテナから受信した地デジの電波は，チューナ IC で受けて IF 信号(Intermediate Frequency)に変換します．IF 信号は信号処理用 SoC に送られて，デモジュレータで TS(Transfer Stream)に変換します．その後，映像と音声のデコード処理を行い，デコードされた映像と音声はテレビの仕様に合わせて画像処理と音声処理を行います．

画像処理された映像は，パネルの仕様に合わせてスケーリング処理を行い，3D や倍速処理(FRC：Frame Rate Control)を行い，LVDS でパネルのタイミング・

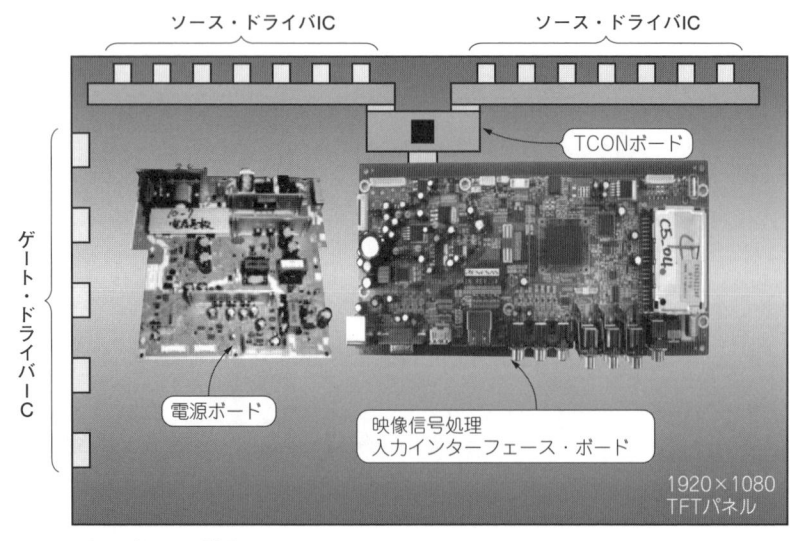

図 6.2　液晶パネルの構造

第6章 DisplayPortのファミリ規格と機器内インターフェース

コントローラ基板に伝送します．

また，テレビには多数の外部入力があり，HDMIを3ポートや4ポートもつものが一般的になりました．そこで，複数のポートから1つを選択してHDMIレシーバでデコード処理を行い，後段の画像・音声処理回路に送ります．アナログ入力であるコンポーネント映像やPC映像入力，音声のL/R入力は，一度A-Dコンバータでデジタル化した後，後段の画像・音声処理回路に送ります．

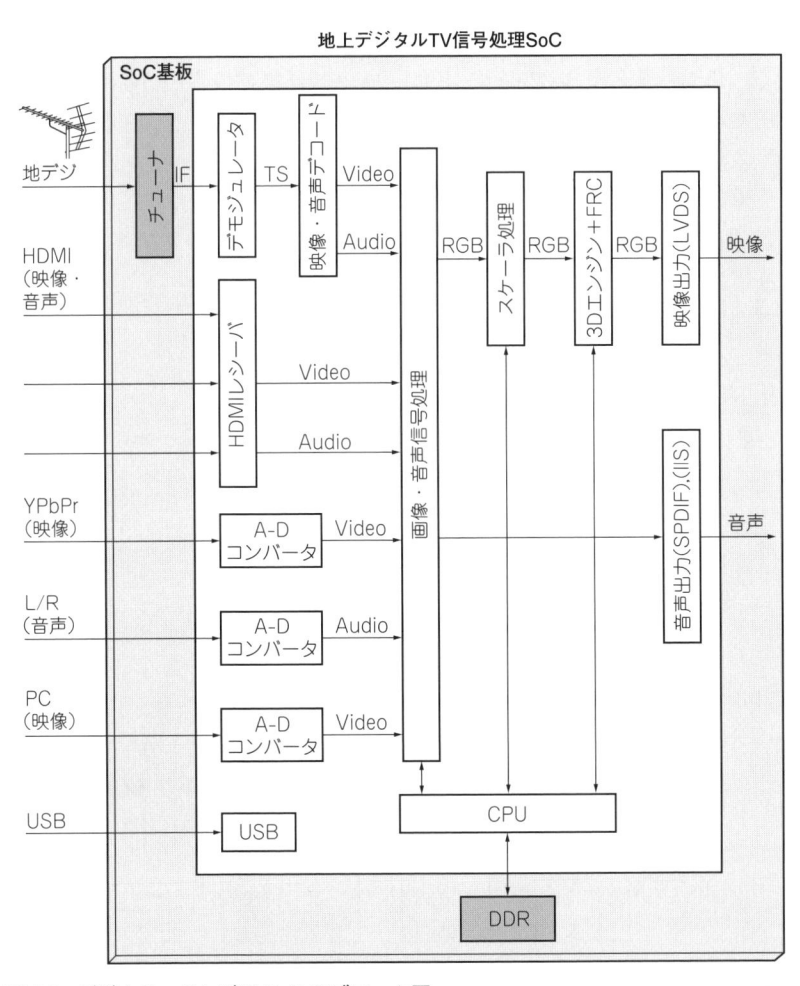

図6.3 デジタル・テレビ用SoCのブロック図

● タイミング・コントローラ(TCON)基板――パネルの特性を制御

　タイミング・コントローラ基板は，信号処理用 SoC から LVDS で送信される映像信号を受信して液晶パネルの各種制御信号を生成すると共に，液晶パネルを駆動する液晶ドライバ IC の入力信号(miniLVDS)を生成します[31]．

　電源基板は，AC100V の外部電源から，信号処理用 SoC の電源，パネルのタイミング・コントローラ基板の電源，液晶パネルの電源など，テレビの各種電源を降圧して生成します．

● 画像データを受けてパネル専用の画像処理とタイミングを作る TCON

　多くの場合，タイミング・コントローラは信号処理用 SoC から出力される画像データを受けて，液晶パネルのソース・ドライバ IC，ゲート・ドライバ IC を駆動する各種制御信号と，ドライバ IC の仕様に合わせたフォーマットで画像データを生成します．

　一般的な TCON のブロック図を，図 6.4 に示します．TCON は，以下の回路により構成されます．
　①画像データ入力部(LVDS レシーバ)
　②バックライト・コントロール部
　③オーバドライブ・コントロール部
　④パネル・ガンマ補正部

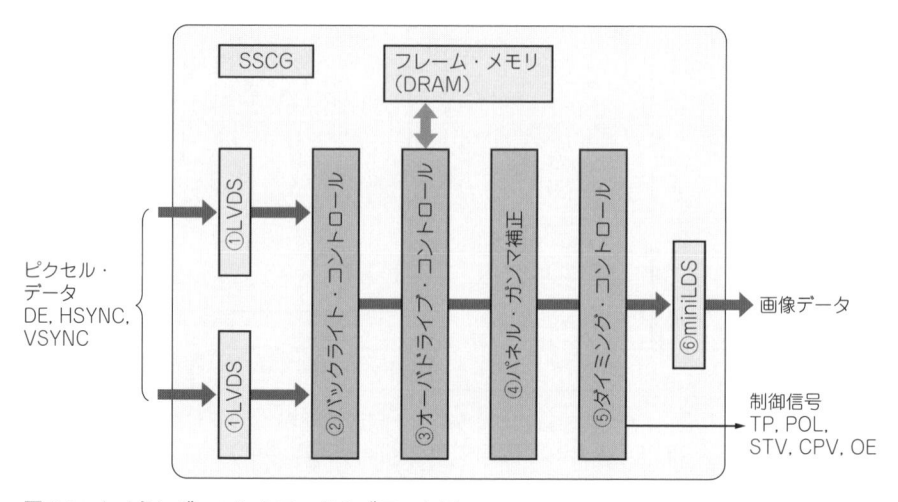

図 6.4　タイミング・コントローラのブロック図

⑤タイミング・コントロール部
⑥ピクセル・データ出力部(miniLVDS)

TCONは，図6.4のLVDS，SSCG，miniLVDSのブロックはアナログIPとして設計され，中央の四つのブロックはロジックIP(RTL)として設計されます．

SSCG(Spread Spectrum Clock Generator)部は，EMI低減のための周波数拡散クロックを生成するブロックです．

● 画像データを受信するLVDSレシーバ部

TCONは，信号処理用SoCから映像データと映像同期信号(DE，HSYNC，VSYNC)をLVDSレシーバで受信します．映像データは，信号処理用SoCですでにRGBフォーマットに変換されています．RGBの各画素は，LVDSにより1クロック周期内に7つのデータをシリアル化して伝送します．

シリアル・ビット1つ1つがRGBの1つの画素，すなわちR，G，Bの各サブピクセルに該当します．8ビット／サブピクセルの映像の場合，各サブピクセルは8ビットで構成され，1ピクセルは8×3＝24ビットで構成されます．このサブピクセルの配置は，TCONの前段である信号処理用SoCから送信されます．

SoCはテレビ・メーカが開発し，TCONはパネル・メーカが開発することが多いため，あらかじめ画素のマッピング・ルールを決めておかないと，どのビットがどのサブピクセルか分からなくなります．これをピクセル・マッピングと言い，液晶パネル・インターフェースにおいては，一般的に2種類のマッピングが使われます(図6.5)．

● LEDテレビの精細な画質と低消費電力を実現するバックライト・コントロール

液晶そのものは発光しないので，パネルとして明るさを出すためにバックライトが必要です．主なバックライトには，CCFL(Cold Cathode Fluorescent Lamp，冷陰極蛍光ランプ)とLED(Light Emitting Diode，発光ダイオード)の2種類があります(図6.6)．

CCFLは，長年にわたって液晶テレビのバックライトとして使われてきました．何本かのCCFLを横方向に配置し，液晶のバックライトとして利用します．CCFLは明るさの調整が容易ですが，LEDに比べて消費電力が大きいことが欠点です．

LEDバックライトの特長は，長寿命，低消費電力，軽量，薄型，エコ(CCFL

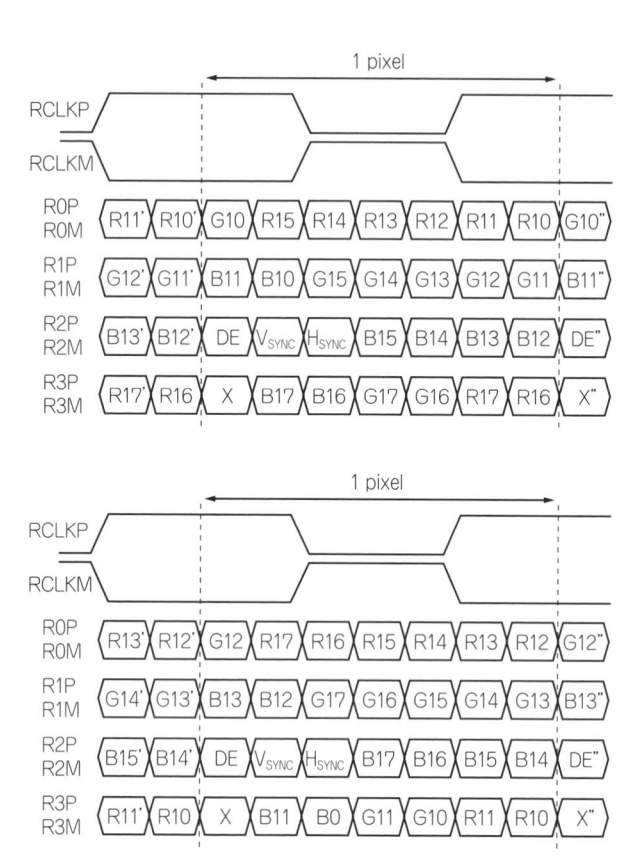

図 6.5　LVDS のデータ・マッピング

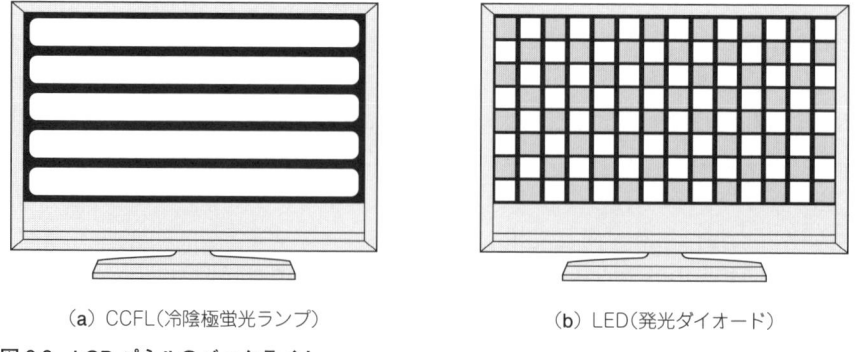

（a）CCFL（冷陰極蛍光ランプ）　　（b）LED（発光ダイオード）

図 6.6　LCD パネルのバックライト

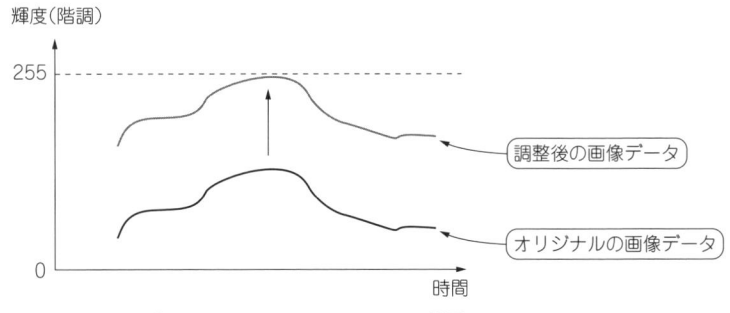

第6章 DisplayPortのファミリ規格と機器内インターフェース

図6.7 LEDのバックライト・コントロールの効果

には水銀が使われている)が挙げられます．このような利点から，テレビのバックライトはCCFLからLEDに置き換わりつつあります．

LEDバックライト方式では，LEDをアレイ状に細かくメッシュ状に配置し，表示する映像シーンに合わせて，小さな領域ごとのLEDの発光量を調整するバックライト・コントロールを行うことで，より高精細な映像にできます．また，オリジナルの画像データを映像シーンごとに解析して，輝度レベルを持ち上げた画像データに変更することで，LEDの発行量を下げることができ，消費電力の削減につながります(**図6.7**)[32][33]．

● 液晶の応答速度を向上させるオーバドライブ技術

液晶パネルは，画像の階調(8ビットの場合，0から255)に対応したアナログ電圧により液晶素子の配列を変えることで色合いを変えています．画像の階調が変わって液晶が応答するまでには，パネルにもよりますが，おおよそ10msから20ms程度の時間がかかります．

パネルの性能を向上させるには，できる限りこの応答時間を短くして映像が変化する応答を速くすることが求められます．例えば，60Hz駆動の液晶パネルは1フレームが16ms，120Hz駆動の液晶パネルは8msになるため，これより短い時間で応答させることが目安になります．

応答時間を速くするため，オリジナルの画像データを前後のフレームで比較して，画像の変化に対応してより瞬間的に過渡応答になるように，オリジナルの画像データに過大な補正をかけることをオーバドライブといいます．これにより，オリジナルの応答に比べて速い応答が得られます．

オーバドライブは前後のフレームで画像データを比較するので，メモリに画像データを保持して比較する必要があります．前後のフレーム・データを比較するには大容量のメモリが必要になるため，一般的には映像データを1/3あるいは1/6に圧縮して比較します（図6.8）．

● 液晶パネルの入力電圧とパネルの輝度を補正するパネル・ガンマ技術
　液晶パネルの入力電圧とパネルの輝度の関係は，正比例ではなく曲線になっているため，RGB映像データをそのまま液晶パネルに表示させることはできません．一般的に，RGB映像データをx，パネルの輝度をyとすると，$y = x^\gamma$（γ：

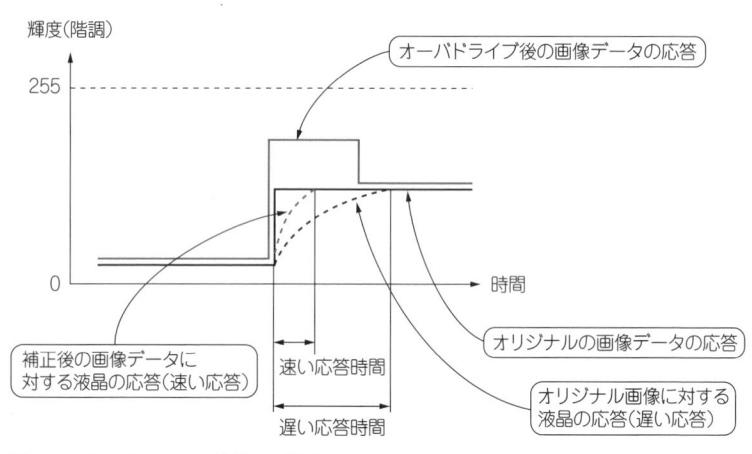

図6.8　オーバドライブ制御の効果

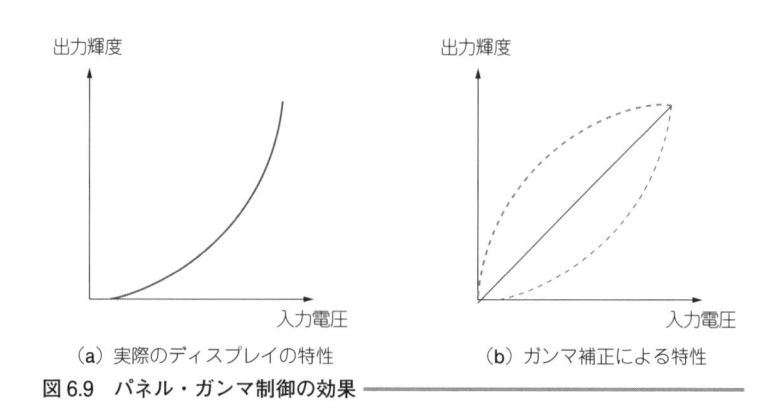

(a) 実際のディスプレイの特性
(b) ガンマ補正による特性
図6.9　パネル・ガンマ制御の効果

ガンマ)の関係になります．この曲線的な特性を補正することをガンマ補正といいます(図 6.9)．

実際の補正は，TCON のレジスタで最適な設定に調整できるようになっています．

バックライト・コントロールやオーバドライブ・コントロール，パネル・ガンマ補正など，いくつかの画像処理を行った後，パネルの仕様に合わせたタイミング制御信号を生成します．最後に，画像データは miniLVDS フォーマットでドライバ IC に送信されます．

6-2 液晶パネルの駆動方法

● フル HD パネルの横方向と縦方向の画素数

ここでは，フル HD パネルを例に，画像データの液晶パネルへの書き込み方法について説明します．

画素の 1 つのピクセルは，RGB の 3 つのサブピクセルで構成されています．横方向のピクセルをドライブする IC をソース・ドライバ IC といい，縦方向のピクセルをドライブする IC をゲート・ドライバ IC といいます．フル HD パネルでは，横方向 1,920 ピクセル，縦方向 1,080 ピクセルで構成されます．サブピクセルを含めると，横方向の画素数は 1920 × 3 = 5760 必要になります．

一般的なソース・ドライバ IC の出力は 960 で，5760 ÷ 960 = 6 個のソース・ドライバ IC が必要になります．また，一般的なゲート・ドライバ IC の出力は 270 で，1080 ÷ 270 = 4 個のゲート・ドライバ IC が必要になります(図 6.10)．

● 液晶パネルへの画像データの書き込み

液晶パネルへ画像データを書き込む手順は，いくつかのステップに分かれます．

(1) ステップ 1

最初のステップは，1 番目のラインの画像データのソース・ドライバへの取り込みです．1 番目のラインのピクセル・データが TCON からソース・ドライバ IC に送られます．TCON とソース・ドライバ IC 間は，miniLVDS インターフェースの場合，1：6 のバス・ドロップ接続(1 つのトランスミッタから 6 つのレシーバに同時に送信される)になっています．

6 個あるソース・ドライバ IC のうち，1 番左側のソース・ドライバ IC が 1 ピクセル目から 320 ピクセル目の画像データを取り込みます．2 番目のソース・ド

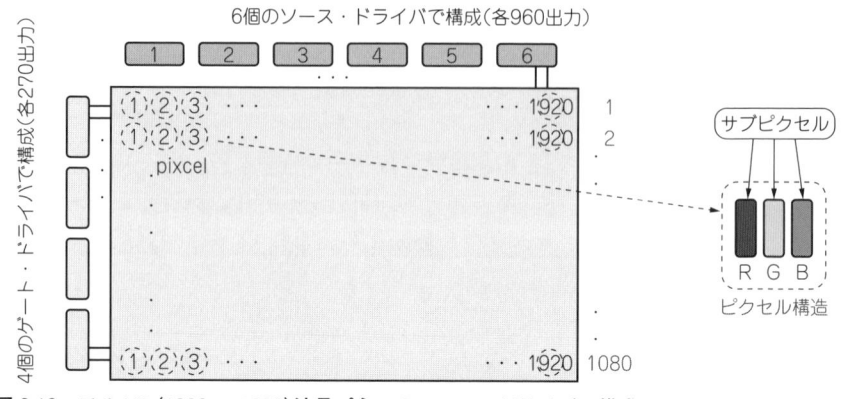

図 6.10 フル HD（1920 × 1080）液晶パネルのソース・ドライバの構成

DI：1個目から320個のデータが格納されるまでは，"H"レベルを維持．320個すべてのデータが格納されたら"L"レベルになる．

DO：初期レベルは"L"レベル．320ピクセル分が格納されたら"H"に変わる．

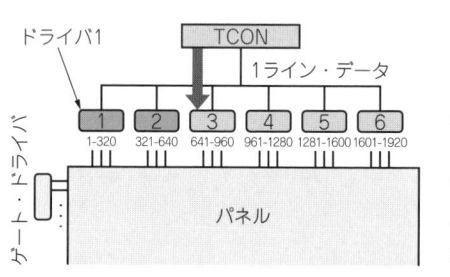

(a) ピクセル・データ(1～320)がドライバ1に格納される
　　ピクセル・データ(321～640)がドライバ2に格納される

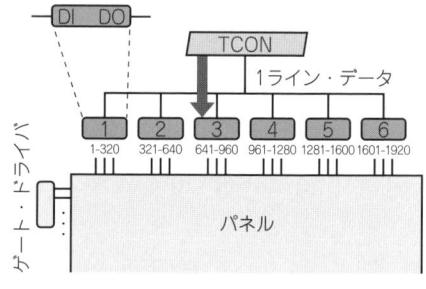

(b) 1ライン目の全データ（ピクセル1～ピクセル1920）がドライバ1からドライバ6に格納される

図 6.11 液晶パネルの第1ラインのデータ取り込み

ライバ IC が 321 ピクセル目から 640 ピクセル目のピクセル・データを取り込みます．このようにして，最後の6番目（一番右側）のソース・ドライバ IC が 1601 ピクセル目から 1920 ピクセル目のピクセル・データを取り込みます．これで1ライン目のデータの取り込みが完了します（図 6.11）．

　ソース・ドライバは6個のシフトレジスタ構成になっており，各ソース・ドラ

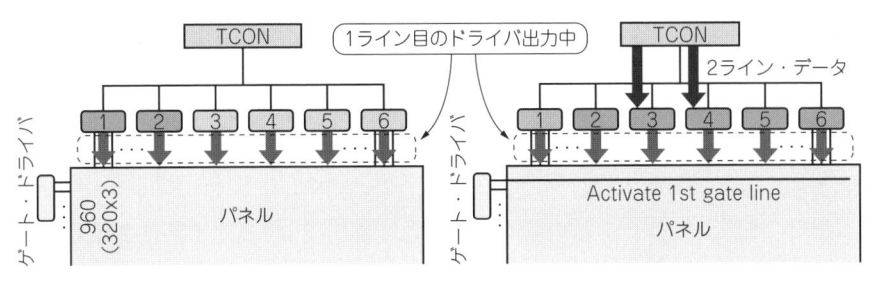

第6章 DisplayPortのファミリ規格と機器内インターフェース

図6.12 液晶パネルの第1ラインのパネル表示

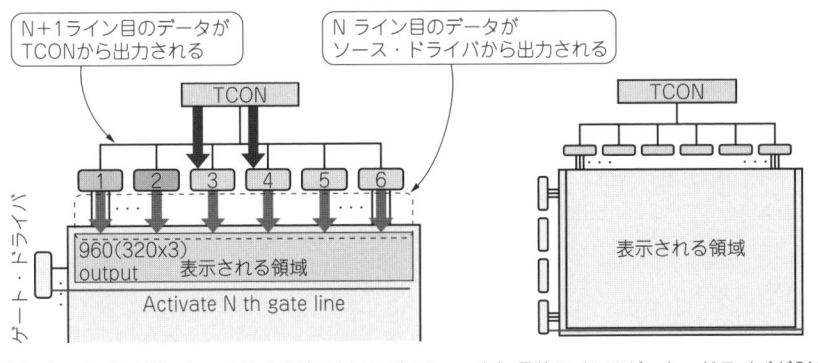

(a) ソース・ドライバから映像データを出力
(b) 1ライン目のゲート・ドライバがONすることで、1ライン目の映像がパネル上に表示される

図6.13 液晶パネルの第Nラインのパネル表示

(a) Nライン目のゲート・ドライバがONすることで、Nライン目の映像がパネル上に表示される N+1ライン目のデータがTCONからソース・ドライバに出力される
(b) 最終ラインのゲート・ドライバがONし、1フレーム分(1920×1080)のピクセルが液晶上に表示される

イバは1個目から320個目のデータが格納されるまでは，入力信号DIは"H"レベルを維持し，320個すべてのデータが格納されたら"L"レベルになります．また，出力信号DOの初期値は"L"レベルで，320個すべてが格納されたら"H"レベルに変わります．

(2) ステップ2

ステップ2は，1ライン目の液晶表示です．各ピクセルはRGBのデジタル・データで構成されており，各サブピクセルのデジタル・データの値に従いD-A変換してアナログ・データで液晶をドライブします．1ライン目のゲート・ドライバがONすることで，1ライン目の映像がパネル上に表示されます．ソース・ドラ

イバICのD-A出力は同じレベルを保持しながら，2ライン目の画像データがTCONからソース・ドライバICに送られ，ステップ1と同じ作業が繰り返されます(図6.12)．同様に，1ラインずつ液晶パネルにピクセル・データを表示していきます．

(3) ステップ3

ステップ3は，Nライン目の液晶表示です．図6.13は，Nライン目のピクセル・データを液晶に表示すると共に，N＋1ライン目の画像データをTCONからソース・ドライバに転送している状態で，かつNライン目のゲート・ドライバがONしている状態を示します．ここで，N-1ライン目までの画像データは液晶パネル上に保持されています．このようにして1080ラインの表示が完了すると，1フレームの液晶表示が完了することになります．

6-3 液晶テレビの内部インターフェース

● データ量が増え続けるデジタル・テレビ

高解像度の液晶パネルを使ったデジタル・テレビの内部データ量は，以下の理由から年々増加しています．

① 高解像度化：SD → WXGA → FHD → 4K2K → スーパハイビジョン(Ultra-HDTV)

② 高フレーム・レート化：60Hz → 120Hz → 240Hz → 480Hz

③ 画像データのディープ・カラー化：8ビット → 10ビット → 12ビット → 16ビット

④ 3D化：2D → 3Dパッシブ → 3Dアクティブ

①は，液晶パネルの高解像度化です．以前はSD(Standard Definition)であったものが，WXGA，FHD，4K2Kと解像度が向上し，今後はスーパハイビジョン対応の高解像度化が計画されています．

②は，きめ細やかなフレームの動きを実現するため，液晶パネルのフレーム周波数が60Hzから120Hz(2倍速)，240Hz(4倍速)へと高フレーム・レート化が進んでいます．

③は，HDMIはバージョン1.3でディープ・カラーに対応できるようになり，これまでの8ビットから10ビット，12ビット，16ビットまで拡張されました．これにより，信号処理用SoCもビット幅を拡張してきました．

④は，HDMIのバージョン1.4で3D対応となり，HDMIで3D映像のゲーム

や映画を視聴できるようになりました．3Dの映像データは，2Dと同じ解像度を維持しようとするとデータ量はL/Rの2倍必要になります．

3Dエンジンでは3Dの画像処理を行い，FRC(Frame Rate Control)では，60Hzから120Hz，240Hzへのコンバートなど，フレーム・レートのコンバート処理を行いパネルに表示させます．

● SoC基板とTCON基板間のインターフェース──LVDSの課題が顕在化

これまで，信号処理用SoCと液晶パネルのタイミング・コントローラ基板間のインターフェースにはLVDSが使われてきました(図6.14)．LVDSは，従来のパラレル・インターフェースに比べて，ピン数の削減，EMIの低減，消費電力の低減など多数のメリットがありました．しかし，昨今のデジタル・テレビのようにデータ伝送量が大きくなると，もはやLSI間のデータ転送インターフェースとしてLVDSでは対応が困難になってきました．

LVDSの問題点は，以下のようなものです．

(1) 材料費の増加

標準的なフルHDの2倍速(120Hz)の液晶ディスプレイで30ビットのディープ・カラー映像を伝送する場合，約9Gbpsのデータを伝送する必要がありLVDSでは24対の差動ペア(48ピン)が必要になります．これが4倍速液晶パネルになると約18Gbpsとなり，48対の差動ペア(96ピン)が必要になります(表6.1)．

これだけのピン数をSoCにアサインすると，ピン数でチップ・サイズが決まってしまう，いわゆるパッドネック・チップになる可能性があり，製造コストが下がらなくなってしまいます．データ伝送量の増大は，SoCのピン数の増加だけではなく，コネクタやケーブルのコストを引き上げ，トータルの材料コストが増加

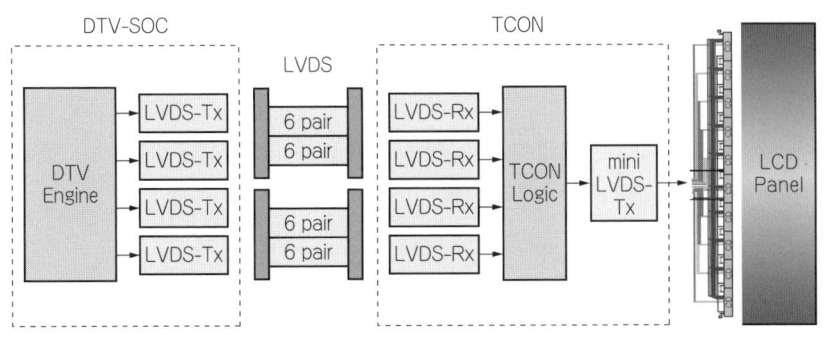

図6.14 LVDSによる機器内伝送

表 6.1 LVDS による差動ペアの数

パネル	VSYNC (Hz)	カラー (ビット)	2D/3D	バンド幅 (Gps)	レーン数
FHD	60	10	2D	4.54	12
FHD	60	10	3D	9.09	24
FHD	120	10	2D	9.09	24
FHD	120	10	3D	18.18	48
FHD	240	10	2D	18.18	48
FHD	240	10	3D	36.36	96

します．

(2) 周波数限界

LVDSはクロックとデータが別ラインなので，クロックとデータ間のタイミング・スキュがセンシティブでクロック周波数を上げづらく，バンド幅は600Mbps/lane（max）程度です．

(3) EMI の低減や消費電力の低減が困難

LVDSの場合，EMIや消費電力の低減も課題になります．LVDSインターフェースでは，専用のクロック・レーンが必要でスクランブラもないため，EMIや消費電力を下げづらく，またその電気的仕様から3.3VトランジタとDC結合が必要であり，消費電力が下がらないという問題が残ります．

6-4　iDP（Internal DisplayPort）

上記の LVDS の問題点を改善するため，VESA では iDP（Internal DisplayPort）の標準化を行いました．以下に，iDP の利点を示します[34]．

(1) LVDS よりもコスト低減が可能になる

iDP は，LVDSと同様にシンプルな回路でピン数を増やすことなく大容量のデータを伝送することが可能です（図6.15）．また，標準的なフル HD の倍速（120Hz）液晶ディスプレイで30ビットのディープ・カラー映像を伝送する場合，約9Gbpsのデータを伝送する必要があるので，LVDSでは24対の差動ペアが必要でしたが，iDP ではわずか4対の差動ペアですみます．

さらに，4倍速液晶パネルでは約18Gbpsとなり，LVDSでは48対の差動ペアが必要でしたが，iDP ではわずか8対の差動ペアですみます（表6.2）．フル HD 以上の超高精細ディスプレイで，レーン数の削減比較を表6.3に示します．このように，大幅な差動レーン数の削減が可能になります．

第6章　DisplayPortのファミリ規格と機器内インターフェース

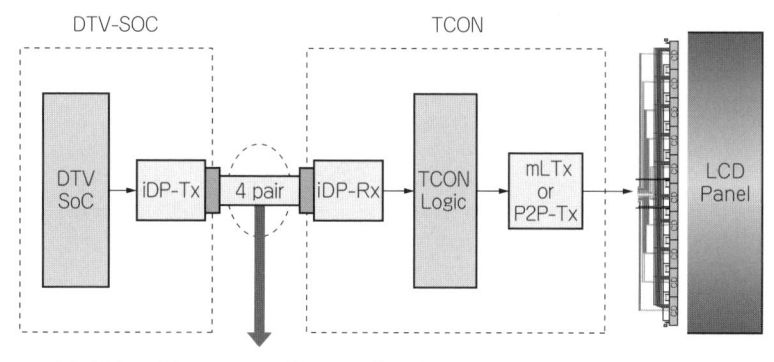

```
FHD120Hzパネルでは，わずか 4 DP 差動ペアでOK
FHD240Hzパネルでは，わずか 8 DP 差動ペアでOK
```

図 6.15　iDP による機器内伝送（フル HD 10 ビット /120Hz LCD システム）

表 6.2　フル HD ディスプレイの iDP の差動ペアの数

パネル	カラー（ビット）	バンド幅（8B10B 変換後）（Gbps）	LVDS 0.6Gbps/lane	DP/ eDP 2.7Gbps/lane	iDP 3.24Gbps/lane
FHD 60Hz	10	5.68	12	4	2
FHD 120Hz	10	11.36	24	—	4
FHD 240Hz	10	22.72	48	—	8

　また，iDP のコンセプトは LVDS から単純に置き換えができることなので，HDMI や DisplayPort のようなファームウェア制御は不要です．
(2) オープンな標準規格
　DisplayPort と同様に，VESA の業界標準規格であるため，VESA メンバ企業は自由に規格策定に参加でき，多数のベンダが市場に参入することが可能です．
(3) 周辺部品コストの削減が可能になる
　差動ペア数が削減できるため，フル HD, 10bpp, 120Hz, 240H とセットの仕様が上がっても，コネクタやケーブルなどの周辺部品のコストを低減することが可能です．
(4) LSI の製造プロセスを考慮した十分なデータ伝送量の確保
　iDP では，1 レーンあたりのビット・レートを，3.24Gbps/ レーンに設定しています（オプションで 3.24Gbps 以上の設定も可能）．
　3.24Gbps/ レーンは，タイミング・コントローラ LSI の製造プロセスである CMOS180nm や 130nm のほぼ上限値になります．また，LVDS と比較して 1 レー

表6.3 フォーマットの違いによるiDPの差動ペアの数

フォーマット	H-res(ピクセル)	V-res(レーン)	Color(ビット/カラー)	Pixel-BW(バイト)
FHD120	1920	1080	8	891.0
	1920	1080	10	1113.8
	1920	1080	12	1336.5
FHD120-RB	1920	1080	8	842.4
	1920	1080	10	1053.0
	1920	1080	12	1263.6
FHD120-RB-3D	1920	1080	8	1189.8
	1920	1080	10	1487.3
	1920	1080	12	1784.8
FHD240	1920	1080	8	1782.0
	1920	1080	10	2227.5
	1920	1080	12	2673.0
FHD240-RB	1920	1080	8	1684.8
	1920	1080	10	2106.0
	1920	1080	12	2527.2
FHD240-RB-3D	1920	1080	8	2379.7
	1920	1080	10	2974.6
	1920	1080	12	3569.5
FHD480	1920	1080	8	3564.0
	1920	1080	10	4455.0
	1920	1080	12	5346.0
FHD480-RB	1920	1080	8	3369.6
	1920	1080	10	4212.0
	1920	1080	12	5054.4
FHD480-RB-3D	1920	1080	8	4759.4
	1920	1080	10	6292.4
	1920	1080	12	7550.9

ンあたりのビット・レートは約6倍の伝送レートになります．4レーン使用時は12.96Gbps，8レーン使用時は25.92Gbpsになり，主要な液晶ディスプレイで大幅なピン数の削減が可能です．

(5) DisplayPort本体の基本構造を採用

　固定伝送レート，Embedded clock，Scrambler，ANSI-8B10B，マイクロパケット方式，AC結合など，DisplayPortで実績のある基本構造をそのまま採用しました．iDPのブロック図を図6.16に示します．主要なポイントを示します．

▶エンベデッド・クロック方式を採用．LVDSの問題であったチャネル間スキュを改善し高速動作を可能にした．

▶実績のあるDisplayPortの基本構造を踏襲し，マイクロパケット構造を採用．

4レーン iDP	6レーン iDP	8レーン iDP	12レーン iDP	16レーン iDP	24レーン IDP	32レーン iDP
OK	OK'	OK'	OK'	OK'	OK'	OK'
OK	OK'	OK'	OK'	OK'	OK'	OK'
	OK	OK'	OK'	OK'	OK'	OK'
OK	OK'	OK'	OK'	OK'	OK'	OK'
OK	OK'	OK'	OK'	OK'	OK'	OK'
OK	OK'	OK'	OK'	OK'	OK'	OK'
OK	OK'	OK'	OK'	OK'	OK'	OK'
	OK	OK'	OK'	OK'	OK'	OK'
	OK	OK'	OK'	OK'	OK'	OK'
	OK	OK'	OK'	OK'	OK'	OK'
		OK	OK'	OK'	OK'	OK'
			OK	OK'	OK'	OK'
	OK	OK'	OK'	OK'	OK'	OK'
		OK	OK'	OK'	OK'	OK'
		OK	OK'	OK'	OK'	OK'
		OK	OK'	OK'	OK'	OK'
			OK	OK'	OK'	OK'
			OK	OK'	OK'	OK'
			OK	OK'	OK'	OK'
				OK	OK'	OK'
					OK	OK'
			OK	OK'	OK'	OK'
				OK	OK'	OK'
				OK	OK'	OK'
				OK	OK'	OK'
					OK	OK'
					OK	OK'

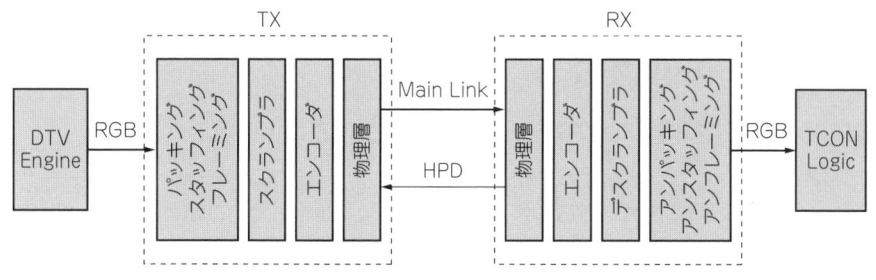

図 6.16　iDP のブロック図

表 6.4　LVDS，DisplayPort1.2，iDP の比較

	LVDS	DP1.2	i DP
Link レート／レーン (Gbps)	0.6	1.62/2.7/5.4	3.24
専用クロック	Yes	No (Embedded CLK)	No (Embedded CLK)
コンテンツ保護	No	Yes	No
パケット・データ	No	Yes	No
AUX-CH	No	Yes	No
映像ハンドリング	No	Yes	No
音声ハンドリング	No	Yes	No
DPCD	No	Yes	No

▶ スクランブラにより同一パターンの連続を回避し，EMI を低減．
▶ ANSI-8B10B コーディングにより DC バランスを確保し，CDR，イコライザのマージンを確保．
▶ TX は DisplayPort と同様に，実績のある高速 CML ＋プリエンファシス回路により，RX 端でのアイマージンを確保．
▶ RX は DisplayPort と同様に，実績のある高速アンプ回路を採用．イコライザ搭載によりアイマージン確保．
▶ AC 結合により，TX と RX で異なる電源電圧を使うことが可能．3.3V トランジスタが不要．コア・トランジスタ設計による高速性を確保．

(6) 徹底的なシンプルな回路仕様による LSI のコスト低減

　iDP の目的は LVDS からの置き換えでコストを下げることなので，冗長な仕様は一切削除しています．例えば，DisplayPort でサポートしていた AUX-CH，DPCD，HDCP，SDP (Secondary Data Packet)，映像信号処理，音声信号処理などは DispayPort 本体ではサポートされていましたが，これらの機能は iDP では削除されています (表 6.4)．

6-5　miniLVDS

● 液晶パネルのデファクト・インターフェース miniLVDS

　TCON とソース・ドライバ間では画像データとコントロール信号のインターフェースが必要ですが，画像データの伝送には miniLVDS (mini-Low Voltage Differential Signaling) が使われています[35][36]．

　miniLVDS は，テキサスインスツルメンツ社 (TI) によって開発されたパネル・

第 6 章　DisplayPort のファミリ規格と機器内インターフェース

インターフェースです．パネルが高解像度になるにつれて，タイミング・コントローラ IC と液晶パネル・ドライバ間のデータ量が増大し，従来のパラレル・インターフェースでは対応できなくなり，EMI の規格を満たすことも困難になっていました．

　miniLVDS は，このような背景から開発されました．その特長は，LVDS より振幅を小振幅（200mV，LVDS は 350mV）に抑えていること，また前述したように，TCON（トランスミッタ側）と，液晶パネル・ドライバ間（レシーバ側）が 1 : n のバス接続（LVDS は 1 : 1 接続）であることが挙げられます（**図 6.17**）．

　バス接続にしておけば，1 枚のパネルに実装されるドライバ IC の数が変わっても TCON を再設計しなくてもすむという利点があります．フル HD パネルの場合，6 個のソース・ドライバ IC が実装されます．もし出力数が変わると，1 パネルあたりのソース・ドライバの個数も変更になります．

　もし，TCON とソース・ドライバ間が 1 : 1 接続になっていれば，ソース・ドライバ IC の個数に対応して TCON の出力数を変更する必要があります．しかし，1 : n のバス接続をしておけば，TCON 側としては LSI 自体を変更する必要はないので，製品展開の拡張性を考慮したスケーラビリティに優れたインターフェースであるといえます．

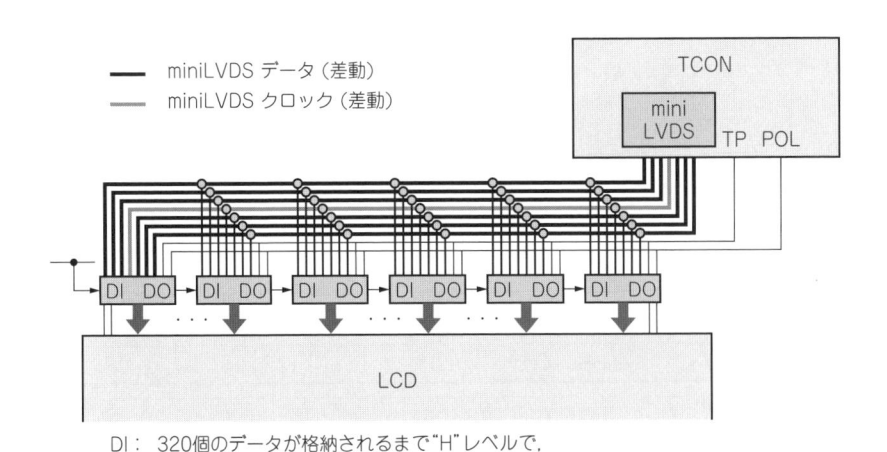

DI：　320 個のデータが格納されるまで"H"レベルで，
　　　320 個フルのデータが格納されたら"L"になる

DO：Initial．初期値は"L"．320 ピクセル分が格納されたら"H"に変わる

図 6.17　TCON とソース・ドライバ間のインターフェース

miniLVDS は，ノート・パソコンや液晶テレビのパネル・インターフェースとして広く普及しています．基本となる規格書は，以下のウェブサイトからダウンロードが可能です．

www.ti.com/lit/an/slda007a/slda007a.pdf

● miniLVDS の動作モード──シングル・モードとデュアル・モード

miniLVDS では，LVDS 同様クロック・レーンをデータ・レーンと並走して送信しますが，クロックの両エッジを使って伝送する DDR（Double Data Rate）動作を行うため，1:2 のパラレル - シリアル変換をします（**図 6.18**）（LVDS では 1:

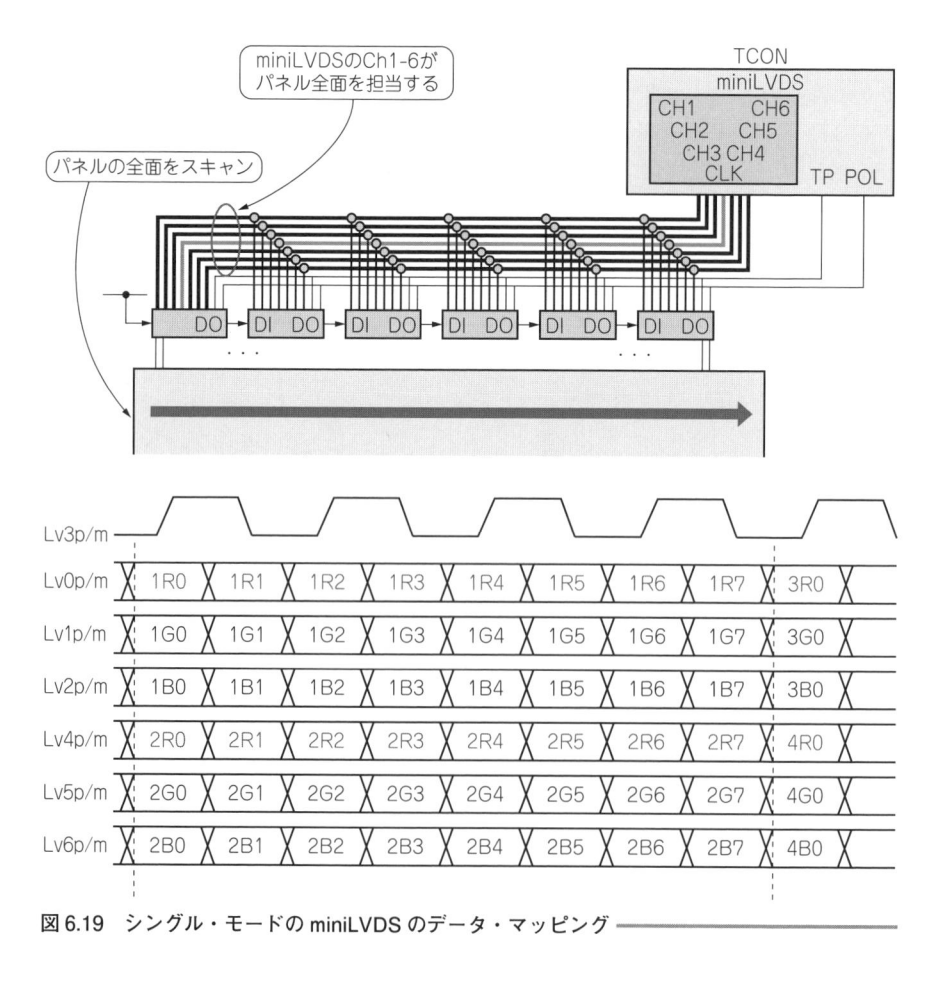

図 6.19　シングル・モードの miniLVDS のデータ・マッピング

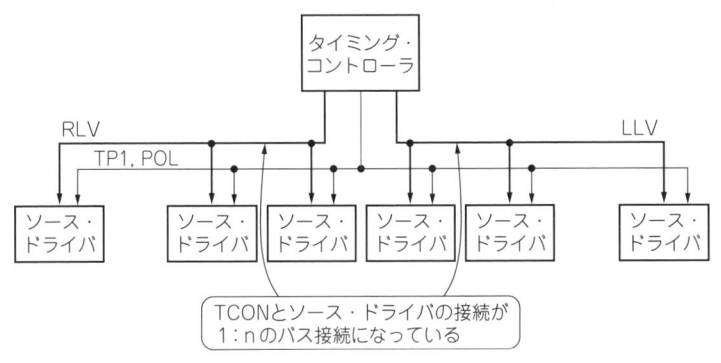

第 6 章　DisplayPort のファミリ規格と機器内インターフェース

図 6.18　miniLVDS の構成

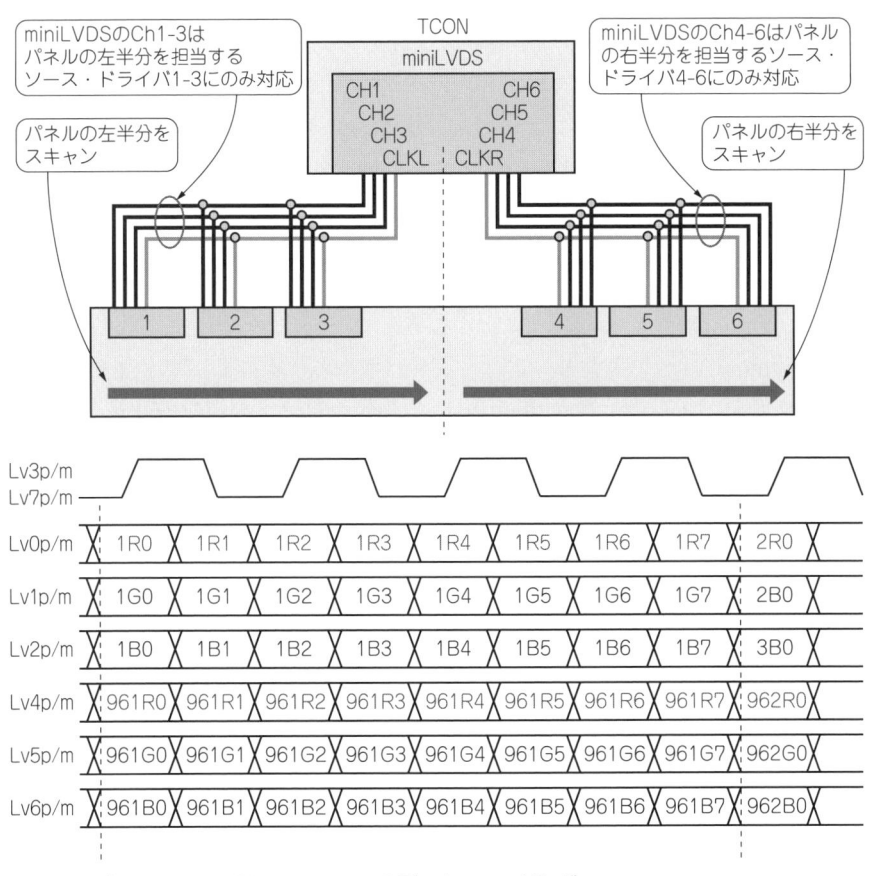

図 6.20　デュアル・モードの miniLVDS のデータ・マッピング

表 6.5　miniLVDS の動作クロック周波数

パネル・スペック	6ch シングル	6ch デュアル	3ch シングル	3ch デュアル
WXGA	150MHz	75MHz	300MHz	150MHz
フル HD 60Hz	300MHz	150MHz	—	300MHz
フル HD 120Hz	—	300MHz	—	—

7 のパラレル - シリアル変換).

　miniLVDS には，シングル・モードとデュアル・モードの 2 つの接続方式があります．図 6.19 にシングル・モード接続方式を，図 6.20 にデュアル・モード接続方式を示します．

　シングル・モードは，1 つのタイミング・コントローラから出力される miniLVDS 信号が液晶パネルの左右に分かれることなく，左から右に全面に画像データを書き込む方式です．デュアル・モードは，タイミング・コントローラから出力される miniLVDS 信号が，液晶パネルの左半分と右半分に駆動分担を分けて分配され，左半分と右半分の画像データを別々に書き込む方式です．

　パネルが大型化すると横方向のサイズが大きくなり，miniLVDS の付加容量も大きくなります．そのためシングル・モードでは駆動できない場合もあり，その際デュアル・モードにより左右でクロックを分けて付加容量を半分にして駆動します．

　また，miniLVDS の動作モードは，液晶パネルの仕様によっても決まります．表 6.5 に液晶パネルの仕様と miniLVDS の動作クロック周波数の仕様を示します．表 6.5 は，タイミング・コントローラが出力する miniLVDS 信号を受ける液晶ドライバの数と，動作モード別に主なパネルの miniLVDS のクロック周波数を示しています．例えば，大型液晶テレビに広く使われているフル HD パネルでは，液晶ドライバの数が 6 個の場合，シングル・モードの場合は mimiLVDS のクロック周波数が 300MHz になり，デュアル・モードの場合はその半分の 150MHz になることが分かります．

　現在，市場で使われている miniLVDS の 1 レーンあたりの最大伝送レートは 680Mbps 程度になります．

● TCON のソース・ドライバ間の制御信号(TLP と POL)

　TCON とソース・ドライバ間のインターフェースのコントロール信号は，標準的な液晶パネルの場合，TLP と POL の 2 つがあります．両者のタイミングを

図 6.21 に示します.

TLP は 1 ラインごとに 1 つのパルスがある信号で，ドライバ IC 内部にストアされた画像データを液晶への書き込みを開始させるトリガ信号です．POL は 1 フレームごとに "H", "L" が変化する信号です．

ドライバ IC の出力は D-A 変換されたアナログ信号であり，液晶パネルは同じ電位が続くと信頼性の上で問題があるため，定期的に電圧レベルをプラス，マイ

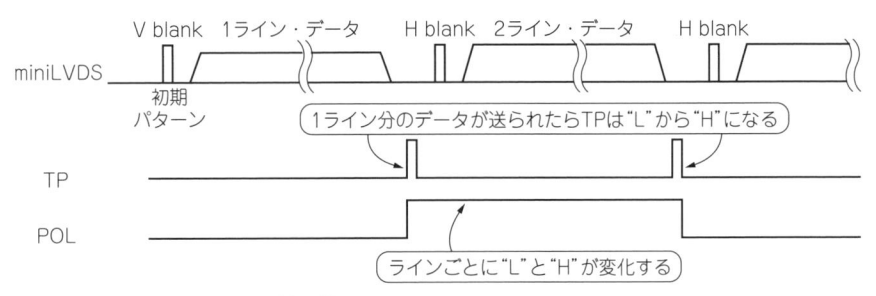

図 6.21 ソース・ドライバの制御信号

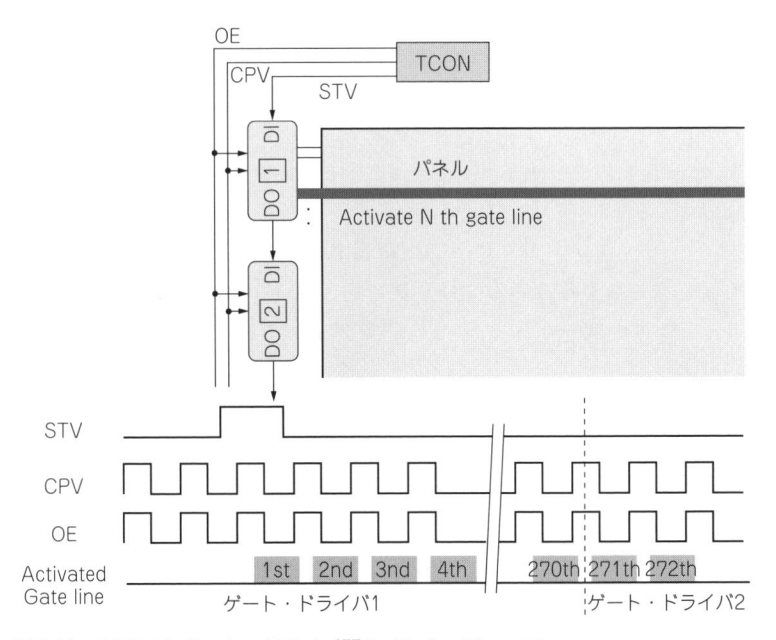

図 6.22 TCON とゲート・ドライバ間のインターフェース

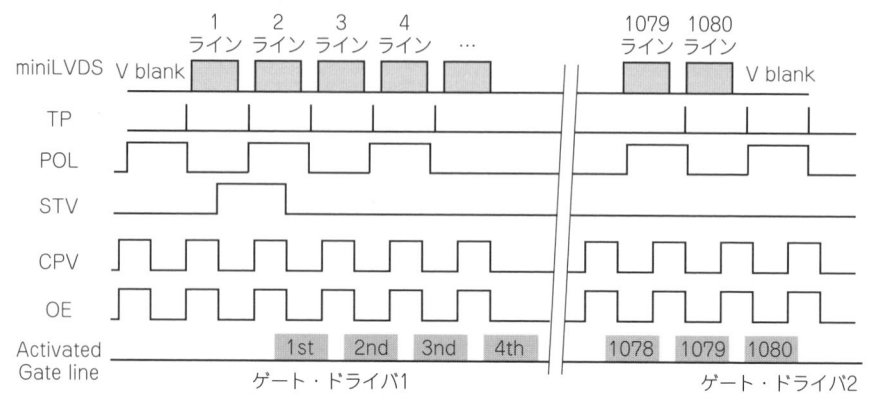

図 6.23 TCON とゲート・ドライバ間の制御信号

ナスに変化しながら動作します．POL は，このプラスとマイナスを変更させるための信号です．

● TCON とゲート・ドライバ間は制御信号のみ

　TCON とゲート・ドライバ間のインターフェースには，コントロール信号があります．標準的なコントロール信号は，STV と CPV の2つです．TCON とゲート・ドライバとパネルの接続図を図 6.22 に，各種制御タイミングを図 6.23 に示します．

　STV はゲート・スタート・パルスと呼ばれ，フレームの最初に"H"レベルになる信号です．

　CPV はゲート・シフト・クロックと呼ばれ，ゲート方向の基準クロックとして1ラインをシフトするためのクロックです．STV の"H"パルスと CPV クロックにより，1つ目のゲート・ドライバがアクティブになります．また，CPV の立ち上がりエッジで次のラインにシフトします．270回シフトすると，2つ目のゲート・ドライバがアクティブになります．FHD パネルの場合，縦方向は 1080 ラインあるため，ゲート・ドライバは 1080 ÷ 270 = 4 個使われます．

　昨今の液晶パネルは，ゲート・ドライバが液晶パネル上に実装される GOP（Gate on Panel）があります．GOP の場合，STV，CPV，OE 以外に制御信号が必要になります．

　このように，ソース方向とゲート方向のタイミング制御信号と miniLVDS インターフェースを使って，液晶パネルに映像を書き込んでいきます．

6-6 ポスト miniLVDS インターフェース

● ポスト mini LVDS の必要性──データ量の増大とパネルの大型化

　液晶パネルのディスプレイ・インターフェースとして，これまで miniLVDS が使われてきました．差動小振幅伝送のため，消費電力の低減や EMI の低減が可能であり，また TCON と液晶パネル・ドライバ間が 1：n のバス接続がされているため，ソース・ドライバの仕様(データ出力数)が変更されても，TCON のチップ自体を再設計する必要がなく，製品展開のスケーラビリティに優れたインターフェースであるといえます(図 6.24)．

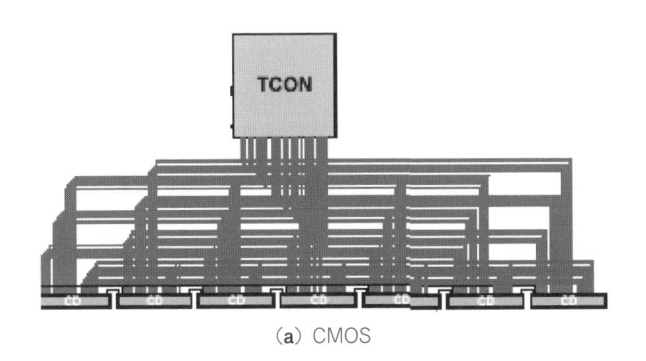

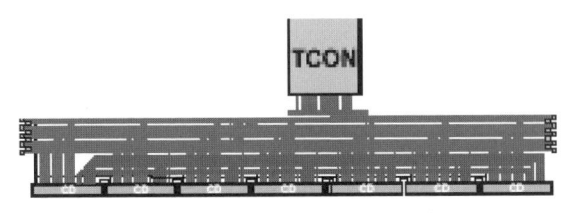

(a) CMOS

(b) Bus drop (miniLVDS/RSDS)

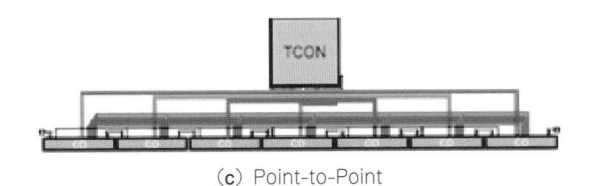

(c) Point-to-Point

図 6.24　パネル・インターフェースの構成

しかし，トポロジとしてバス接続型を採用しているため，TCONの出力から見た1差動ペアの付加容量が大きくなります．これは，大型ディスプレイにおいては負荷容量の問題はより顕在化します．また，バスの分岐点ではスタブが構成されるため，信号の反射が発生し，シグナル・インテグリティが悪化するため，動作周波数が上がらないなどの問題点があります（**図 6.25**）．

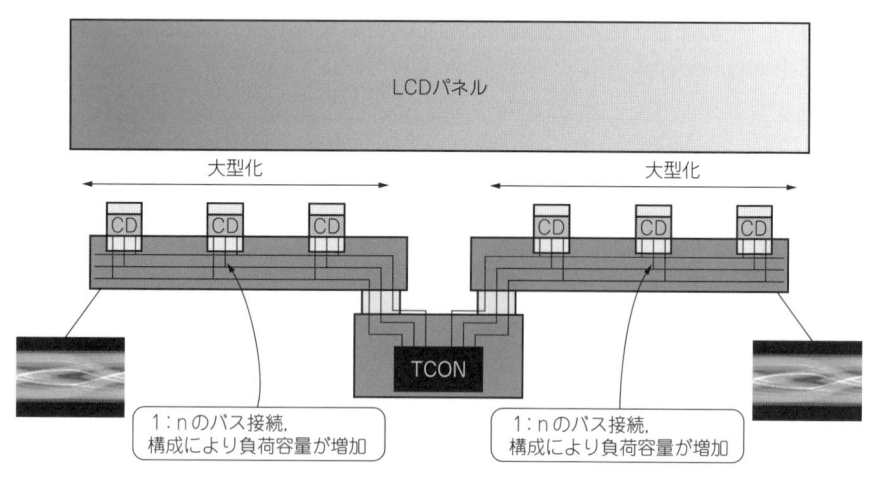

図 6.25 miniLVDS の問題点

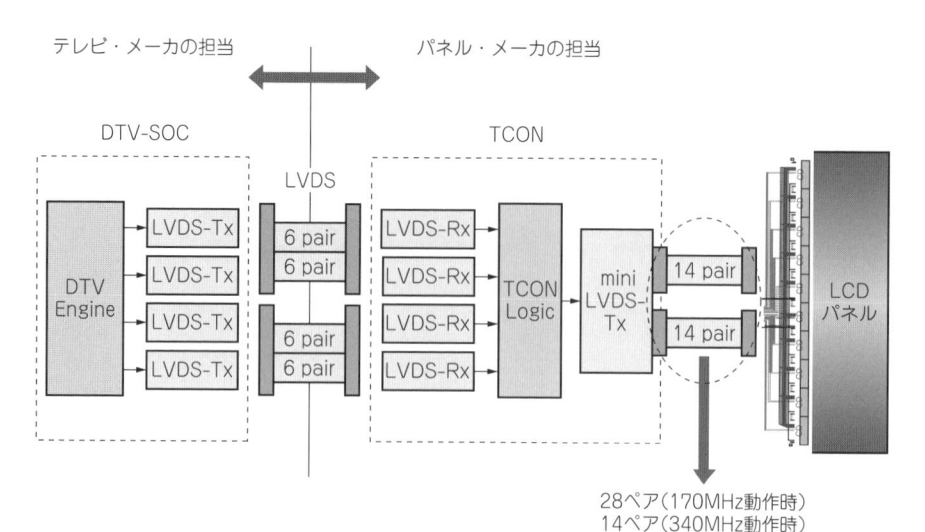

図 6.26 miniLVDS による機器内伝送（フル HD 10 ビット/120Hz LCD システム）

また，テレビ向けの液晶パネルは，フル HD，10 ビット・ディープ・カラー，倍速パネル(120Hz 駆動)が主力になり，170MHz 動作の miniLVDS では，必要な差動ペア数が，28 対(56 ピン)にもなるため，LVDS で指摘した問題点と同様に，TCON のピン数の増加や，ケーブル，コネクタなどの周辺部品の含めたコストの増加が問題になっていました(図 6.26)．

● 液晶パネル・メーカ各社がポスト miniLVDS インターフェースを提案

図 6.27 の信号処理用 SoC と TCON の間のインターフェースは，テレビ・メーカと液晶パネル・メーカの異なるメーカ間でのインターフェースでしたが，TCON と液晶パネルとのインターフェースは，液晶パネル・モジュール内部のインターフェースになります．

ポスト miniLVDS として，液晶パネル・メーカ各社はバス・ドロップ方式ではなく P2P(Point-to-Ppoint)インターフェースを提案しています(図 6.28)．

P2P とは，TCON とソース・ドライバ間をバス接続(1：n)ではなく，1：1 接続するインターフェースです．

特に高機能なパネルにおいては，ほとんどの TCON チップは液晶パネル・モジュール側にあり，大手パネル・メーカが独自に P2P 規格を開発し，自社のパネル(ドライバ IC)と，専用の TCON の間で採用しているのが現状です(表 6.6)[37][38][39][40][41]．

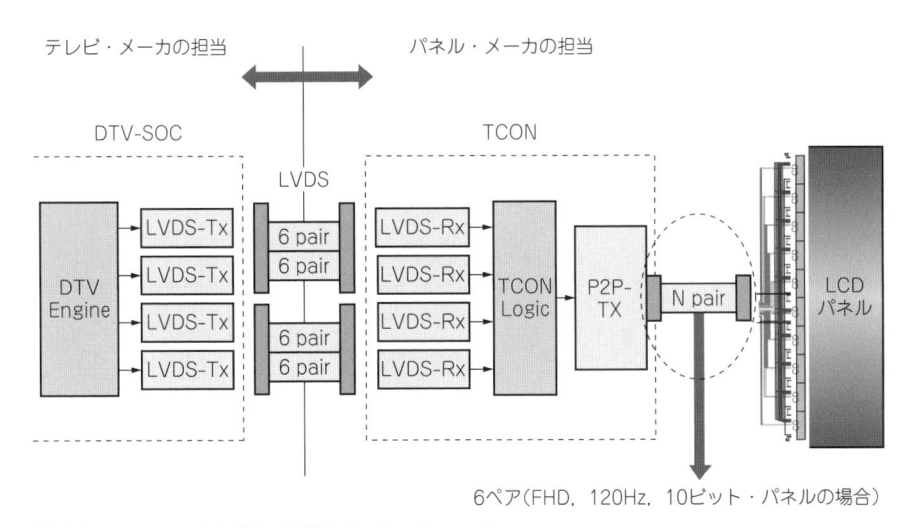

図 6.27 miniLVDS に代わる高速インターフェース

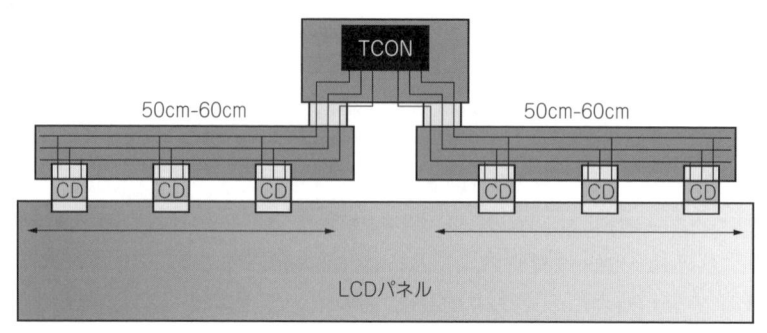

図 6.28 P2P による接続

表 6.6 miniLVDS に代わる高速インターフェースの比較

	miniLVDS(参考)	PPDS	AiPi	EPI
トポロジ	Bus drop	P2P	P2P	P2P
提案企業	TI	ナショナル・セミコンダクター (TI)	サムスン電子	LG ディスプレイ
専用クロック	必要	必要	不要	不要
PCB 上のスタブ	Yes	No	No	No

P2P には，いくつかの特長があります．
① 高速化
　1：1 伝送のため，負荷容量が小さくなる他，エンベデッド・クロック方式の場合，クロックとデータのタイミング・スキュがフリーになり，高速化が可能です．
② コスト低減
　差動レーンを高速化することにより，フル HD，120Hz，10 ビット液晶パネルにおいて，6 差動ペアですみます (miniLVDS では 28 ペア必要)．
③ ノイズ低減
　バス・ドロップ方式ではないため，伝送線路上に分岐 (スタブ) がなく，反射，クロストーク，同時変化ノイズなどの改善が可能です．
④ EMI 低減
　エンベデッド・クロック方式の場合，EMI 低減にも寄与します．
　このように，ポスト miniLVDS としては，バス接続方式から P2P 方式への流れがありますが，ローエンド・パネルを中心に TCON の機能は，徐々に信号処

理用 SoC に取り込まれていく傾向があります．この背景には，現状ではテレビ・セット側にある信号処理用 SoC で絵作り（画像処理）を行い，さらにパネル側の TCON でも別の絵作りをしていることになり，これらの機能を SoC 側に集約して1チップにすることで，LSI だけでなくケーブルやコネクタなどの周辺部品を集約化することでコスト低減が可能になるためです．しかし，パネル・メーカは TCON をパネル側に持たせることで自社の特長を出してきたため，TCON がテレビ・セット側の SoC に内蔵されると，パネル・メーカとして自社独自の技術的な特徴が出しづらくなります．

とはいえ，テレビの価格は年々下落を続けており，コスト低減策をテレビ・メーカ，パネル・メーカ，部品メーカで知恵を出し合わねばならない状況です．その意味から信号処理用 SoC への TCON の内蔵化は，ローエンド・パネルから始まっています．さらに，ハイエンド・パネルにも適用されるとすると，何らかの標準インターフェースが必要になることも考えられます．現在，パネル・メーカ各社で乱立している P2P 規格の中からデファクト・スタンダードが現れる可能性もあります．

miniLVDS に替わるインターフェースとして，ナショナルセミコンダクタが提案する PPDS，サムスン電子が提案する AiPi，LG Display が提案する EPI などがあります．

6-7 ポスト miniLVDS の事例

● EPI インターフェース

ここでは，EPI（Embedded clock Point-to-point Interface）インターフェースを例に，P2P の動作を説明します[38]．EPI は，LG ディスプレイが開発したエンベデッド・クロック方式を採用した P2P インターフェースです．エンベデッド・クロック方式 P2P によりチャネル間スキューの問題が改善され，高速化が図れました．

例えば，FHD，10ビット，120Hz パネルの場合，必要な差動ペア数はわずか6ペア（12ピン）ですみます．レーン数の削減により，TCON のピン数，ケーブル，コネクタのコスト削減が可能になりました．また，図6.29 に，EPI の信号プロトコルを示します．エンベデッド・クロック方式のため，ある周期でクロック情報（H-H と L-L）が映像信号に埋め込まれています．ドライバ IC は，このクロック情報を抽出してクロック・リカバリを行います．

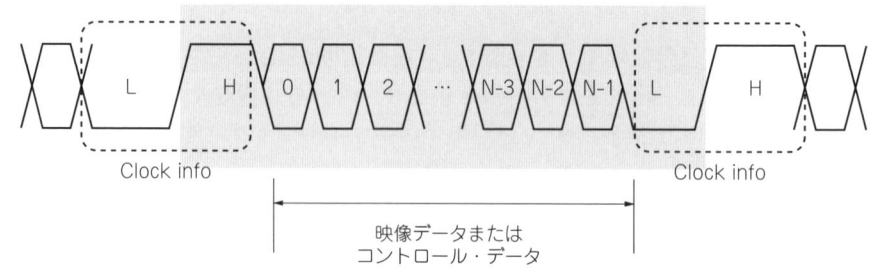

図 6.29　EPI プロトコル

EPI には，いくつかの動作モードがあります．1 つ目はクロック・トレーニング・モードです．電源投入後，EPI トランスミッタ (TCON) は，クロック・トレーニング・パターンを送信します．ドライバ IC は，このクロック・パターンを抽出して CDR をロックさせます．

2 つ目は，コンフィギュレーション・モードです．コンフィギュレーション・モードでは，各種の制御信号を送ります．miniLVDS では，TLP や POL など TCON からドライバ IC に専用ピンをアサインして，いくつかの制御信号を送信していました．EPI では，EPI プロトコルの中にこれらの制御信号をアサインして送るため，専用ピンを TCON やドライバ IC に設ける必要はなくなりました．

3 つ目は，ビデオ・モードです．ビデオ・モードで，RGB の映像信号を TCON からドライバ IC に送信します．

標準的な P2P インターフェースでは，レシーバ側の CDR に PLL を使いますが，EPI では DLL を使うためジッタの蓄積がなく，より安定した動作になります．

ドライバ IC はフィルム上に実装される部品なので，外来ノイズの影響については十分考慮する必要があります．

このように，EPI は高速 P2P インターフェースとしてエンベデッド・クロック型を採用して高速性能を確保し，必要なレーン数を大幅に削減しました．また，CMOS レベルの制御信号を P2P プロトコルの中に埋め込むことで，TCON のピン数を削減することができました．

現在，EPI を初め，パネル・インターフェースの P2P 規格はパネル内部の規格という位置づけなので，各パネル・メーカの中でクローズして展開することが可能です．しかし，今後 TCON がテレビの信号処理用 SoC に内蔵されると，テレビ・メーカとパネル・メーカの境界を決める必要があります．既存の P2P インターフェースの中からデファクト規格がまとまるのか，それとも業界標準規格

が標準化されるのかは，今後の動向をさらに注意深く見ていく必要があるでしょう．

6-8 ノート・パソコンの内部インターフェース

● 長らく使われてきた LVDS とその課題

ノート・パソコンを分解すると，グラフィック・チップと液晶パネルの間は図6.30のように LVDS ケーブルで接続されています．LVDS は，1998年頃からノート・パソコンにおいて従来の RGB パラレル・インターフェースから置き換えが始まりました．LVDS は高速シリアル・インターフェースの先駆けであり，シリアル化することでコストを抑えてバンド幅を向上させ，消費電力と EMI を下げることに成功してきました．

LVDS は，ANSI/TIA/EIA-644 として標準化され，長年にわたりノート・パソコンのディスプレイ・インターフェースとして使われてきました．しかし，ディスプレイの解像度が上がるにつれてノート・パソコンにおいても，以下の問題が顕在化してきました．

①データ伝送能力の限界

LVDSはクロックとデータが別ラインのため，クロックとデータ間のタイミン

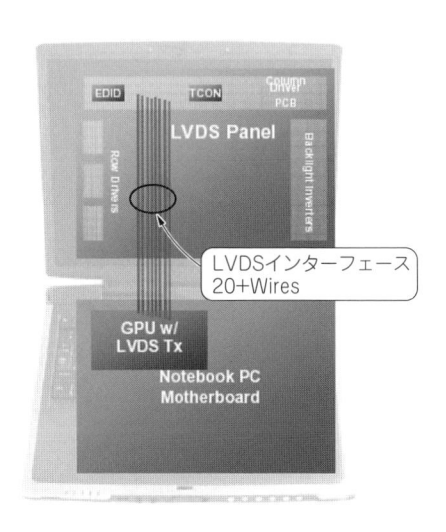

図 6.30　パソコン内部の LVDS インターフェース[29]

グ・スキュがセンシティブでクロック周波数が上がりづらく，バンド幅は，600Mbps/lane(max)程度です(LVDSによっては，1Gbps/laneを超えるものもある).

② EMIの低減や消費電力の低減が限界

セットの設計者は，常にEMIや消費電力を少しでも減らしたいと考えます．しかし，LVDSインターフェースでは専用のクロック・レーンが必要であり，スクランブラがないためEMIや消費電力を下げづらく，またその電気的仕様から3.3VトランジスタとDC結合が必要であり，消費電力が下がらないという状況がありました．

6-9　eDP(Embedded DisplayPort)

● PCディスプレイ専用機能を盛り込んだeDP

上記のような背景から，ノート・パソコンの内部インターフェースとして主要なパソコン関連メーカが主導するVESAにおいて，DisplayPortを使ったパソコンの内部インターフェースとしてeDP(Embedded DisplayPort)の開発が行われました(図6.31)[42]．

eDPの改定履歴を図6.32に示します．eDPはバージョン1.0が2008年にリリースされ，バージョン1.1としてマイナ改定が行われ，2009年にリリースされました．その後，バージョン1.2としてバックライト制御やPWM(Pulse Width Modulation)制御など，液晶パネルのコントロール機能が盛り込まれ2010年にリリースされました．

さらに，バージョン1.3ではパネル・セルフ・リフレッシュ機能として低消費電力化の機能が追加され，2011年にリリースされました．2013年には，モバイル機器の更なる低消費電力化を実現するためにバージョン1.4がリリースされました[43]．

eDPのブロック図を図6.33に示します．eDPの特長として，ノート・パソコンのディスプレイ・インターフェースに特化した様々な機能をサポートしていることが挙げられます．

(1)ディスプレイ制御機能(V1.2で追加)

バックライト制御機能，ブライトネス制御，フレーム・レート制御など，ディスプレイに関係する制御機能が追加されています．

(2)パネル・セルフ・リフレッシュ機能 (V1.3で追加，V1.4で拡張)

第 6 章　DisplayPort のファミリ規格と機器内インターフェース

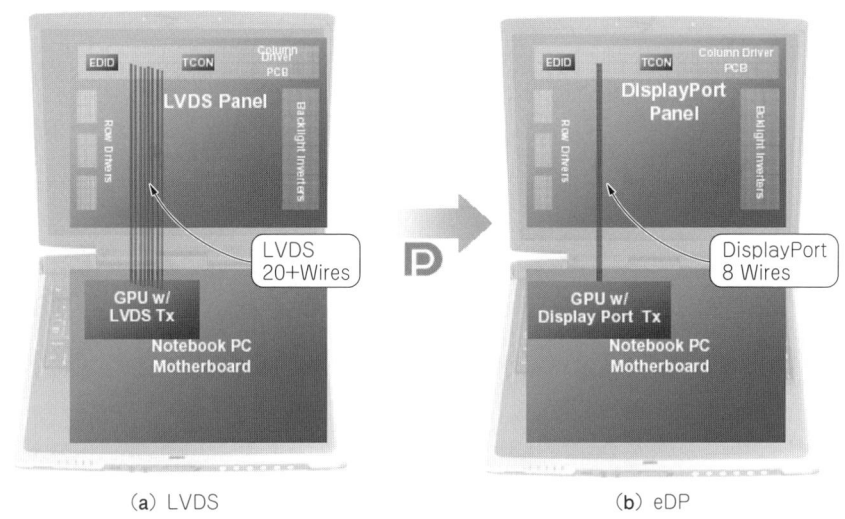

(a) LVDS　　　　　　　　　　(b) eDP

図 6.31　eDP による接続 [29]

- eDP1.3でパネル・セルフ・リフレッシュ機能を追加
- eDP1.4で低消費電力化機能を追加

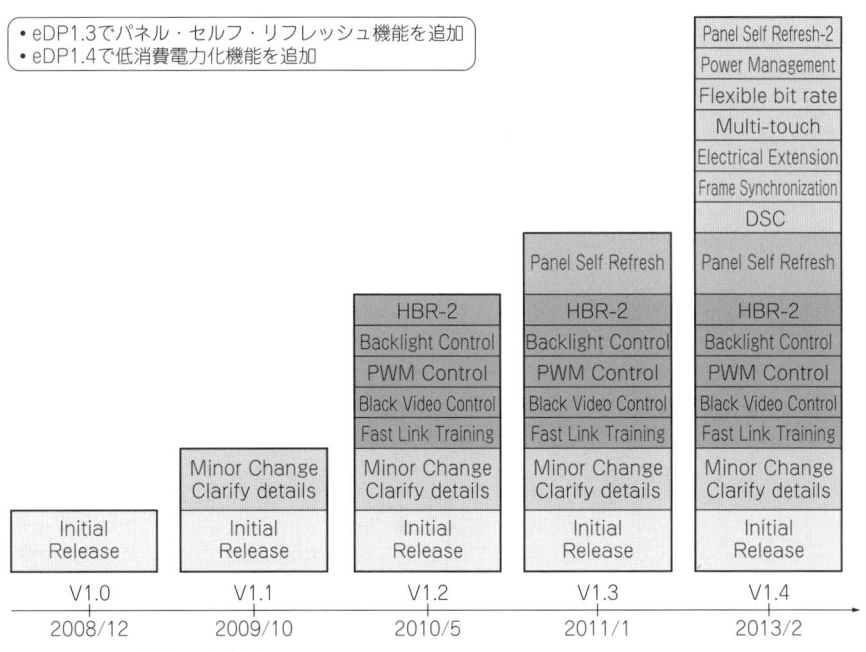

図 6.32　eDP 規格の改定履歴

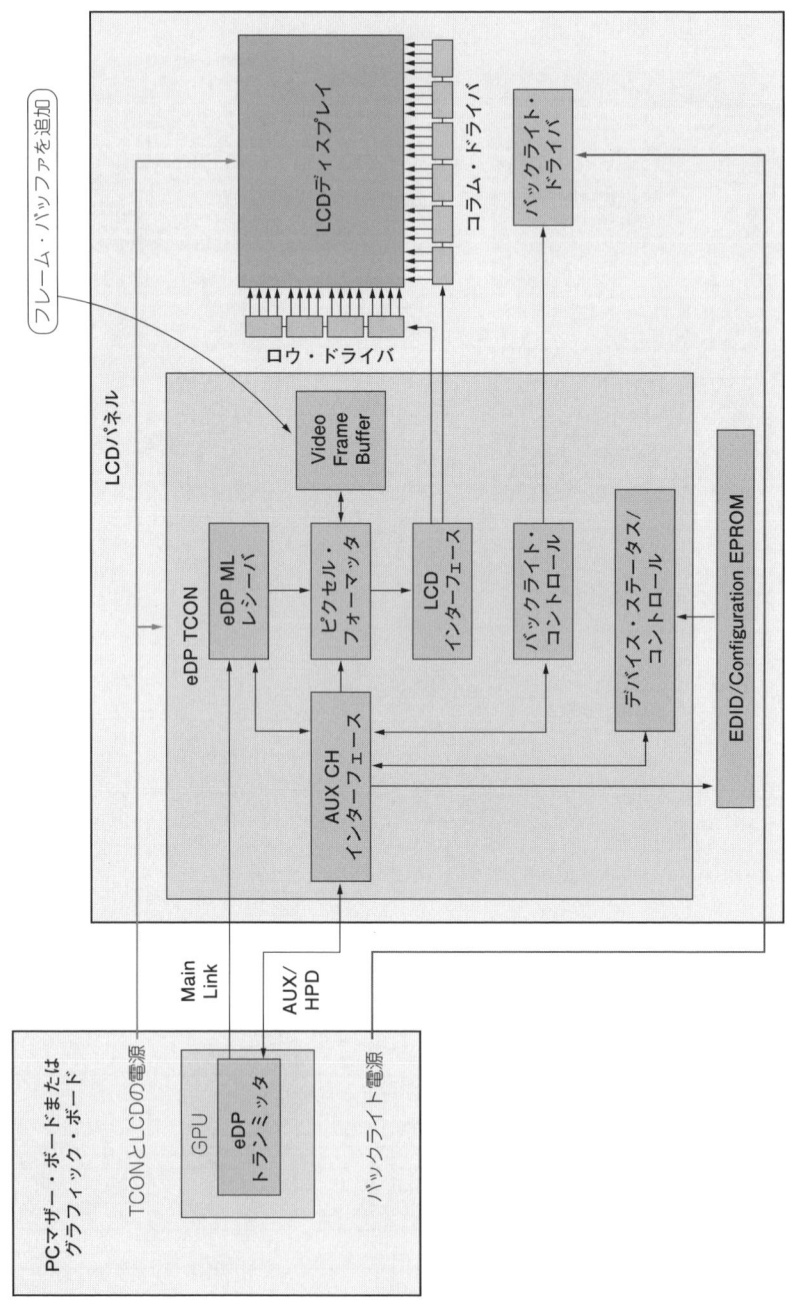

図 6.33 パネル・セルフ・リフレッシュ機能を追加した eDP [42]

第6章　DisplayPortのファミリ規格と機器内インターフェース

（a）GPUが画像変化がないことを
　　　検出しPSRモードに移行．
　　　フレーム・バッファへライト

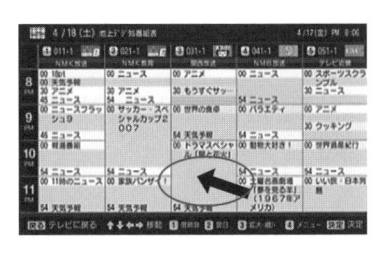

（b）GPUが画像変化を検出

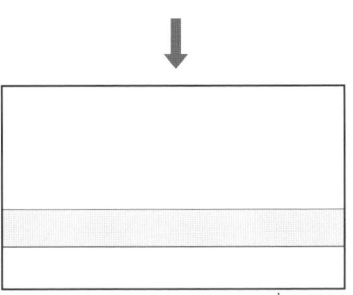

（c）画像変化があるラインのみ
　　　フレーム・バッファを書き換え

図6.34　eDP1.4の特徴

　パネル・セルフ・リフレッシュとは，グラフィック・チップから送信される画像フレームが書き換わらない限り，グラフィック・チップから映像ストリームを伝送することなく，パネル・モジュール内のフレーム・メモリにストアされた画像を表示し続けることでセット全体の消費電力を削減する技術です．

　アプリケーションによっては画像が変わらない時間が長いことがあり，このときは消費電力を削減するチャンスになります．フレーム・メモリのデータを出力することで，グラフィック・チップ側やeDPのMain Linkもスタンバイ・モードにすることができるため，システム全体の消費電力の低減が可能になり，バッテリ寿命を伸ばすことが可能です．

　パネル・セルフ・リフレッシュはバージョン1.3で追加され，バージョン1.4で

181

表 6.7 LVDS，DisplayPort1.2，eDP の比較

	LVDS	DP1.2	eDP
Link レート / レーン（Gbps）	0.6	1.62/2.7/5.4	1.62/2.7/5.4
専用クロック	Yes	No（Embedded CLK）	No（Embedded CLK）
リンク・トレーニング	No	Yes（Full link training）	Yes（Fast link training or no link training）
Internal/External	Internal	External	Internal
コンテンツ保護	No	Yes（Option）	Yes（Recommended）
セカンダリ・データ・パケット	No	Yes（Option）	Yes（Optional）
AUX-CH	No	Yes（1Mbps or 675Mbps）	Yes（1Mbps or 675Mbps）
映像ハンドリング	No	Yes	Yes
音声ハンドリング	No	Yes（Option）	Yes（Optional）
Color Depth	－	6/8/10/12/16	6/8
DPCD	No	Yes	Yes
フレーム・レート・コントロール	No	No	Yes（Optional）
バックライト・コントロール	No	No	Yes（Optional）
パネル・セルフ・リフレッシュ	No	No	Yes（Optional）
ブライトネス・コントロール	No	No	Yes（Optional）
コンプライアンス・テスト	No	Yes	Yes
EDID	No	Yes	Yes

機能が拡張され，より細やかな低消費電力化が可能になりました[43][44]．

(3) 7 種類のビット・レート（V1.4 で追加）

eDP は機器内インターフェースであり，HBR-2，HBR，RBR 以外に合計 7 種類のビット・レートをサポートすることも可能です．バージョン 1.4 では，フレキシブルなビット・レートになりました[43][44]．

(4) パネル・タッチ制御（V1.4 で追加）

バージョン 1.4 では，タブレット端末などのパネル・タッチ機能を eDP で制御できる機能が追加されました．AUX-CH を用いてタッチ情報をパネル側（Sink 機器）とグラフィック・チップ側（Source 機器）間でやりとりすることができます（図 6.34）[43][44]．

(5) 圧縮伝送技術の適用（V1.4 で追加）

これまで，DisplayPort および eDP では非圧縮伝送方式を採用してきましたが，バージョン 1.4 では，データ伝送量のさらなる向上，あるいは伝送ビット・レー

トの低減，伝送レーン数の削減の目的で，圧縮ストリーム伝送機能が追加されました．圧縮する画像にもよりますが，おおよそ非圧縮伝送に比べて2倍から5倍のデータ伝送が可能になります[43][44]．

● eDPとLVDSの比較
——レーン数の削減によるコスト低減とパネル特化機能のサポート

LVDS，DisplayPort，eDPの比較を**表 6.7**に示します．eDPは，レガシ・インターフェースであるLVDSと比較すると以下の点で有利です．

(1) 高速化とコストの低減

eDPはDisplayPortと同様にエンベデッド・クロック方式のため，クロックとデータのタイミング・スキュの問題が解消され，高速化が可能です．高速化により，レーンあたりの伝送レートはLVDSより大幅に向上するため，LSIのピン数，ケーブル，コネクタのコスト低減が可能です．フルHDパネル(60Hz)で必要な差動ペア数は，LVDSが20ペア必要であるのに対して，eDPではわずか4ペアですみます(**表 6.8**)．

表 6.8 eDPとLVDSの差動ペア数の比較

パネル・スペック	LVDS	eDP
HD 60Hz 1366 × 768	10	2
HD 60Hz 1600 × 900	20	4
FHD 60Hz 1920 × 1080	20	4
FHD 60Hz 1920 × 1200	20	4
FHD 120Hz 1920 × 1200	40	8

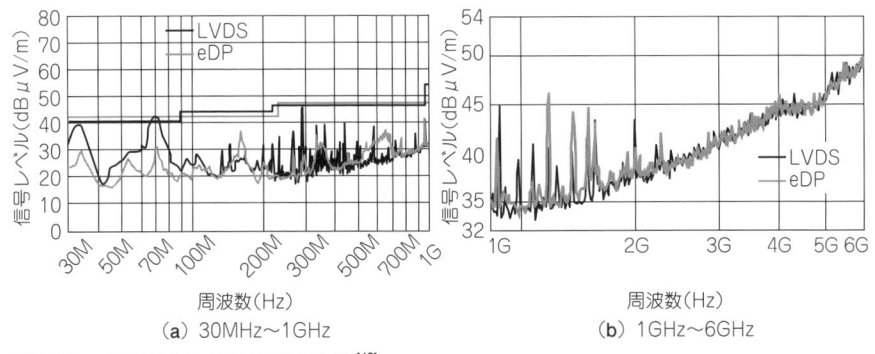

(a) 30MHz～1GHz

(b) 1GHz～6GHz

図 6.35 eDPによるEMI性能の改善[42]

(2) EMI 低減

　エンベデッド・クロック方式のため，EMI 低減にも寄与します（図 6.35）．

(3) 各種パネル専用機能の充実

　eDP では，パネル・セルフ・リフレッシュ機能など，エンベデッド・パネルの制御機能が充実しています．

6-10　モバイル系高速ディスプレイ・インターフェース MyDP

　スマートホンのコンテンツを，大画面のディスプレイに接続して表示する需要が拡大しています．例えば，家族のビデオや休日の写真を友達と一緒に鑑賞したり，インターネット経由で映画や YouTube を眺めることができるようになっています．

　また，モバイル機器の高機能化が進み，ディスプレイの解像度は VGA から 1080p へ，CPU はデュアル・コアからクアッド・コアへ，通信速度は 3G から 4G へと変化を続けています．

　本節では，VESA が開発したモバイル系高速ディスプレイ・インターフェースである MyDP について解説します．

● MyDP——高いデータ伝送量

　MyDP（Mobility DisplayPort）は，DisplayPort をベースにして VESA が開発したモバイル機器用の高速ディスプレイ・インターフェースで，以下のような特長を持っています（図 6.36）[45]．

(1) VESA オープン規格

　DisplayPort と同様に，VESA メンバであれば規格策定に参加することが可能です．

(2) 実績ある DisplayPort 技術をベースにしている

　DisplayPort をベースにして開発されたモバイル AV インターフェースです．

(3) データ伝送量は最大 5.4Gbps

　MyDP では HBR-2（5.4Gbps）をサポートしており，非圧縮で 1080p/60Hz/30 ビット + 8CH Audio 伝送が可能です．

(4) Sink 機器から Source 機器への給電が可能

　HDMI や DVI では Sink 機器から Source 機器への給電ができませんでしたが，MyDP では可能になりました．

第6章　DisplayPortのファミリ規格と機器内インターフェース

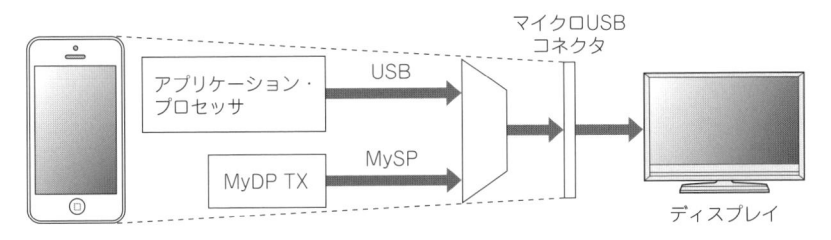

図 6.36　MyDP による接続

(5) マイクロ USB コネクタ（5pin）を使用できる

流通しているマイクロ USB コネクタを使用することができます．マイクロ USB は 5 ピンで構成されていますが，MyDP では以下のピンを割り当てています．

- 2 ピン：1 lane Main Link（AV Stream）
- 1 ピン：AUX and HPD Combined
- 1 ピン：Power charging（Sink → Source）
- 1 ピン：GND

(6) 音声，HDCP，InfoFrame，3D 対応（オプション）

(7) 既存インターフェースとの変換アダプタ

テレビ側の既存コネクタ（VGA，HDMI など）との変換アダプタをサポートしています（**図 6.37**）．

6-11　DisplayPort ファミリ規格の比較

DisplayPort は，本体の規格以外に iDP，eDP，MyDP などのファミリ規格が充実しています．**図 6.38** に，各規格のアプリケーションを示します．

外部インターフェースには，パソコンとモニタ間のインターフェースとして DisplayPort が，スマートホンとデジタル・テレビなどの大型ディスプレイのインターフェースとして MyDP があります．

パソコン内部の GPU とパネル間のインターフェースとして eDP が，DTV 内部の画像処理 SoC とパネル間のインターフェースとして iDP があります．

これら DisplayPort のファミリ規格の比較を**表 6.9** に示します．DisplayPort 本体を基本として eDP，iDP，MyDP を比較してみます．

eDP は，バックライト制御やパネル・セルフ・リフレッシュ機能など，パネ

(a) MyDPとDisplayPort

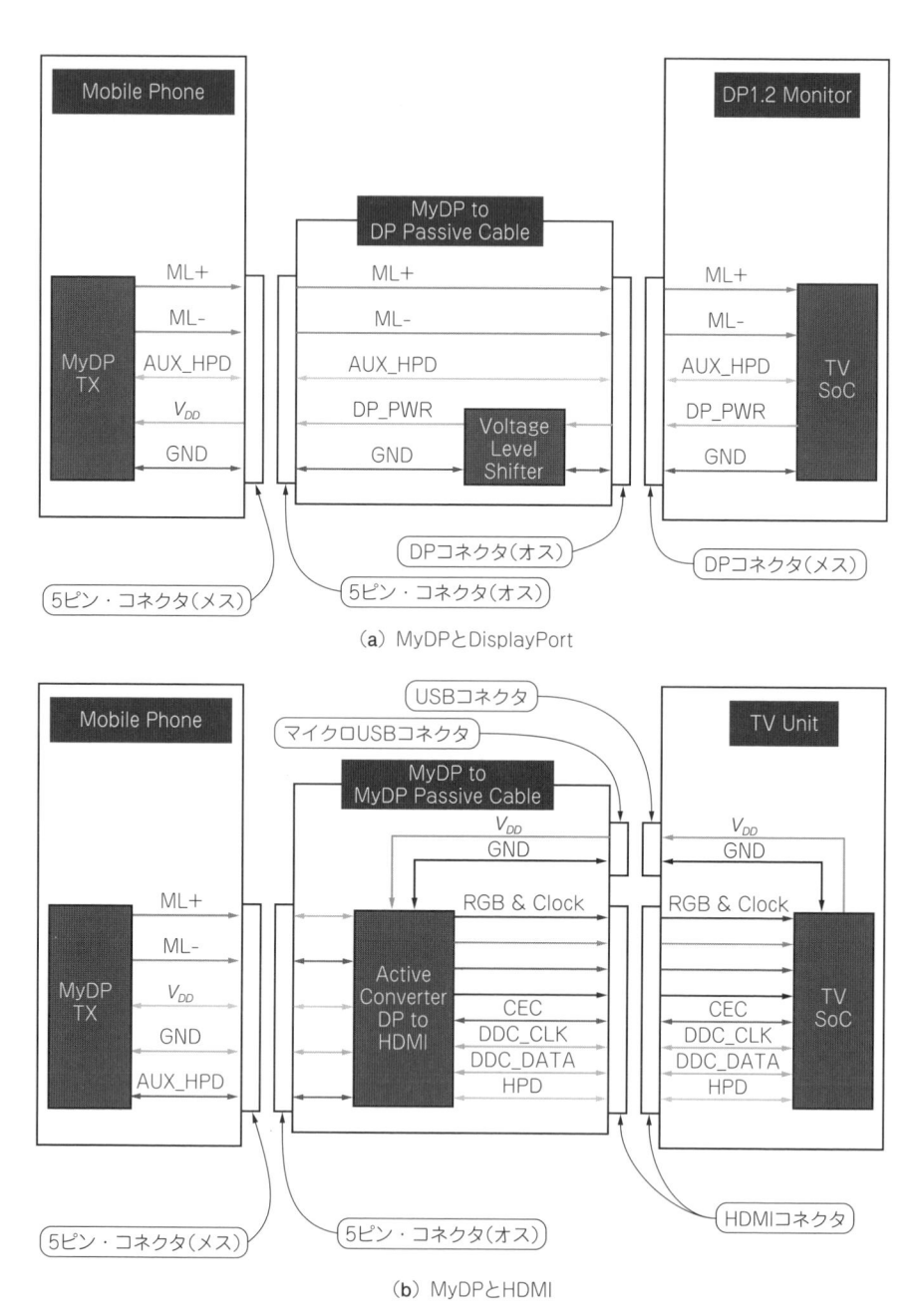

(b) MyDPとHDMI

図6.37 変換コネクタによる MyDP と既存インターフェースとの接続

第6章 DisplayPort のファミリ規格と機器内インターフェース

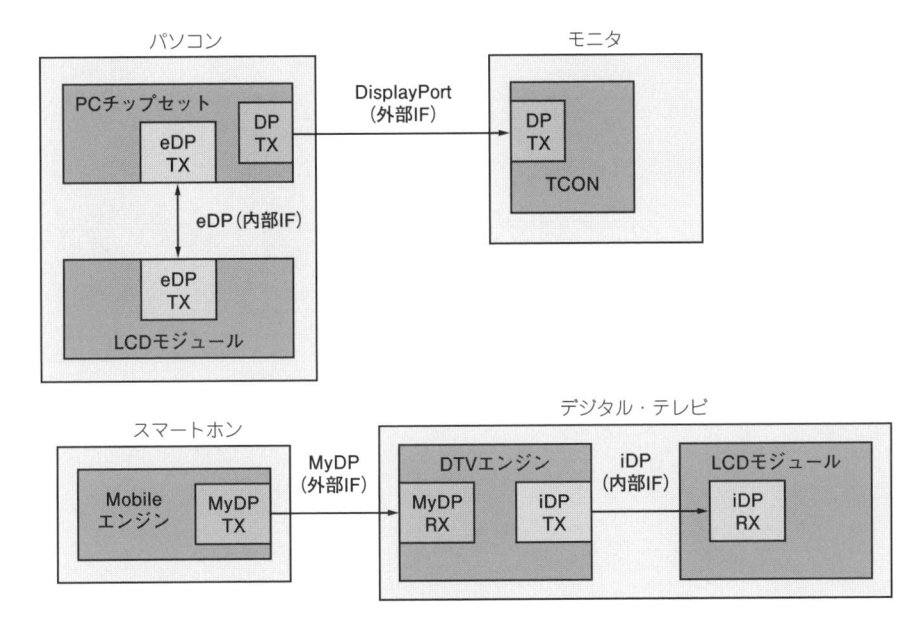

図 6.38 DisplayPort のファミリ規格

表 6.9 DisplayPort のファミリ規格の比較

	DP1.2a	eDP1.4	iDP1.0a	MyDP1.0
外部 IF／内部 IF	外部 IF	内部 IF	内部 IF	外部 IF
最大リンク・レート	5.4Gbps／レーン	5.4Gbps／レーン	3.24Gbps／レーン（オプション設定可）	5.4Gbps／レーン
Main Link 最大レーン数	4(Embedded CLK)	4(Embedded CLK)	任意（Embedded CLK）	1(Embedded CLK)
AUX-CH	Yes(1Mbps or 675Mbps)	Yes(1Mbps)	No	Yes(1Mbps or 675Mbps)
コンテンツ保護	可	可	No	可
Audio	可	可	No	可
DPCD	Yes	Yes	No	Yes
パネル制御機能	No	可	No	No

ル制御機能が充実していることが特長です．

　iDP は，DisplayPort から徹底的に機能を削除したシンプルな規格にしていること，レーン数の自由度もあることが特長です．

　MyDP は，DisplayPort からレーン数を1レーンまで削減してマイクロ USB コネクタに格納できるようにしたことが特長です．

第7章 高速ディスプレイ・インターフェースの相互接続性

7-1 高速ディスプレイ・インターフェースの相互接続問題

● 相互接続問題とは？

　HDMI，DisplayPort，DVIなどの外部ディスプレイ・インターフェースでは，不特定多数のSource機器，Sink機器，リピータ機器，ケーブルなどと接続されます．セットを開発評価する段階において，しばしばこの接続問題に遭遇します．例えば，あるSource機器とあるSink機器を接続すると映像が出ないとか，特定の映像フォーマットでノイズが出るとか，映像表示がおかしいとか，音声が途切れるなどといった例です(図7.1)．

　これがSource機器の問題なのか，Sink機器の問題なのか，あるいはケーブルの問題なのかがすぐに分からないことが多いのが現状です．特に開発評価段階では，まだファームウェアやハードウェアが最終仕様になっていないので，セットの開発をしながら機器接続試験を行い，問題が起こればデバッグするという作業になるので，問題の切り分けが困難な場合が多々あります．

　本章では，セットの相互接続性に関して具体的な事例を挙げて説明し，市場に

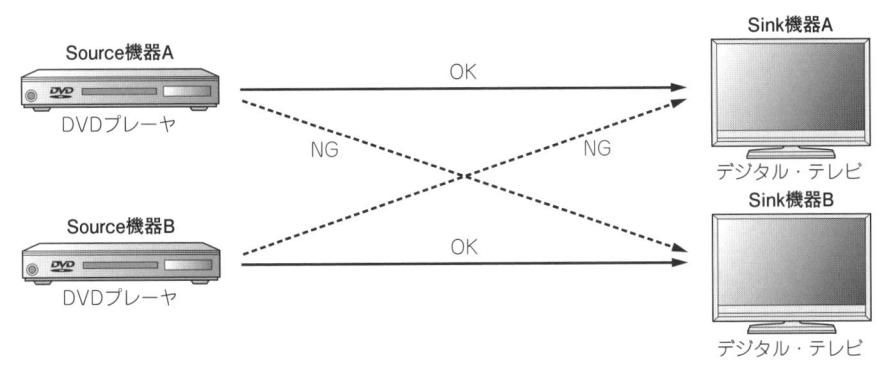

図7.1　相互機器接続問題とは

表 7.1　相互機器接続問題の分類

No	相互接続問題の大分類
1	映像が出ない
2	送信データを Sink 機器が誤判定する
3	映像表示がおかしい
4	映像にノイズが出る
5	音声が出ない
6	音声にノイズが乗る
7	HDCP 認証エラーになる
8	コンプライアンス・テスト(CTS)がフェイルする

投入した後で問題が発生しないよう，開発評価段階におけるファームウェアやハードウェアのデバッグのアプローチについて解説します．

表 7.1 に，HDMI のセット開発評価段階(市場投入前)でしばしば見られる相互接続問題の大分類を示します．これらの問題は，特定の Source 機器でのみ発生する場合，特定の Sink 機器でのみ発生する場合，特定のケーブルでのみ発生する場合，特定映像フォーマットでのみ発生する場合など，様々な症状があります．以下，項目ごとに具体的な事例を挙げて説明します．

7-2　映像が出ないケース

これは，Source 機器と Sink 機器を接続したものの，全く映像が出ないというものです．図 7.2 に示すように，Sink 機器 A は正常に出画しているのに，Sink 機器 B や Sink 機器 C では全く映像が出ないというケースや，図 7.2 のかっこ内に示すように，Source 機器 A では常に出画しているのに，Source 機器 B，C では全く映像が出ないという Source 機器に依存するケースがあります．

表 7.2 に，映像が出ない具体的な事例を挙げてみました．

(1) 非対応映像フォーマット信号を送信

これは，Source 機器が映像フォーマットのタイミング・スペック外で送信し，Sink 機器が規格外フォーマットと判断して映像をミュートしてしまったり，Source 機器が Sink 機器でサポートしていない映像信号を送信するため，Sink 機器が非対応と判断して映像ミュートしてしまうケースです．これらは，Source 機器が Sink 機器の EDID を誤って解釈して送信したり，EDID の設定が正しくないことが要因と考えられます(図 7.3)．

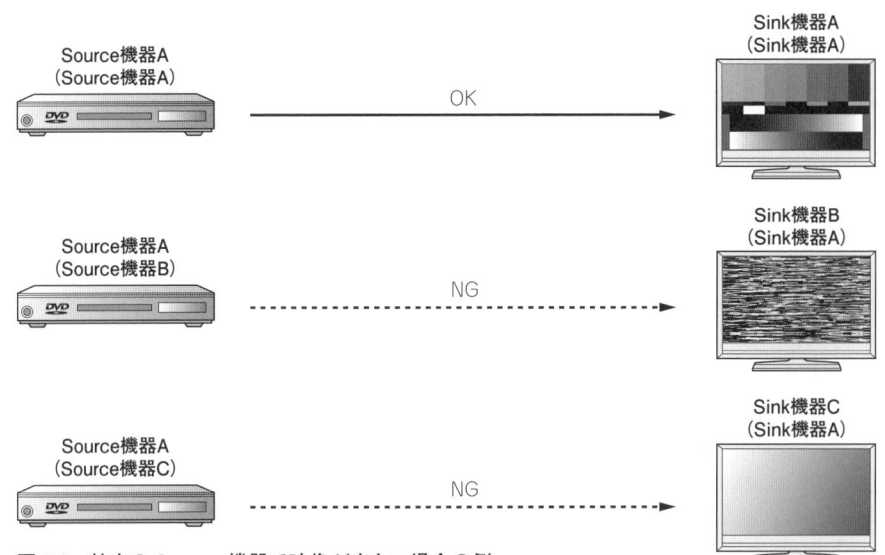

第7章 高速ディスプレイ・インターフェースの相互接続性

図 7.2 特定の Source 機器で映像が出ない場合の例

表 7.2 映像が出ない場合の原因

No	映像が出ない
1	非対応映像フォーマット信号を送信
	Source 機器が映像タイミング規格違反の信号を送信したり，EDID 非対応フォーマットの映像を送信するため，Sink 機器が映像ミュートする
2	信号判定結果が安定しない
	Sink 機器で受信した TMDS 信号判定が安定しないため，ミュートを解除できず出画しない
3	AVI InfoFrame が NG
	AVI InfoFrame の中身のデータが NG であったり，チェックサム・エラーなどで，Sink 機器が映像ミュートする
4	TMDS デコード・エラー多発
	Sink 機器で TMDS デコード・エラー（伝送エラー）を検出し，映像フォーマット検出結果を確定できない
5	Sink 機器の HPD 端子の電圧問題
	HPD 端子の"H"電位がドロップしているため，Source 機器で HPD レベルが正しく認識できない
6	TMDS 信号波形品質問題
	Sink 機器入力端でアイパターンが潰れてしまっており，正常に受信できない
7	リピータの問題
	Source 機器と Sink 機器の間に特定のリピータを入れると出画しない
8	入力切り替え連続動作
	Sink 機器の HDMI ポートの入力切り替えを連続で行うと出画しない

(2) 信号判定結果が安定しない

　これは，Sink 機器で受信した信号の判定結果が安定しないため，Sink 機器でミュート解除ができず出画しないというケースです．Sink 機器は，映像切り替えや映像タイミングの変化など，様々なミュート要因を持っており，これを解除しなければ出画しません．本ケースは TMDS の信号品質に関係しており，送信する信号の波形品質を改善するか，正しくデコードできるように Sink 機器側でレシーバの物理層（PHY）の設定を見直すと改善することがあります（**図 7.4**）．

(3) AVI InfoFrame が正しくない

　これは，Source 機器が送信する AVI InfoFrame のデータにおかしなところが

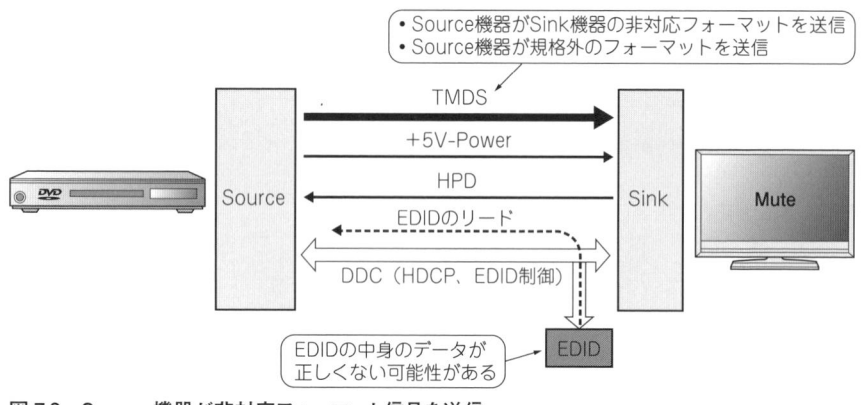

図 7.3　Source 機器が非対応フォーマット信号を送信

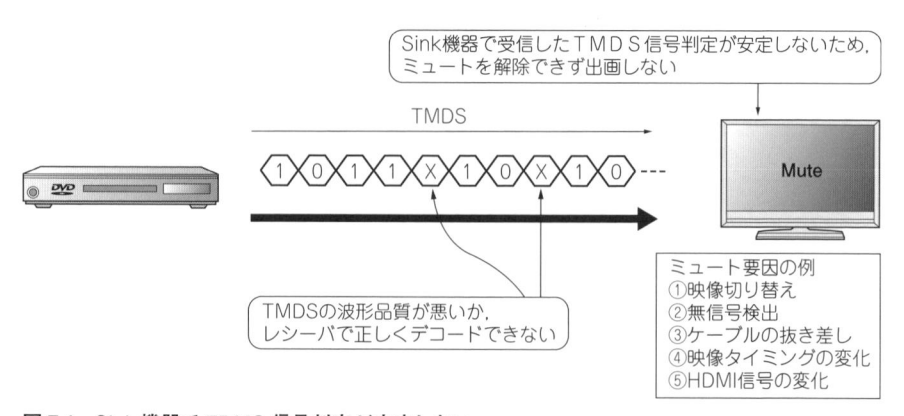

図 7.4　Sink 機器で TDMS 信号判定が安定しない

あったり，チェックサム・エラーがあるなどで，Sink機器で受け取れる映像データかどうかが不明と判断し，映像をミュートしてしまうケースです．これは，Source機器が正しくAVI InfoFrameを設定していないか，伝送中あるいは送信側でAVI InfoFrameのデータがおかしくなってしまっていることが原因と考えられます（図7.5）．

(4) TMDS デコード・エラーの多発

これは，Sink機器がTMDS信号を受信したときに伝送エラーが発生し，映像をミュートしてしまうケースです．HDMIではエラー低減技術が使われていますが，Sink機器でパケット伝送エラーを頻繁に検出すると，映像ミュートをかける場合があります（図7.6）．

(5) HPD端子の電圧がNG

これは，Sink機器のHPD（Hot Plug Detect）端子の電圧が低いため，Source機器がHPDレベルを誤判定してしまうケースです．これはSink機器のボード

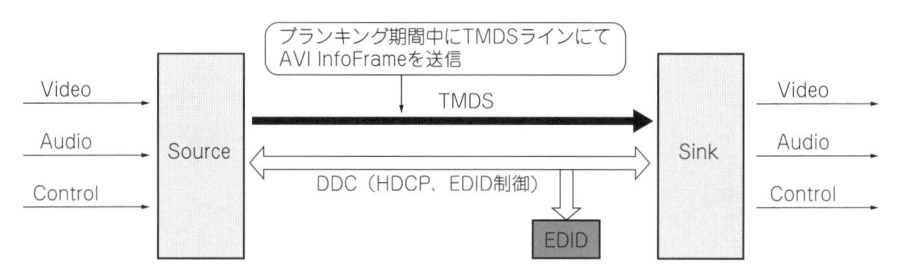

図7.5 AVI InfoFrameのデータがおかしい

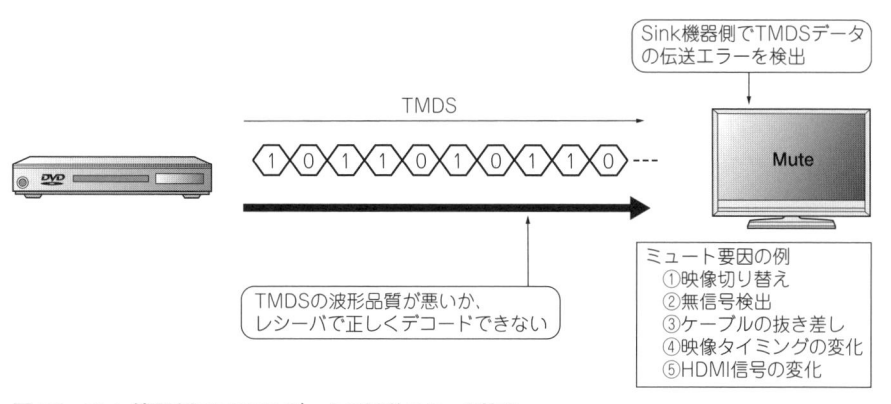

図7.6 Sink機器側でTDMSデータの伝送エラーを検出

上でHPD端子の"H"電位がドロップしてしまい，HPDレベルを正しくSource機器が認識できない場合やノイズが乗って正しく判定できないことが要因として考えられます（**図7.7**）．

(6) TMDS信号波形品質問題

これは，Sink機器の入力端でアイパターンが潰れてしまっており，正常に受信できないケースです．Source機器から送られたTMDS信号は，ケーブルを介してSink機器に接続されますが，この伝送路でアイパターンが劣化し，Sink機器の物理層でTMDS信号を正しく受信できないケースです．

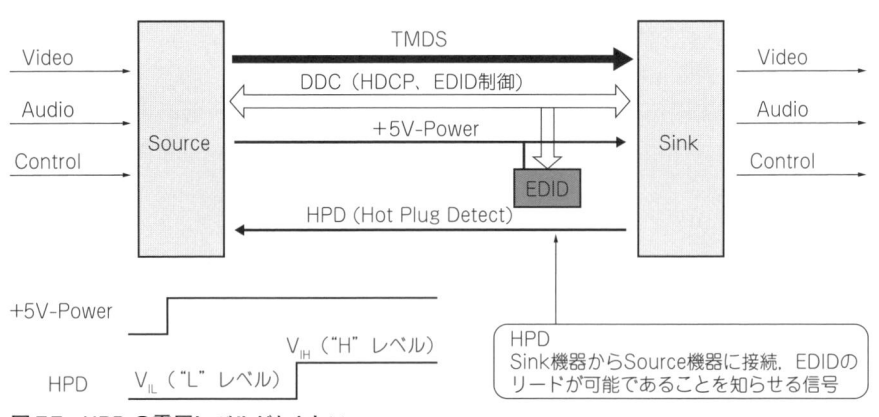

図7.7　HPDの電圧レベルがおかしい

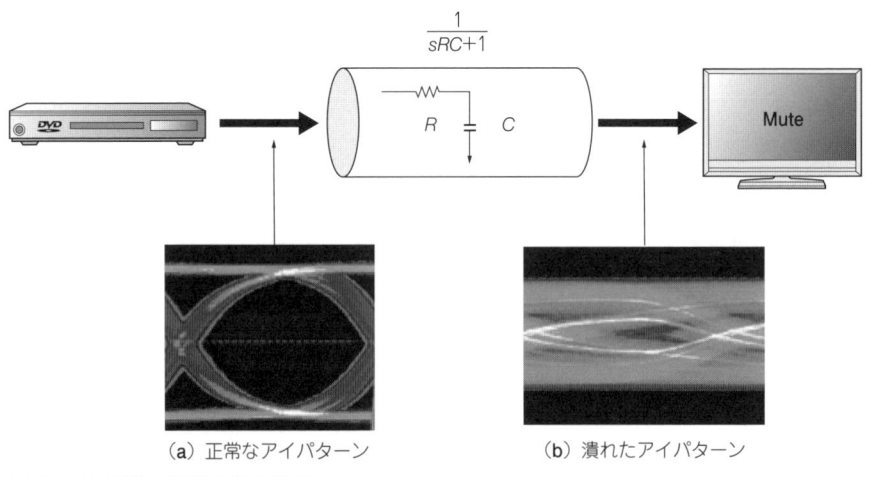

図7.8　TMDSの波形品質の問題

（a）正常なアイパターン　　（b）潰れたアイパターン

第 7 章　高速ディスプレイ・インターフェースの相互接続性

図 7.9　リピータの接続で出画しない

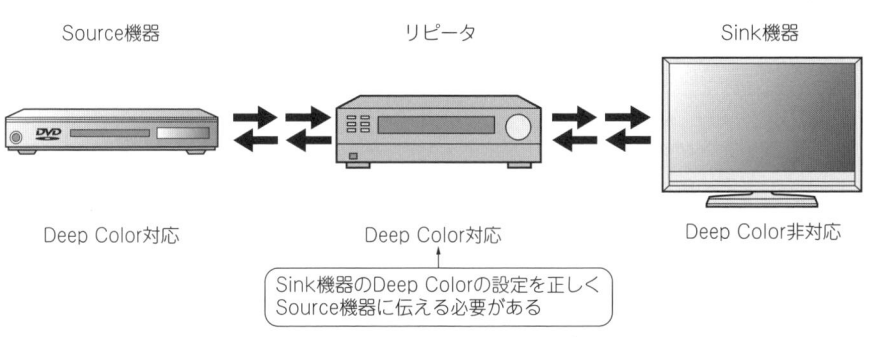

図 7.10　リピータの接続により Deep Color 情報が伝わらない [46]

　これは，Source 機器の物理層の性能調整レジスタ設定（プリエンファシス設定など），Sink 機器の物理層の性能調整レジスタ設定（イコライザ設定，TMDS デコード・アルゴリズム調整など，誤り訂正調整など）の調整で改善する場合がかなりあります．また，ケーブルに依存する場合もあり，ケーブルを替えると改善することもあります（**図 7.8**）．

　これはトランスミッタ，ケーブル，レシーバのいずれかの特性未達問題であることが多く，各々の機器の CTS（コンプライアンス・テスト）を再度実施すると，原因の所在が分かりやすいでしょう．

(7) リピータ接続時の問題

　これは，Source 機器と Sink 機器の間に特定のリピータを入れると出画しないというものです．**図 7.9** の例では，リピータが入ると Source 機器は Sink 機器の EDID を直接確認できないため，リピータ機器は Sink 機器の EDID を確認してリピータ機器の EDID を設定する必要があります．この例では，リピータ機器が Sink 機器の EDID を正しく自身の EDID に設定できていないと，Source 機器が送る映像フォーマットによっては Sink 機器が対応できない場合があり，ミュートすることがありえます．

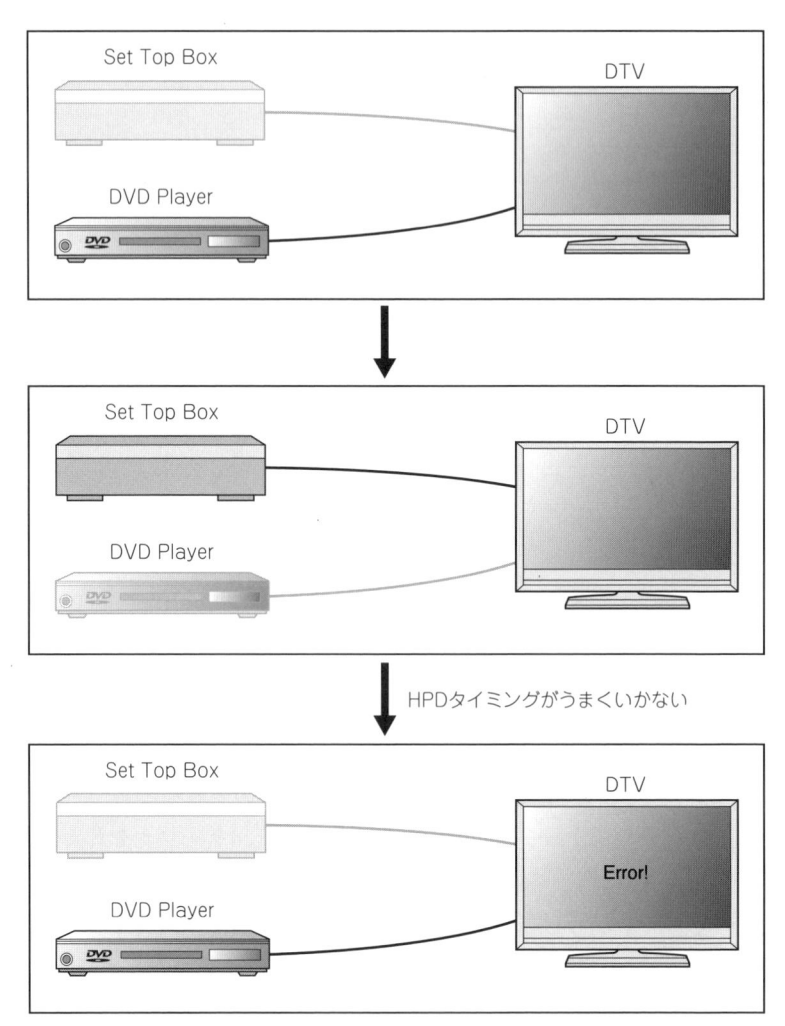

図 7.11　入力切り替えを繰り返すと出画しない [46]

　その他の事例として，Source 機器，Sink 機器ともにディープ・カラーに対応していても，その間に入るリピータ機器がディープ・カラーに対応していない場合が考えられます．リピータである AV アンプは，Sink 機器の EDID データをリードし，リピータ自身の EDID を設定する際に Sink 機器の設定をそのまま自身の EDID に設定してしまうと，このリピータは見かけ上ディープ・カラーに対応している機器に見えてしまいます．そのため，Source 機器からリピータの TMDS

第 7 章　高速ディスプレイ・インターフェースの相互接続性

の上限周波数を超えた信号を送信できてしまうため，この AV アンプは動作しない可能性があります(図 7.10)．

(8) 入力切り替えの連続動作

これは，Sink 機器の HDMI 入力ポートの切り替えで出画しなくなるというものです．図 7.11 の例は，HDMI で接続されている STB と DVD について入力切り替えを何度か行うと出画しなくなるというケースで，入力ポートの切り替えを正しく認識できていないことが要因と考えられます．

7-3　Sink 機器が信号を誤判定するケース

これは，Source 機器が送信する映像信号フォーマットを Sink 機器が正しく判別できない場合です．表 7.3 に，具体的な事例を挙げてみました．

(1) IT フォーマットと CE フォーマットを誤判定する

これは，IT(PC)フォーマットと CE フォーマットを Sink 機器が誤認識するケースです(図 7.12)．両者のタイミング規格が近い場合や AVI InfoFrame が正しく

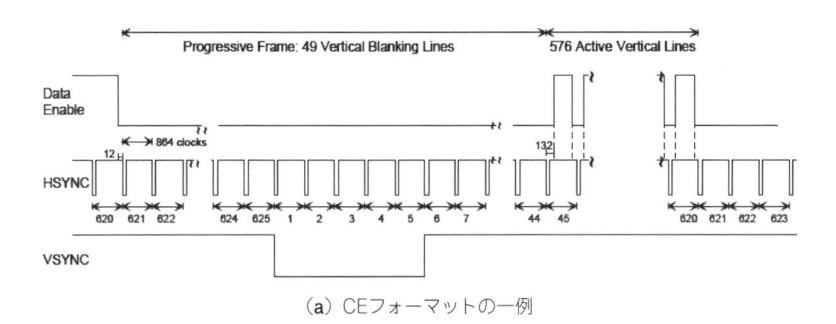

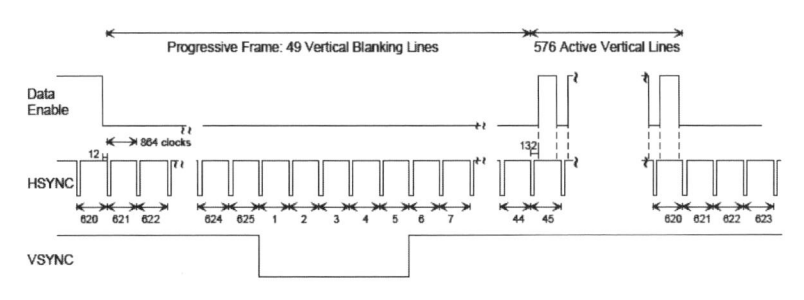

(a) CE フォーマットの一例

(b) IT (PC) フォーマットの一例

図 7.12　CE フォーマットと IT フォーマットを間違える

表7.3 信号を誤判定する原因

No	信号の誤判定
1	IT(PC)フォーマットとCEフォーマットを誤判定 よく似たITフォーマットとCEフォーマットの場合，Sink機器で誤判定する
2	HDMIとDVIを誤判定 Sink機器でTMDS伝送エラーを多発し，映像・音声系のInfoframe/Packetを正常に取得できない
3	RGB/YCCの切り替えを誤判定 Source機器がRGB/YCCを切り替えた時，TMDS映像ストリームが止まらない場合で，かつ映像が同一フォーマットの場合，Sink機器はRGB/YCCの切り替えを認識できないものがある
4	LR(リミテッド・レンジ)／FR(フル・レンジ)を誤判定 リピータ接続時に，HDMI to DVI変換されてSink機器に接続される場合，リピータでレンジ変換されずLRのままSink機器に送信され，FRと誤認識する
5	ピクセル・レピティションの問題 Sink機器側でPR信号を正しく認識しない

ない場合，Sink機器側で誤判定してしまうことがあります．例えば，ピクセル・クロック周波数や水平方向のアクティブ時間がほぼ同じだったり，AVI InfoFrameに映像情報が正しく設定されていない場合などは，Sink機器によっては誤認識してしまう場合があります．

(2) HDMIとDVIを誤判定する

これは，HDMIとDVIを誤認識するケースです．**表7.4**に，DVIとHDMIの主な差異を示します．また，HDMIではInfoFrameやAudioデータが送信されますが，TMDSデータが伝送中に伝送エラーが発生したり，InfoFrameや音声パケットなど各種パケット・データを正しく受信できない場合，ガード・バンドを正しく認識できない場合など，入力フォーマットをDVIと誤判定してしまうことがあります．

表7.4 DVIとHDMIの違い

	DVI	HDMI
Video	RGB	RGB, YCC
Audio	なし	あり
InfoFrame	なし	あり
Deep Color	なし	あり
TMDS周波数	165MHz (max)	340MHz (max)
映像レンジ	フル・レンジ(FR)のみ	フル・レンジ(FR)／リミテッド・レンジ(LR)
HDCP	ほとんどなし	ほとんどあり

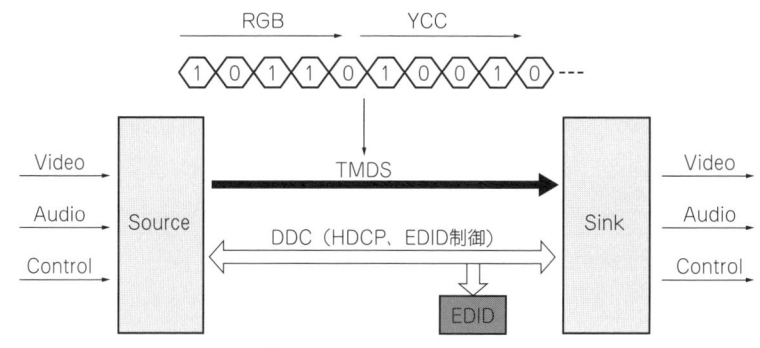

第 7 章 高速ディスプレイ・インターフェースの相互接続性

図 7.13 RGB と YCC を間違える

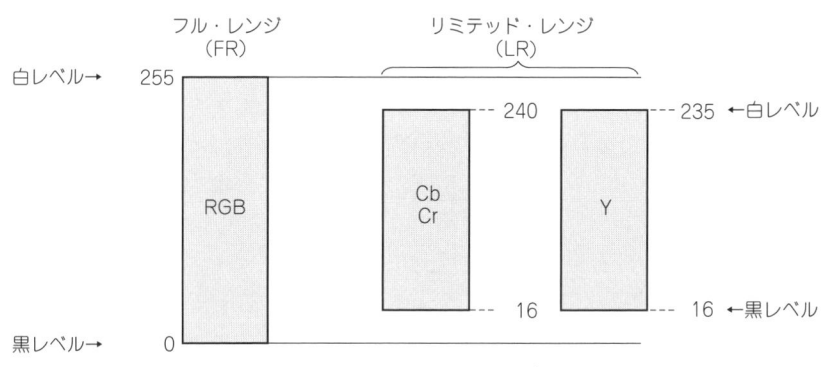

図 7.14 映像レンジを誤判定する

(3) RGB と YCC を誤判定する

これは，RGB と YCC の切り替えを正しく識別できないケースです．Source 機器が RGB と YCC の切り替え時に TMDS ストリームが止まらない場合，同一映像フォーマットであれば，Sink 機器によっては両者の切り替えの識別がある一定期間できなくて識別が遅れる場合があります（**図 7.13**）．

(4) フル・レンジとリミテッド・レンジを誤判定する

これは，Sink 機器で映像のレンジ設定情報を誤判定するケースです．映像には，フル・レンジ(FR)とリミテッド・レンジ(LR)の 2 種類があります．例えば，8 ビット・カラーの場合，0 から 255 までの全部を使って映像を表示するのがフル・レンジで，Y を 16 から 235，CbCr を 16 から 240 の領域を使って映像を表示するのをリミテッド・レンジといいます．

```
HDMI-Source機器                    リピータ              DVI-Sink機器
                                 (スプリッタ)
              HDMI                            DVI
              LR                              FR

  本来，DVI変換時に映像レンジもフル・レンジに変換が必要．
  リミテッド・レンジの場合，Sink機器はフル・レンジと誤判定する．
```

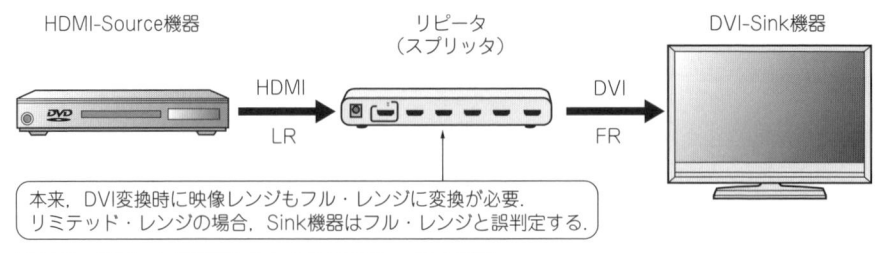

図 7.15　リピータを接続したときの HDMI → DVI 変換

　一般的に，RGB はフル・レンジ(一部リミテッド・レンジもある)，YCC はリミテッド・レンジを使います．入力フォーマット判別時に，フル・レンジにして表示するとリミテッド・レンジで入力される場合，表示に誤差が発生してしまいます(図 7.14)．

　例えば，Source 機器の HDMI 出力と DVI 入力の Sink 機器の間に，分配器(リピータ)が接続された場合，HDMI から DVI への変換が行われると，映像のレンジも YCC リミテッド・レンジから RGB フル・レンジに変換する必要があります(図 7.15)．

(5) ピクセル・レピティションを誤判定する

　これは，Source 機器が PR(Pixel Repetition)情報を Sink 機器に送信する場合，Sink 機器が正しく PR ビットを認識できず，映像が正しく表示されないケースです．

表 7.5　映像表示がおかしくなる場合の原因

No	画質問題　(映像表示がおかしい)
1	Source 機器の信号が安定しない
	Source 機器が出力する TMDS 信号が安定していないため出画が遅れる
2	Sink 機器の信号判定結果が安定しない
	Sink 機器で受信した TMDS 信号判定が安定しないため，ミュート解除に時間がかかり，出画が遅れる
3	ClearAVMUTE を送らない
	Source 機器が Clear AVMUTE を送らないか，あるいは送るのが遅いため出画が遅れる
4	画像処理による誤差
	Sink 機器の YCC → RGB 変換，あるいは RGB → YCC 変換時に変換誤差が生じる HDMI コアの変換回路の問題

7-4 画質が問題（表示がおかしい）になるケース

これは，出画はするものの何らか表示が正常ではない場合です．表7.5に，具体的な事例を挙げてみました．

(1) Source機器のTMDS出力が安定しない

これは，Source機器が出力するTMDS信号判定が安定しないため，Sink機器のミュート解除に時間がかかり，出画が遅れるケースです（図7.16のCASE-1）．

(2) 信号判定結果が安定しない

これは，Sink機器で受信したTMDS信号判定が安定しないため，ミュート解除に時間がかかり，出画が遅れるケースです（図7.16のCASE-2）．

(3) Source機器がClear AVMUTEを送らない

これは，Source機器がミュート解除時，"Clear AVMUTE"フラグを送らないか，あるいは送るのが遅いため出画が遅れるケースです．Source機器は，ミュートしたいときはSet AVMUTEフラグを，ミュートを解除したいときはClear AVMUTEフラグをSink機器に送ります．しかし，Source機器によっては，ミュート状態を解除して映像を送っているのにClear AVMUTEフラグを送らない場合があり，Sink機器はミュート状態のまま出画が遅れるというケースです．実際に映像信号を検出しているのに，ある一定時間経過してもClear AVMUTEフラグを検出しない場合，Sink機器はミュートを解除して出画するようにした方が良いと考えられます（図7.17）．

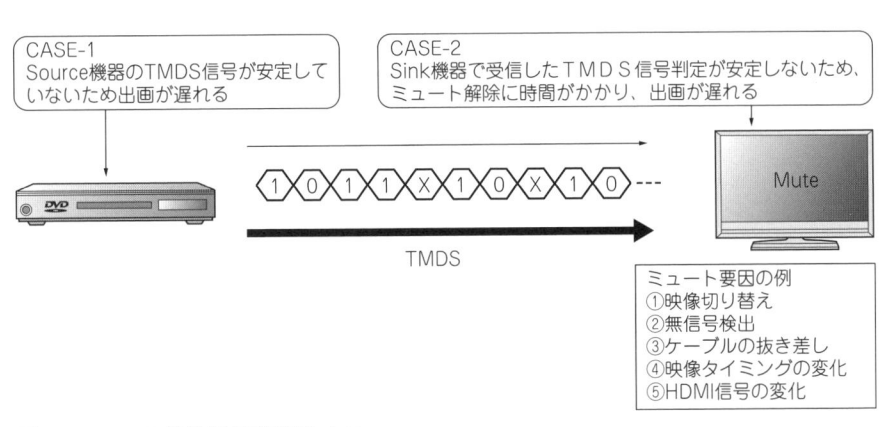

図7.16 TMDS信号判定が安定しない

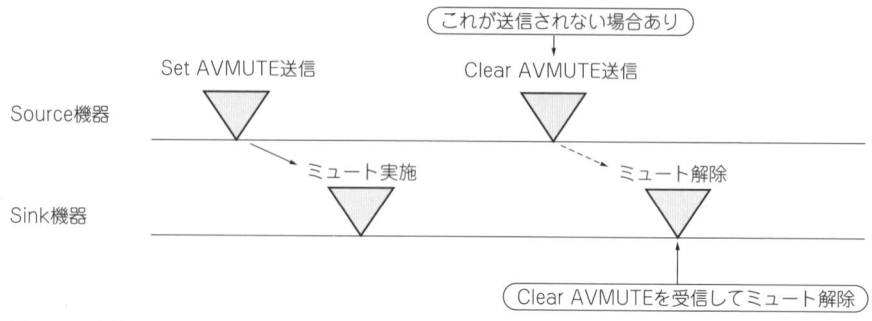

図 7.17　表示画面がおかしくなる例

(4) 画像処理により誤差が生じる

これは，Sink 機器で YCC から RGB，あるいは RGB から YCC へ変換すると画像変換誤差が発生し，画質が劣化してしまうケースです．これは HDMI トランスミッタ，あるいは HDMI レシーバの変換回路の問題です．特定の画像テスト・パターンでテストすると見つかります．

7-5　画面にノイズが出るケース

このケースは，出画はするものの，画面にノイズが出る場合です．**表 7.6** に，具体的な事例を挙げます．画面にノイズが見られる場合，ほとんどは TMDS の波形品質の問題か，HDMI トランスミッタまたは HDMI レシーバの物理層の特性の問題が多いようです．

(1) TMDS の波形品質問題

これは，ケーブルが長いなどで TMDS 波形が Sink 機器端で歪んでしまい Sink 機器が正しく信号を受信できず，時々ノイズが出てしまうものです．ケーブルを代えたり，Source 機器や Sink 機器の物理層の性能調整レジスタを調整す

表 7.6　画像にノイズが出る場合の原因

No	画質問題（画面にノイズが発生する）
1	TMDS 信号波形品質の問題
	ケーブル長が長い場合など，Sink 機器入力端でアイパターンが潰れてしまい正常に受信できない．特定送信機の TMDS 信号にジッタが乗っており，ノイズ（水平ジッタ）が発生する．
2	ミュート解除のタイミング
	ケーブル接続時に一瞬画面が乱れる→ミュート解除が早い

ると改善する場合があります(図7.8).

また，Source機器から出力する信号にジッタが乗っている場合なども，Sink機器で映像フォーマットが確定せず，時々ノイズが出てしまうことがあります.

(2)ミュート・タイミングがNG

これは，ケーブル接続時に一瞬画面が乱れるケースです．ケーブルを接続した後，Sink機器のPLLの周波数レンジ設定が正しいTMDS周波数に対応した値になる前に映像Muteが解除されてしまうため，一瞬画面が乱れるように見えてしまいます．ミュート解除タイミングが早すぎる場合に起こります．

7-6 音声が出ないケース

これは，出画はするものの音声が全く出ないケースです．表7.7に，具体的な事例を挙げました．音声が出ない場合は，Sink機器がミュート条件を検出してミュートしている場合が多く，そのミュート要因を解除すれば音声が出るようになります．例えば，音声フォーマットの変化，入力無信号検出，入力パケット未確定，音声FIFOのオーバフロー，アンダーフロー，HDMI信号変化，音声情報変化，未サポートの音声入力などがあります．音声が出ないとき，これらの要

表7.7 音声が出なくなる場合の原因

No	音声が出ない
1	非対応フォーマット信号を送信
	Source機器が規格違反の信号を送信したり，EDID非対応フォーマットの音声を送信するため，Sink機器が音声をミュートする
2	TMDSデコード・エラー多発
	Sink機器でTMDSデコード・エラー（伝送エラー）を検出し，音声パケットの検出を確定できない
3	音声FIFOのアンダーフロー
	Sink機器の音声FIFOアンダーフローが発生し，音声が出ない
4	音声周波数偏差規格違反
	Source機器が音声周波数偏差規格を満たしていない
5	音声周波数偏差耐性未達
	Sink機器が音声周波数偏差耐性規格を満たしていない
6	N，CTSが規格外
	Source機器が送信するN，CTSが規格外
7	スピーカ，ヘッドフォン，S/PDIF出力がミュートされている
	各音声出力のミュート設定がされており，出音しない

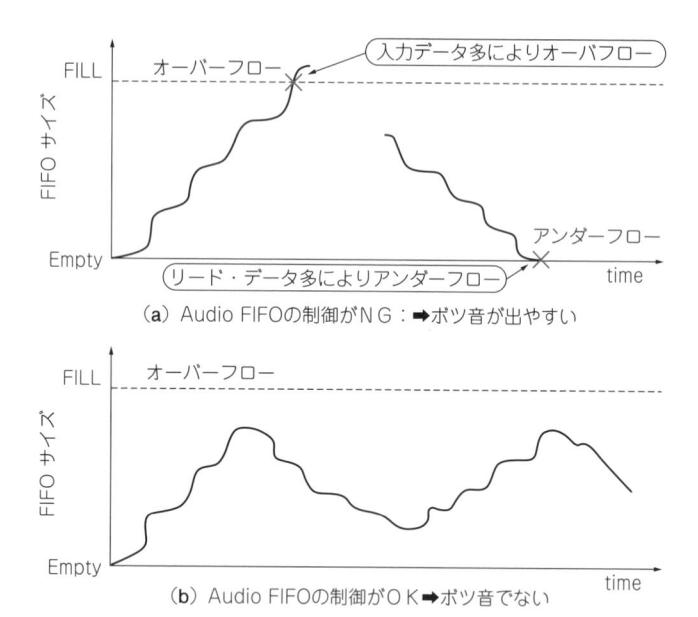

図7.18 Audio FIFO のクロック周波数

(a) Audio FIFOの制御がNG：➡ポツ音が出やすい

(b) Audio FIFOの制御がOK➡ポツ音でない

因になっているかも確認します．

(1) 非対応フォーマットを送信

　これは，Source機器がSink機器の非対応フォーマットを送信したり，規格外のフォーマットを送信したりして，Sink機器が音声ミュートをしてしまっているケースです(図7.3)．

(2) TMDSデコード・エラー多発

　これは，特定Source機器との接続において，Sink機器でHDMI伝送エラーを検出して音声データを正しくデコードできなかったり，送信されるデータが不安定で映像フォーマットが安定せず，Sink機器がミュートしているケースです(図7.6)．

(3) 音声FIFOのオーバフロー / アンダーフロー

　これは，Sink機器の音声FIFOメモリがオーバフローやアンダーフローを起こし，ミュートしているケースです．HDMIでは，音声クロックはSink機器で再生します．したがって，TMDSクロック基準で送られてくる音声パケット・データを一度音声FIFOに格納し，再生した音声クロックで読み出します．しかし，Source機器から送信される音声データは，音声サンプリング・クロックに同期

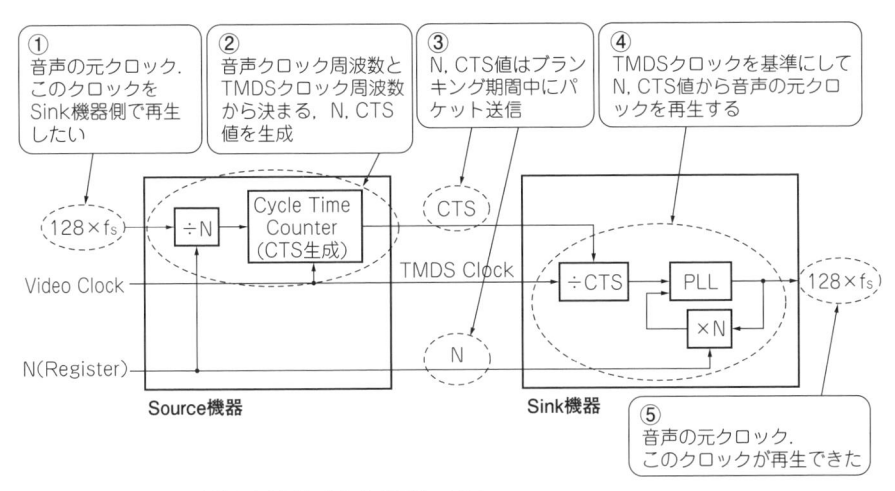

第7章 高速ディスプレイ・インターフェースの相互接続性

図7.19 N，CTS がずれると正しく音声を再生できない

して，ブランキング期間に音声パケットとして送信されます．TMDSクロックの周波数のパラメータが入っており，Sink機器側の再生方式によっては，Source側のサンプリング・クロックの周波数とSink側で再生したサンプリング・クロックの周波数には微妙な誤差が生じます．この周波数誤差が生じると，音声がオーバフローしたり，アンダーフローしたりして，スピーカから雑音(ボツ音)が生じることがあります(図7.18)．

(4)(5)音声周波数偏差 NG

これは，Source機器の音声周波数が，規格をオーバしている(偏差が大きくずれている)ため，Sink機器で正しく再生できないというケースです．音声周波数は，ある一定の偏差が規定されていますが，これを超えているSource機器の事例です．

また，これとは逆に，Sink機器が音声周波数偏差のトレランス規格を満たしていないため，許容値を超えてしまい音声ミュートしてしまう場合もあります．

(6)N，CTS が NG

これは，Source機器が送信するN，CTSの値が規格外のため，Sink機器で正しく音声周波数を再生できないケースです．HDMIでは音声クロック自身は送信されないため，N，CTS値を使ってTMDSクロックから音声クロックをSink側で再生します．したがって，このN，CTSが規格値からずれてしまうと，Sink機器で正しく音声クロックを再生できなくなります(図7.19)．

205

(7) 音声出力がミュートされている

　これは，Sink 機器のスピーカやヘッドホンや S/PDIF の出力がミュート設定になっていて，音声が出ないケースです．ミュートを解除すれば出音します．

　また，Sink 機器の入力切り替えを繰り返し行うと，音声が出力されなくなることがあります．内部のバッファがオーバフローを起こしてしまい，音声データ確定時の処理が実行されなくなるためです．

7-7　音声にノイズが出るケース

　これは，音声は出るものの，ボツ音など音声にノイズが出るケースです．表 7.8 に，実際に見られる具体的な事例を挙げました．

(1) 音声 FIFO がオーバフロー / アンダーフローする

　これは，Sink 機器の音声 FIFO がオーバフローやアンダーフローを起こしてボツ音になるケースです．音声 FIFO の周波数調整がうまくできていないケースで発生します．これは，「音声が出ないケース」の (3) の症状と同様です．Sink 機器で音声ミュートがかからず出音しますが，音声 FIFO が正しく制御されていないため，ボツ音として聞こえるものです（図 7.18）．

　Source 機器が送信する N，CTS 値が規格値からずれているためノイズが発生するケースもあります．

(2) ミュート・タイミングの問題①

　これは，音声フォーマット，周波数，コンテンツなどを切り替え中に，Sink 機器の音声出力に一瞬ノイズ音が出るケースです．これは，切り替え中のミュート処理が間に合わないために発生します

表 7.8　音声ノイズが発生する原因

No	音質問題（ボツ音，ノイズなど）
1	音声 FIFO のアンダーフロー
	音声 FIFO アンダーフロー・エラーが発生する．送信機の音声の N/CTS 値が通常よりかなりずれている
2	ミュート・タイミング①
	音声切り替え中の S/PDIF 出力に一瞬音声が出る．音声ミュート処理が間に合わない
3	ミュート・タイミング②
	すぐにボツ音が発生する．ミュート解除のタイミングが問題

第7章 高速ディスプレイ・インターフェースの相互接続性

(3) ミュート・タイミングの問題②

これは，HDMI ケーブルを接続するとすぐにボツ音が発生するケースです．Sink 機器のミュート解除のタイミングが早いことが原因です．

7-8 HDCP エラーが発生するケース

HDCP エラーになるケースを，表 7.9 に示します．HDCP エラーが発生すると映像，音声とも出ない状態になります．

(1) HDCP エンジンの問題

これは，HDCP エンジンのハードウェアに問題があり，ある認証タイミングでエラーとなるケースです．HDCP 認証はトランスミッタ，レシーバともハードウェアで構成されており，ソフトによる救済が難しくなります．

表 7.9 HDCP 認証エラーが発生する原因

No	HDCP 問題
1	HDCP エンジンの問題 特定送信機で HDCP 規格外のタイミングで認証を行うため砂嵐画面となる． HDCP はハードウェアで動作しており，ソフトでは救済できない場合がある
2	リピータ接続時の問題 特定の HDMI スプリッタ機器接続時に接続時認証フェイルとなる． Sink 機器からの HPD をスプリッタが Source 機器に伝えない
3	無信号時のノイズ HDMI スイッチ接続時に無信号やケーブル未挿入時に，レシーバに対して通常振幅相当のランダム・ノイズを出してしまい，通常入力と誤判定してしまう
4	解像度を切り替え時の不適切な処理 フォーマットを切り替える前に，HDCP オフ，TMDS 停止が発生している．Sink 機器の映像ミュートは映像タイミング変更をトリガとしているため，ミュートする前に HDCP オフ期間の画面が出力されてしまう

スプリッタが Sink 機器からの HPD を Source 機器に伝えないケースがある．この場合，Source 機器から HDCP 認証が開始されない

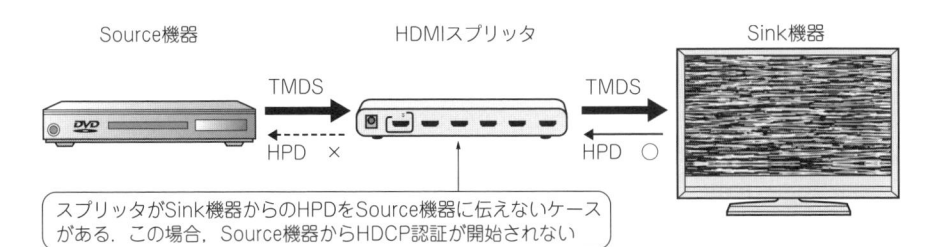

図 7.20 HDMI スプリッタを入れると HDCP 認証エラーになる

```
①入力はオープン          Sink機器      ②通常振幅のノイズを出力
```

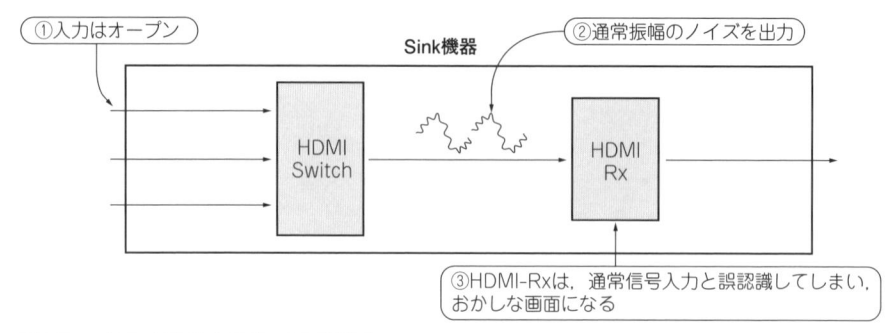

図7.21 無入力時のノイズによる誤動作

(2) リピータ接続時の問題

　これは，Source機器とSink機器の間に特定のスプリッタ機器を接続した場合，Sink機器からのHPD信号がうまくSink機器に伝わらず，HDCPエラーとなるケースです（**図7.20**）．

(3) 無入力時のノイズ

　これは，Sink機器において，特定のHDMIスイッチとの接続時に，入力が無信号の場合やケーブル未接続の場合に，HDMIスイッチからHDMIレシーバに対して通常振幅のランダム信号を出して，HDMIレシーバがHDMI入力と誤判定してしまい，異常な出画をするケースです（**図7.21**）．

(4) 解像度の切り替え時の不適切な処理

　これは，特定送信機で480p → 720p → 1080iと切り替えていくと，一瞬，砂嵐画面が表示されてHDCPエラーになり，その後すぐ正常に出画されるケースです．解像度の切り替え時による映像ミュートが間に合わず，先にHDCPエラーによる砂嵐画面が出画してしまう問題です．Sink機器のミュートは，データ・タイミング変更をトリガとしている場合が多いため，ミュートする前にHDCP-オフ期間の画面が出力されてしまいます．

7-9　デバッグ・アプローチ

● まず原因を特定するヒントを掴む

　本節では，ディスプレイ・インターフェースで接続問題が発生した際のデバッグ・アプローチについて解説します．

　接続問題が発生した場合，まず問題要因の切り分けから始める必要があります．

まず，以下のように特定の機器でのみ発生する問題なのか，あるいはどの機器でも発生するのかを確認します．
- 特定のSource機器で発生するか
- 特定のSink機器で発生するか
- 特定のケーブルで発生するか

また，上記に該当する場合でも，下記のような何か特定のイベントで改善することがないか確認し，原因のヒントを探すことも重要です．
- ケーブルの抜き差しで症状が改善するか
- 入力切り替えで症状が改善するか
- 電源ON/OFFで症状が改善するか
- HPDタイミングにクセはないか

以下のデバッグ・アプローチは，上記について確認することを前提とします．

● 映像が出ない場合のデバッグ──問題を分類する

映像が出ない場合や映像にノイズが入る場合の多くの要因は，下記のいずれかに分類することができます．
(1) Source機器が送信する映像信号が，規格違反か非対応フォーマットである
(2) Sink機器に入力される映像信号検出状態が安定していないため，Sink機器がミュートを継続している
(3) Sink機器のHDMIレシーバ・コアの物理層の特性不足
(4) Source機器のHDMIトランスミッタ・コアの物理層の特性不足
(5) Sink機器のHPDのタイミングか電圧レベルがおかしい
(6) Source機器がミュート・クリア信号を送信していない(Clear AVMUTEを送信していない)
(7) Sink機器の音声設定が正しくない
(8) Sink機器のHDMIスイッチ・デバイスの問題(ポート選択，HPD端子設定が正しくできていない)
(9) リピータ接続による問題(HPDをSourceに伝えていないなど)

● 映像が出ない場合のデバッグのアプローチ

映像が出ない場合のデバッグのアプローチを，図7.22に示します．
(1) ケーブルの挿抜で症状が改善するかを確認します．改善する場合，Sink機器のHPD信号のタイミングが関係している可能性があります．また，Source機

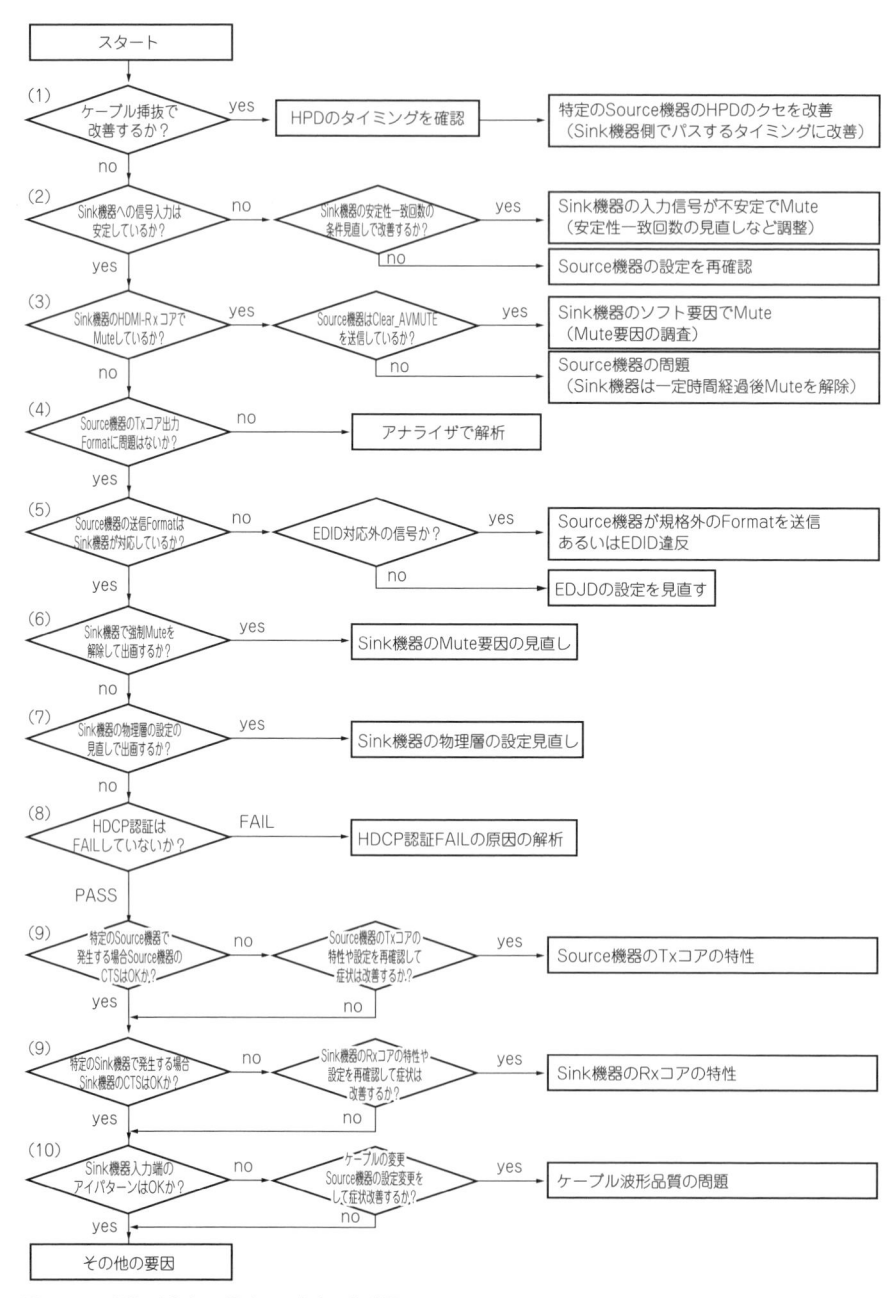

図 7.22　映像が出ない場合のデバッグ手順

器によっては，HPD に特定タイミングやシーケンスが必要な場合もあるため，ファームウェアの設定を確認します．ケーブル依存性がある場合，問題が発生するケーブルに問題がないかを確認します．

(2) ケーブルの挿抜で症状が改善しない場合は，Sink 機器への入力信号が安定しているかどうか確認する必要があります．これは，アナライザを使って解析します．例えば，映像タイミング（水平同期信号，垂直同期信号）が安定せず，Sink 機器側で正しく映像フォーマットを識別できていない可能性があります．Source 機器の設定を見直す必要があります．アナライザを使って，Source 機器の出力信号に問題となる点がないかを探ります．

(3) Sink 機器への入力信号が安定している場合，Sink 機器自身で映像ミュートしていないかを確認します．ミュートしている場合は，ミュート要因を確認します．例えば，Source 機器がミュート設定フラグ（Set AVMUTE）を送って Sink 機器がミュートした後，Source 機器がミュート解除フラグ（Clear AVMUTE）を送らないため，Sink 機器がミュートを解除しないままになっている可能性があります．その他，Sink 機器のミュート要因を確認し，その要因を解除できれば出画します．

(4) Sink 機器でミュートしていない場合，Source 機器が出力している映像信号に問題がないかを確認します．Source 機器が出力している映像信号は，アナライザで解析します．正しい信号でない場合，Sink 機器で正しく映像信号をデコードできていないとか，解像度の取得に失敗したり，VIC（Video Information Code）の取得に失敗する可能性があります．

(5) Source 機器が出力している信号に問題がない場合，Source 機器が送信する信号が，Sink 機器が対応しているものかどうかを確認します．Source 機器が送信する信号をアナライザで解析し，Sink 機器の EDID に対応しているものかを確認します．非対応信号の場合，Source 機器の設定を確認します．

(6) Source 機器が送信する信号が Sink 機器に対応している場合，Sink 機器のミュート要因を強制解除して出画するかを確認します．

(7) ミュート要件を強制解除しても出画しない場合，Sink 機器の HDMI レシーバの問題である可能性があるので，Sink 機器のミュート条件を見直します．出画しても画質に問題があるときは，Sink 機器で TMDS の伝送エラーが発生している可能性があります．この場合，Source 機器か Sink 機器の物理層の設定を見直します．

(8) その他，HDCP 認証がフェイルしていないかを確認します．フェイルする

場合は,まず HDCP 認証をパスさせるようにします.
(9) その他,特定の Source 機器で発生する場合,Source 機器の CTS(コンプライアンス・テスト)がフェイルしないか,また特定の Sink 機器で発生する場合,Sink 機器の CTS がフェイルしないかを,アナライザなどを使って確認します.
(10) 両者がパスする場合,Sink 機器端でのアイパターンを確認します.アイパターンが NG で信号を受信できていない可能性を確認します.

● 音声が出ない場合のデバッグ——問題を分類する

音声が出ない場合や音声にノイズが出る場合の要因は,下記のいずれかに分類することができます.
(1) Source 機器が送信する音声信号が,規格違反か非対応フォーマットである
(2) Sink 機器に入力される音声信号の検出状態が安定していないため,Sink 機器がミュートを継続している
(3) Sink 機器の音声 FIFO がオーバフローかアンダーフローしている
(4) Source 機器の音声クロックの周波数誤差が大きい
(5) Sink 機器の音声クロックの周波数誤差耐性が低い
(6) Sink 機器の HDMI レシーバ・コアの物理層の特性不足である
(7) Source 機器の HDMI トランスミッタ・コアの物理層の特性不足である
(8) Sink 機器の音声設定が正しくない
(9) Source 機器が送信する N,CTS が規格外である

● 音声が出ない場合のデバッグのアプローチ

音声が出ない場合のデバッグのアプローチを,図 7.23 に示します.このケースでは映像は出画しているため,HDCP 認証は特に問題ないものとします.
(1) Sink 機器の HDMI 入力時,スピーカ,ヘッドホン,S/PDIF 出力の全ての音声出力で音声が出ないかを確認します.一部の出力端子から音声が出る場合,音声が出ない経路の出力デバイス設定を確認します.HDMI 以外の外部音声入力では正常に出音するかどうかも,Sink 機器内の経路設定を確認する上で有効です.
(2) 全ての経路で音声が出ない場合,Sink 機器の音声 FIFO メモリでオーバフローかアンダーフローが発生していないかを確認します.オーバフローかアンダーフローが発生すると,Sink 機器はミュートする場合があります.
音声 FIFO メモリでオーバフローかアンダーフローが発生する要因はいくつか

あります．Sink 機器の音声周波数変動に対するトレランスが低い場合，少し Source 機器で音声の周波数がずれると FIFO メモリの制御が破綻し，オーバフローかアンダーフローが発生します．Sink 機器は，規格どおりにトレランスを持っているにも関わらず，Source 機器がそれ以上の音声周波数で送信することがあります．この場合も，音声 FIFO メモリの制御が破綻し，オーバフローかアンダーフローが発生します．Sink 機器の FIFO メモリを制御する基準周波数である水晶発振周波数が正しく合っていない場合も，同様の症状になります．

(3) 音声 FIFO メモリでオーバフローかアンダーフローが発生していない場合，Sink 機器への入力信号が安定しているかどうか確認する必要があります．これは，アナライザを使って解析します．例えば，映像タイミング（水平同期信号，垂直同期信号）が安定せず，Sink 機器側で正しく映像フォーマットを識別できていない可能性があります．Source 機器の設定などを見直す必要があります．

(4) Sink 機器への入力信号が安定している場合，HDMI 伝送中に伝送エラーが発生していないか，Sink 機器で確認します．伝送エラーが発生している場合，Source 機器または Sink 機器の物理層の設定を再確認します．

(5) Source 機器が，Sink 機器の対応していない規格外の音声信号を送信していないかを確認します．Source 機器が送信する信号をアナライザで解析し，Sink 機器の EDID に対応しているものかを確認します．非対応信号の場合，Source 機器の設定を確認します．

(6) Source 機器が正しく Audio InfoFrame，Audio Sample Packet を送信しているかを確認します．Audio Sample Packet は音声データそのものであり，受信できていない場合には Sink 機器は音声なしと判断します．

(7) Sink 機器が Channel Status Register 情報を正しく受信できているかを確認します．Channel Status Register には，音声の情報が格納されています．

(8) Sink 機器の他のミュート条件を確認します．ミュートしている場合はミュート条件を確認し，解除できる場合は解除します．また，Sink 機器の音声出力デバイスが何らかの要因でミュートしている場合もあります．この場合もミュート条件を確認し，解除できる場合は解除します．

(9) その他に，特定の Source 機器で音声が出ない状況が発生するのか，特定の Sink 機器で発生するのかを確認します．特定の Source 機器で発生する場合，Source 機器の CTS（コンプライアンス・テスト）がフェイルしないか，また特定の Sink 機器で発生する場合，Sink 機器の CTS がフェイルしないかを確認します．

(10) 両者がパスする場合，Sink 機器端でのアイパターンを確認して NG の場合，

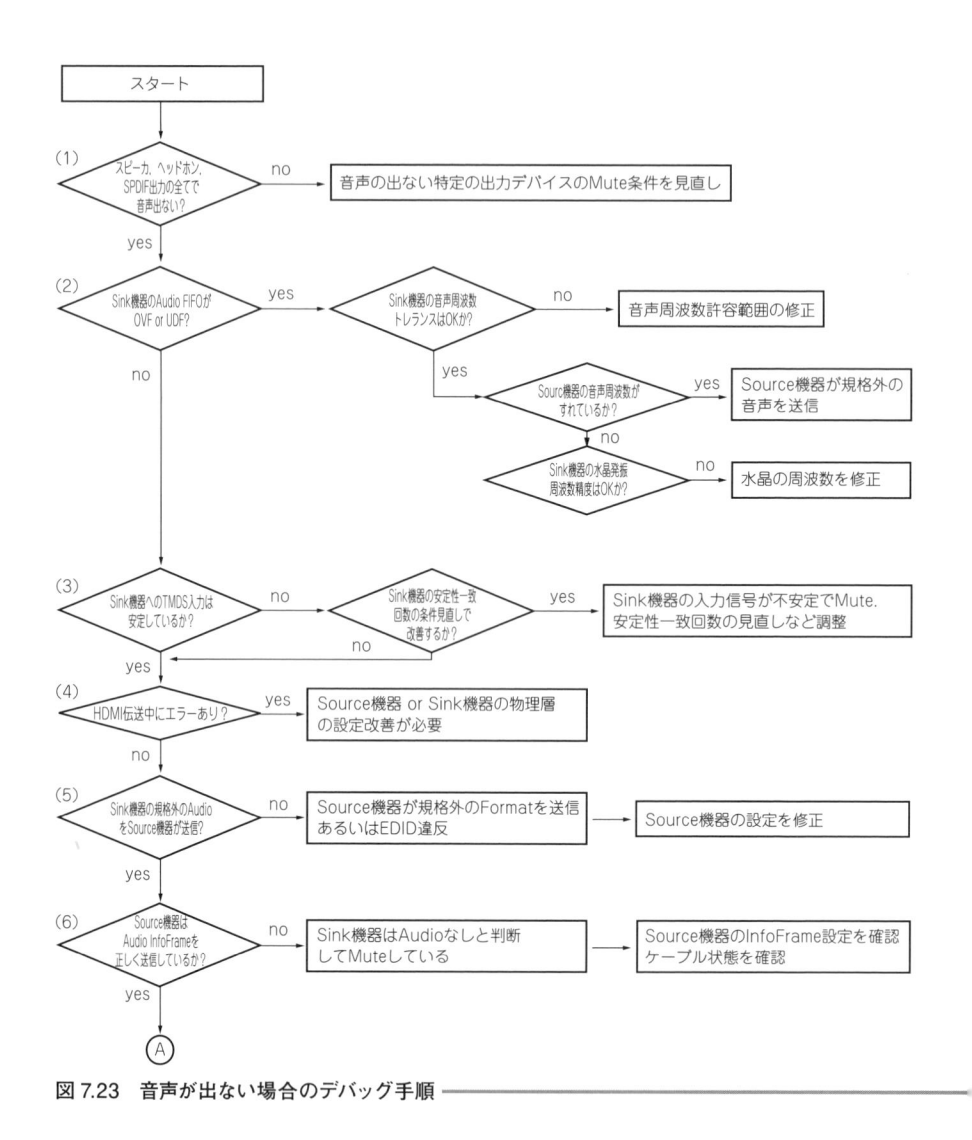

図 7.23　音声が出ない場合のデバッグ手順

ケーブルが原因である可能性があります．ケーブルを替えて症状が改善するかを確認します．

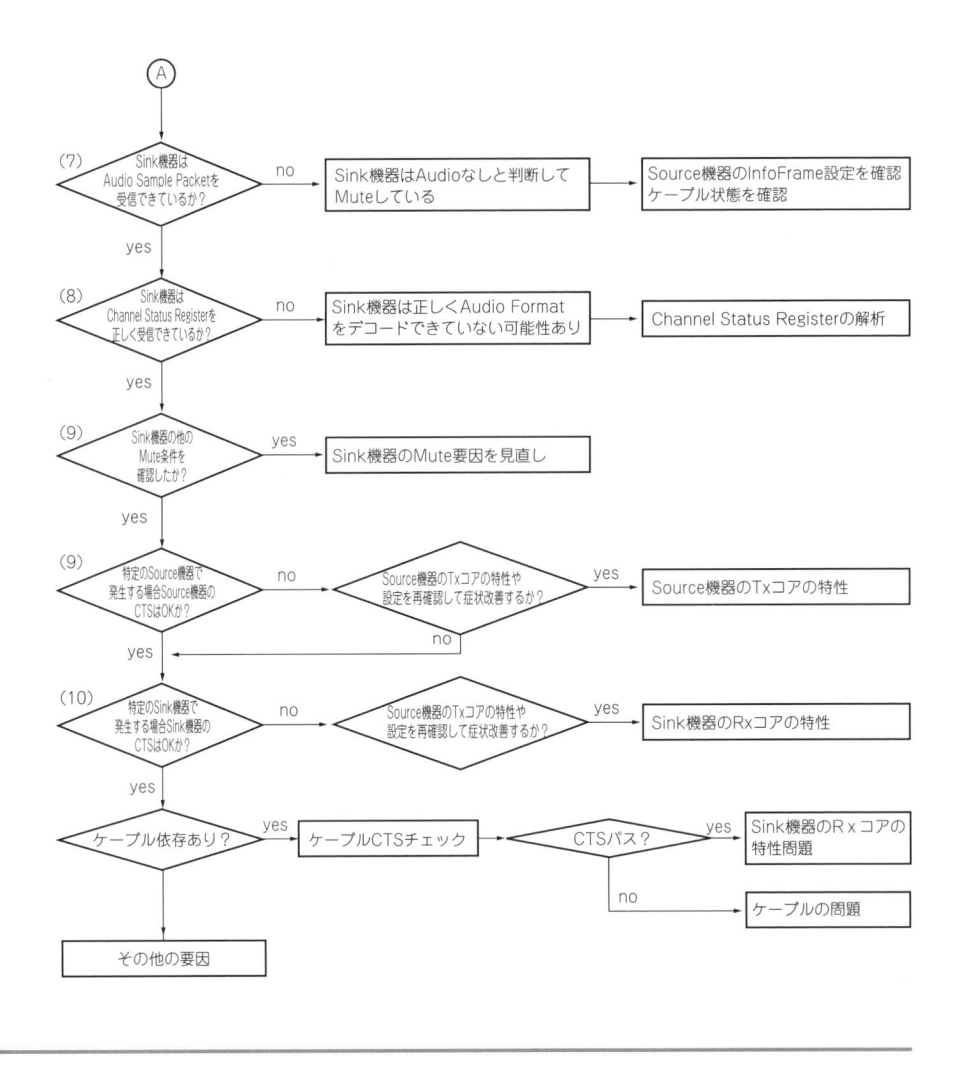

第7章 高速ディスプレイ・インターフェースの相互接続性

(A)

- (7) Sink機器はAudio Sample Packetを受信できているか？
  - no → Sink機器はAudioなしと判断してMuteしている → Source機器のInfoFrame設定を確認／ケーブル状態を確認
  - yes ↓

- (8) Sink機器はChannel Status Registerを正しく受信できているか？
  - no → Sink機器は正しくAudio Formatをデコードできていない可能性あり → Channel Status Registerの解析
  - yes ↓

- (9) Sink機器の他のMute条件を確認したか？
  - yes → Sink機器のMute要因を見直し
  - yes ↓

- (9) 特定のSource機器で発生する場合Source機器のCTSはOKか？
  - no → Source機器のTxコアの特性や設定を再確認して症状改善するか？
    - yes → Source機器のTxコアの特性
    - no ↩
  - yes ↓

- (10) 特定のSink機器で発生する場合Sink機器のCTSはOKか？
  - no → Source機器のTxコアの特性や設定を再確認して症状改善するか？
    - yes → Sink機器のRxコアの特性
  - yes ↓

- ケーブル依存あり？
  - yes → ケーブルCTSチェック → CTSパス？
    - yes → Sink機器のRxコアの特性問題
    - no → ケーブルの問題
  - ↓ その他の要因

215

第8章 高速ディスプレイ・インターフェースのシステム動作

　HDMI，DisplayPortなどの外部ディスプレイ・インターフェースでは，不特定多数のSource機器，Sink機器，リピータ機器，ケーブルと接続されます．お互いにどの機器と接続されても設定どおりに映像・音声が出るようにしなければなりません．

　このインタオペラビリティ（相互接続性）を確保するためには，システム全体をコントロールするシステム動作が重要になります．

　本章では，HDMIとDisplayPortのSource機器，Sink機器のシステム動作の基礎と評価方法について解説します．

8-1　HDMIのシステム動作

● HDMIのファームウェアの役割

　図8.1に，Source機器，Sink機器を含むHDMI全体のブロック図を示します．Source機器のAVプロセッサは映像データ，音声データ，制御信号をHDMIトランスミッタに送ります．HDMIトランスミッタはTMDS，DDC，＋5V-PowerをSink機器のHDMIレシーバへ送ります．Source機器のCPUは，AVプロセッサとHDMIトランスミッタをI^2Cで制御します．一般的に，AVプロセッサ，HDMIトランスミッタ，CPUは1チップのSoCに集積されています．

　Sink機器は，HDMIトランスミッタから送られてきたTMDS，DDC，＋5V-PowerをHDMIレシーバで受けて，映像，音声，制御信号をAVプロセッサに送ります．また，HDMIレシーバはHPDをHDMIトランスミッタに送り，AVプロセッサは映像・音声処理後，映像を液晶パネル・モジュールに，音声を音声デバイスからスピーカに送ります．CPUは，AVプロセッサとHDMIレシーバをI^2Cで制御します．CECは双方向の1ビットの信号線で，双方のCPUが制御します．Source機器と同様にAVプロセッサ，HDMIレシーバ，CPUは1チップのSoCに集積されるのが一般的です．

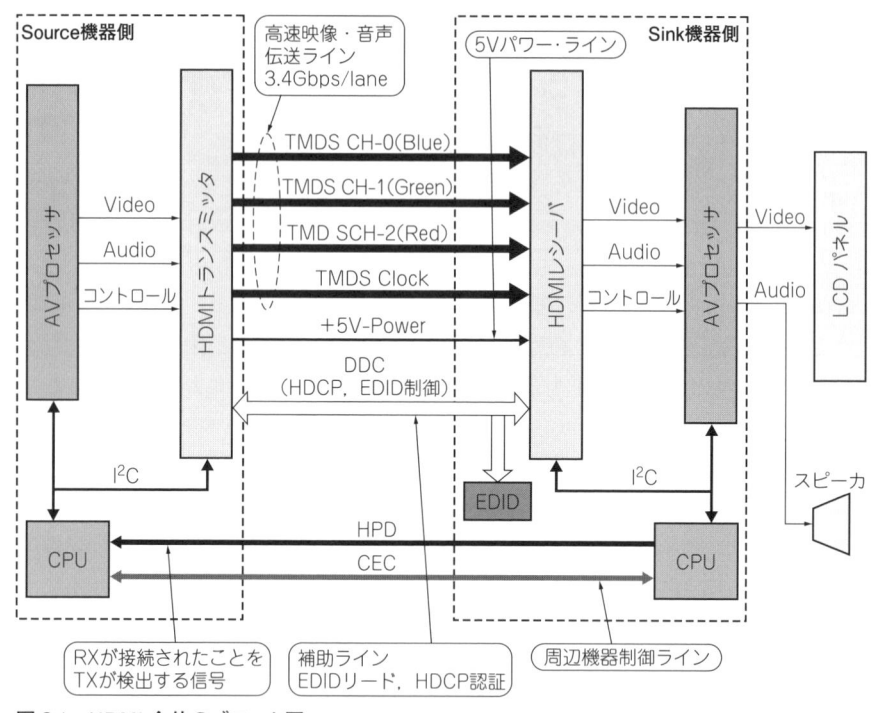

図8.1　HDMI全体のブロック図

● Source機器のシステム動作

　Source機器のシステム動作の概要を図8.2に示します．Source機器では映像，音声の設定，HDCPの認証，設定状態や接続状態のポーリング，Sink機器のポーリングなど，システム動作として対応すべきことが多数あります．以下に，Source機器のシステム動作の基本を示します．

(1) 初期化

　機器の電源を入れると，まずHDMIトランスミッタにおいてハードウェア・リセットとソフトウェア・リセットを行います．また，各ブロックのパワーダウンの解除などの設定を行います．

(2) リンクの確立

　初期化が完了すると，Source機器はSink機器とのリンクの確立を行います．まず，Source機器が+5V-Powerを"H"レベルにし，Sink機器からのHPD(Hot Plug Detect)端子が"H"レベルになるのを待ちます．HPDは，Sink機器からのリターン信号でSink機器のEIDがリード可能であることを示します．

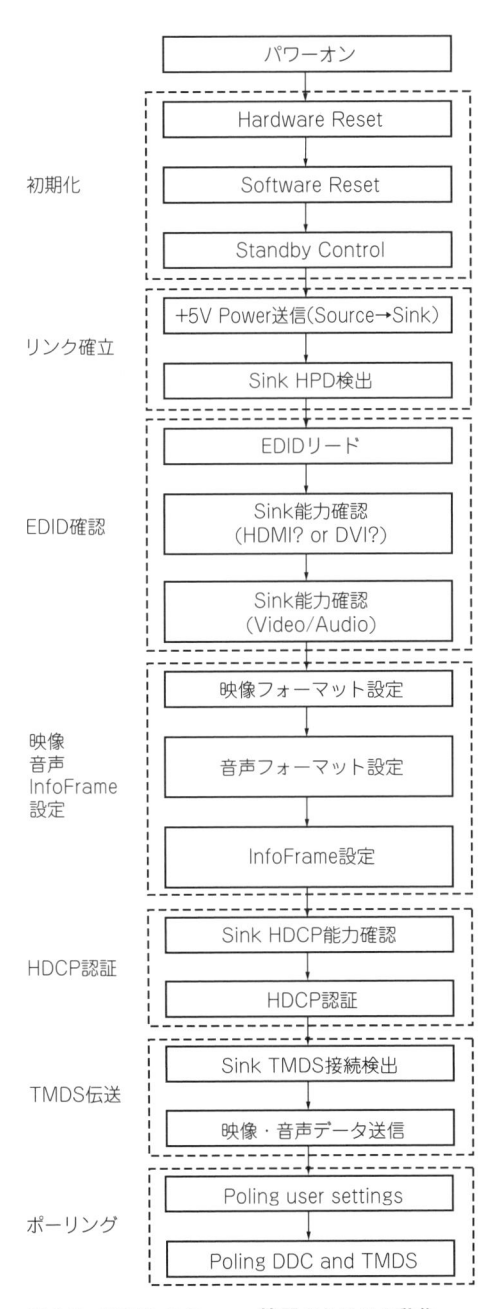

第8章 高速ディスプレイ・インターフェースのシステム動作

```
                    ┌─────────────────┐
                    │   パワーオン    │
                    └────────┬────────┘
         ┌───────────────────┼───────────────────┐
         │          ┌────────▼────────┐          │
         │          │ Hardware Reset  │          │
初期化   │          └────────┬────────┘          │
         │          ┌────────▼────────┐          │
         │          │ Software Reset  │          │
         │          └────────┬────────┘          │
         │          ┌────────▼────────┐          │
         │          │ Standby Control │          │
         │          └────────┬────────┘          │
         └───────────────────┼───────────────────┘
         ┌───────────────────┼───────────────────┐
         │   ┌───────────────▼────────────────┐  │
リンク   │   │ +5V Power送信(Source→Sink)     │  │
確立     │   └───────────────┬────────────────┘  │
         │   ┌───────────────▼────────────────┐  │
         │   │        Sink HPD検出            │  │
         │   └───────────────┬────────────────┘  │
         └───────────────────┼───────────────────┘
         ┌───────────────────┼───────────────────┐
         │          ┌────────▼────────┐          │
         │          │   EDIDリード    │          │
         │          └────────┬────────┘          │
EDID     │          ┌────────▼────────┐          │
確認     │          │   Sink能力確認  │          │
         │          │ (HDMI? or DVI?) │          │
         │          └────────┬────────┘          │
         │          ┌────────▼────────┐          │
         │          │   Sink能力確認  │          │
         │          │  (Video/Audio)  │          │
         │          └────────┬────────┘          │
         └───────────────────┼───────────────────┘
         ┌───────────────────┼───────────────────┐
         │          ┌────────▼────────┐          │
映像     │          │ 映像フォーマット設定 │      │
音声     │          └────────┬────────┘          │
InfoFrame│          ┌────────▼────────┐          │
設定     │          │ 音声フォーマット設定 │      │
         │          └────────┬────────┘          │
         │          ┌────────▼────────┐          │
         │          │  InfoFrame設定  │          │
         │          └────────┬────────┘          │
         └───────────────────┼───────────────────┘
         ┌───────────────────┼───────────────────┐
         │          ┌────────▼────────┐          │
HDCP認証 │          │ Sink HDCP能力確認│         │
         │          └────────┬────────┘          │
         │          ┌────────▼────────┐          │
         │          │    HDCP認証     │          │
         │          └────────┬────────┘          │
         └───────────────────┼───────────────────┘
         ┌───────────────────┼───────────────────┐
         │          ┌────────▼────────┐          │
TMDS伝送 │          │ Sink TMDS接続検出│         │
         │          └────────┬────────┘          │
         │          ┌────────▼────────┐          │
         │          │ 映像・音声データ送信 │      │
         │          └────────┬────────┘          │
         └───────────────────┼───────────────────┘
         ┌───────────────────┼───────────────────┐
         │          ┌────────▼────────┐          │
ポーリング│         │ Poling user settings │      │
         │          └────────┬────────┘          │
         │          ┌────────▼────────┐          │
         │          │Poling DDC and TMDS│         │
         │          └─────────────────┘          │
         └───────────────────────────────────────┘
```

図 8.2　HDMI の Source 機器のシステム動作

ケーブル接続されてから映像伝送が開始されるまでのリンク確立シーケンスを，**図 8.3** に示します．

(3) EDID の確認

HPD が "H" レベルを検出すると，Source 機器は EDID のリードを行います．EDID には Sink 機器が対応可能な映像，音声の情報が格納されており，HDMI トランスミッタから DDC ラインで読み込まれます．

(4) 映像の設定

Source 機器は，EDID の情報から Source 機器として出力する映像フォーマットを設定します．また，Sink 機器が HDMI 対応機器か DVI 対応機器か確認します．主な映像フォーマットの設定には，以下のものがあります．

- Color Depth (6 ビット /8 ビット /10 ビット /12 ビット /16 ビット)
- Color Format (RGB/YCbCr422/YCbCr444)
- Video Range (Limited Range/Full Range)
- CE Video Format (1080p/720p/・・・)
- IT Video Format (UXGA/SXGA/・・・)
- ITU-R BT601/709

(5) 音声の設定

Sink 機器が HDMI 対応の場合，音声の設定を行います．主な音声フォーマットの設定には，以下のものがあります．

- Audio sampling frequency (32kHz/48kHz/・・・)
- Audio master clock (multiple frequency) ($f_s \times 128/\times 256/\cdots$)
- Audio sample size (16 ビット /20 ビット /・・・)

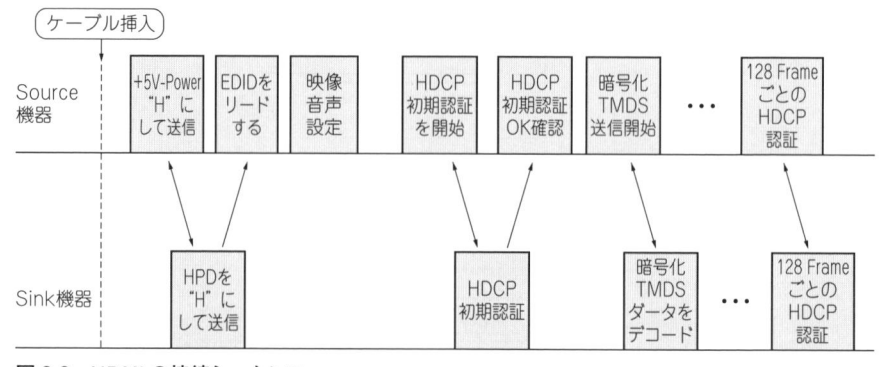

図 8.3 HDMI の接続シーケンス

- Audio format(LPCM/AC3/‥‥)
- Channel count(2ch/5.1ch/7.1ch)
- Channel status register information(channel assignment,‥‥)
- N，CTS値

(6) InfoFrameの設定

Sink機器がHDMIの場合は，Source機器から送信するビデオ・データやオーディオ・データの詳細情報をSource機器からSink機器に知らせるために，InfoFrameパケットをブランキング期間中に送信します．InfoFrameの詳細は，CEA-861の規格書に規定されています．Source機器は，AVI InfoFrame，Audio InfoFrameを送信することを求められます．AVI InfoFrame，Audio InfoFrame以外のInfoFrameの送信はオプションです．

(7) HDCP認証

図8.4に，HDCPの認証システムの概要を示します．Source機器は，コンテンツ保護が必要なデータはHDCPによるプロテクションをかけてSink機器に送信

Keyword

AVI InfoFrame

AVI InfoFrame(Auxiliary Video Information InfoFrame)は，Source機器から送信する映像情報の詳細を規定したもので，CEA-861で規定されています．
AVI InfoFrameでは，以下のSource機器の情報を送信することができます．

- RGB/YCbCr422/YCbCr444 設定
- Bar Information Data 設定
- Over Scan Display/Under Scan Display 設定
- Colorimetry(ITU601/ITU709)設定
- Aspect Ratio(4:3/16:9)設定
- IT Content 設定
- Extended Colorimetry(xvYCC601/xvYCC709)設定
- Quantization range(Limited/Full)設定
- Picture Scaling 設定
- Pixel Repetition 設定
- Content Type(Graphics/Photo/Cinema/Game)設定

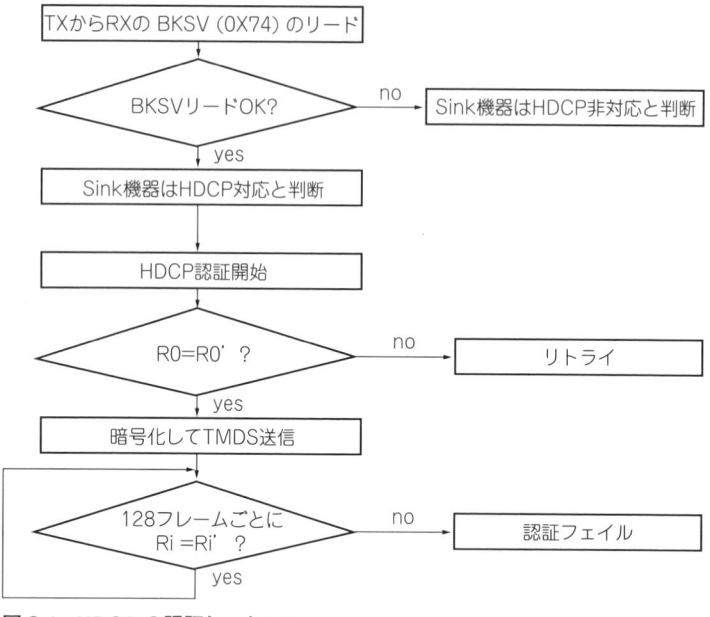

```
TXからRXの BKSV (0X74) のリード
         ↓
    BKSVリードOK? --no--> Sink機器はHDCP非対応と判断
         ↓yes
    Sink機器はHDCP対応と判断
         ↓
    HDCP認証開始
         ↓
    R0=R0'? --no--> リトライ
         ↓yes
    暗号化してTMDS送信
         ↓
    128フレームごとに
    Ri =Ri'? --no--> 認証フェイル
         ↓yes
```

図 8.4　HDCP の認証シーケンス

Keyword

Audio InfoFrame

Audio InfoFram では，以下のオーディオ・ストリームの特性情報を送信することができます．
- Channel Count 情報設定(2ch/8ch/…)
- Sample Size 情報設定(16 ビット /20 ビット /24 ビット)
- Sample Frequency 情報設定(32kHz/44.1kHz/48kHz/88.2kHz/96kHz/176.4kHz/192kHz)
- Channel/Speaker Allocation 情報設定(Front Left/Front Center/Front Right/Front Left Center/Front Right Center/Rear Left/Rear Right/Rear Left Center/Rear Right Center/Low Frequency Effect)
- Level Shift Value(0dB/1dB/…/15dB)
- LFE playback level information(No/0dB/ + 10dB)

第8章　高速ディスプレイ・インターフェースのシステム動作

します．HDCPによる認証はSource機器がマスタ，Sink機器がスレーブ動作になります．

まず，Source機器はSink機器がHDMI対応機器かどうかを確認します．これは，DDCラインを使って，Sink機器のキー・セレクション・ベクタ(BKSV)を決めるアドレスからSource機器が読み込みます．

もし，Sink機器からACKが返ってきてBKSVが読み出せれば，Sink機器はHDCP対応機器ということになります．Sink機器がHDCP対応機器であることを確認できれば，HDCP認証動作に移ります．HDMIトランスミッタ，HDMIレシーバには，それぞれ認証用のHDCP暗号キーが事前に格納されています．

HDMIトランスミッタ，HDMIレシーバ各々のサイファー・エンジンがこの暗号キーを使ってRi(Link Verification Response Value)を計算し，HDMIトランスミッタのRiと，HDMIレシーバのRi'が一致(R0=R0')すれば認証OKです．認証OKになれば，伝送するTMDSデータ(映像，音声データ)を暗号化(Encrypted)して送ります．HDCPの認証は，Source機器とSink機器が接続された最初の認証(初期認証)だけでなく，128フレームごとに定期的に同様に認証動作を行います(定期認証)．

(8) TMDS伝送

HDCP認証が完了すれば，HDMIトランスミッタは伝送するTMDSデータ(映像，

Keyword

HDMI Vendor Specific InfoFrame

Vendor Specific InfoFrameはオプションです．以下のように，3Dの映像情報などを送ることができます．3D，4K2Kを送信する際は，Vendor Specific InfoFrameが必要になります．

- 24ビット IEEE registration Identifier
- HDMI Video Format(4K2K, 3D)
- 3D Structure(Frame Packing/Top-and-Bottom/Side-by-Side)
- 3D Ext_Data
- HDMI Video Format Identification Code

その他，入力ポート切り替え画面などで用いる，Sink機器がSource機器名などを知る手段として使うことが多いSource Product Descriptor InfoFrameもSource機器は送ったほうがよいでしょう．

音声データ)を暗号化(Encryption)して HDMI レシーバに送ります．HDMI レシーバは，トランスミッタと逆の手順で暗号を解除(Decryption)します．

(9) ポーリング

Source 機器は，映像・音声の設定に変更がないか常にポーリングします．ユーザが映像や音声の設定を変更すればミュートを行い，新たな設定にしたがって，上記の(3), (4), (5)に記載した映像, 音声, InfoFrame の設定を行います．また，Sink 機器の接続状態に変化がないかポーリングします．ユーザがケーブルを抜いたり，Sink 機器の入力切り替えを行ったりして，接続状態が変更されることがあります．TMDS ラインと DDC ラインのリンクをポーリングします(図 8.5)．

● Sink 機器のシステム動作

Sink 機器のシステム動作の概要を図 8.6 に示します．Sink 機器では，映像，音声の設定，HDCP の認証，設定状態や接続状態のポーリングなど，Source 機器からの送信データをリアルタイムに処理します．以下に，Source 機器のシス

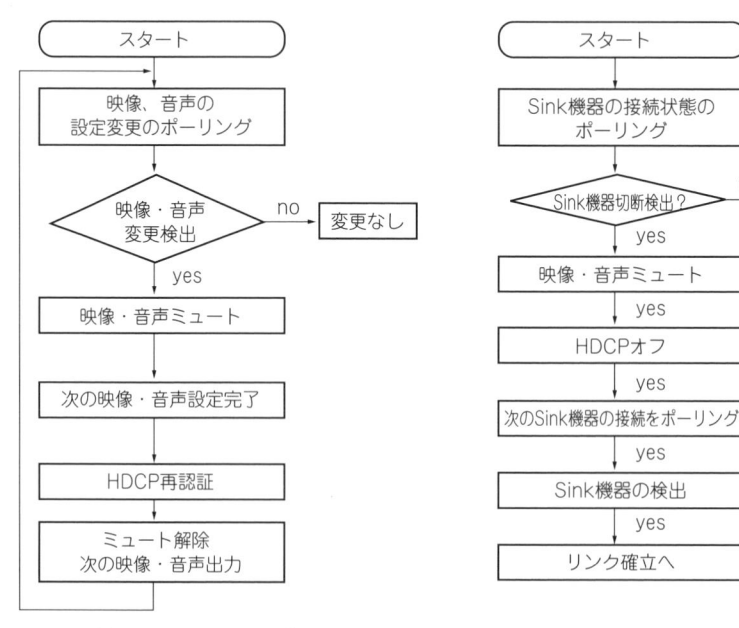

(a) 映像・音声設定をポーリング　　(b) Sink 機器の接続状態をポーリング

図 8.5　HDMI の Source 機器のポーリング動作

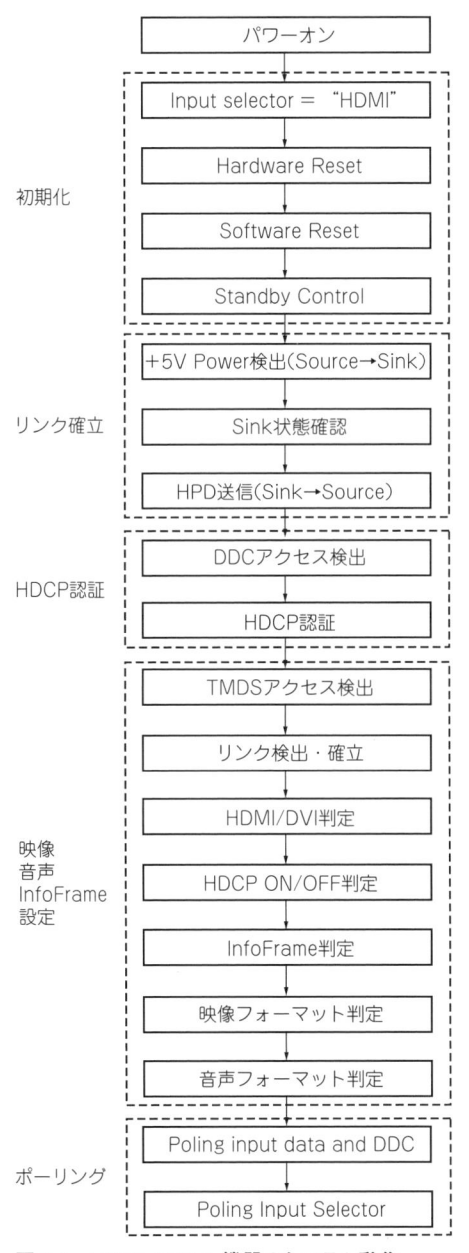

第8章 高速ディスプレイ・インターフェースのシステム動作

```
                    パワーオン
                        │
        ┌───────────────┼───────────────┐
        │   Input selector = "HDMI"     │
        │               │               │
        │        Hardware Reset         │
  初期化 │               │               │
        │        Software Reset         │
        │               │               │
        │        Standby Control        │
        └───────────────┼───────────────┘
        ┌───────────────┼───────────────┐
        │  +5V Power検出(Source→Sink)   │
        │               │               │
 リンク確立│        Sink状態確認          │
        │               │               │
        │   HPD送信(Sink→Source)        │
        └───────────────┼───────────────┘
        ┌───────────────┼───────────────┐
HDCP認証 │       DDCアクセス検出          │
        │               │               │
        │          HDCP認証             │
        └───────────────┼───────────────┘
        ┌───────────────┼───────────────┐
        │       TMDSアクセス検出         │
        │               │               │
        │        リンク検出・確立         │
        │               │               │
        │         HDMI/DVI判定          │
   映像  │               │               │
   音声  │       HDCP ON/OFF判定         │
InfoFrame│              │               │
   設定  │        InfoFrame判定          │
        │               │               │
        │       映像フォーマット判定      │
        │               │               │
        │       音声フォーマット判定      │
        └───────────────┼───────────────┘
        ┌───────────────┼───────────────┐
ポーリング│ Poling input data and DDC    │
        │               │               │
        │    Poling Input Selector      │
        └───────────────────────────────┘
```

図 8.6 HDMI の Sink 機器のシステム動作

225

テム動作の内容を示します．
(1) 初期化
　機器の電源を入れると，まずHDMIレシーバのリセット動作を行い，ハードウェア・リセットとソフトウェア・リセットを行います．また，各ブロックのパワーダウンの解除などの設定を行います．
(2) リンクの確立
　ケーブルが接続されてから，映像伝送が開始されるまでのリンク確立シーケンスについては，すでに説明しました．
(3) HDCP認証
　HDCP認証のフローについても，すでに第7章で説明しました．
(4) 入力信号デコード
　HDCP認証が完了すれば，HDMIトランスミッタは伝送するTMDSデータ（映像，音声データ）を暗号化（Encryption）してHDMIレシーバに送ります．HDMIレシーバはTMDSデータ，クロックが送られたことを正しく認識することが必要です．HDMIケーブルがオープンの場合，外来ノイズなどで発振した信号が入力される場合もあるため，両者を識別することが必要です．
　TMDS入力クロックの周波数がHDMIあるいはDVIで規定されている周波数で安定しているか，またデコードしたTMDSデータからVSYNC，HSYNCが正しくデコードできて安定しているかなどを確認します．正しくTMDS信号を認識できれば，HDMIレシーバは暗号を解除（Decryption）します．
　暗号を解除した後，入力されている信号がHDMIかDVIかを識別します．HDMIモードのときは，ブランキング期間中の音声やInfoFrameなどが含まれるデータ・アイランド期間があり，コントロール期間とのバウンダリのガード・バンドやプリアンブルを抽出してHDMIかDVIかを識別します．
(5) 映像，音声デコード
　次に，映像データ，音声データ，InfoFrameパケットをデコードします．映像データのデコード・フローを図8.7に示します．DVIであれば，入力されるデータはRGBであり，音声やInfoFrameはありません．HDMIであれば，RGBあるいはYCCの識別が必要です．
　映像フォーマットのデコードは，ブランキング期間中に送られるAVI_InfoFrameをデコードして映像情報を取得します．さらに，TMDSデータからデコードした映像データからVSYNC，HSYNCなどのタイミング情報を抽出し，AVI_InfoFrameから取得した情報と照合します．さらに，TMDSクロックの周

波数も上記と照合し，以下の映像情報を取得します．
- Color depth（6ビット/8ビット/10ビット/12ビット/16ビット）
- Color format（RGB/YCbCr422/YCbCr444）
- Video range（Limited range/Full range）
- CE video format（1080p/720p/…）
- IT video format（UXGA/SXGA/…）
- Pixel repetition
- ITU-R BT601/709

もし，Sink機器がサポートできない映像信号をSource機器が送信している場合は，Sink機器側でミュートします．

音声データのデコードは，ブランキング期間中に送られるAudio_InfoFrameをデコードし，音声情報を取得します．また，S/PDIF Channel Status Registerの情報からさらに詳細な音声情報を取得します．さらに，音声クロック・リカバリにより抽出したサンプリング周波数（f_s）が上記Audio_InfoFrameからデコードした結果と照合し，以下の音声情報を取得します．

・Audio sampling frequency（32kHz/48kHz/…）

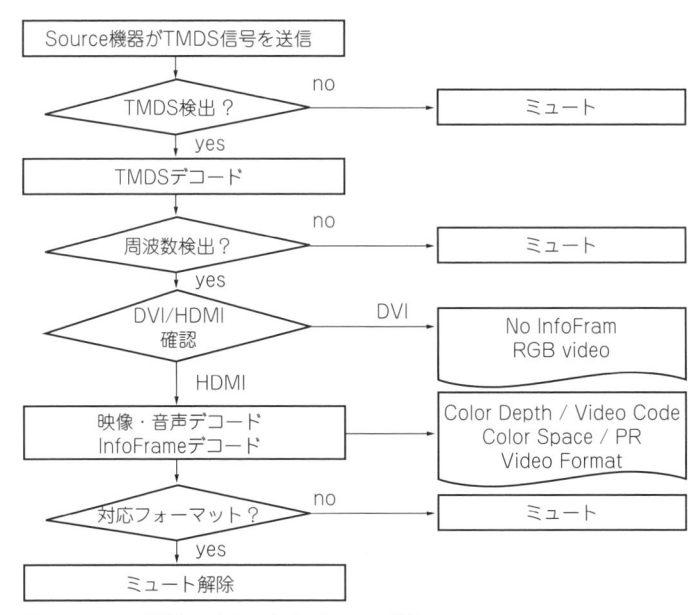

図8.7 Sink機器の映像・音声デコード手順

- Audio master clock (multiple frequency) ($f_s \times 128/ \times 256/\cdots$)
- Audio sample size (16 ビット /20 ビット /・・・)
- Audio format (LPCM/AC3/・・・)
- Channel count (2ch/5.1ch/7.1ch)
- Channel status register information (channel assignment,・・・)

　AVI InfoFrame, Audio InfoFrame 以外の InfoFrame についてもデコードします. もし, Sink 機器がサポートできない音声信号を Source 機器が送信している場合は, Sink 機器側でミュートします.

(6) ポーリング

　Sink 機器は, 常に映像, 音声の設定に変更がないかポーリングします. ポーリングのフローを図8.8に示します. Source 機器から送信される信号が変化したり, ユーザが映像や音声の設定を変更すれば, 直ちにミュートを行い, 新たな設定にしたがって, 上記(3), (4), (5)に記載した映像, 音声, InfoFrame の設定を行います.

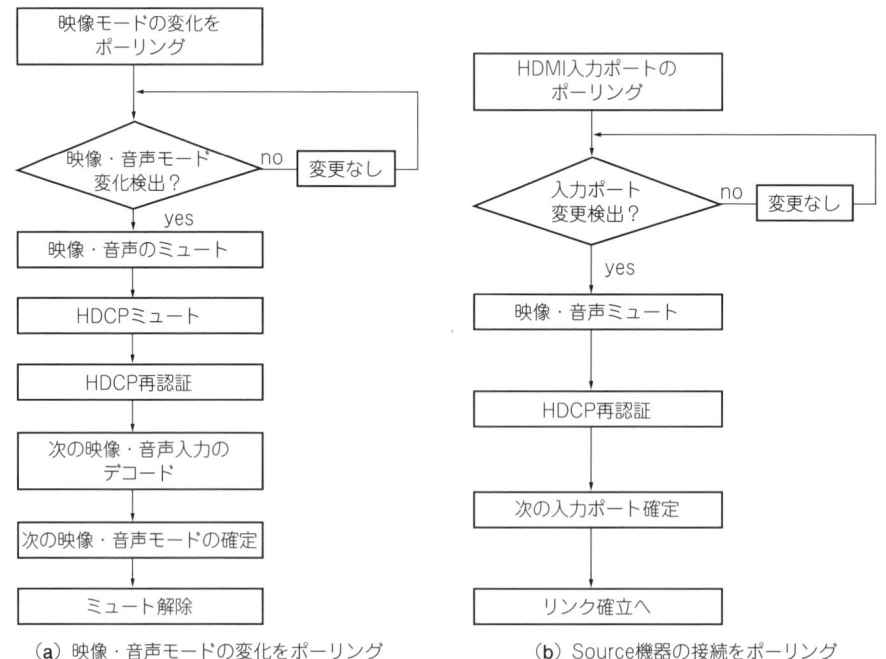

(a) 映像・音声モードの変化をポーリング　　(b) Source 機器の接続をポーリング

図 8.8　HDMI の Sink 機器のポーリング動作

映像については，AVI InfoFrame が変化していないか，TMDS クロックは安定しているか，TMDS データからデコードした映像フォーマットは変化していないかなどをポーリングし，変化があればミュートします．

音声については，Audio InfoFrame や Channel status register，N/CTS，音声クロック・リカバリから抽出した f_s が変化していないかをポーリングし，変化があればミュートします．

また，ユーザがケーブルを抜いたり，Sink 機器の入力切り替えを行ったりして Source 機器の接続状態に変化がないか，TMDS ラインと DDC ラインのリンクをポーリングします．

8-2 DisplayPort のシステム動作

● DisplayPort のファームウェアの役割

本節では，DisplayPort のシステム動作で HDMI と異なるところを中心に説明します．

図 8.9 に，Source 機器，Sink 機器を含む DisplayPort 全体のブロック図を示します．Source 機器の AV プロセッサは，映像データ，音声データ，制御信号を DisplayPort トランスミッタに送ります．DisplayPort トランスミッタは，Main Link，AUX-CH などを Sink 機器の DisplayPort レシーバへ送ります．Source 機器の CPU は，AV プロセッサと DisplayPort トランスミッタを I^2C で制御します．

Sink 機器は，DisplayPort トランスミッタから送られた Main Link，AUX-CH を DisplayPort レシーバで受けて，映像，音声，制御信号を AV プロセッサに送ります．また，DisplayPort レシーバは HPD を DisplayPort トランスミッタに送り，AV プロセッサは映像を液晶パネル・モジュールに，音声を音声デバイスからスピーカに送ります．CPU は，AV プロセッサと DisplayPort レシーバを I^2C を介して制御します．

● Source 機器のシステム動作

Source 機器側の DisplayPort のシステム動作の概要を図 8.10 に示します．Source 機器では映像，音声の設定，HDCP の認証，設定状態や接続状態のポーリング，Sink 機器のポーリングなど，システム動作として対応すべきことが多数あります．以下に，Source 機器のシステム動作の内容を示します．

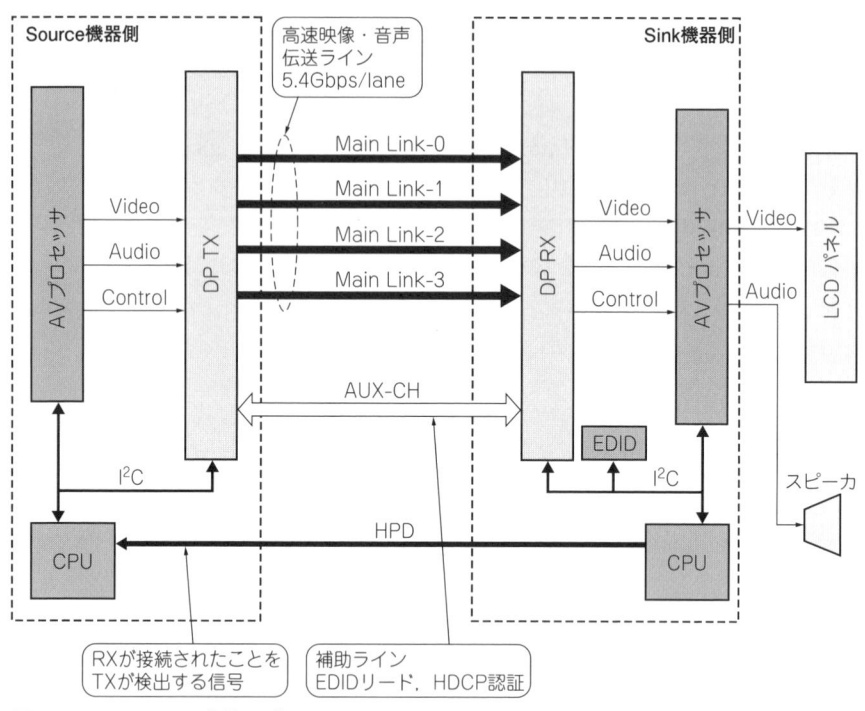

図 8.9　DisplayPort 全体のブロック図

(1) 初期化

　機器の電源を入れると，まず DisplayPort トランスミッタに対し，ハードウェア・リセットとソフトウェア・リセットを行います．また，各ブロックのパワーダウンの解除などの設定を行います．

(2) リンクの確立

　初期化が完了すると，Source 機器は Sink 機器との間でリンクを確立するため，Sink 機器に接続された HPD(Hot Plug Detect) 端子が "H" レベルになるのを待ちます．

　ケーブルが接続されてから映像の伝送が開始されるまでのリンク確立シーケンスを図 8.11 に示します．

(3) EDID の読み込み

　HPD が "H" レベルになったことを検出すると，Source 機器は AUX ライン経由で EDID の読み込みを行います．

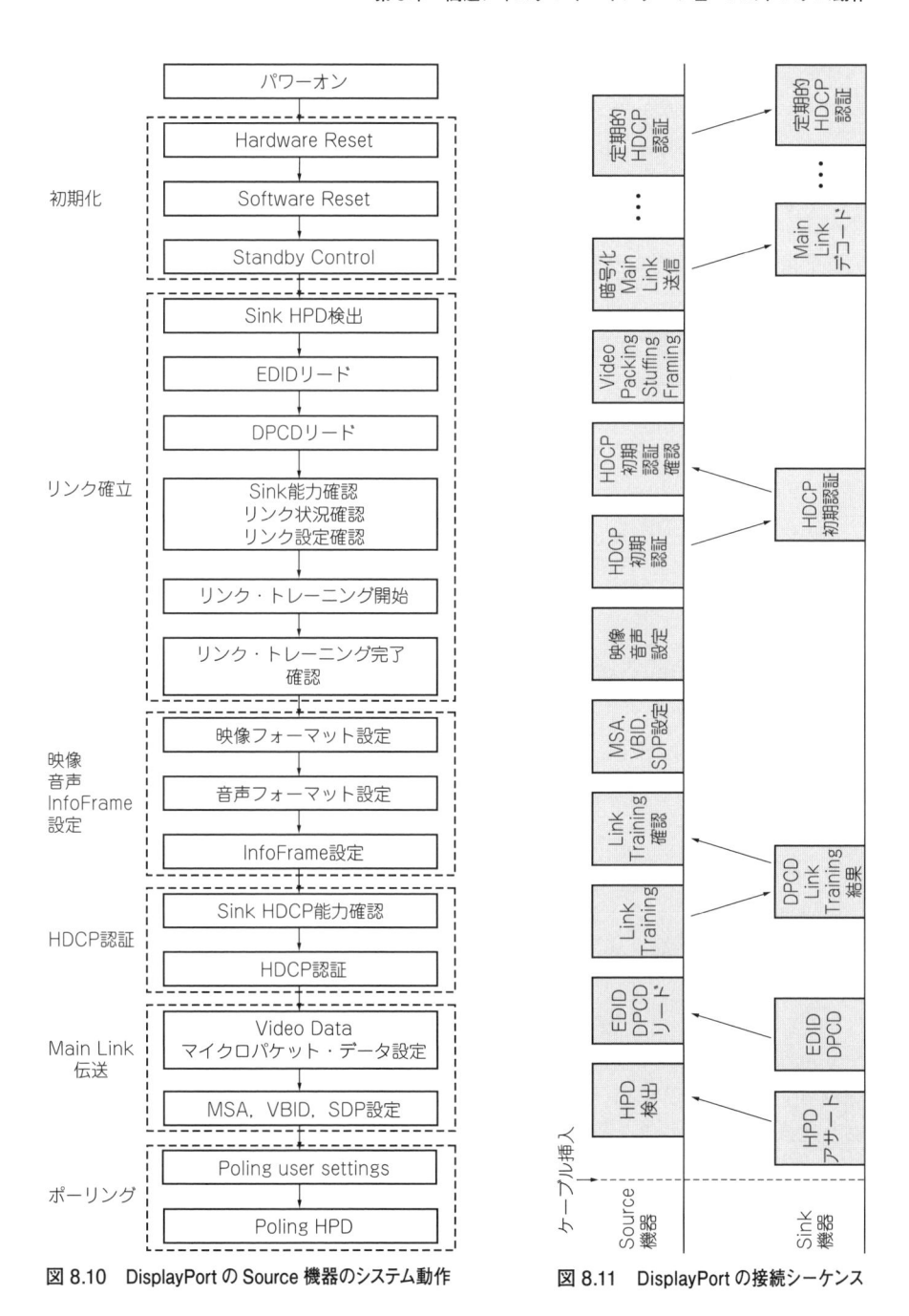

第 8 章 高速ディスプレイ・インターフェースのシステム動作

図 8.10 DisplayPort の Source 機器のシステム動作

図 8.11 DisplayPort の接続シーケンス

(4) DPCD の読み込み

EDID の読み込みと合わせて Source 機器は DPCD の読み込みも行います．DPCD には DisplayPort レシーバの Capability が設定されており，Source 機器は AV ストリームを送信する前に DPCD を確認する必要があります．

(5) リンク・トレーニング

DisplayPort にはクロック・レーンがないため，リンク・トレーニングのシーケンスが必要です．(3)，(4) の Sink 機器の設定を確認したあとで，リンク・トレーニングを行います．Source 機器は，リンク・トレーニングが完了したか DPCD を確認します．

(6) MSA，VBID，SDP を設定

Source 機器が出力する MSA，VBID，SDP の設定を行います．

(7) 映像の設定

Source 機器は，EDID の情報から Source 機器として出力する映像フォーマットを設定します．また，Sink 機器が DisplayPort 対応機器か DVI 対応機器かを確認します．

(8) 音声の設定

さらに，Sink 機器が DisplayPort 対応の場合，音声の設定を行います．

(9) InfoFrame の設定

Source 機器から送信する映像データや音声データの詳細情報を Source 機器から Sink 機器に知らせるために，InfoFrame パケットをブランキング期間中に送信します．

(10) HDCP 認証

Source 機器は，コンテンツ保護が必要なデータには HDCP によるプロテクションをかけて Sink 機器に送信します

(11) Main Link データ送信

Main Link のデータは，Isochronous Transport Service として，Packing，Stuffing，Framing などを行います．さらに，HDCP による暗号化(Encryption)を行って DisplayPort レシーバに送ります．DisplayPort レシーバは，トランスミッタと逆の要領で暗号化を解除(Decryption)します．

(12) ポーリング

Source 機器は，映像・音声の設定に変更がないかを常にポーリングします．ユーザが映像や音声の設定を変更すればミュートを行い，新たな設定にしたがって，上記(3)，(4)，(5) に記載した映像，音声，InfoFrame の設定を行います．また，

Sink機器の接続状態に変化がないか，Main LinkラインとHPDライン，AUX-CHラインのリンクをポーリングします．

● Sink機器のシステム動作

　Sink機器のシステム動作の概要を図8.12に示します．Sink機器では映像，音声の設定，HDCPの認証，設定状態や接続状態のポーリングなど，Source機器からの送信データをリアルタイムに処理します．以下に，Source機器のシステム動作の内容を示します．

(1) 初期化

　機器の電源を入れると，まずDisplayPortレシーバに対し，ハードウェア・リセットとソフトウェア・リセットを行います．また，各ブロックのパワーダウンの解除などの設定を行います．

(2) リンクの確立

　Source機器がリンク・トレーニング・パターンを送信し，Sink機器のCDRがロックしたらSink機器はDPCDにリンク・トレーニングが完了したことを設定します．

(3) HDCP認証

　HDCPの認証を行います．

(4) 入力信号デコード

　HDCPの認証が完了すれば，DisplayPortトランスミッタはMain Linkデータ（映像，音声データ）を暗号化（Encryption）してDisplayPortレシーバに送ります．DisplayPortレシーバは，Main Linkデータが送られたことを正しく認識できれば暗号を解除（Decryption）します．

(5) Main Linkデコード

　次に，映像データ，音声データ，InfoFrameパケット，MSA，VBIDをデコードします．映像フォーマットのデコードは，ブランキング期間中に送られるAVI_InfoFrameをデコードし，映像情報を取得します．さらに，デコードした映像データからVSYNC，HSYNCなどのタイミング情報を抽出し，AVI_InfoFrameから取得した情報と照合して映像情報を取得します．音声データは，ブランキング期間中に送られるAudio_InfoFrameをデコードして音声情報を取得します．

　AVI InfoFrame，Audio InfoFrame以外のInfoFrameについてもデコードします．もし，Sink機器がサポートできない音声信号をSource機器が送信している場合

```
初期化
  ┌─ パワーオン
  │     ↓
  │  Input selector = "DP"
  │     ↓
  │  Hardware Reset
  │     ↓
  │  Software Reset
  │     ↓
  └─ Standby Control

リンク確立
  ┌─ HPD送信(Sink→Source)
  │     ↓
  │  Source検出
  │     ↓
  │  リンク・トレーニング
  │     ↓
  └─ DPCDアップデート

HDCP認証
  ┌─ AUXアクセス検出
  │     ↓
  └─ HDCP認証

映像
音声
InfoFrame
デコード
  ┌─ Main Linkアクセス検出
  │     ↓
  │  Main Linkデコード
  │     ↓
  │  InfoFrame, MSA, VBID, SDP判定
  │     ↓
  │  映像フォーマット判定
  │     ↓
  └─ 音声フォーマット判定

ポーリング
  ┌─ Poling input data and AUX
  └─ Poling input Selector
```

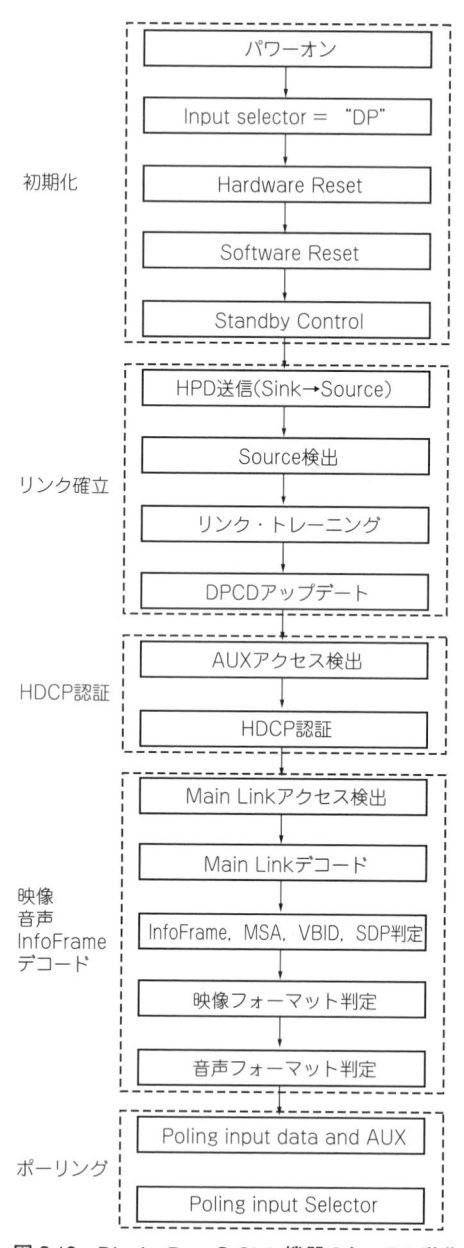

図 8.12　DisplayPort の Sink 機器のシステム動作

は，Sink 機器側でミュートします．
(6) ポーリング

　Sink 機器は，常に映像，音声の設定に変更がないかポーリングします．Source 機器から送信される信号が変化したり，ユーザが映像や音声の設定を変更すれば，直ちにミュートを行い，新たな設定にしたがって，映像，音声，InfoFrame の設定を行います．

　映像については，AVI InfoFrame が変化していないか，Main Link のデータからデコードした映像フォーマットは変化していないかなどをポーリングし，変化が発生すればミュートします．

　音声については，Audio InfoFrame や音声タイムスタンプ，音声クロック・リカバリから抽出した f_s が変化していないかをポーリングし，変化があればミュートします．

　また，Source 機器の接続状態に変化がないかポーリングします．

8-3　コンプライアンス・テストとプラグ・フェスタ

　HDMI や DisplayPort などの高速インターフェース規格では，あらかじめ定められたテスト仕様書(CTS：Compliance Test Spec)が準備されており，Source 機器，Sink 機器，リピータ，ケーブルなど，各カテゴリ別に規格を満たした設計になっているかテストした上で市場に出されます．

● HDMI のコンプライアンス・テスト

　コンプライアンス・テストを行うには，HDMI アダプタに加入する必要があります．そして，コンプライアンス・テストには，認定製品に必要とされるテスト項目を明記したテスト仕様書(CTS)が使われます．CTS は，HDMI の最低限のコンプライアンスを調べるものであり，HDMI 全体の規格や他の製品との相互接続性を保証するものではないことに注意する必要があります．

　HDMI 規格に準拠し，他の製品との接続性を十分検証することはアダプタの責任になります．最新の CTS は，HDMI Licensing LLC の Web サイトのアダプタ専用サイトからダウンロードできます．アダプタが最初にコンプライアンス・テストを行う際は，まず下記のドキュメントを確認します．

　　　　http://www.hdmi.org/manufacturer/testing_policies.aspx

　(a) Compliance Testing Policies and Procedures Version 1.4b

(b) Capabilities Declaration Form(CDF) Version 1.4b

(a)のドキュメントには，アダプタがどのような手順でコンプライアンス・テストを行うか，そのポリシと手順が記載されています（**図 8.13**）．

コンプライアンス・テストを行うにあたり，HDMI のアダプタ加入が完了している必要があります．アダプタになることで HDMI 規格書，テスト仕様書などを入手することができます．

(b)のドキュメントには，アダプタがコンプライアンス・テストを実施する際，その機器の HDMI に関連する仕様，例えばサポートする映像仕様や音声仕様などを記載し，テストする内容を明確にするためのものです．

アダプタに加入後，CTS を入手してテスト項目を十分確認します．すべての製品は，市場に投入する前に ATC(Authrized Test Center)でコンプライアンス・テストを行うか，アダプタ自身によるコンプライアンス・テスト（セルフ・テスト）を行う必要があります．ここで各カテゴリ(Source 機器，Sink 機器，リピータ，ケーブル)の最初の量産モデルは ATC でテストを受けます．

また，同じカテゴリ内におけるそれ以降の量産モデルは，アダプタで実施するセルフ・テストも可能です．ただし，各カテゴリ(Source 機器，Sink 機器，リピー

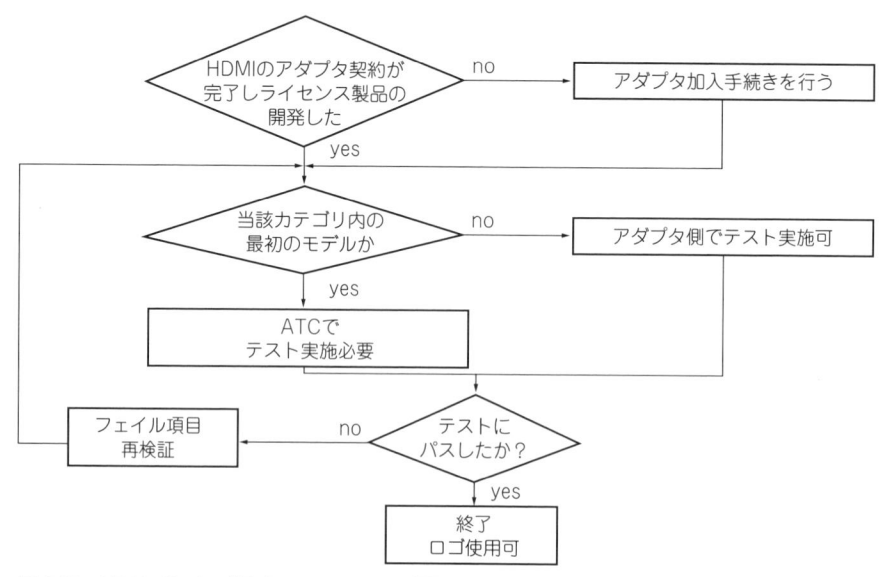

図 8.13 HDMI のコンプライアンス・テスト手順

タ,ケーブル)内でも最初の製品のタイプ(例えば,Source機器におけるDVDプレーヤ,STB,PCなど)や,重要な機能(CEC, HEC, ARCなど)が初めて製品に追加された場合は,ATCでテストすることが求められます.

また,ファミリ・モデル(例えば,同じHDMIチップや同じ基板を使用しているなど)に関して,ATCテストであれば,まとめて認定を受けることができます.また,アダプタはセルフ・テストの手順と設備の有効性を定期的に確認することが必要です.

提出手順はすべてのATC機関で標準化されていますが,機器を送る前に当該ATCに直接連絡することを推奨します.ATCとの不要なやりとりを防止するために,ATCでテストを行う前に自社のラボ,あるいは第3者機関などでセルフ・テストを実施し,事前にパスすることを確認しておくことが必要です.

ATCまたはセルフ・テストでコンプライアンス・テストが完了すれば,その製品はHDMIのロゴを使用することができます.

● DisplayPortのコンプライアンス・テスト

DisplayPortにおいても,コンプライアンス・テストが提供されています.コ

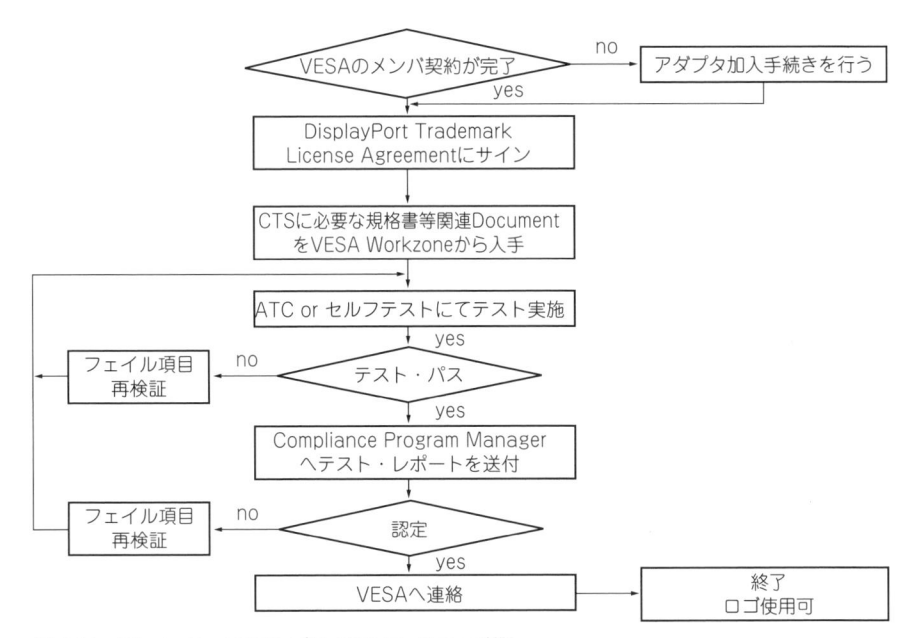

図8.14 DisplayPortのコンプライアンス・テスト手順

ンプライアンス・テストを行うには，まず VESA メンバに加入する必要があります．

コンプライアンス・テストには，認定製品に必要とされるテスト項目を明記したテスト仕様書(CTS)が使われます(図 8.14)．最新の CTS は，VESA メンバ専用の Web サイト(WorkZone と呼ばれる)からダウンロードすることができますが，DisplayPort Trademark License Agreement にサインする必要があります．

また，下記の VESA の Web サイトに，コンプライアンス・テストを行う際に最初に注意すべきことが記載されています．

(a) DisplayPort のコンプライアンス・プログラムについて
http://www.vesa.org/displayport-developer/compliance/
(b) DisplayPort のロゴ使用に関する FAQ
http://www.vesa.org/displayport-developer/displayport-logo-usage/

コンプライアンス・テストは，ATC でテストを行うか，VESA メンバ企業(あるいは第 3 者機関)でセルフ・テストを実施することができます．

DisplayPort のコンプライアンス・テストは，PHY_CTS, LINK_CTS, EDID_CTS, Interoperability_CTS などに分かれています．製品カテゴリ(Source 機器，Sink 機器，リピータ，ケーブルなど)により，テストする項目が異なります．

テスト結果は，Compliance Program Manager(dpcpm@vtm-inc.com)へテスト・レポートを送付します．テスト結果が OK であれば，Compliance Program Manager から連絡があり，その結果を VESA に報告して承認を受ければロゴを使用することができます．

承認された製品は，下記 Web サイトに公開されます．
http://www.displayport.org/products-database/

● プラグ・フェスタ

異なるメーカの機器との接続確認ができれば，トラブル回避に大変有効です．そこで，HDMI, DisplayPort ともにプラグ・フェスタという機器接続の機会が提供されています．HDMI では CEA が，DisplayPort では VESA が各々事務局となってプラグ・フェスタを開催しています．

プラグ・フェスタでは，Source 機器，Sink 機器の各メーカが自社の製品を持ち寄り，総当たり戦で接続テストを行い，その場で問題の有無を検証し，自社の製品にフィードバックすることになります．

プラグ・フェスタに関する情報は，以下の Web サイトから入手可能です．
　www.ce.org/
　www.plugfests.com/

8-4　ロゴポリシ

● HDMI のロゴポリシ

　HDMI では，規格書のバージョンによってそのオプション機能が異なりますが，HDMI の規格書のバージョン番号は示されません．HDMI の機能はカタログなどに記載することができます．

　ただし，複数ある HDMI 端子によって機能が異なる場合は，図 8.15 のようにオーディオ・リターン・チャネルをサポートするポートのラベル表示を「ARC」，HDMI Ethernet チャネルをサポートするポートのラベル表示を「HEC」，オーディオ・リターン・チャネルおよび HDMI Ethernet チャネルの両方をサポートするポートのラベル表示を「ARC + HEC」のように表示します．

● DisplayPort のロゴポリシ

　2012 年 5 月から DisplayPort 機器に使うことができるロゴは，図 8.16 の①，②，

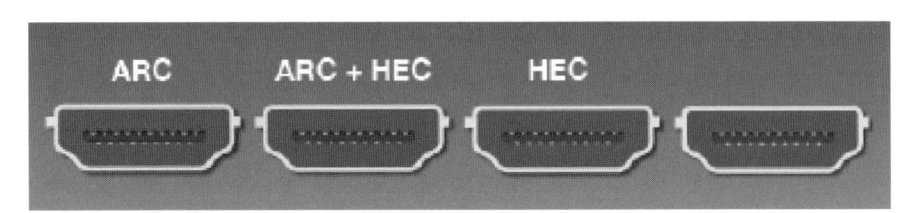

図 8.15　HDMI の機能の表示方法

図 8.16　DisplayPort のロゴ表示

③のどれかになりました．①は，一般のDisplayPort機器のロゴです．②は，デュアル・モード対応機器のロゴで，DisplayPortとレガシ・インターフェースの両方に対応したものです．③は，アクティブ・ケーブルのロゴです．これら3つのロゴは，VESAメンバ企業でCTSをパスした製品に使うことができます．

8-5 高速ディスプレイ・インターフェースの評価

● 高速インターフェースの評価には特別な対策が必要

HDMIやDisplayPortなどの高速ディスプレイ・インターフェースは，信号周波数が数Gbps/laneと高いので，正しい評価方法と測定方法で評価する必要があります．また，製品を市場に投入する前やATCにテストを依頼する前は，事前に十分な評価を行っておく必要があります．

また，コンプライアンス・テスト仕様書(CTS)によるテスト，特に物理層のテスト項目については，単にパスすることを確認するだけではなく，規格値に対してどの程度マージンがあるかを確認しておくことが量産時のトラブル防止に有効です．

高速インターフェースの評価は，Source機器の場合，オシロスコープを用いてDUT(DUT：Device Under Testing)から出力する高速差動信号のアイパターン，ジッタ，タイミング・スキュなどを測定します．Sink機器の場合は，データ・

(a) Source機器の場合

DUT（Source機器） — テスト・フィクスチャ → オシロスコープによりSource機器の波形を確認

(b) Sink機器の場合

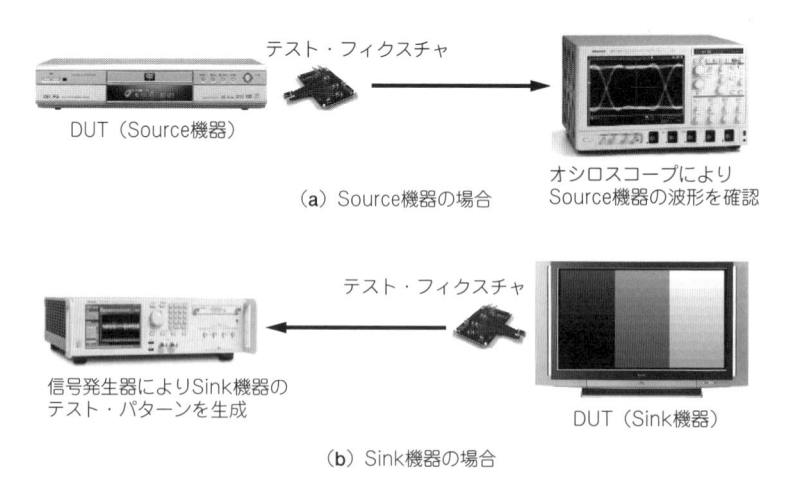

信号発生器によりSink機器のテスト・パターンを生成 — テスト・フィクスチャ → DUT（Sink機器）

図8.17 高速インターフェースの評価に必要な装置

ジェネレータを用いて，高速差動信号を DUT に入力し，その振幅耐性，ジッタ耐性，タイミング・スキュ耐性などを測定します(図 8.17)．

● HDMI の Source 機器の評価

HDMI の Source 機器の評価は，出力される高速差動信号を観測するため，主にオシロスコープまたはプロトコル・アナライザを使います．

Source 機器の評価においては，物理層の電気的特性テストが重要です．物理層の評価項目は，Source 機器が出力する高速差動信号のアイパターン，差動レーン間スキュ，差動レーン内スキュ，クロック・ジッタなどがあり，それぞれ規格を満たしているか評価します．

アイパターンとは，解析する信号(データ・レーン)を基準クロック信号で重ね書きした波形のことであり，基準クロックからのズレ量(ジッタ)を示したものです(図 8.18)．実際の測定はオシロスコープで行いますが，オシロスコープに内蔵されたソフトウェアによる CDR(Clock Data Recovery)機能を使います．TMDS クロックの場合，4MHz のバンド幅を持つ CDR に入力し，その出力クロックにて TMDS データをサンプリングします(図 8.19)．

DisplayPort にはクロック・レーンがないので，データ・レーンからオシロスコー

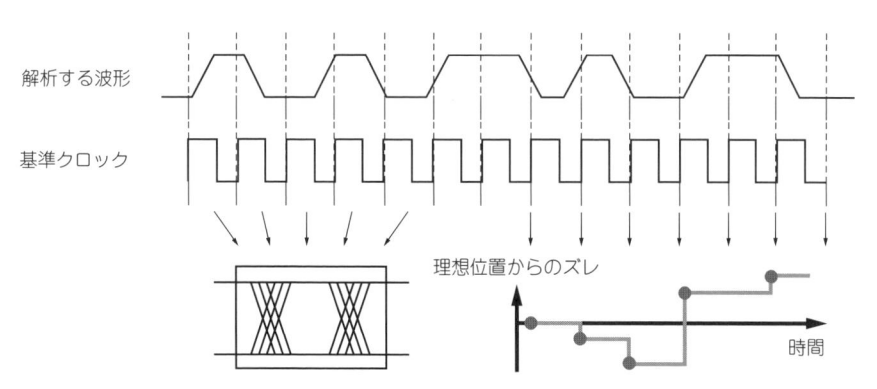

(a) クロック基準で重ね描かれたアイパターン　(b) 基準クロックからのずれ（ジッタ）

基準クロック（各インターフェースで異なる）
・エンベデッド・クロッキングの場合、データからクロックを抽出
・併走クロックがある場合、クロックから抽出
レシーバが見ている（感じている）波形を重ね描きしたものがアイ・ダイアグラム

図 8.18　HDMI の Source 機器のアイパターンとジッタの測定

241

(a) HDMIの例

(b) DisplayPortの例

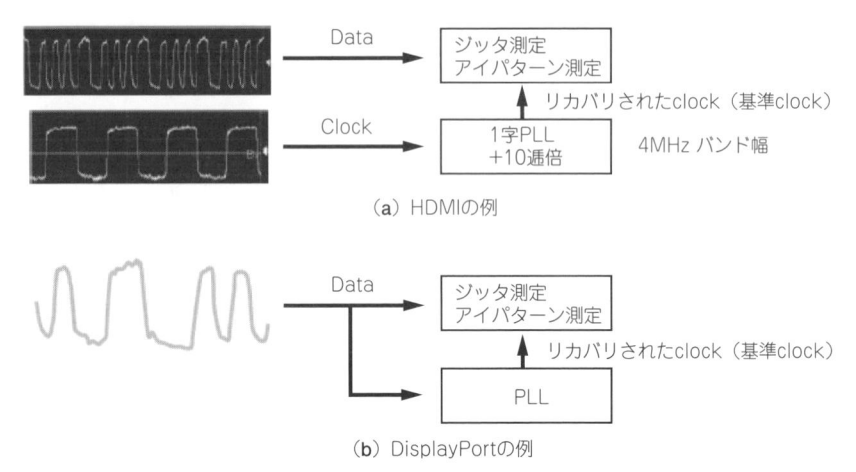

図 8.19　アイパターンとジッタの測定方法

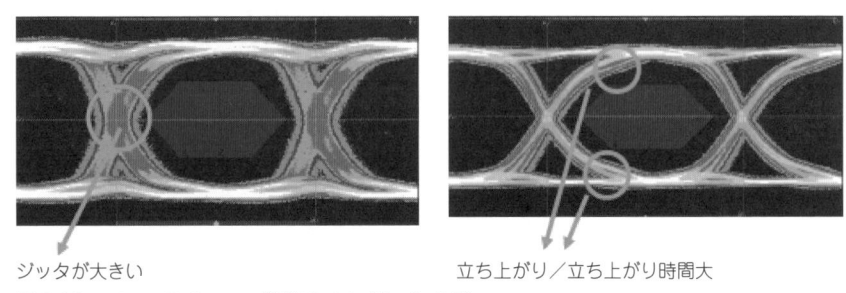

ジッタが大きい　　　　　　　　　立ち上がり／立ち上がり時間大

図 8.20　HDMI の Source 機器のアイパターンの例

プの CDR でクロックを再生し，基準クロックとします．

アイパターンの測定波形例を図 8.20 に示します．左の図はジッタが大きく，右の図は立ち上がり時間，立ち下がり時間が不足しているのが分かります．昨今の高速インターフェースは，そのビット・レートがどんどん高速化されており，アイパターンの規格自体も厳しいものになってきています．機器の性能を正しく判断するため，規格で決められたスペックのオシロスコープと測定環境を正しくセットアップし，測定誤差の少ない評価を行うことが重要です．

アイパターン以外の物理層の評価項目として，クロック・ジッタやクロックのデューティ・サイクルがあります．クロック・ジッタのテストもアイパターンのテストと同様に，ソフトウェア CDR を使います．TMDS クロックを CDR に入力し，CDR の出力クロックを基準クロックとして TMDS クロックをサンプリン

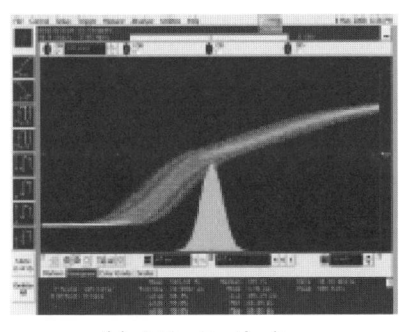

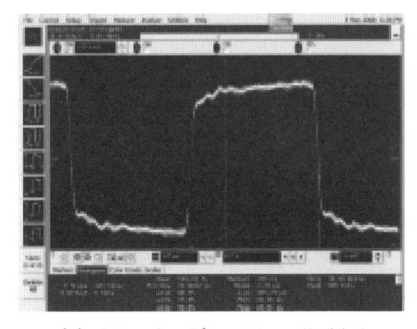

第8章 高速ディスプレイ・インターフェースのシステム動作

(a) クロック・ジッタ　　　　　(b) クロック・デューティ・サイクル

図 8.21　HDMI の Source 機器のジッタとデューティ・サイクル

装　置	型名(テクトロニクス)	型名(アジレント)
リアルタイム・オシロスコープ	DSA70804C 型	DS090000A/80000 型
測定ソフトウェア	TDSHT3 型	N5399B 型
差動プローブ	P7313SMA 型	1169A 型
テスト・フィクスチャ	コネクタタイプに合わせて準備	コネクタ・タイプに合わせて準備
プロトコル・アナライザ	TEK-PGY-HDMI	U4998A 型

図 8.22　HDMI の Source 機器のテスト装置(写真提供：テクトロニクス，アジレント)

243

グしてジッタを測定します(図 8.21).

Source 機器の評価装置の例を，図 8.22 に示します．オシロスコープ以外に，差動プローブ，測定ソフトウェア，DUT と計測機器を接続するためのテスト・フィクスチャ，各種プロトコルを解析するプロトコル・アナライザなどが使われます．

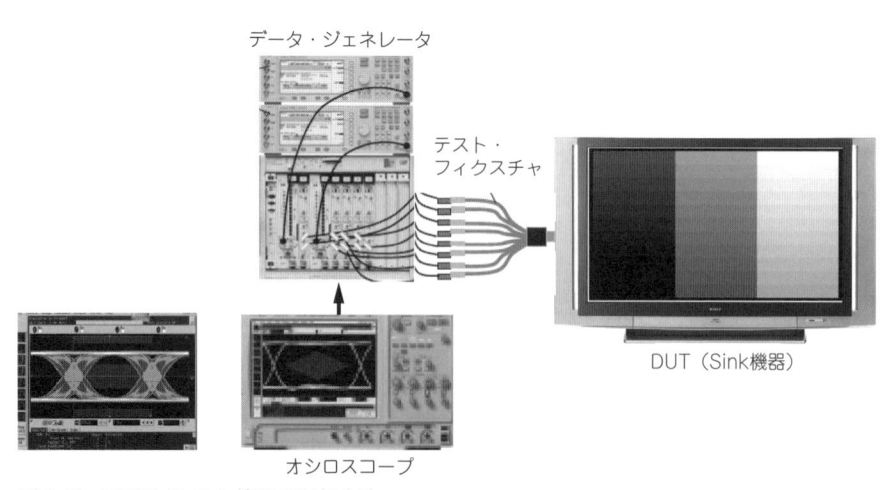

● HDMI の Sink 機器の評価

Sink 機器の評価は，Sink 機器に入力される高速差動信号が通常信号に対して，どの程度の耐性(トレランス)があるかを評価するため，主にデータ・ジェネレータまたはプロトコル・アナライザを使います(図 8.23).

Sink 機器の評価においても，物理層の電気的特性テストが重要になります．物理層の評価は，Sink 機器へ入力する高速差動信号に，故意にジッタ，差動レーン間スキュー，差動レーン内スキューを入力し，受信耐性(トレランス)があるかを確認します．

ジッタ・トレランス・テストは，規定量のジッタを含んだ TMDS 信号を入力し，Sink 機器のディスプレイに表示される映像にノイズなどの問題が生じないかをオペレータが目視で確認します．ジッタ・トレランスのテストでは，実際の市場で使われるケーブルの特性を模擬するため，ケーブル・エミュレータが使われます．機器の性能を正しく判断するため，規格で決められたスペックのオシロスコープと測定環境を正しくセットアップし，測定誤差の少ない評価を行うことが重要です．

図 8.23　HDMI の Sink 機器の評価方法

第8章 高速ディスプレイ・インターフェースのシステム動作

　Sink機器の評価装置の例を図8.24に示します．データ・ジェネレータ以外に，差動プローブ，オシロスコープ，測定ソフトウェア，DUTと計測機器を接続するためのテスト・フィクスチャ，各種プロトコルを解析するプロトコル・アナラ

装　置	型名(テクトロニクス)	型名(アジレント)
任意波形ジェネレータ	AWG70000シリーズ型 	N4887A型 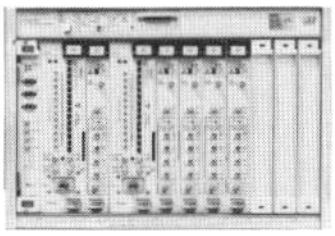
ファンクション・ジェネレータ	AFG3102型 	E4438C型（ジッタ・ソース） 
リアルタイム・オシロスコープ	DSA70804C型 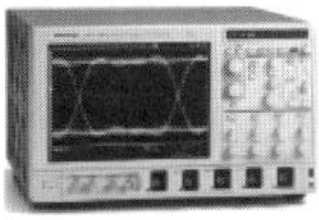	DSO90000A/80000型 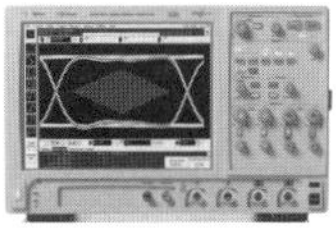
測定ソフトウェア	TDSHT3型 	N5990A型 
差動プローブ	P7313SMA型 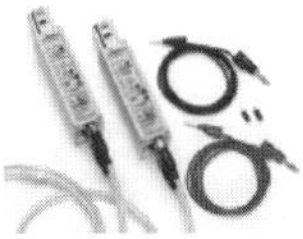	1169A型 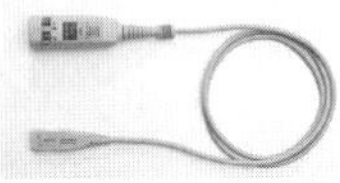
テスト・フィクスチャ	コネクタ・タイプに合わせて準備 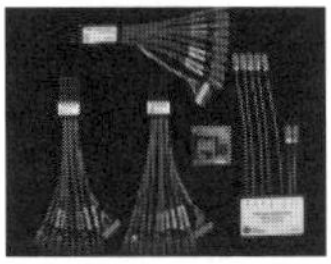	コネクタ・タイプに合わせて準備 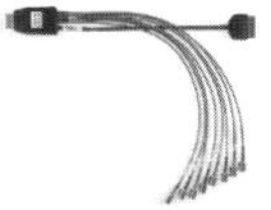
プロトコル・アナライザ	TEK-PGY-HDMI 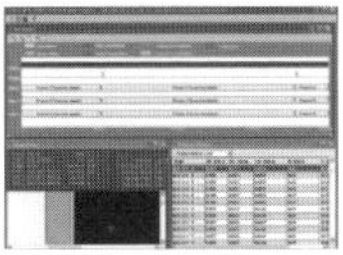	U4998A型 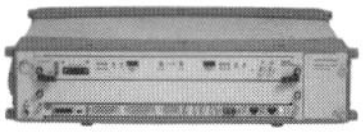

図8.24　HDMIのSink機器のテスト装置(写真提供：テクトロニクス，アジレント)

イザが使われます．

● DisplayPort の Source 機器の評価

　DisplayPort の CTS は，PHY_CTS(物理層の CTS)と，Link_CTS(リンク層の CTS)，EDID_CTS(EDID の CTS)，Interoperability_CTS などが定義されています．CTS 以外に，計測器メーカが発行する MOI(Method of Implementation)があります．MOI は，コンプライアンス・テストに必要な計測器の型名や具体的なテスト手順が示されており，測定する際に役立ちます．

　DisplayPort の評価においては，DUT をテスト・モードに入れて測定します．テスト・モードで，テスト項目ごとに決められた設定にして出力信号を測定しま

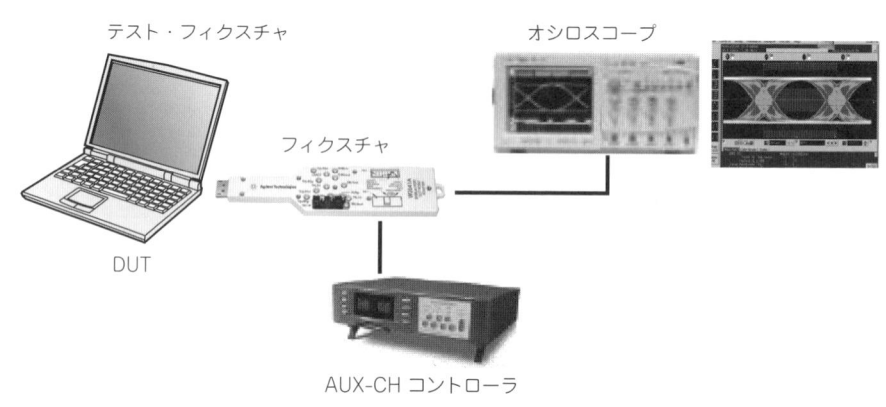

図 8.25　DisplayPort の Source 機器の評価方法

(a) TPS1　　　(b) TPS2　　　(c) PRBS7

テスト・パターンによってアイパターンやジッタは異なる

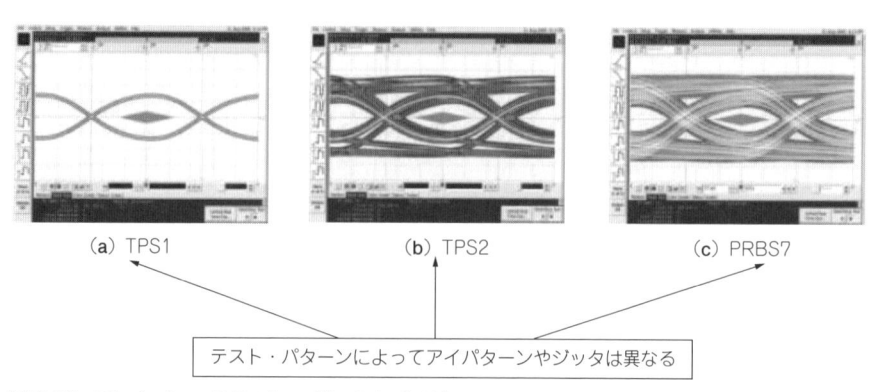

図 8.26　DisplayPort のテスト・パターンによる違い

246

す.この作業を効率的に行うにはAUX-CHの信号をうまく制御する必要があり,AUXコントローラをDUTと計測器(オシロスコープ)との間に接続します(図8.25).

Source機器が出力するMain Linkのアイパターン,レーン間スキュ,レーン内スキュ,ジッタなど,高速差動レーンの特性を測定するテストは,クリティカルなテスト項目です.

図8.26に,3種類のデータ・パターンによるアイパターンの違いを示します.シンボル間干渉とケーブルロスによるジッタが発生するため,データ・パターンによってアイパターンが異なることが分かります.DisplayPortでは,このように規定されているテスト・パターンの生成回路が必要です.

図8.27に,プリエンファシスのテスト例を示します.プリエンファシスのテストでは,機器がサポートしているビット・レートでCTSで指定された出力振幅でプリエンファシス・レベルを設定し,電圧レベルを確認します.また,図8.28に,レーン間スキュ,レーン内スキュ・テストの例を示します.

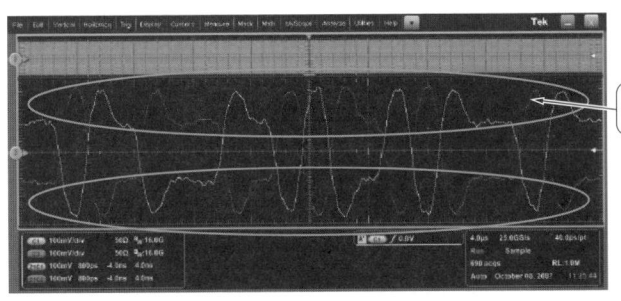

図8.27 DisplayPortのプリエンファシスの評価

(a) レーン間スキュ (b) レーン内スキュ

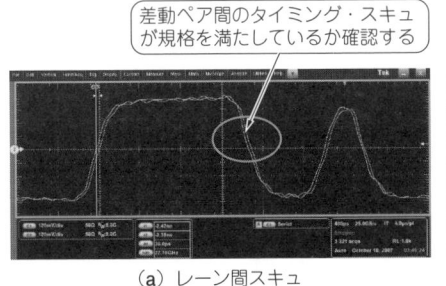

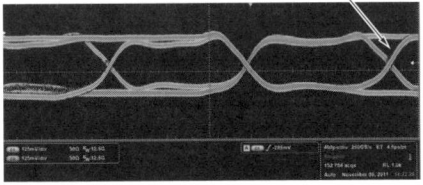

図8.28 DisplayPortの内部スキュの評価

装置	型名(テクトロニクス)	型名(アジレント)
オシロスコープ	DPO/DSA/MSO70000 シリーズ型 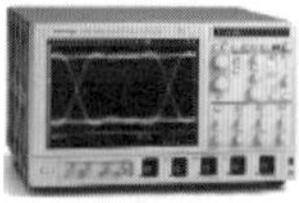	DSO90000 シリーズ型 
測定ソフトウェア	TekExpress DP12 	U7232B 型 
差動プローブ	P7313SMA 型 P7380SMA 型 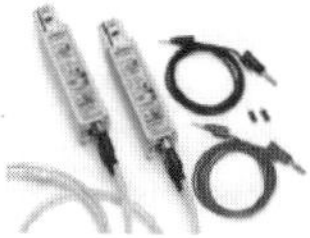	1169A 型他 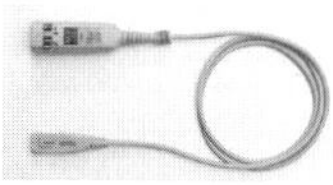
テスト・フィクスチャ	TF-DP-TPA-PT 型 	W2641B 型他 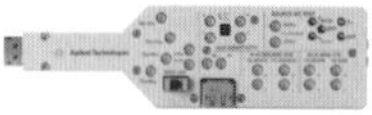
AUX-CH コントローラ	DP-AUX 型 	W2642A 型 

図 8.29 DisplayPort の Source 機器のテスト装置(写真提供:テクトロニクス,アジレント)

Source 機器の評価装置の例を図 8.29 に示します.

● DisplayPort の Sink 機器の評価

Sink 機器の評価においても,DUT をテスト・モードに入れて測定する必要があります.ここで,AUX-CH の信号をうまく制御するため,AUX コントローラを DUT と計測器(信号発生器)との間に接続して使います(図 8.30,図 8.31).

ジッタ・トレランスでは,ジッタ周波数とジッタ振幅の関係が規定されています.そこで,データ・ジェネレータから規定のジッタ量を含んだ信号を入力し,レシーバに内蔵されたエラー・カウンタで規定時間信号を取り込みます.データ・ジェネレータから出力する信号は,測定するレーンに対して規定のジッタ成分を

第 8 章　高速ディスプレイ・インターフェースのシステム動作

装　置	型名(テクトロニクス)	型名(アジレント)
任意波形	AWG70000 シリーズ型	 N4903B（J-BERT） 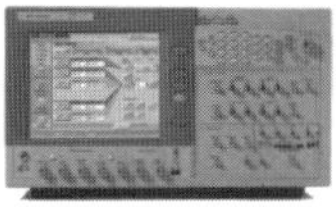
パターン・ジェネレータ / エラー解析	BERTScope BSA125B/C 型	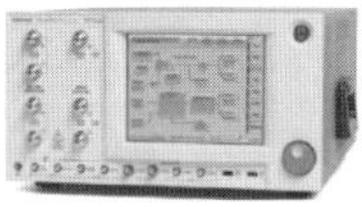 N4915A-006 
リアルタイム・オシロスコープ	DPO/DSA/MSO70000 シリーズ型	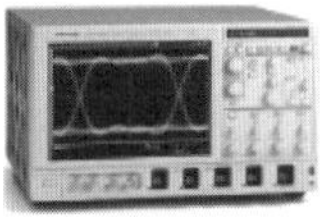 DSO90000 シリーズ 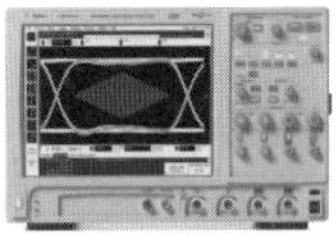
AUX-CH コントローラ	DP-AUX 型	 W2642A 
測定ソフトウェア	TekExpress DP-SINK 型	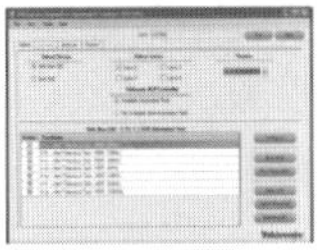 N5990A 
差動プローブ	P7313SMA 型 P7380SMA 型	 1169A 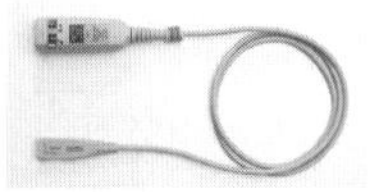
テスト・フィクスチャ	TF-DP-TPA-PR2XCT	 W2641B 他 
ジッタ付加 プリエンファシス / デエンファシス付加	SerialXpress	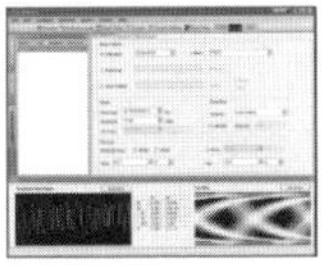

図 8.30　DisplayPort の Sink 機器のテスト装置(写真提供：テクトロニクス，アジレント)

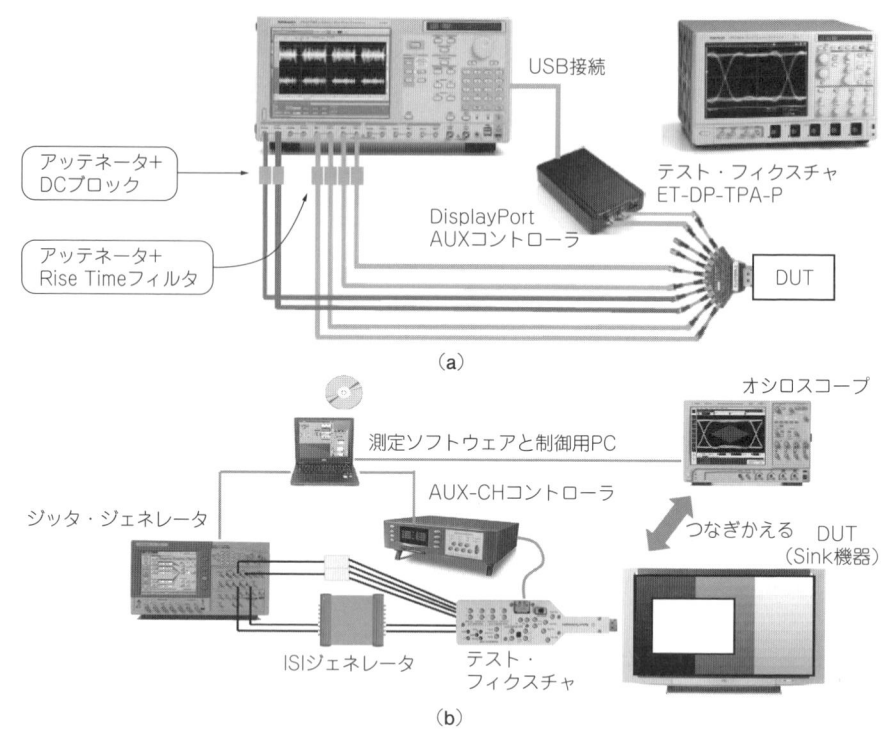

図 8.31 DisplayPort の Sink 機器の評価方法

含んだ信号を設定します.

コンプライアンス・テストはコネクタ端で測定します.これでパスかフェイルかは分かりますが,どの程度規格に対してマージンがあるのかを確認しておく必要があります.評価段階でのマージン確認はぜひとも実施しておく必要があります.

8-6 伝送路の評価項目

伝送路の主な評価項目として,アイパターン,インピーダンス・プロファイル,インサーション・ロス(挿入損失),リターン・ロス(反射損失),クロストーク(漏話)などがあります.本節では,各評価項目の概要について以下に示します.

(1) アイパターン

トランスミッタとレシーバをつなぐケーブルは,寄生抵抗や容量によりローパス・

フィルタを構成するため，遠端では高周波成分が減衰するため信号品質が劣化します．それを確認するには，信号波形の遷移を1UI(Unit Interval)ずつ重ね合わせたアイパターンを使用します．

(2)特性インピーダンス

ケーブルに信号が印加されると，電圧と電流は線路上を波(進行波)として伝わります．このとき，線路上の任意の点において$v=Z_0 \times i$の関係が成立し，Z_0は特性インピーダンスと呼ばれます．特性インピーダンスは，次式で表されます．

$$Z_0 = \sqrt{(R+j\omega L)/(G+j\omega C)}$$

R, L, G, Cは，それぞれ伝送路の単位長あたりの直列抵抗，直列インダクタンス，並列コンダクタンス，並列静電容量です．特性インピーダンスの単位はインピーダンスに一致し，単位はオームになります．

$R = G = 0$と仮定できる場合，Z_0は

$$Z_0 = \sqrt{L/C}$$

となります(図8.32)．

(3)インサーション・ロス(挿入損失)

ケーブルの入力端から出力端までの間に，どの程度信号が損失するかの目安をインサーション・ロス(挿入損失)といいます．入力と出力の関係は電力で測定しま

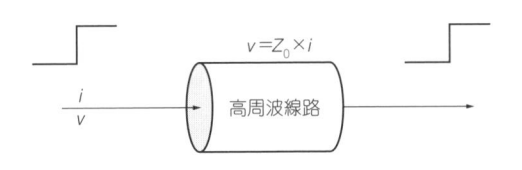

図8.32 特性インピーダンス

図8.33 挿入損失

図8.34 反射損失

す．ケーブルの入力端子1に入力される電力の平方根を a_1，出力端子2に出力される電力の平方根を b_2 とすると，入力端子1から出力端子2に対するインサーション・ロス IL は，

$$IL = -20\log_{10}\left|\frac{b_1}{a_1}\right|$$

となります．単位は dB になります（図 8.33）

(4) リターン・ロス（反射損失）

ケーブルの入力端でどの程度信号が反射するかの目安をリターン・ロス（反射損失）といいます．入力と出力の関係は電力で測定します．ケーブルの入力端子1に入力される電力の平方根を a_1，同じ入力端子1から反射される電力の平方根を b_1 とすると，入力端子1から出力端子2に対するインサーション・ロスは，

$$RL = -20\log_{10}\left|\frac{b_1}{a_1}\right|$$

となります．単位は dB になります（図 8.34）．

(5) クロストーク

ケーブル内の線路間（差動ペア間）の静電容量により，ある線路の信号が他の線路に漏れることをクロストークといいます．図 8.35 において，端子1から信号を

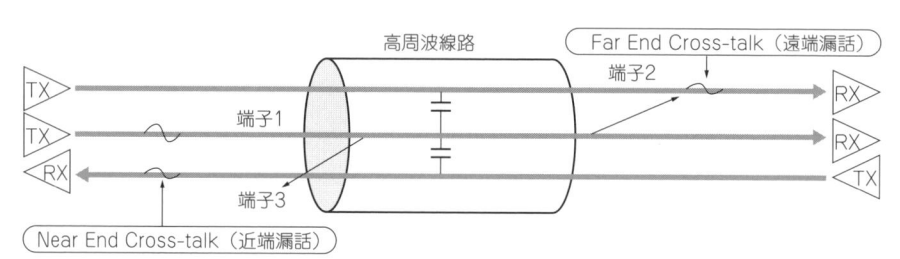

図 8.35 クロストーク

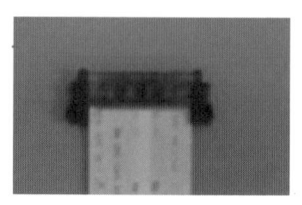

(a) Twisted pair (b) FFC (c) Single coax

図 8.36 評価に使用した3種類のケーブル（写真提供：日本航空電子株式会社）

第8章 高速ディスプレイ・インターフェースのシステム動作

入力して端子2の遠端で観測できるクロストークをファーエンド・クロストーク(遠端漏話)といいます．また，端子1から信号を入力して端子3で観測できるクロストークをニアエンド・クロストーク(近端漏話)といいます．

測定結果の例として，図8.36に示す3つのケーブル〔ツイストペア・ケーブル，FFC(Flat Flexible Cable)，シングル・コアキシャル・ケーブル〕を使った高周波伝送線路における主要な評価項目の評価結果を示します．図8.37にアイパターンを，図8.38にインピーダンス・プロファイルを，図8.39にインサーション・ロスを，図8.40にリターン・ロスを，図8.41にファーエンド・クロストークの特性を示します．

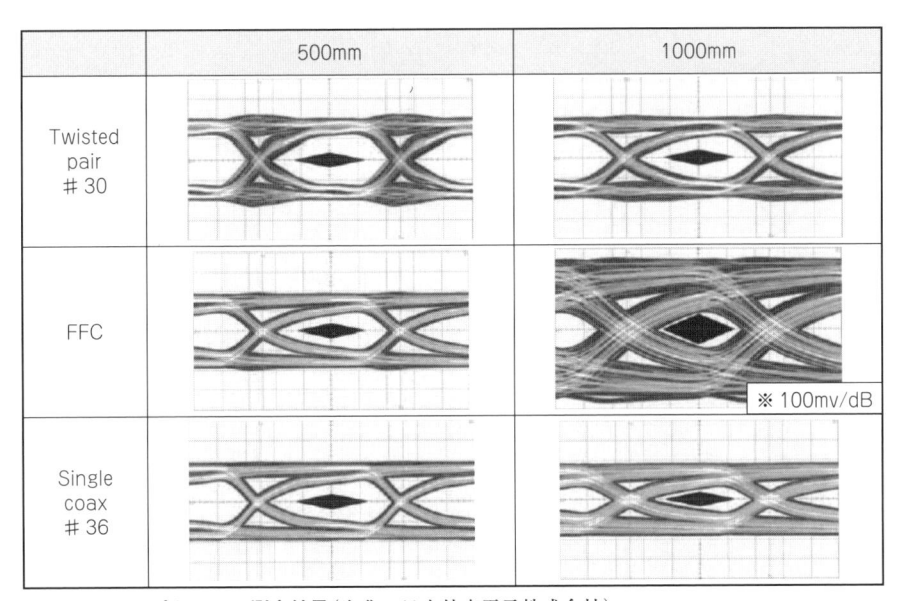

	500mm	1000mm
Twisted pair #30		
FFC		※100mv/dB
Single coax #36		

図8.37 アイパターンの測定結果(出典：日本航空電子株式会社)

(a) Twisted pair cable　　(b) FFC　　(c) Single coax

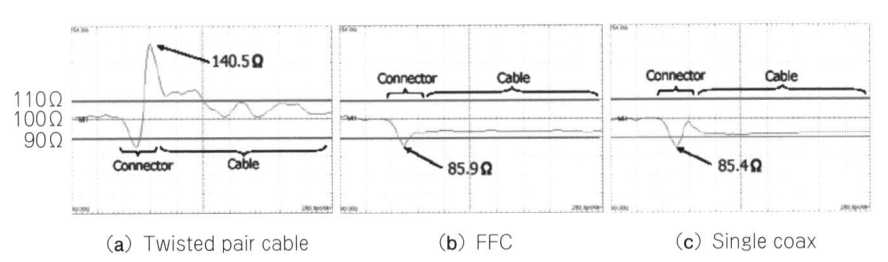

図8.38 特性インピーダンスの評価結果(出典：日本航空電子株式会社)

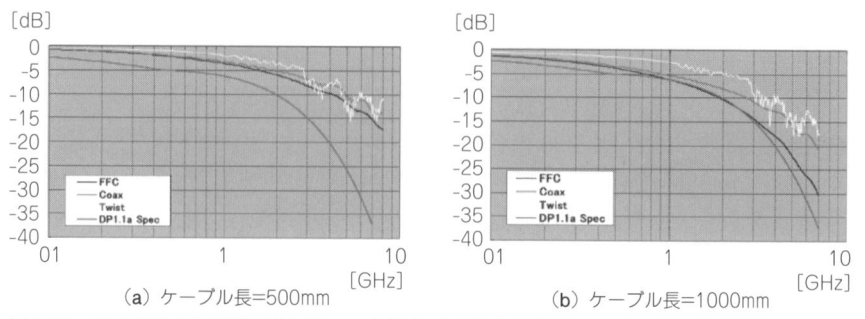

(a) ケーブル長=500mm　　(b) ケーブル長=1000mm

図 8.39　挿入損失の評価結果（出典：日本航空電子株式会社）

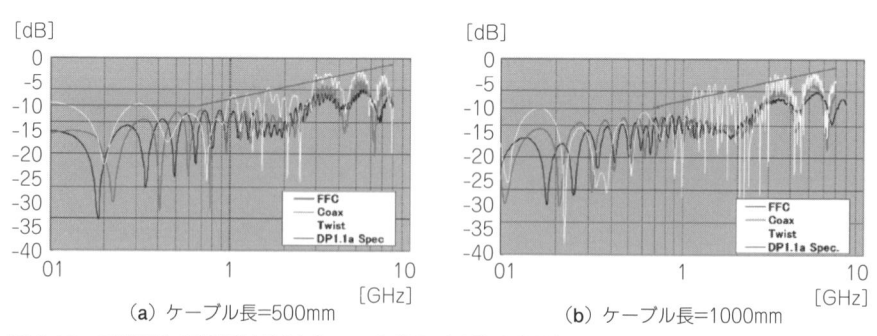

(a) ケーブル長=500mm　　(b) ケーブル長=1000mm

図 8.40　反射損失の評価結果（出典：日本航空電子株式会社）

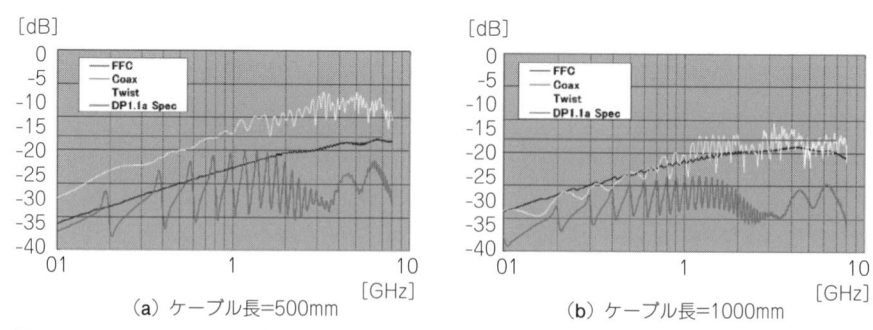

(a) ケーブル長=500mm　　(b) ケーブル長=1000mm

図 8.41　クロストークの評価結果（出典：日本航空電子株式会社）

第9章 高速ディスプレイ・インターフェースのデバイス設計

9-1 高速差動信号の特長

　これまで本書では，各種高速ディスプレイ・インターフェースの規格や技術比較，相互接続性，デバッグ・アプローチ，評価方法などについて述べてきました．高速ディスプレイ・インターフェースは，数Gbps/レーンという非常に高速な信号を扱いますが，使用している半導体の内部動作を理解すれば，ボード設計やデバッグをする上でより深い理解が得られます．

　今日のトランスミッタ，レシーバは，IPコアとしてSoCに内蔵されており，CMOSアナログ技術により設計されています．そして，これらの高速インターフェース・コアには，共通して差動信号技術が使われています．LVDS，HDMI，DisplayPortなどの個々の高速ディスプレイ・インターフェースでは，それぞれ異なる回路構成が使われていますが，どのインターフェースも差動回路を基本としています．本章では，この差動回路技術における基本的な特長を解説します．

● 高速動作以外にも多くのメリットがある差動回路

(1) 高速動作

　CMOSシングルエンド回路では，'1'から'0'あるいは'0'から'1'へのデータ遷移は，電源電圧レベルまでフルスイングしていました．しかし，差動回路は小振幅で動作するため，'1'から'0'，あるいは'0'から'1'への信号の遷移時間が，CMOSのフルスイング時に比べて短い時間ですむことにより，動作速度が向上します(図9.1)．

(2) 低スイッチング・ノイズ

　CMOSシングルエンド回路では，データの遷移時に出力バッファが大電流を流し，そのため電源やGNDラインに大きなノイズを誘起します．このノイズがセンシティブなアナログ回路に回りこみ，クロック・ジッタの増加やPLLなどの誤動作，A-Dコンバータなどのアナログ信号の S/N (信号対ノイズ)劣化といっ

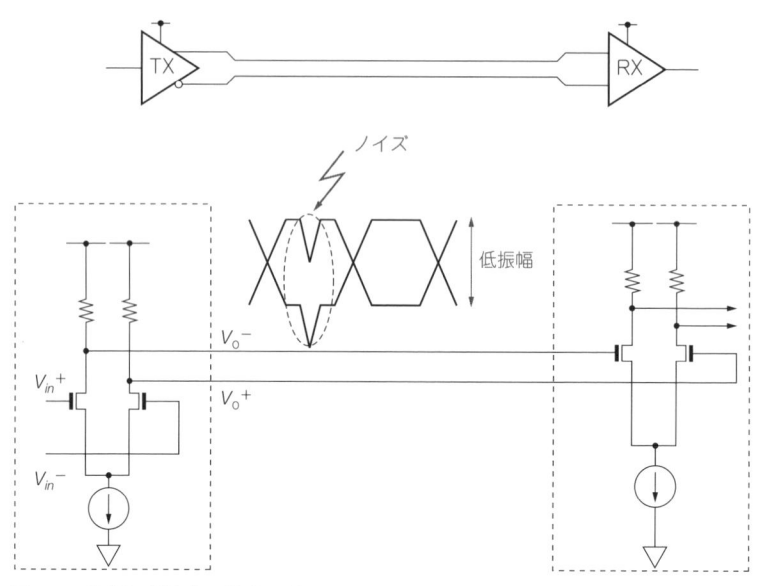

図 9.1　差動伝送技術の基本回路

た各種の問題を誘発していました.

　しかし,差動回路では定電流駆動による小振幅動作になるので,データ遷移時のスイッチング・ノイズが小さくなり,電源や GND に誘起されるノイズが小さくなります.
(3) 低消費電力

　差動回路の小振幅動作により,シングルエンド回路よりも駆動電流が大幅に減少するため,同じ電源電圧でも消費電力を削減できます(**図 9.2**).また,シングルエンド回路では 3.3V 電源が広く使われてきましたが,DisplayPort などのように AC 結合を使用するインターフェースでは,トランスミッタ,レシーバとも,それぞれのコア・トランジスタの電源電圧で動作させることが可能です.昨今の半導体の製造プロセスは,40nm, 28nm などが主流あり,コア・トランジスタの電源電圧は 1.2V 程度が使われています.消費電力は電源電圧の 2 乗に比例するため,物理層の電源電圧の低下は消費電力の削減に大きく寄与します(**図 9.3**).
(4) 低 EMI

　シングルエンド回路のフルスイングによる信号の急峻な立ち上がり / 立ち下がりには多くの高周波成分が含まれており,EMI を発生させます.差動回路は定

第 9 章　高速ディスプレイ・インターフェースのデバイス設計

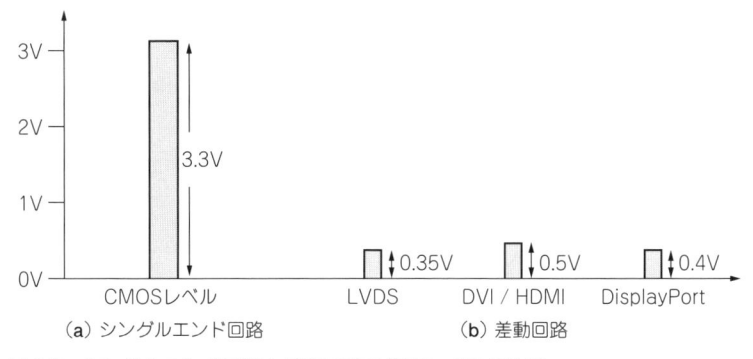

図 9.2　シングルエンド回路と差動回路の振幅レベルの比較
(a) シングルエンド回路：CMOSレベル 3.3V
(b) 差動回路：LVDS 0.35V、DVI / HDMI 0.5V、DisplayPort 0.4V

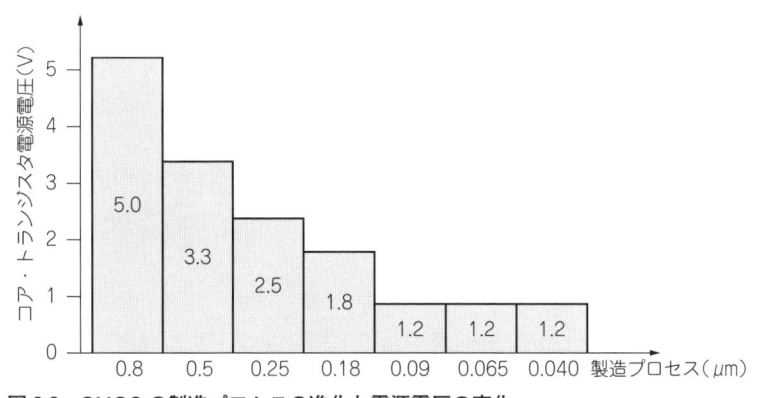

図 9.3　CMOS の製造プロセスの進化と電源電圧の変化
製造プロセス（μm）／コア・トランジスタ電源電圧（V）：0.8→5.0、0.5→3.3、0.25→2.5、0.18→1.8、0.09→1.2、0.065→1.2、0.040→1.2

電流駆動の小振幅動作なので，トランジスタのスイッチング・ノイズが小さく，また差動ペア間に現れるコモンモード・ノイズが打ち消され，2 本の差動ラインには反対方向に電流が流れるといったことから，EMI の低減に効果があります．

ただし，ケーブル，コネクタ，基板などにおいて，伝送メディアやトランスミッタ部のドライバのずれなどによりコモン電位にずれが生じ，コモン電位が変動すると EMI の要因になります．

(5) 高ノイズ耐性

差動回路では，外来ノイズが伝送ラインに飛び込んでも電位差は保たれるため，レシーバの入力レンジを外れるほど大きなノイズでない限り，電圧差を増幅して正しい信号レベルにリカバリすることが可能です（**図 9.1**）．

9-2 最適な回路技術を選択

このようにメリットの多い差動信号伝送ですが，回路方式はたくさんあるので，用途によって最適なものを選択する必要があります．最適な回路構成を選択するために考慮するべき項目には，以下のものがあります．

(1) 伝送レート

必要とする伝送レートが 300Mbps/lane なのか，3Gbps/lane なのかで，採用するべき回路構成は異なります．

伝送レートが低い場合は，トランスミッタ側のプリエンファシス(デエンファシス)回路や，レシーバ側のイコライザ回路などのシグナル・インテグリティ(信号品質)を補正する回路は，回路規模を減らすため削減すべきです．しかし，伝送レートが高い場合は，これらの回路を付加するのが一般的です．

また，伝送レートが高くなるとレシーバ端でのチャネル間タイミング・スキューが顕著になってくるので，クロック・エンベデッド方式が必要になってきます．さらに，高速性を確保するにはトランスミッタ側，レシーバ側ともにコア電源電圧で動作させたいので，伝送ラインは AC 結合して DC 成分をカットする必要があります．この場合，DC バランスの取れた ANSI-8B10B などの変換回路が必要になり回路規模が増加します．

(2) 伝送距離

伝送距離が短い場合はレシーバ端における信号品質がある程度保たれるため，トランスミッタ側のプリエンファシス(デエンファシス)回路や，レシーバ側のイコライザ回路を不要にすることができます．しかし，伝送距離が長く，ケーブル，コネクタ，プリント基板などの伝送メディアで信号品質が劣化する場合は，トランスミッタ側のプリエンファシス(デエンファシス)回路や，レシーバ側のイコライザ回路が必要になります．また，使用するケーブルやコネクタも，損失の小さいものを選択する必要があります．

(3) 外部インターフェースか，内部インターフェースか

外部機器間のインターフェースとして使う場合は，不特定多数の機器と接続されることになるので，業界標準規格に準拠した回路構成を採用しなければなりません．しかし，機器内部の基板間あるいは基板内の LSI 間伝送の場合は，セット設計者にインターフェース仕様，すなわち回路構成の決定にある程度の自由度が与えられます．外部インターフェースのように，厳格に標準規格に準じる必要はなく，回路構成はそのセットの仕様に応じてカスタマイズすることができます．

第9章 高速ディスプレイ・インターフェースのデバイス設計

(a) P2P接続

(b) マルチドロップ接続

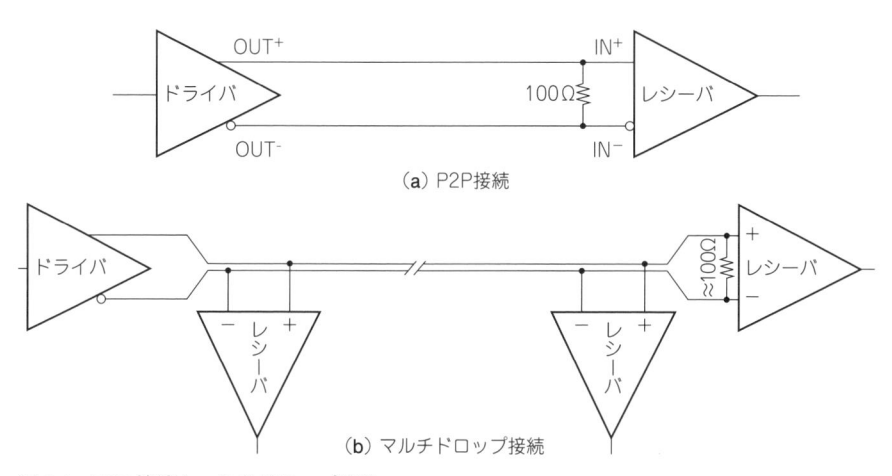

図9.4　P2P接続とマルチドロップ接続

(4) バス構成

　外部機器間のインターフェースとして使う場合は，基本的にP2P（Point-to-Point）になりますが，液晶パネルなどのように機器内部で使われる場合は，miniLVDSのような1：nのマルチドロップのバス接続もあります（**図9.4**）．ただし，マルチドロップの場合は付加容量が大きく，スタブ（線路の分岐点）もあるため，インピーダンス・マッチングを確保しづらくなって高速性が上がらないため，回路構成上のケアが必要になります．

(5) 消費電力の見積もり

　消費電力がクリティカルな場合は，駆動電流と電源電圧を抑える必要があります．トランスミッタでは，信号の立ち上がり時間／立ち下がり時間を速くする回路がありますが，消費電力が増加します．機器の消費電力の仕様に応じて，差動回路の回路方式も考える必要があります．

9-3　差動増幅回路の基本動作

　ここでは，LVDS，HDMI，DisplayPortなどの高速ディスプレイ・インターフェースの物理層の回路構成について説明します．まず，個々の回路構成について説明する前に，差動増幅回路の基本動作について説明します．

259

● **差動回路の増幅のメカニズム**

図 9.5 に，すべての高速インターフェース技術の基本となる CMOS 差動増幅回路図を示します．アナログ回路の解析には，微小な信号変化を取り扱う小信号解析が使われていますが，本書では簡単のために大信号解析によって定量的な理解を得ることにします．

V_{in}^+, V_{in}^- は差動回路の入力であり，ソースが共通に接続された MOS トランジスタ M_1, M_2 のゲートに入力され，それぞれ信号の位相が 180°ずれた信号（これを差動信号という）になっています．

V_{out1}, V_{out2} は差動回路からの出力です．M_1 の入力電位が上昇し，M_2 の入力電位が下降すると，回路の定電流源 I_{ss} は一定値なので，M_1 のドレイン電流 I_{ds1} が上昇し，M_2 のドレイン電流 I_{ds2} が下降します．すると，V_{out1} は，V_{DD} から I_{ds1} と R の積で生じる電圧だけ降下した電位になるため上昇します．逆に V_{out2} は，V_{DD} から I_{ds2} と R の積で生じる電圧だけ降下した電位になるため下降します．

さらに，ソースが共通（ここでは電圧変化のない接地点）の NMOS トランジスタは電圧増幅作用があり，図のように出力振幅が入力に対して増幅します．

すなわち，**図 9.5** において，出力電圧 V_{out1}, V_{out2} は，以下の式が成り立ちます．

$$V_{out1} = V_{DD} - I_{ds1} \times R \quad \cdots\cdots\cdots\cdots\cdots\cdots\cdots\cdots\cdots\cdots\cdots\cdots\cdots\cdots\cdots\cdots\cdots\cdots (1)$$

$$V_{out2} = V_{DD} - I_{ds2} \times R \quad \cdots\cdots\cdots\cdots\cdots\cdots\cdots\cdots\cdots\cdots\cdots\cdots\cdots\cdots\cdots\cdots\cdots\cdots (2)$$

よって，両者の差分 ΔV_{out} は，(3)式になります．

$$\Delta V_{out} = V_{out1} - V_{out2} = R \times (I_{ds1} - I_{ds2}) \quad \cdots\cdots\cdots\cdots\cdots\cdots\cdots\cdots\cdots\cdots (3)$$

　　　　　　（a）回路構成　　　　　　　　　　（b）動作波形

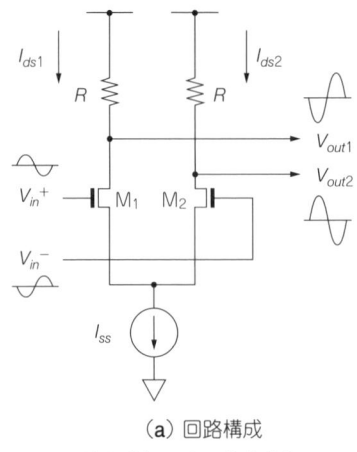

図 9.5　差動増幅回路の基本動作

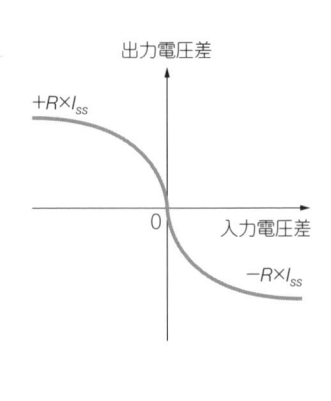

ここで，M_1，M_2 の相互コンダクタンスを g_m，ゲート-ソース間電圧を V_{gs}，ドレイン-ソース間電流を I_{ds} とすると，g_m は(4)式にて定義されます．

$$g_m = \partial I_{ds} / \partial V_{gs} \quad \cdots \cdots (4)$$

よって，トランジスタ M_1，M_2 の I_{ds} と V_{in} には(5)式が成り立ちます．

$$I_{ds} = g_m \times V_{in} \quad \cdots \cdots (5)$$

すなわち，ドレイン電流 I_{ds} は MOS トランジスタ(M_1，M_2)の増幅効果により入力電圧 V_{in} の g_m 倍に増幅されます．

また，トランジスタ M_1，M_2 が飽和領域で動作する場合，ゲート-ソース間電圧を V_{gs}，閾値電圧を V_{th} とすると，飽和領域の2乗則から(6)式が得られます．

$$I_{ds} = \beta/2 \, (V_{gs} - V_{th})^2 \, (\beta:電流能力を示す係数) \quad \cdots \cdots (6)$$

よって，g_m は(7)式となります．

$$g_m = \partial I_{ds} / \partial V_{gs} = \sqrt{2 I_{ds} \times \beta} \quad \cdots \cdots (7)$$

さらに，入力電圧の差分を ΔV_{in} とすると，(3)式は(8)式になります．

$$\Delta V_{out} = R \times g_m \times \Delta V_{in} = R \times \sqrt{2 I_{ds} \times \beta} \times \Delta V_{in} \quad \cdots \cdots (8)$$

よって，図9.5 の差動回路の電圧利得 A_v は，

$$A_v = \Delta V_{out} / \Delta V_{in} = R \times \sqrt{2 I_{ds} \times \beta} \quad \cdots \cdots (9)$$

となります．

このように，差動回路は入力の小振幅入力信号を $R \times \sqrt{2 I_{ds} \times \beta}$ 倍して増幅する作用があります．

9-4 LVDS回路の設計技術

● 高速シリアル・インターフェースの先駆けとなったLVDS

LVDS(Low Voltage Differential Signaling)は，高速シリアル・インターフェースの先駆けとなった規格であり，ナショナルセミコンダクター社(現在はTI)が基礎技術を開発しました．機器内のインターフェースとして ANSI/TIA/EIA-644 (ANSI：American National Standards Institute：米国国家規格協会，TIA：Telecommunications Industry Association：米国電子工業協会，EIA：Electronic Industries Alliance：米国電気通信工業協会)，および IEEE1596.3 (IEEE：The Institute of Electrical and Electronics Engineers, Inc：米国電気電子学会)にて標準化されています．

LVDS は物理層だけで構成されており，制御するファームウェアが不要なので手軽に扱え，また等価回路も簡単で理解しやすいインターフェースです．そのた

め，ノート・パソコンの液晶パネルの内部インターフェースを始めとして，機器内における基板間通信，LSI 間通信の主要インターフェースとして広く普及しています．

● LVDS の動作原理はシンプル

図 9.6，図 9.7 に，LVDS の等価回路を示します．LVDS の動作原理は，トランスミッタ（TX）から 3.5mA（typ）の定電流をドライブし，4 つある MOS スイッチ（M_1 から M_4）を ON/OFF 制御することで，差動ライン上に"H"レベル，"L"レベルの 2 値を制御します．

レシーバ（RX）では 100 Ω の終端抵抗とトランスミッタから送られたドライブ電流 3.5mA との積で決まる 350mV の振幅をアンプで受信し増幅します．差動のコモン電位（プラスとマイナスがクロスする電位）は，一般的な LVDS では 1.25V に設定され，電圧の制御はトランスミッタ側で制御します．多くの LVDS では，1 差動ペア（1 レーン）あたりのビット・レートは，500Mbps ～ 600Mbps 程度で使用されます．伝送距離が短い場合は 1Gbps 程度も実力的には可能です[47][48]．

LVDS は標準規格になっていますが，機器内インターフェースとして使われているため，実際は用途によって使い方がカスタマイズされることも多く，このようなフレキシビリティがあることも LVDS のメリットの 1 つとなっています．

LVDS で使われるケーブルを図 9.8 に示します．ツインナックス・ケーブルは，

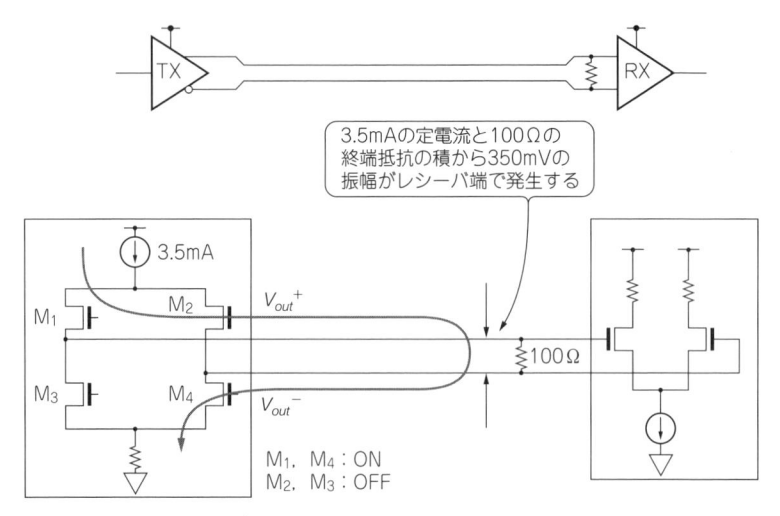

図 9.6　LVDS の差動回路

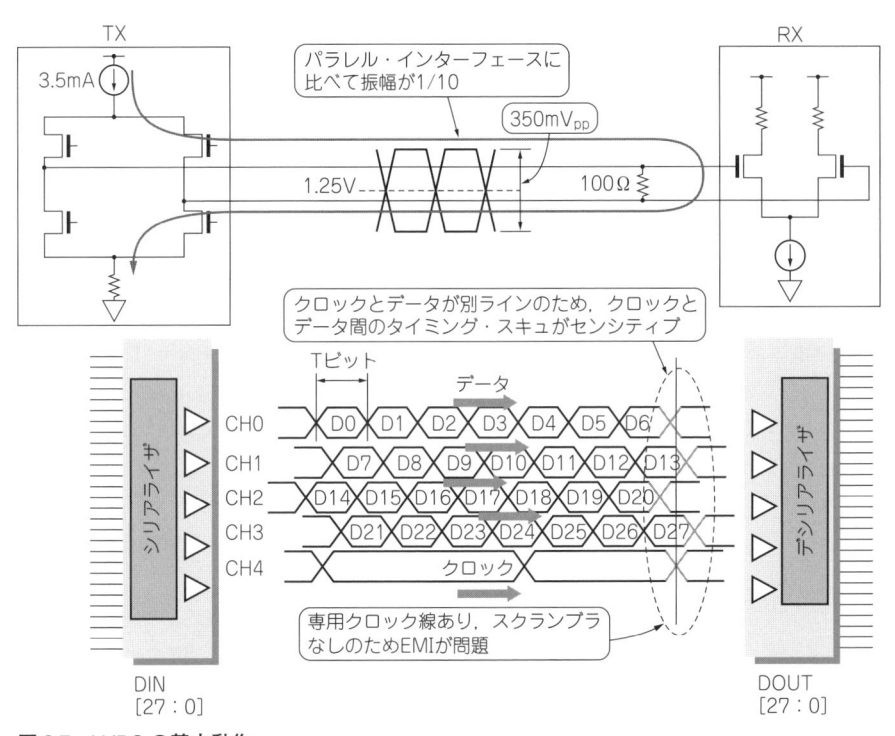

図 9.7　LVDS の基本動作

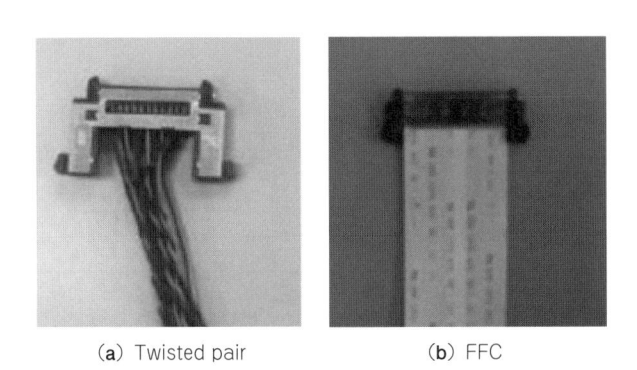

(a) Twisted pair　　　(b) FFC

図 9.8　LVDS 用ケーブルの例(写真提供:日本航空電子株式会社)

Key word

MOS トランジスタ

　MOS(Metal Oxide Semiconductor)トランジスタには，P型(PMOSトランジスタ)とN型(NMOSトランジスタ)があります．これらを組み合わせてインバータ，AND，ORなどの各種論理ゲートが作られています．

　図9.Aに，CMOSインバータ回路を示します．インバータは，入力が'1'のとき出力が'0'，また入力が'0'のとき出力が'1'になる，いわゆる反転回路です．

　インバータは，PMOSトランジスタとNMOSトランジスタが直列に接続されています．PMOSトランジスタもNMOSトランジスタも，ゲート，ソース，ドレインの3つの端子で構成されます(バック・ゲート：基板端子もあるが，ここでは省略)．PMOSは，電源側がソースで出力端子側がドレインです．NMOSは，GND側がソースで出力側がドレインです．

　インバータをMOSトランジスタの断面で見た図を**図9.B**に示します．入力レベルが'1'のとき，NMOSトランジスタがONし，PMOSトランジスタはOFFします．NMOSトランジスタがONするため，出力はGNDレベル(0)になります．入力レベルが'0'のとき，NMOSトランジスタがOFFし，PMOSトランジスタはONします．PMOSトランジスタがONするため，出力はV_{DD}(1)レベルになります．このように，各ゲート回路はNMOSトランジスタとPMOSトランジスタが相補的に動作するため，MOSトランジスタが集積されたプロセスをCMOS(Cは相補的を示すComplementary)プロセスといいます．

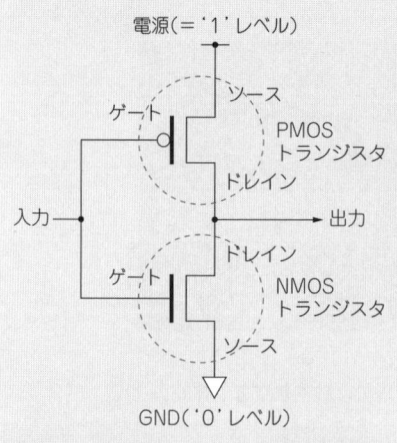

入力	PMOS トランジスタ	NMOS トランジスタ	出力
1	OFF	ON	0
0	ON	OFF	1

図9.A　CMOSインバータの基本と論理

図 9.B　CMOS インバータ IC の断面図

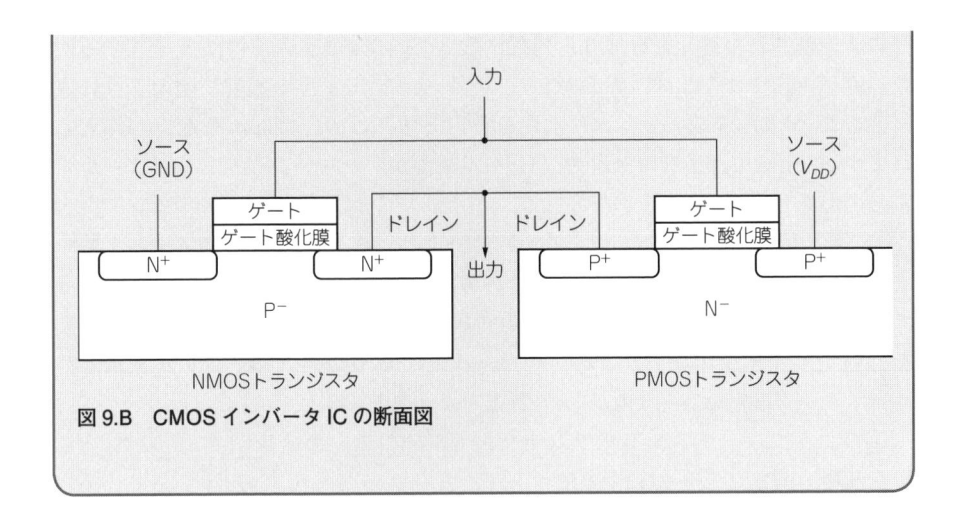

2芯シールド線（ツインナックス）を5ペア使用し，差動伝送するケーブルです．フレキ・ケーブルは，さらに安価なケーブルで広く機器内のデータ伝送に使われています．搭載するセットの仕様により，ケーブルに要求される品質やコストも様々です．セットの設計者は，LVDS コアの特性を含め全体を考慮してケーブルを選択します．

9-5　LVDS トランスミッタの設計

LVDS トランスミッタ・マクロのブロック図を図9.9 に示します．この図は，トランスミッタで28ビットのパラレル・ビデオ・データを4チャネルのシリアル・データに変換する例を示しています．本節では，LVDS トランスミッタの基本動作と設計のポイントについて説明します．

● シリアライザ（SERIALIZER）

シリアライザの動作タイミングを，図9.10 に示します．まず28 ビットのパラレル・データをビデオ・クロックでラッチし，シリアライザに入力します．7：1のパラレル-シリアルに変換するための取り込み信号は，PLL で作られます．これには，2種類のアプローチがあります．

1つ目の方法は，クロック周波数をビデオ・クロック（CLKIN）から7相の遅延クロックで作る方法です〔図9.10(a)〕．この方法では，CLKIN から PLL で均

265

等に7分割された遅延線を作り，隣接する2つの遅延線からシリアライズする取り込みパルスを作ります．7ビットのパラレル・データを，順番に図のように取り込むことで7：1のパラ-シリ変換を行います．この方法は消費電力が抑えられますが，7層の遅延クロックの"H"パルス幅がずれないようにコントロールする必要があります．

2つ目の方法は，ビデオ・クロック(CLKIN)からPLLで7逓倍して，7倍の周波数のクロックを作る方法です．この方法では，7逓倍の高速クロックを使って7ビットのパラレル・データを順番に取り込むことで7：1のパラ-シリ変換を行います〔図9.10(b)〕．この方法は，PLLで周波数がコントロールされるためタイミング設計は容易ですが，消費電力が上昇します．

このように，シリアライザで4チャンネル分のデータを7：1にパラ-シリ変換されてLVDSドライバに送ります．

● PLL

PLLのブロック図を図9.11に示します．ビデオ・クロックはPLLに入力され，PLLでシリアライザの取り込み信号を生成します．ビデオ・クロックにはジッタが含まれる場合があり，できる限りLVDS出力クロックにジッタを伝播させないようにする必要があります．これには，PLLのループ帯域を低めにする必

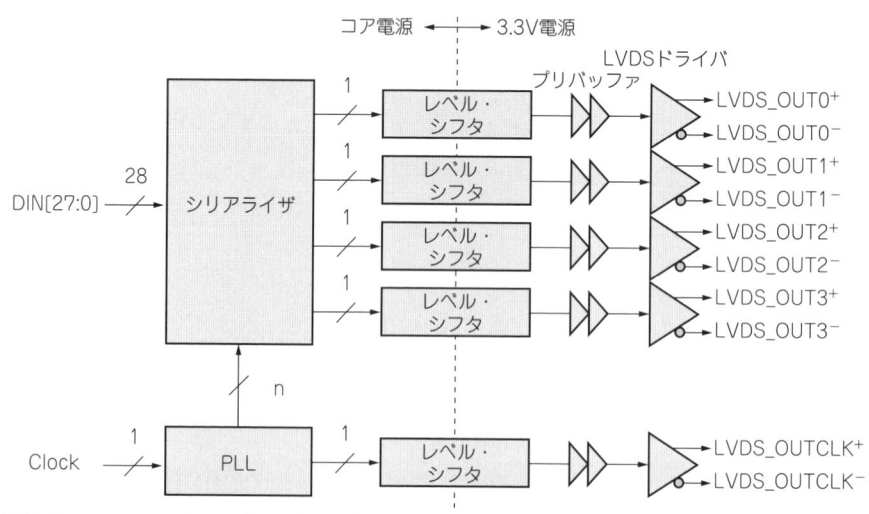

図9.9 LVDSのトランスミッタ側のブロック図

第9章 高速ディスプレイ・インターフェースのデバイス設計

要があります．しかし，あまり低すぎると起動時間が長くなってしまうため注意が必要です．

また，EMI 対策のために，故意にビデオ・クロックの周波数を変動させる周波数拡散クロック（SSC：Spread Spectrum Clock）技術が広く使われています．SSC は，数十 kHz から数百 kHz のオーダでクロック周波数を変調させます．し

(a) ビデオ・クロックからクロック周波数を作る

(b) 7倍のクロック周波数を作る

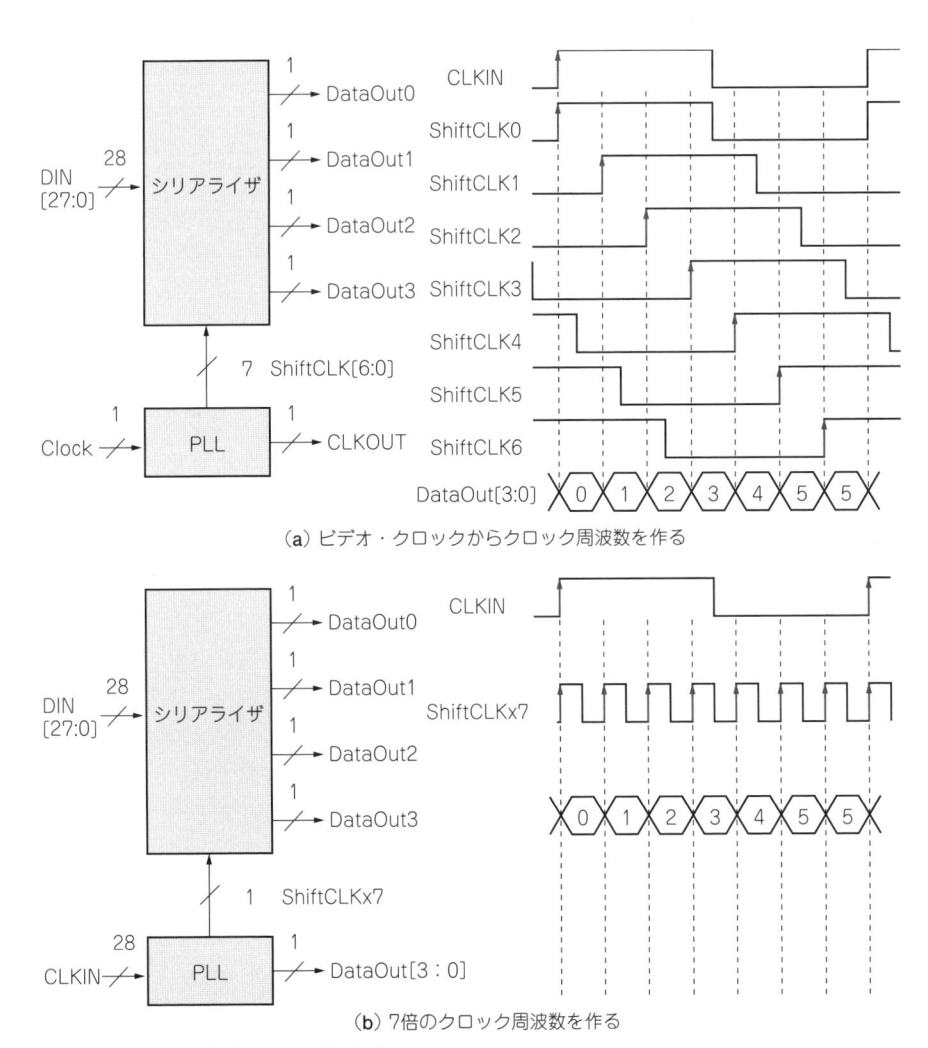

図 9.10 LVDS のシリアライザの動作

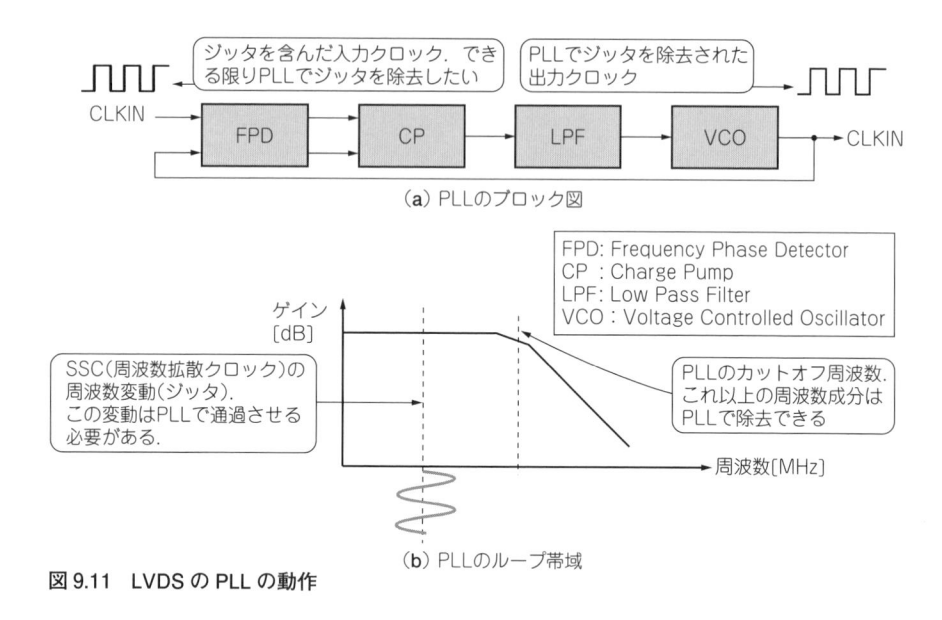

```
   CLKIN ──▶[ FPD ]──▶[ CP ]──▶[ LPF ]──▶[ VCO ]──▶ CLKIN
            ▲                                        │
            └────────────────────────────────────────┘
```
ジッタを含んだ入力クロック．できる限りPLLでジッタを除去したい
PLLでジッタを除去された出力クロック

(a) PLLのブロック図

FPD: Frequency Phase Detector
CP : Charge Pump
LPF: Low Pass Filter
VCO : Voltage Controlled Oscillator

SSC（周波数拡散クロック）の周波数変動（ジッタ）．この変動はPLLで過させる必要がある．

PLLのカットオフ周波数．これ以上の周波数成分はPLLで除去できる

ゲイン [dB]

周波数 [MHz]

(b) PLLのループ帯域

図 9.11　LVDS の PLL の動作

たがって，この周波数変動（ジッタ）分は PLL で通過させる必要があります．PLL のループ帯域の設計には，これらの周波数帯域に注意が必要です．また，ジッタを抑制するため，ノイズの大きい CMOS 出力回路などの電源と PLL の電源は分離して，電源ノイズの小さい電源ラインから給電することが必要です．

● 電圧レベルシフタ

　シリアライザと PLL はコア電源とコア・トランジスタで設計され，高速性と低消費電力性を確保します．LVDS ドライバは，LVDS のオフセット電圧と出力振幅レベルの規格により，基本的に 3.3V 電源（2.5V 電源の場合もあり）と，3.3V トランジスタで設計されます．したがって，シリアライザと LVDS ドライバ間，および PLL と LVDS ドライバ間には電圧レベルをシフトさせるレベルシフタが必要になります．

　レベルシフタは，パラ‐シリ変換された後の高速シリアル・データの電圧をシフトさせる必要があるため，デューティ・サイクルがずれないように注意します．もし，レベルシフタで "L" から "H" へのデータ遷移時間と "H" から "L" へのデータ遷移時間にずれが生じると，その時間的なずれはそのままジッタとして LVDS 出力に現れてしまいます．

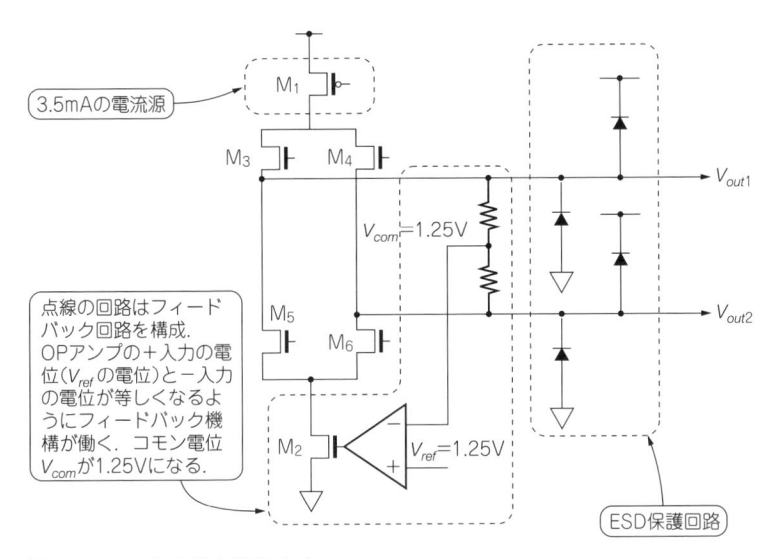

第9章 高速ディスプレイ・インターフェースのデバイス設計

図9.12 LVDS の出力ドライバ

● LVDS ドライバ

　LVDS ドライバの回路図を**図9.12**に示します．LVDS ドライバ回路は，4段 MOS トランジスタが縦積みになった構成です．基本的な動作は，**図9.6**，**図9.7**で述べました．3.5mA の定電流源として動作する PMOS トランジスタ M_1 と，オフセット電圧レベルを決める NMOS トランジスタ M_2 と，出力論理レベルを決める4つのトランジスタ M_3，M_4，M_5，M_6 の4個の MOS トランジスタで構成されます．

　また，オフセット・レベルを正しく制御するために，コモンモード・フィードバック・ループ回路(CMFB：Common Mode Feed Back)が V_{out1} と V_{out2} の間に配置されます．この回路は，差動出力の中点電圧とオフセット電圧となる基準電圧 1.25V が OP アンプに入力され，OP アンプの出力が M_2 のゲート電圧に接続されます．

　このような回路は仮想接地回路と呼ばれ，差動出力の中点電圧は，基準電圧 1.25V に等しくなるように閉ループが動作します．出力論理レベルを決める4つのトランジスタ M_3，M_4，M_5，M_6 は論理"H"レベルを出力するときは M_3 と M_6 が ON し，M_4 と M_5 は OFF します．論理"L"レベルを出力するときは M_4 と M_5 が ON し，M_3 と M_6 は OFF します．

また，LVDSの出力ドライバは一般的に3.3Vトランジスタで設計されるため，コア・トランジスタより低速なので，極力寄生容量を小さくするようにレイアウトします．また，差動の＋端子と－端子間のタイミング・スキュが発生しないようにレイアウト設計には細心の注意を払う必要があります．

また，LVDSクロック出力とLVDSデータ出力は，常にタイミング・スキュが発生しないように管理する必要があります．図9.9において，Clock入力からLVDSクロック出力までの時間T_1と，Clock入力から4チャネルある各LVDSデータ出力までの時間T_2，T_3，T_4，T_5にずれが生じないように，全く同一の回路構成のバッファやLVDSドライバを配置したり，全く同一の配線をするようにレイアウト設計を行うことが重要です．

9-6 LVDS レシーバの設計

本節では，LVDSレシーバの基本動作と，設計上のポイントについて説明します．LVDSレシーバのブロック図を図9.13に示します．このレシーバでは，4チャネルのシリアル・データを28ビットのパラレル・データに変換する例を示しています．

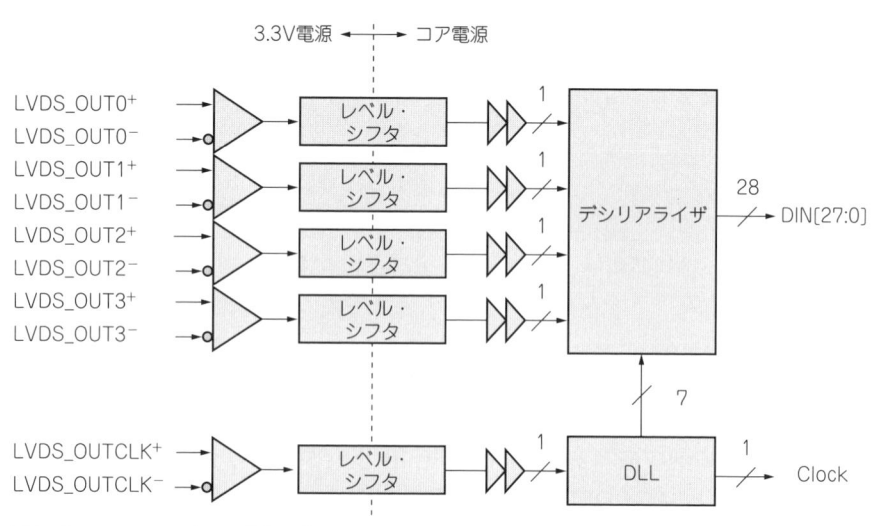

図 9.13 LVDS のレシーバ側のブロック図

第9章 高速ディスプレイ・インターフェースのデバイス設計

● LVDS レシーバ・アンプ

　LVDSレシーバ・アンプの回路図を図9.14に示します．LVDSレベルの信号は，LVDSレシーバ・アンプに入力されて，デシリアライザが正しく動作するレベルまで増幅されます．入力段の差動回路でLVDS信号を受信し，ゲインが不足する場合はさらにアンプで増幅します．

　LVDSの場合，他の外部インターフェースに比べて，伝送周波数が比較的低いこと，機器内部で使われること，トランスミッタとレシーバ間の伝送距離が短いことから回路規模を削減するため，イコライザは搭載されないのが一般的です．

　また，LVDSトランスミッタの信号が停止された場合や，ケーブルが抜けた場合など，LVDSレシーバの入力電位が不定になる場合があります．不定電位は，ノイズなどで異常発振した信号が入力される場合があり，回路の消費電力が異常に高くなったり，回路が誤動作したりすることがあります．

　これらを防ぐために，入力端子は高抵抗でプルダウンして，入力信号が停止したりケーブルが抜けても，安定して回路が停止するようにします．これをフェイルセーフ回路といいます．

● DLL(Delay Lock Loop)

　LVDSクロックは，LVDSレシーバ・アンプを経由してDLL(Delay Lock Loop)回路に入力されます．DLLの回路図を図9.15に示します．LVDSトランスミッタではPLLを使いましたが，レシーバではDLLを使います．PLLは周

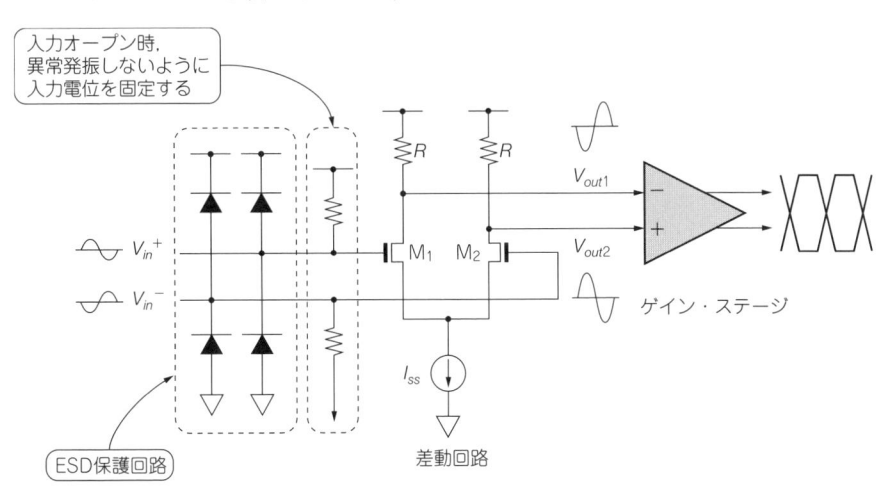

図9.14　LVDSレシーバの入力アンプ

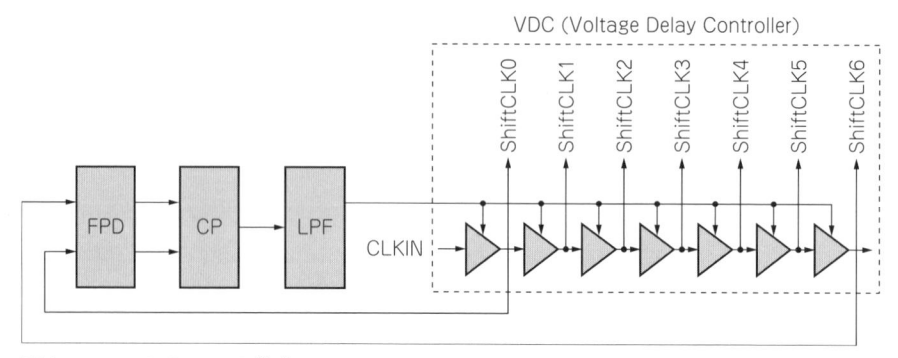

図 9.15 LVDS の DLL の構成

波数を制御しますが，DLL は遅延量を制御します．
　DLL の入力クロックは，VDC(Voltage Delay Controller)に入力されます．位相を制御したい 2 本の遅延線を取り出して位相を比較し，その差分情報を電圧に変換して VDC に戻し，遅延時間を電圧で制御する負帰還回路を構成します．
　PLL では，入力クロックは位相比較器に入力され，入力クロックの位相（時間）が変化しても PLL の出力クロックはすぐには応答しません．しかし DLL では，入力クロックは VDC に入力されるため，VDC の出力クロックは入力クロックの位相変化にすぐに追従して変化します．
　LVDS レシーバは，クロックとデータがあるジッタを持って入力されることを考慮しておく必要があります．もし，LVDS レシーバに PLL を使うとクロックのジッタにすぐに追従しないため，ジッタ量が大きいとクロック入力とデータ入力の位相ずれが大きくなり，デシリアライザでデータの取りこぼしを起こしてしまいます．
　LVDS レシーバにおいては，入力クロックと入力データのタイミングは常にシビアであり，PLL より DLL を使う方がタイミング・マージンを大きくすることができます．

● デシリアライザ(De-SERIALIZER)
　デシリアライザの動作タイミング図を，**図9.16** に示します．デシリアライザは，4 チャネルの LVDS シリアル・データを 28 ビットのパラレル・データに 1：7 のシリアル - パラレル変換する回路です．取り込み信号は，DLL で生成した 7 位相

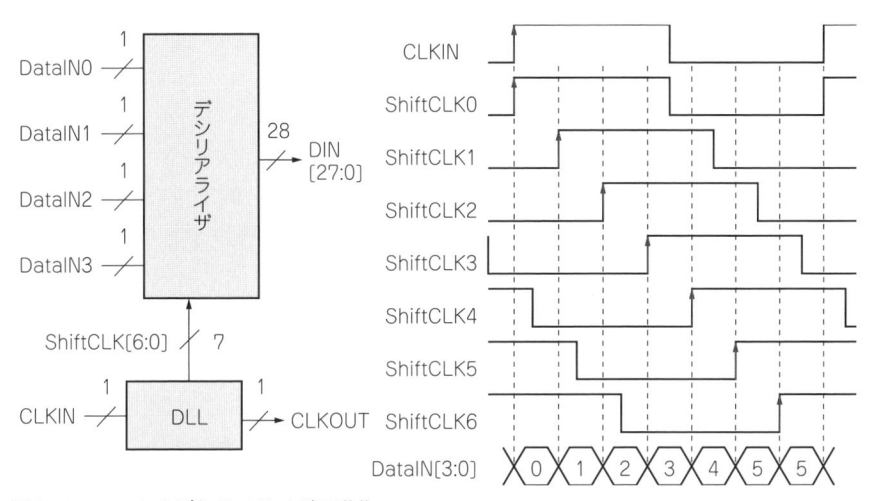

第9章 高速ディスプレイ・インターフェースのデバイス設計

図9.16 LVDSのデシリアライザの動作

の遅延信号を使います．

この7位相の遅延信号はクロック1周期を均等に1/7遅延量を分割した信号であり，この7本の遅延信号を使ってLVDSシリアル・データを取り込み，パラレル・データに変換します．ちょうど，LVDSトランスミッタのシリアライザと反対の動作になります．

LVDSトランスミッタのシリアライザには2種類の設計方法がありましたが，LVDSレシーバのデシリアライザではDLLを使うため，7逓倍の取り込みクロックを作ることができないため，7位相の遅延信号でシリアル・データを取り込みます．

● 電圧レベルシフタ

デシリアライザとDLLはコア電源とコア・トランジスタで設計され，高速性と低消費電力性を確保します．LVDSレシーバ・アンプはLVDSのオフセット電圧と出力振幅レベルの規格により，基本的に3.3V電源と3.3Vトランジスタで設計されます．したがって，LVDSアンプとデシリアライザ間，およびLVDSアンプとDLL間には電圧レベルをシフトさせるレベルシフタが必要になります．

レベルシフタは，シリ-パラ変換される前の高速シリアル・データの電圧をシフトさせる必要があるため，LVDSトランスミッタと同様に，デューティ・サイクルがずれないようにします．もし，レベルシフタで"L"から"H"へのデータ

遷移時間と"H"から"L"へのデータ遷移時間にずれが生じると，その時間的ずれはそのままジッタとしてデシリアライザのタイミング・マージンを悪化させてしまいます．

図 9.13 において，LVDS クロック入力から DLL 入力までの時間 T_1 と，4 チャネルある LVDS データ入力からシリアライザ入力までの時間 T_2, T_3, T_4, T_5 にずれが生じないように，回路構成として全く同一なバッファと LVDS ドライバを配置したり，全く同一の配線をするようにレイアウト設計を行います．

なお，本書で示した回路図は，動作を説明するための等価回路図であり，実際のインプリメンテーションとは異なります．

9-7　HDMI/DisplayPort の回路設計技術

HDMI や DisplayPort などでは，LVDS よりもさらに高速化に適した技術が使われています．本節では，Gbps/レーン・レベルの高速インターフェースの回路設計技術について解説します．

● エンベデッド・クロック技術

HDMI，LVDS，miniLVDS では，データ・レーンと並走してクロック・レーンも使われます．クロック・レーンが別にあるとトランスミッタやレシーバの設計は容易になりますが，ケーブルやコネクタのコストもクロック・レーンの分だけ上昇します．また，専用クロックに起因する EMI も問題になります．

さらに，LVDS のところでも説明したように，レシーバ端でのクロックとデータのタイミング・スキュが問題になり，高速性が上がらないという問題があります．そこで，DisplayPort, PCI Express, SATA など，ハイエンドの高速インターフェース規格にはエンベデッド・クロック技術が使われています[49][50]．

エンベデッド・クロック技術は上記の問題を解決するために考えられたものです．エンベデッド・クロック技術には，以下の 2 種類があります．

(1) クロック情報埋め込み方式──クロック情報をデータ・レーンに埋め込む方式

クロック情報埋め込み方式とは，伝送するビデオ・データの間に周期的にクロック情報ビットをデータ・レーンに埋め込んで送信する方式です．クロック情報ビットとは，1 ビットの"L"レベルと 1 ビットの"H"レベルを続けて 1 回定期的に送信し，レシーバ側でこの情報を抽出してクロック信号を再生します．クロック情報は，一般的に数十ビット(N)に 1 回送信されます．ただし，この N はあらか

第9章 高速ディスプレイ・インターフェースのデバイス設計

じめトランスミッタとレシーバ間で決めておきます.

図9.17(a)では,24ビットのビデオ・データ(RGB各8ビット)を1チャネルのシリアル・データで伝送している状態を示しています.ピクセル・クロックが75MHzとすると,データ伝送量は75MHz×24＝1.8Gbps/lane(クロック・ビット除く)となります.

電源を入れた後,トランスミッタはクロック波形と同じ波形になるようなシンク・パターン(同期パターン)をレシーバに送ります.このクロック波形を使って,レシーバのPLLでロックさせます.PLLがロックしたら,レシーバからロック信号をトランスミッタに送ります.トランスミッタは,レシーバのPLLがロックしたことを確認してデータの送信を開始します.

ここで,クロック情報ビットは必ず24ビットに1回送ります.クロック情報ビット以外のビデオ・データの"L"レベルから"H"レベルへのデータ遷移でPLLが動作しないように制御します.これには,シンク・パターンでロックした際に,位相比較器のマスク信号を生成しておきます.マスク信号が"L"レベルのとき

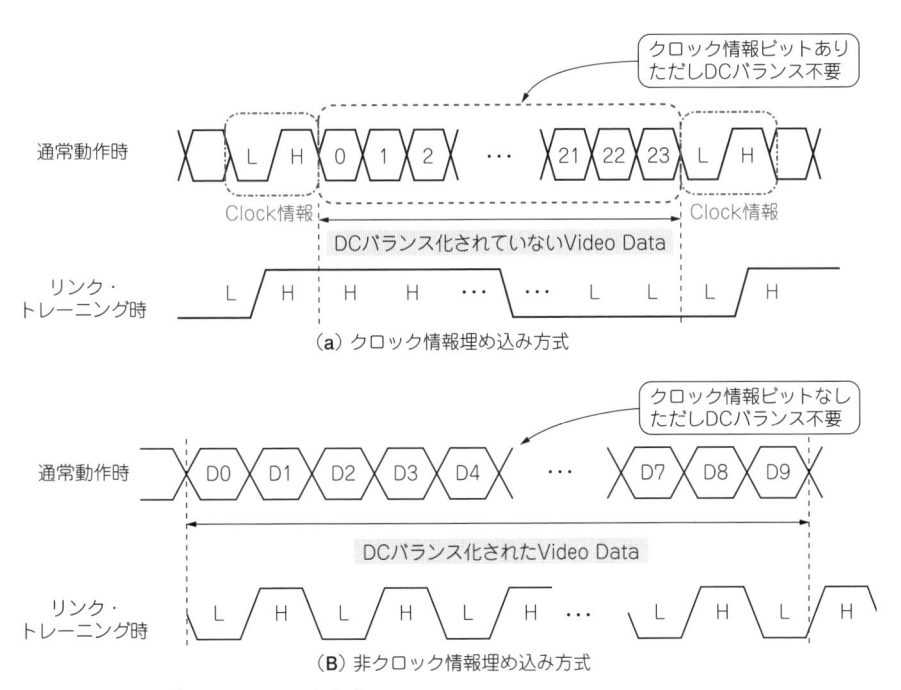

図9.17 エンベデッド・クロック方式

(a) クロック情報埋め込み方式

(B) 非クロック情報埋め込み方式

は位相比較をディセーブルし，"H"レベルのときは位相比較器をイネーブルにして位相比較動作を行います．これにより，ビデオ・データ送信時は位相比較器がディセーブルになります．

　通常動作中に，もしレシーバのPLLのロックが外れた場合，レシーバからトランスミッタにロックが外れたことを伝えます．トランスミッタはその信号を検出し，再度シンク・パターンの送信を開始します．図9.17(a)では，1:24のパラ-シリ変換としています．クロック情報が埋め込まれているため，クロック周波数成分に起因するEMIに注意が必要です．

　クロック情報埋め込み方式では，PLLのロック・シーケンス時に，誤った高周波数へロックすることを防ぐために，レシーバにリファレンス・クロックを用いて，PLLを所望の周波数に強制的にロックさせる場合もあります．

　レシーバ側では，1チャネルのシリアル・データを24ビットのパラレル・データに変換（データ・リカバリ）するには，一般的にPLLを使います．LVDSでは，クロック・レーンとデータ・レーンのタイミングずれを防止するためDLLを使いましたが，エンベデッド・クロック方式ではクロック・レーンがないため，一般的にPLLを使います．データ・リカバリの設計については後述します．

　クロック情報埋め込み方式は，HDMIやDisplayPortでは使われておらず，LVDSの拡張型など一部の用途で使われています．

(2) 非クロック情報埋め込み方式——データ・ビットからクロックを再生する方式

　上記のクロック情報埋め込み方式では，クロック周波数の情報をデータ・レーンに埋め込み，レシーバでその情報を抽出しましたが，この方式ではクロック情報を送らずにレシーバでクロックを再生します［図9.17(b)］．DisplayPortやSATA，PCI Expressでは，本方式を採用しています．

　クロック情報を送らないため，レシーバではデータ・ストリームのみからクロック成分とデータの切れ目を抽出する必要があります．したがって，送られるデータに'0'が続いたり，'1'が続いたりすると，レシーバのPLLがロックから外れてしまうため，クロック成分を抽出することができなくなります．したがって，ある一定期間ごとに，故意に'0'と'1'が変動する信号を送り，そのデータの信号遷移からクロック成分とデータの切れ目を抽出します．それには，次節のANSI-8B10Bが広く使われています．

　通常動作中に，もしレシーバのPLLのロックが外れた場合，レシーバからトランスミッタにロックが外れたことを伝えます．トランスミッタはその信号を検出し，再度シンク・パターンの送信を開始します．

9-8 コーディング方式

● ANSI-8B10B 方式── DC バランスを保つためのデータ・コーディング

ANSI-8B10B 方式は，IBM で開発されたコーディング方式で，8 ビットのデータを 10 ビットに変換して 10 ビット単位でシリアライズする方式です(**図 4.C** 参照)．

(1) DC バランス

送信された '1' のビット数と '0' のビット数は，平均して同じになるようになっています．これにより AC 結合への対応を可能にします．また，クロック成分を重畳して送信しないため，クロック情報埋め込み方式に比べて EMI を低減することが可能です．

(2) 定期的なデータ遷移

連続して，5 ビット以上，'1' あるいは '0' が続かないようになっているため，必ず定期的にデータの遷移が保証されています．長い時間 '1'（あるいは '0'）が続いた後，'0'（あるいは '1'）に遷移すると，データが必要な電圧レベルまで反転できないため，レシーバ側でデータを正しく取り込むことが困難になります．

また，ANSI-8B10B は AC 結合で使われるため，直流(DC)成分がカットされるので有損失伝送路の減衰による ISI(シンボル間干渉)ジッタを低減することが可能です(**図 4.B** 参照)．

(3) エラー・チェックが可能

ANSI-8B10B では，決められた 10 ビット・コード以外のコードを検出するとエラー・フラグが立ち，伝送状態を監視することが可能です．

(4) キャラクタ・コード

ANSI-8B10B では，コンマ・キャラクタと呼ばれる特殊コードを別に定義しており，各種用途に使われています．例えば，アイドル期間中に送信し 10 ビットのワード・アライン(切れ目)を見つけ出したりする用途に使います[51]．

● TMDS 方式── HDMI に使われるデータ・コーディング

TMDS は，DVI や HDMI で使われているコーディング方式です．状態遷移を最小化することで，可能な限り高周波成分が抑えられるコーディング方式です．

● AC 結合と DC 結合

トランスミッタとレシーバの電源電圧が異なる場合，両者の回路構成が異なると送信側の出力電圧と受信側のしきい値電圧が正しくマッチしない場合などで

は，DC結合を適用するとレシーバ側で正しく信号が受信できないことがあります．

また，外部機器間インターフェースや機器内の基板間インターフェースの場合，トランスミッタ側とレシーバ側でGNDレベルが異なることがあります．GNDレベルが異なると，信号レベルにオフセットが生じてしまい，その差分が大きいときはLSIにダメージを与えてしまいます．このようなとき，信号を正しく受信するにはAC結合を採用します．AC結合では，トランスミッタとレシーバの間に直列に容量を追加し，トランスミッタ側，レシーバ側の各々差動信号間に抵抗を介して任意のDC電圧に終端をします．

AC結合では，挿入した容量によりDC成分はカットされます．レシーバ端では設定した終端電圧を中心に振幅するため，トランスミッタ側のDC成分には依存せず，振幅の絶対値のみが伝送されます．したがって，振幅の絶対値が問題にならない限り，トランスミッタ側とレシーバ側のDCレベルにずれがあっても正常に信号は伝送されます(図9.18)．

しかし，AC結合には常に信号レベルの状態遷移が必要です．状態遷移がないと，差動のプラス端子とマイナス端子はレシーバの終端電位に向かって放電を行うため，両信号がクロスする電位がなくなってしまい，信号レベルが正しく伝わらなくなってしまいます(図9.19)．したがって，このように常時状態遷移がある信号伝送をDCバランスといいます．

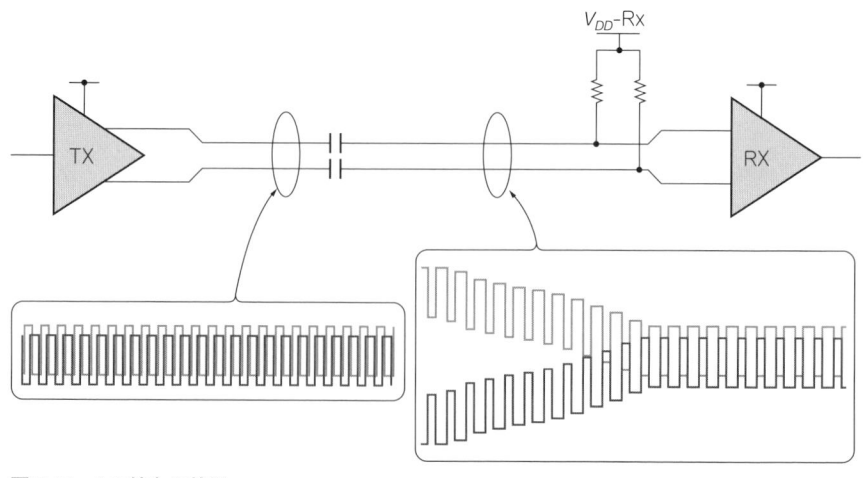

図9.18　AC結合の効果

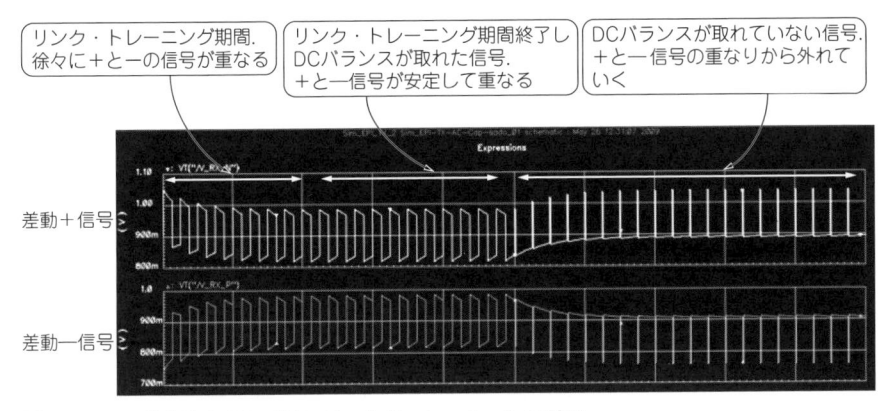

第9章 高速ディスプレイ・インターフェースのデバイス設計

リンク・トレーニング期間．徐々に＋と－の信号が重なる

リンク・トレーニング期間終了しDCバランスが取れた信号．＋と一信号が安定して重なる

DCバランスが取れていない信号．＋と一信号の重なりから外れていく

図 9.19　AC 結合時の DC バランス・シミュレーションの結果

　容量 C の値は，終端抵抗値 R と，'1' あるいは '0' が連続する数 N（ランレングス）と，動作周波数 f により決まります．容量 C と終端抵抗 R の積である時定数と，ランレングス N と動作周波数 f の逆数の積には，以下の関係が成立します．

$$C \times R \propto N \times (1/f)$$

　高速インターフェースの場合，伝送周波数にもよりますが，容量値は $0.1\,\mu\mathrm{F}$ から $0.01\,\mu\mathrm{F}$ が使われています．

9-9　クロック・データ・リカバリ(CDR)技術

　クロック・データ・リカバリ（CDR：Clock & Data Recovery）は，高速シリアル・インターフェースに必須のキー・コンポーネントです．本節では，CDR の基本的な回路設計技術について説明します[52]．CDR の回路方式は，大きく分けて下記の4つに分類できます．
(1) オーバサンプリング方式
(2) PLL 型位相制御方式
(3) DLL 型位相制御方式
(4) インターポーレータ方式

● エンベデッド・クロック・システムに必須のクロック再生回路
　図 9.20 にレシーバの物理層のブロック図を示しますが，この図からレシーバの中の CDR の位置づけがわかります．シリアル・ストリームは，ケーブルなど

の伝送線路を伝播することで波形が歪んでしまうため，イコライザ回路で高周波成分を持ち上げてアイパターンを開口させます．その後，CDRにてシリアル・データ入力から，データと同期したクロックを抽出し，デシリアライザでシリアル・データからパラレル・データに変換します．

CDRの動作原理を理解するために，PLLを使った等価回路を示します（図9.21）．シリアル・データは，PLLに入力されると同時にFFにも入力され，PLLのフィードバック・クロックがFFのクロック入力に接続されます．このクロックとシリアル・データはPLLを使って同期関係が保たれます．また，PLLを使うことで入力データの高周波ジッタを除去することができ，クリーンなリカバリ・クロックを生成することができます．さらに，VCOによるリカバリ・クロックは，最適なセットアップ，ホールドを確保するため，シリアル・データ入力の1UI（Unit Interval）の真ん中に来るように調整されます．

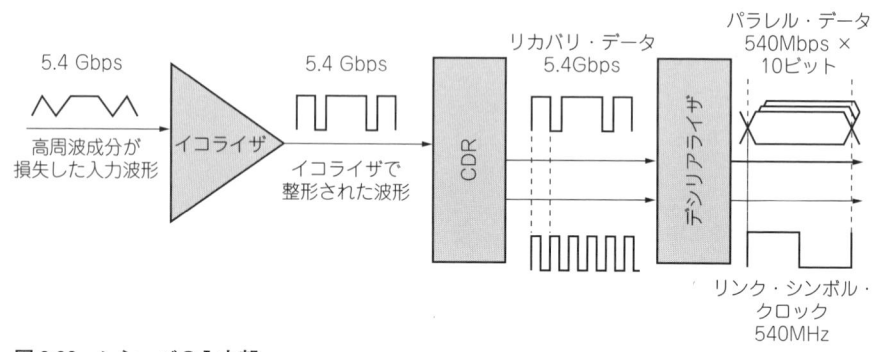

図9.20 レシーバの入力部

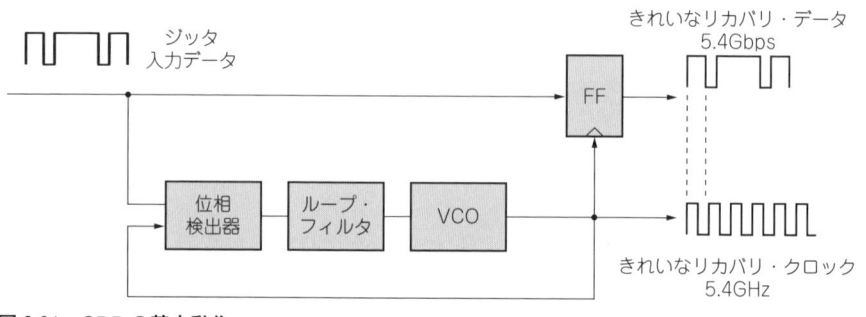

図9.21 CDRの基本動作

入力データはランダム・データのため，立ち上がりエッジは毎ビットあるわけではないので，PLL ではシリアル・データの立ち上がりエッジが存在するときのみ位相比較を行うように工夫されています．実際の回路は，周波数情報と位相情報を認識できる回路である必要があります．また PLL は，外来ノイズなどで n 倍，1/n 倍の周波数でロックしないような仕組みが必要になります．

● オーバサンプリング型 CDR

オーバサンプリング型 CDR の回路構成を図 9.22 に示します[53][54]．オーバサンプリング方式は，一部の HDMI などデータ・レーンとクロック・レーンを並走して送るタイプ(ソース・シンクロナス方式)の高速シリアル・インターフェースに使われてきました．本方式は，入力データ・ストリームの位相にリカバリ・クロックの位相が追従する方式ではなく，シリアル・データ入力をクロック入力で，サンプリングするクロックとシリアル・データの位相のタイミングを非同期として動作させることが可能です．

サンプリングするクロックは，通常トランスミッタから送信されるクロックを使います．入力クロックから PLL を使った多層クロックを生成し，その多層クロックを使って入力シリアル・データを複数回サンプリングします(図 9.23)．

後述する PLL 型位相制御方式や DLL 型位相制御方式では，位相ループ・モードからはずれた場合は周波数モードに切り替える必要がありましたが，オーバサンプリング方式ではそのような作業は不要であり，安定した方式であるといえます．また，クロックが並走されるため，リンク・トレーニングは不要です．しかし，マルチ位相クロック生成が必要で，一般的に消費電力が大きくなります．また，周波数帯域がワイドレンジで使われることが多いため，使用するフィルタのサイズ(コア・サイズ)が大きくなります．さらに，オーバサンプリング結果から

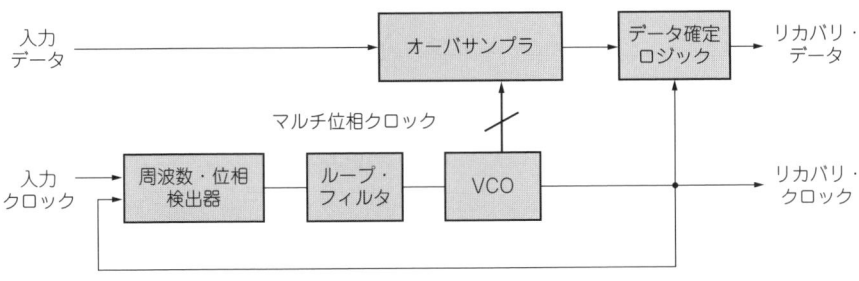

図 9.22 オーバサンプリング型 CDR の等価回路

図 9.23　オーバサンプリング型 CDR の動作タイミング

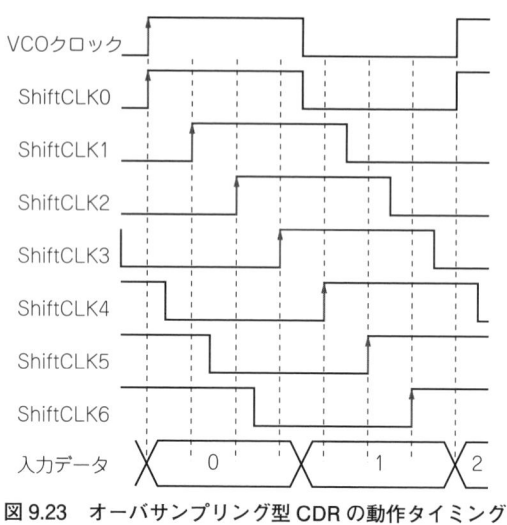

データを確定させる必要があるため，回路規模が大きくなります．

● PLL 型位相制御方式 CDR

　PLL 型位相制御方式 CDR の回路構成を図 9.24 に示します[55][56]．本方式は，DisplayPort のようなクロック・エンベデッド方式で，8B10B コーディングを採用する高速インターフェース回路で使われます．

　本方式には，周波数トラッキング・ループと位相トラッキング・ループの 2 つの制御ループがあります．まず，起動時は周波数トラッキング・ループで動作します．起動時はリンク・トレーニングのシーケンスが必要です．リンク・トレーニングにおいては，入力されるシリアル・データ・ストリームのビットが毎サイクル '1'，'0' のデータを遷移するクロック・パターンになります．

　リンク・トレーニングにより，リンクの周波数を確定して VCO をロックさせます（図 9.25）．VCO がロックすればリンク・トレーニングが終了し，位相トラッキング・ループに切り替わります．通常動作時は，8B10B コーディングで定期的に立ち上がりエッジの入力が保証されており，位相比較期（PD）ではこの立ち上がりエッジを捕まえて入力ストリームと VCO クロックの位相をロックさせます．通常動作中に，もし位相トラッキング・ループのロックが外れた場合は，レシーバからトランスミッタにロックが外れたことを知らせて，周波数ループに戻

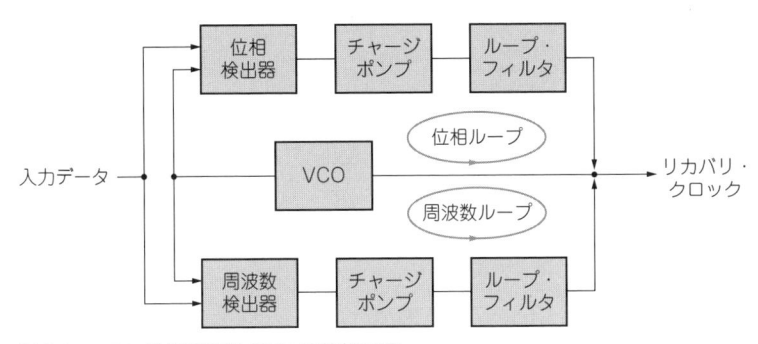

図9.24　PLL位相制御型CDRの等価回路

(a) リンク・トレーニング時

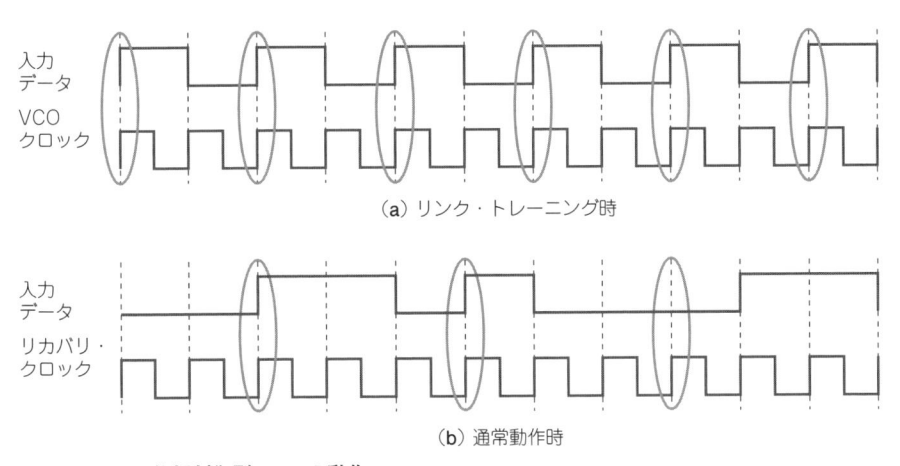

(b) 通常動作時

図9.25　PLL位相制御型CDRの動作

すシーケンスが必要です(DisplayPortではHPDを使ってトランスミッタに知らせる).

　本方式のメリットは，後述する位相インターポーレータ方式よりも入力ジッタ耐性が高いことです．周波数トラッキング・ループにおいて，誤った周波数にロックすることを防止するために，リファレンス・クロックを使う場合があります．

　本方式の懸念事項は，周波数ループと位相ループ間の干渉やノイズにより，立ち上がりエッジが消失したとき位相ループはロックが外れ，周波数ループに切り替えが必要になるため，ループ制御に注意が必要です．また，位相インターポーレータ方式よりもコア・サイズが大きくなってしまいます．

　そこで，回路面積を削減するため，また2つのVCOのミスマッチを防止する

ために，周波数トラッキング・ループの VCO と位相トラッキング・ループの VCO は共用化されるのが一般的です．また，メタステーブルや LPF のリップル・ノイズによる位相ループの誤動作が問題になる場合があり注意が必要です．また，この PLL はトランスミッタから送信される SSC（周波数拡散クロック）の変動に追従できる帯域を確保する必要があります．

● DLL 型位相制御方式 CDR

　DLL 型位相制御方式 CDR の回路構成を，図 9.26 に示します[57][58]．前述の PLL 型位相制御方式との違いは，PLL が DLL になっており，VCO が VCDL （Voltage Controlled Delay Line：電圧制御型遅延ライン）になっている点です．VCDL は，制御電圧により回路の遅延時間（Delay）を可変できる回路です．起動時に周波数ループで動作するところは PLL 型位相制御方式と同じですが，通常動作時は DLL ループで動作します．

　本方式の特長は，PLL 方式に比べてジッタの蓄積がないことと，PLL 型位相制御方式に比べて安定性がよいことが挙げられます．しかし，VCDL への入力周波数は入力データ・ストリームのデータ・レートと同一である必要があります．

　本方式は DLL を使うため，トランスミッタとレシーバの周波数オフセットの補正ができないため，主にソース・シンクロナス・タイプのチップ間伝送に使われます．

● 位相インターポーレータ型 CDR

　位相インターポーレータ型 CDR の回路構成を図 9.27 に示します[59][60][61]．

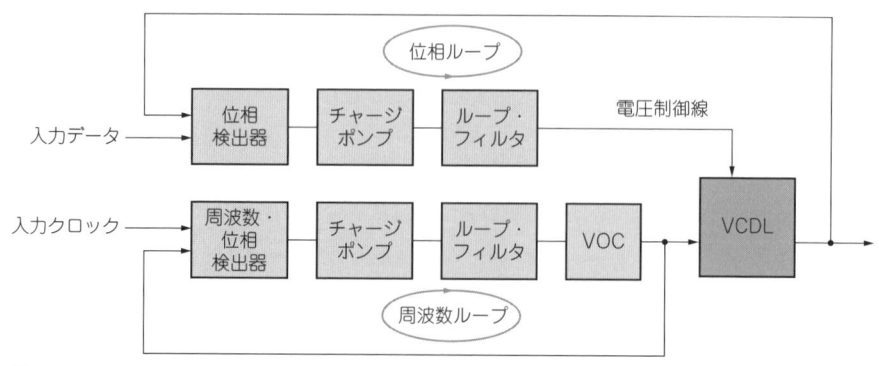

図 9.26　DLL 位相制御型 CDR の等価回路

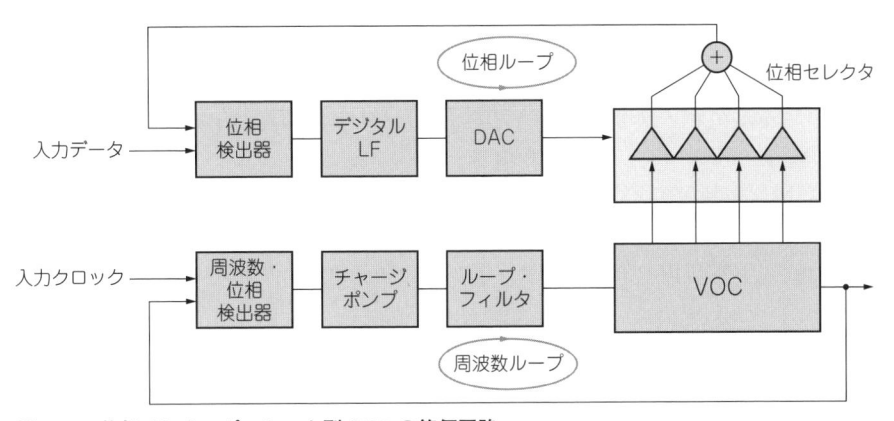

第9章 高速ディスプレイ・インターフェースのデバイス設計

図 9.27 位相インターポーレータ型 CDR の等価回路

PLL 型位相制御方式との違いは，VCO のマルチ位相クロックから最適なものを選択する位相セレクタを備える点です．PLL 型位相制御方式に比べて，安定性，高速精度，ジッタ・ピークの低減に良好な点も挙げられます．また，他の方式より面積を小さくできます．設計上の注意点としては，位相インターポーレータの解像度が重要です．

● CDR 回路方式の比較

各 CDR の比較を**表 9.1** に示します．オーバサンプリング方式はコンベンショナルで，リンク・トレーニングが不要ですが，コア・サイズや消費電力が大きく

表 9.1 CDR 回路方式の比較

CDR 方式	長 所	短 所
オーバサンプリング型	・2重ループの安定性考慮不要 ・コンベンショナルな方式	・回路規模大(特にロジック) 　(高周波ジッタ追従性悪い) ・コア面積が大きい
PLL 位相制御型	・ジッタ・トレンラス性能が良好 （f_c 高くできる）	・安定性が問題(N 倍ロックに注意要) ・コア面積が大きい ・マルチチャンネルで共用困難
DLL 位相制御型	・安定性が得やすい	・ソース・シンクロナス方式のみ
位相インターポーレータ型	・安定性が良好(誤ロックしにくい) ・コア面積が小さい(デジタル PLL) ・PLL 部はマルチチャンネルで共用可能	・ジッタ・トレランス性能が PLL 方式より悪い （f_c を高くできない） ・リファレンス・クロックが必要

なるため，現在はあまり使われていません．

PLL 型位相制御方式は，ジッタ・トレランス耐性が高いこと，入力ジッタが抑制できることがメリットです．デメリットとしては，比較的大きなループ・フィルタが必要なためコア・サイズが大きくなることです．

DLL 型位相制御方式のメリットは，ループが 1 次の系になるため安定性が高いことです．デメリットは周波数補正ができないため，トランスミッタとレシーバでクロックを共用できるソース・シンクロナス方式以外では使いづらくなります．

位相インターポーレータ方式のメリットは，コア・サイズを最も小さくできることです．デメリットは，ジッタ・トレランス耐性が PLL 型位相制御方式より劣ることです．

使用するアプリケーションに応じて，最適な CDR の回路方式を選択することが重要です．

9-10 シグナル・インテグリティ補正技術

トランスミッタから出力された差動信号は，レシーバに到達するまでにケーブル，コネクタ，プリント基板などの伝送路により損失が発生します．特にケーブルは，有損失伝送線路として，その長さによっては特に高周波数成分の損失が発生します．この損失が大きい場合は，レシーバで正常に受信できないことがあります（図 9.28）．

高速インターフェースは，伝送線路における損失を考慮し，その損失を補正する工夫がなされています．

● プリエンファシス / デエンファシス——トランスミッタで信号品質を補正する定番回路

有損失伝送線路による高周波成分の減衰は，レシーバ端でアイパターンを悪化させます．例えば，"H" レベルがしばらく続いて "L" レベルに変化するデータ・パターンと，毎ビット "H" レベルと "L" レベルが変化するデータ・パターンでは，図 9.29 に示すようなパターン依存のジッタが起こります．

トランスミッタ側で何も補正をしない場合のトランスミッタ端とレシーバ端の波形を重ね合わせたもの，およびそのアイパターンを図 9.30 に示します．このように，レシーバ端の波形は歪みジッタが大きくなってしまいます．

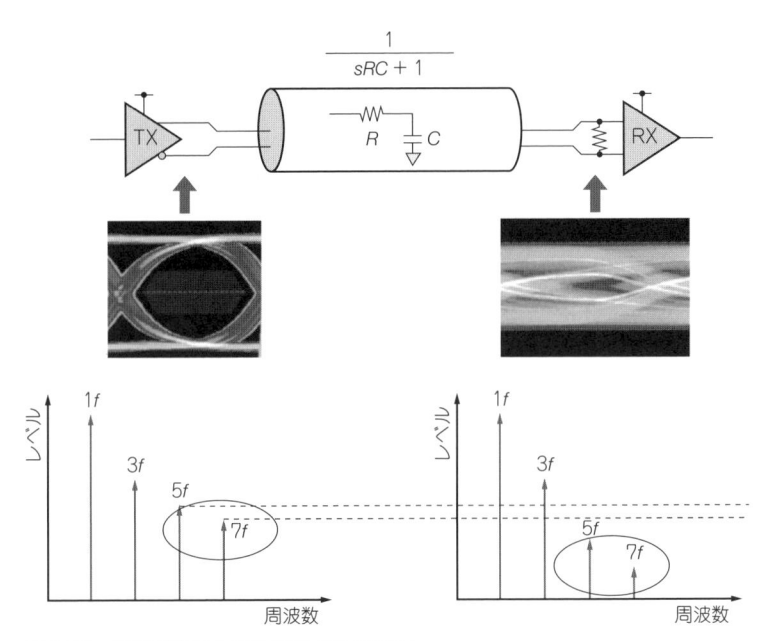

第9章　高速ディスプレイ・インターフェースのデバイス設計

図9.28　伝送線路による高周波成分の減衰

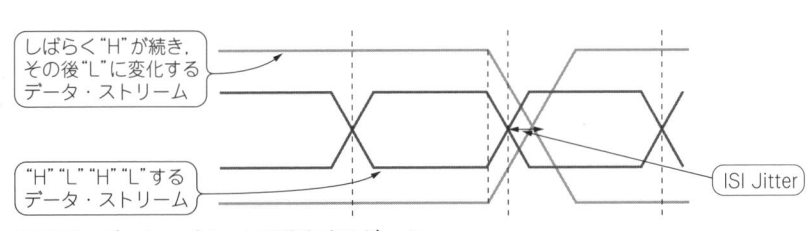

図9.29　データ・パターンに依存するジッタ

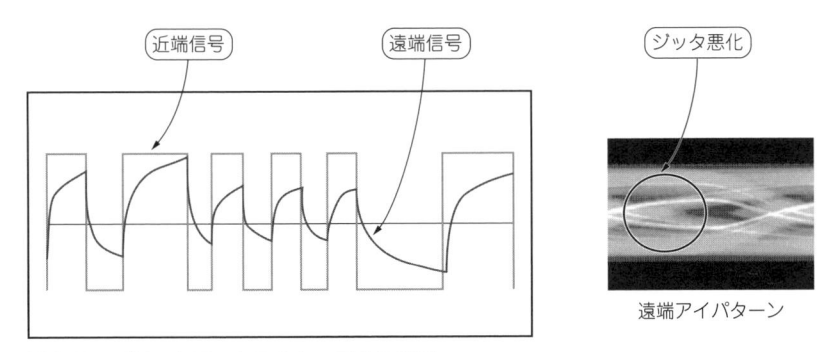

図9.30　プリエンファシスのない場合の波形

この減衰をトランスミッタ側であらかじめ補正する技術が，プリエンファシス（あるいはデエンファシス）です．データの状態が遷移するエッジ部分には高周波成分が含まれており，信号が"H"レベルから"L"レベル，あるいは"L"レベルから"H"レベルに状態が遷移したときに，有損失伝送線路で減衰する分を考慮してあらかじめ振幅を増やしておく技術です(**図 9.31**)[62]．

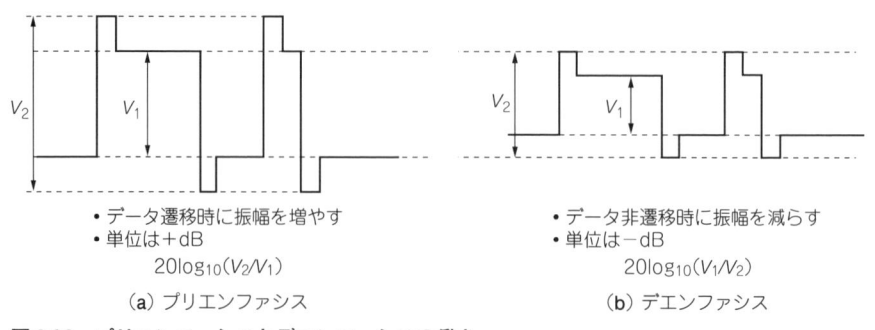

プリエンファシスとデエンファシスの違いを**図 9.32**に示します．プリエンファシスはデータ遷移時に振幅を増やし，デエンファシスはデータ遷移がない定常状態時に振幅を減らします．プリエンファシスは振幅が増加するため，基準の設定レベルから追加の電流が必要になります．デエンファシスは，定常状態で駆動電流を減らします．ただし，振幅レベルが基準振幅レベルから下がるので注意が必要です．

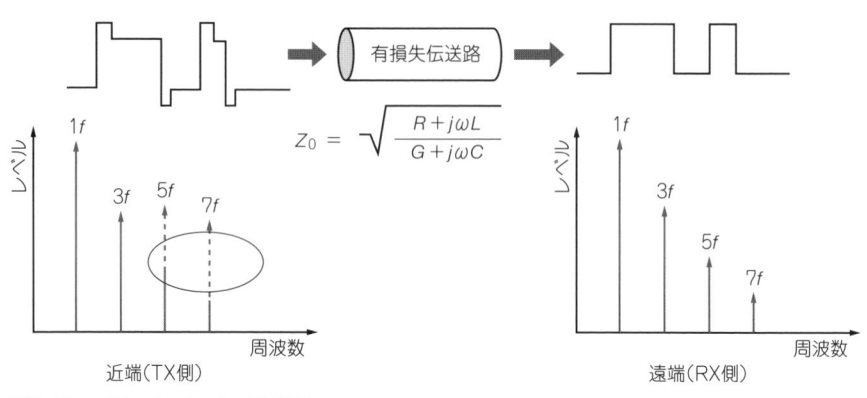

$$Z_0 = \sqrt{\frac{R+j\omega L}{G+j\omega C}}$$

図 9.31 プリエンファシスの効果

- データ遷移時に振幅を増やす
- 単位は＋dB

$20\log_{10}(V_2/V_1)$

（a）プリエンファシス

- データ非遷移時に振幅を減らす
- 単位は－dB

$20\log_{10}(V_1/V_2)$

（b）デエンファシス

図 9.32 プリエンファシスとデエンファシスの働き

第9章 高速ディスプレイ・インターフェースのデバイス設計

　プリエンファシス，デエンファシスの出力ドライバ回路図を**図 9.33**に示します．このドライバ回路は，後述するCML（Current Mode Logic，電流モード・ロジック）型出力回路になっています．メイン・バッファは，データの論理レベルにより"H"レベル，"L"レベルを常時出力するバッファです．これと並列に，プリエンファシス・バッファが複数接続されます．

　例えば，20%プリエンファシスをかける場合，1つのPE（プリエンファシス）バッファをONします．このバッファは，データの状態遷移が発生したときだけ一定時間ONするバッファになっており，データの状態遷移がない場合はOFFします．さらに，プリエンファシスを強くしたい場合は，3つ目のPEバッファをONします．このようにして，プリエンファシスの設定を制御します．

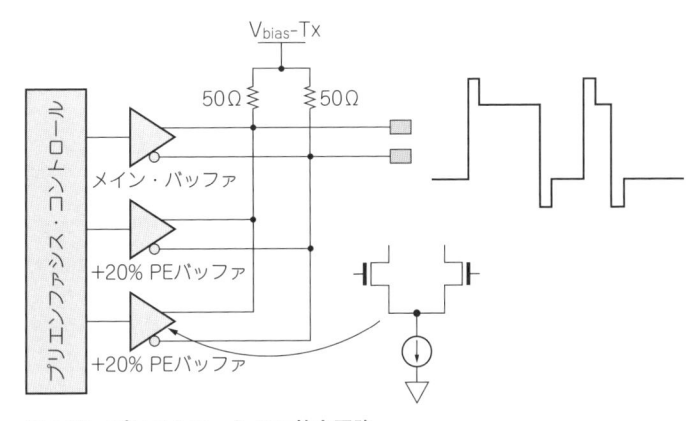

図 9.33　プリエンファシスの基本回路

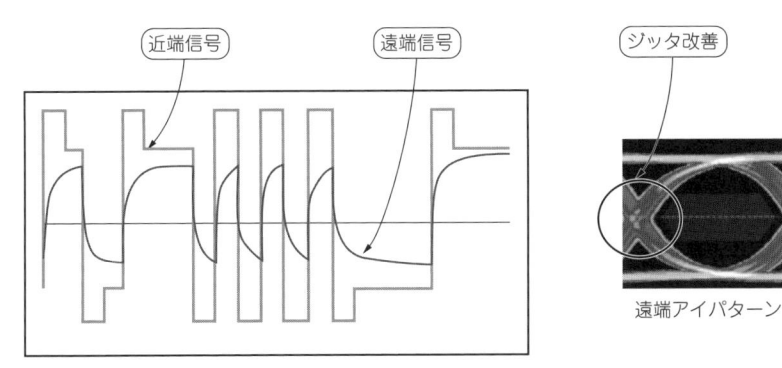

図 9.34　プリエンファシスによる遠端波形の改善

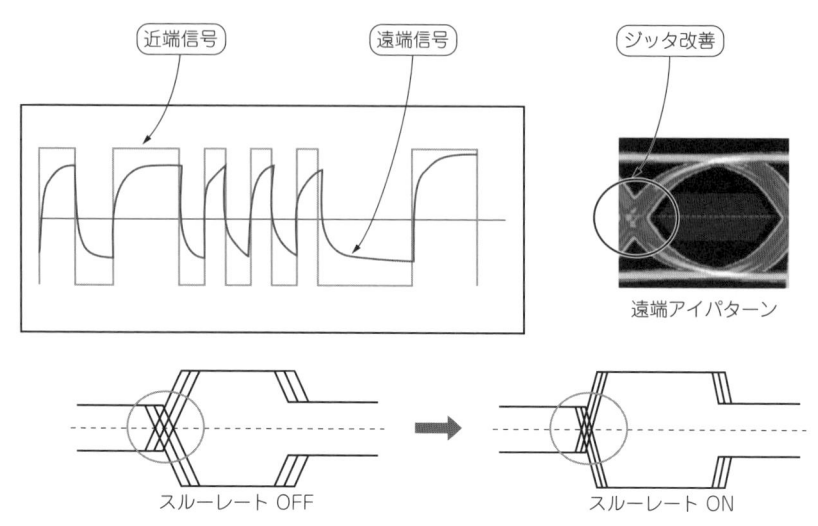

図9.35 スルーレート・コントロールによる波形品質の改善

プリエンファシスを ON にした場合のトランスミッタ端とレシーバ端の波形を重ね合わせたもの，およびそのアイパターンを図 9.34 に示します．レシーバ端ではデータ・パターンによる波形のなまりの影響が少なくなるため，ジッタが小さくなりアイパターンを開口できることが分かります．

レシーバ端の波形のなまりの影響をさらに小さくするために，トランスミッタ側でデータ遷移時に故意に波形を立ち上がらせて，レシーバ端でのアイパターンをさらに開口させる場合があります．データ遷移時に瞬間的に電源と差動のプラス側，および GND と差動のマイナス側を低インピーダンスにすることで，スルーレート（立ち上がり時間 / 立ち下がり時間）が改善します．これによりレシーバ端での波形がシャープになり，アイパターンがさらに開口します．ただし，消費電流が大きくなるためトレードオフになります（図 9.35）．

● イコライザ——レシーバで信号品質を補正する定番回路

有損失伝送線路による高周波成分の減衰をレシーバ側で補正する技術がイコライザです（図 9.36）[63] [64] [65] [66] [67] [68]．基本的なイコライザの等価回路図を図 9.37 に示します．

図 9.5 に示した通常の差動回路に対して，容量が並列に，抵抗が端子間に接続されています．直列に接続された容量 C と抵抗 R によりハイパス・フィルタが

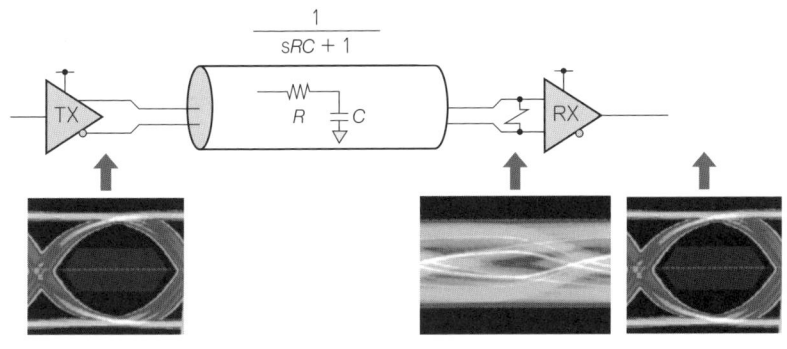

第9章 高速ディスプレイ・インターフェースのデバイス設計

図9.36 イコライザの効果

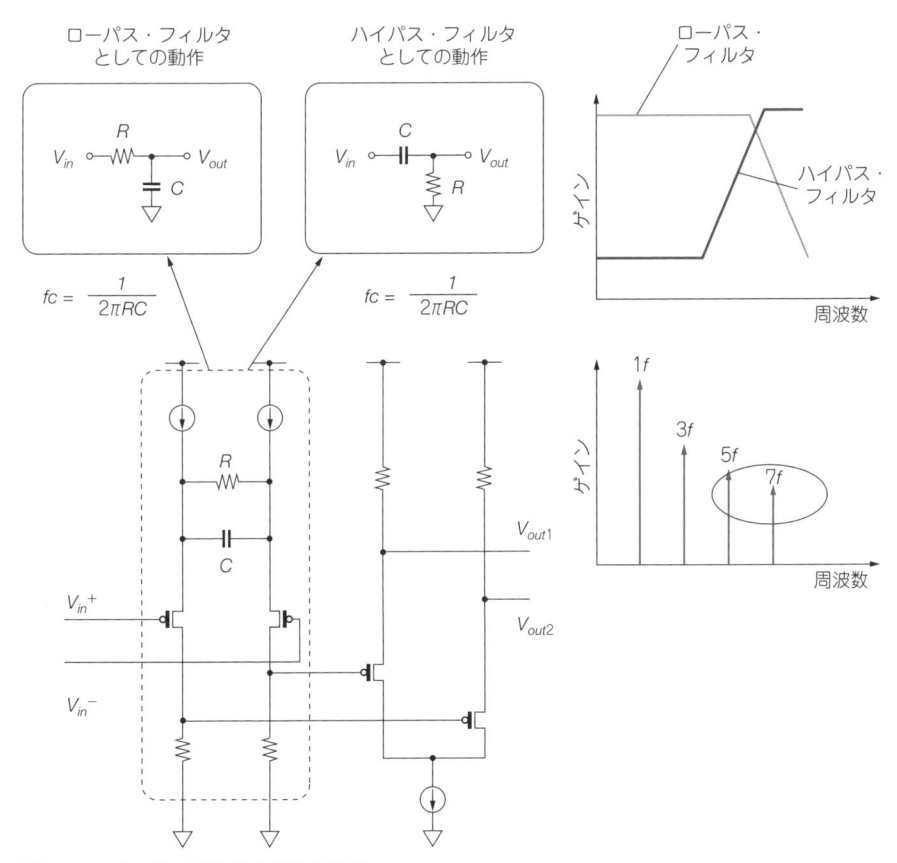

図9.37 イコライザの基本回路と動作

構成されます．一方，アンプの構成要素である寄生容量と抵抗成分から，ローパス・フィルタも構成されています．これらを重ね合わせると，ある周波数でピークを持つ特性が得られます（**図9.37**）．このピーク周波数をデータ入力の最大動作周波数に合わせて特定のビット・レートで高周波成分が強調されるため，鈍ったアイパターンが開くことになります．

イコライザにはいくつかの種類がありますが，主なものはアダプティブ・イコライザとゲイン固定イコライザです．

アダプティブ・イコライザは，入力データの波形によって，そのゲインが変わるイコライザです．波形が歪んでいてイコライザの出力部で十分なゲインが得られない場合は，更にイコライザのゲインを上げて最適な出力が得られるようなフィードバック・ループが働きます．アダプティブ・イコライザはゲイン固定イコライザに比べて設計が複雑になります（**図9.38**）．

ゲイン固定イコライザは，ゲイン値があらかじめ固定されたイコライザです．

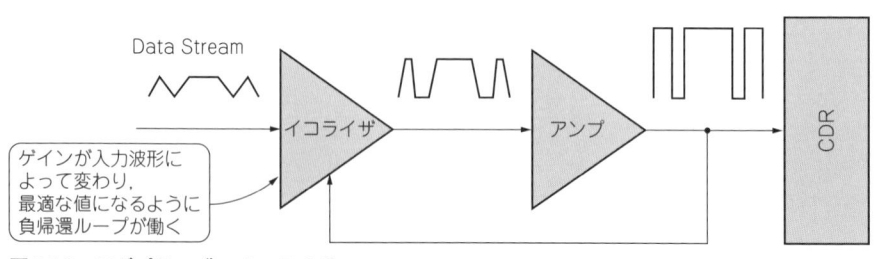

図9.38 アダプティブ・イコライザ

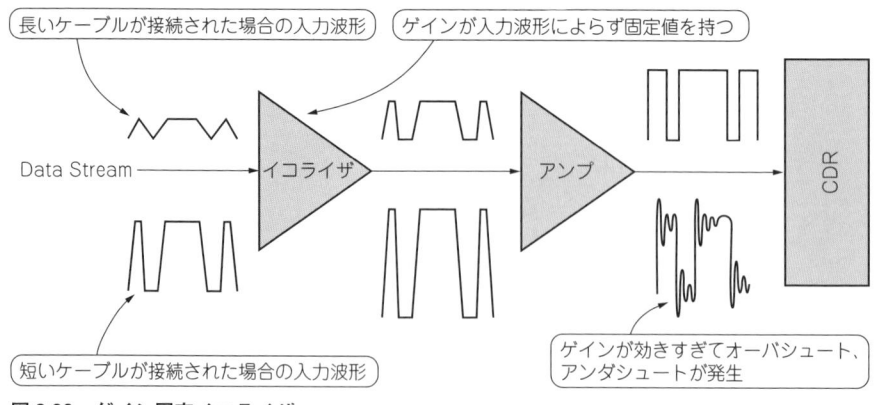

図9.39 ゲイン固定イコライザ

第9章 高速ディスプレイ・インターフェースのデバイス設計

したがって，接続される伝送線路が長くても短くてもゲインは固定です．長いケーブルに合わせてゲイン値を決めると，接続されるケーブルが短くなるとゲインが効きすぎて，イコライザの出力にオーバシュートやアンダーシュートが発生し，逆にシグナル・インテグリティが悪化する場合もあり，使い方に注意が必要です（図9.39）．

また，イコライザの設計においては，入力されるデータ・パターンによってイコライザ回路の遅延時間が異なる場合があります．例えば，1，0，1，0…が交互に繰り返されるようなデータの遷移の高いパターンと，1，0，0，0，0…のように遷移が低いデータ・パターンとでは，イコライザ回路の遅延が異なることがあります．これは，イコライザ出力にパターン依存のジッタが加わって，後段のCDRでのタイミング・マージンを減少させます．

9-11 出力回路

● オープン・ドレイン型回路

高速インターフェースのトランスミッタ出力回路にはいくつかの方式があります．本節ではオープン・ドレイン型の回路について説明します．

オープン・ドレイン型の回路（図9.40）では，終端抵抗はレシーバ側にのみあります．トランスミッタ側には定電流源と2個のNMOSスイッチのみがあります．この2個のスイッチで論理レベルを切り替えて，レシーバ側の終端抵抗と定電流源の電流値の積で決まる振幅が得られます．トランスミッタ側には終端抵抗

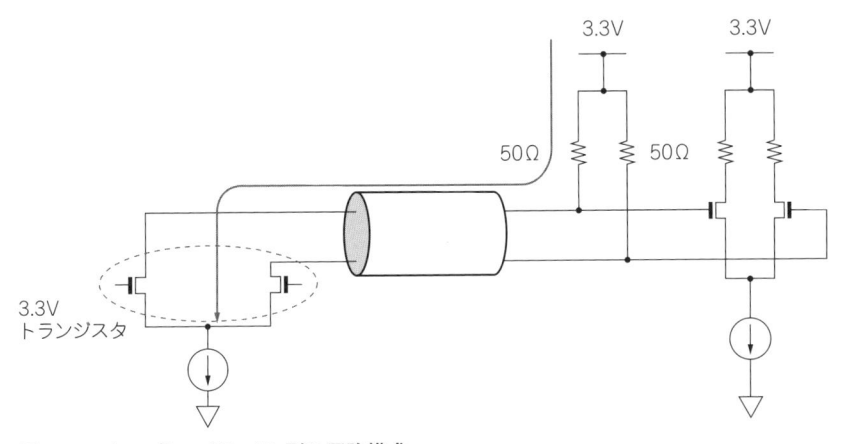

図9.40　オープン・ドレイン型の回路構成

がないため反射が発生し，アイパターンが崩れやすくなります．

この方式は，DVI や一部の HDMI で使われてきました．ただし，終端されている回路も使われています．DVI や HDMI では，レシーバの終端電圧は 3.3V と規定されているため，トランスミッタの NMOS トランジスタも 3.3V 耐圧のものを使う必要があります．

このように，原理的に反射が起こる回路であること，3.3V トランジスタが必要であることから，高速性には一定の制限があります．ただし，HDMI トランスミッタにおいては，反射を防止するために図 9.41 の CML 型回路が使われています．

● CML 型回路——高速インターフェースの主力回路

次に，DisplayPort など，主に AC 結合系の高速インターフェースに広く使われている CML(Current Mode Logic)回路について説明します．

上記のオープン・ドレイン型回路に対して，CML ではトランスミッタ側に終端抵抗をつけています．この抵抗は出力インピーダンスとして機能するため，伝送線路とのインピーダンス・マッチングが取りやすい構造になっています．しかし，CML は業界標準規格のように明確に DC 規格，AC 規格が決められているわけではないため，トランスミッタとレシーバで DC 電圧，しきい値電圧が異なる場合がありえます．したがって，外部接続においては AC 結合して DC 電圧レ

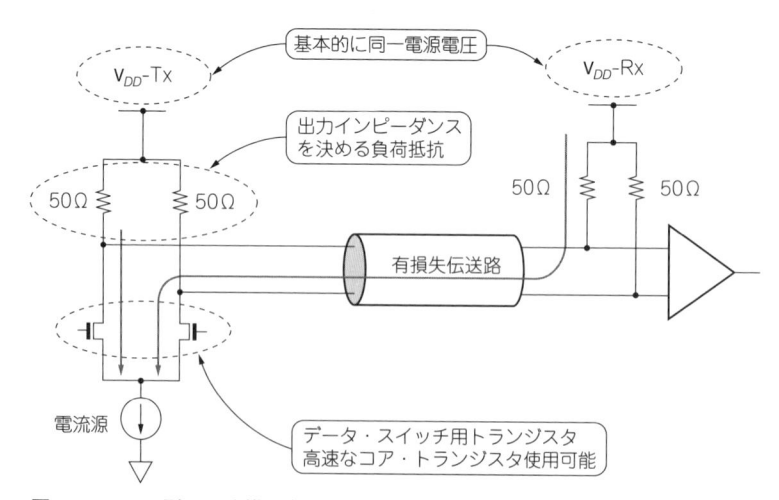

図 9.41 CML 型の回路構成（DC カップル）

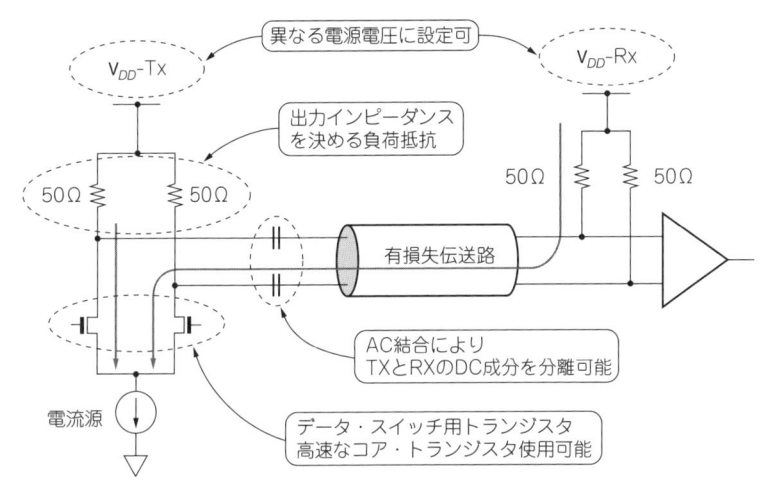

図 9.42 CML 型の回路構成（AC カップル）

ベルをカットしておく方が無難です.

AC 結合された CML の回路図を，**図 9.42** に示します．トランスミッタは終端抵抗で終端しているため，オープン・ドレイン型に比べて反射が抑えられます．しかし，トランスミッタ側とレシーバ側の両方で終端しているため，オープン・ドレイン型に比べて消費電力が増加します．

AC 結合されたリンクは DC 電圧がカットされるため，トランスミッタ，レシーバで任意の終端電圧に設定できます．LVDS では 4 段の MOS が縦積みになっていましたが，CML では 2 段の NMOS と 1 段の抵抗のみなので，電圧を下げても電流源は正常に動作させることができます．例えば，電源電圧を先端プロセスのコア電源である 1.2V にすると，HDMI や LVDS の 3.3V 電源の約 1/3 になり，大きく消費電力を低減することができます[23], [24], [25], [26].

● 高速インターフェース回路の比較

表 9.2 に，各高速インターフェース回路の比較を示します．

LVDS は，クロック・レーンとデータ・レーンのタイミング・スキューの問題から主に 600Mbps/lane 以下の比較的低速なアプリケーションで使われます．また，3.5mA という小さなループ電流で動作することが可能です．しかし，DC 結合で 3.3V，あるいは 2.5V 程度の高い電源が必要になります．また，レーン間スキューの問題からもさらなる高速性には制約があります．

表 9.2 差動回路構成の比較

方式	仕様								特性			
	結合	8B10B	RX終端 (Ω)	TX終端 (Ω)	Tr (V)	TX V_{DD} (V)	RX V_{DD} (V)	駆動電流 (mA)	消費電力 (mW)	振幅 (mV)	レベルシフタ	高速性	アイパターン
LVDS	DC	無	50	無	3.3	3.3	3.3	3.5	12	350	要	×	△
Open Drain	DC	無	50	無	3.3	3.3	3.3	10	33	500	要	△	△
CML	AC	有	50	50	1.2	1.2	1.2	20	24	500	不要	○	○

注:消費電力は駆動電流×電源電圧で算出

　オープン・ドレイン型は，主に3Gbps/lane程度までの比較的高速なアプリケーションで使われます．DC結合，AC結合の両方で使われていますが，DC結合で使われることの方が多いようです．トランスミッタ側に終端抵抗がないため，反射が起こりやすくCML型に比べて高速性の拡張には制約があります．しかし，終端抵抗がレシーバ側にしかないため，消費電力はCML型より小さくなります．
　CML型は，DisplayPortなど3Gbps/laneを超える高速なアプリケーションで使われています．トランスミッタ側に終端抵抗を付加しており，反射を防ぐことができますが，両終端のためオープン・ドレイン型に比べると同一振幅を得るには消費電力が増加します．また，CMLはAC結合で使われることが多いため，ANSI-8B10BなどDCバランスのとれたコーディング・システムを適用する必要があります．8ビットから10ビットに変換するため，データ伝送量に20％のオーバヘッドが生じます．
　このように，高速インターフェースの回路方式にはそれぞれの特徴があるため，使用するアプリケーションに応じて最適な回路方式を採用することが重要になります．

9-12 ジッタ

　高速インターフェースの設計において，もっとも注意が必要な課題の1つにジッタがあります．本節では，ジッタの種類について説明します．
　ジッタとは，理想的な時間的位置からの"瞬時的ずれ"であり，この瞬時的ずれを測定時間分重ね合わせたヒストグラムで示されます(図9.43)．
　ジッタは，ランダム・ジッタ(RJ)とデターミニスティック・ジッタ(DJ)に分類されます(図9.44)．
　ランダム・ジッタは，トランジスタの熱雑音やフリッカ・ノイズ(周波数に反

比例するノイズ)などに起因するノイズでガウス分布にて表されます．デターミニスティック・ジッタがない系ではランダム・ノイズのみで全体のジッタが決まります．ガウス分布の裾野は無限なので，測定時間を長くすればするほどジッタは増えていきます(**図 9.45**)．

デターミニスティック・ジッタは，測定するデータにパターン依存性がある場

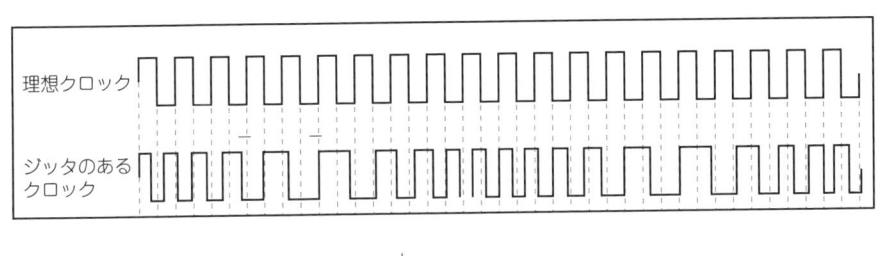

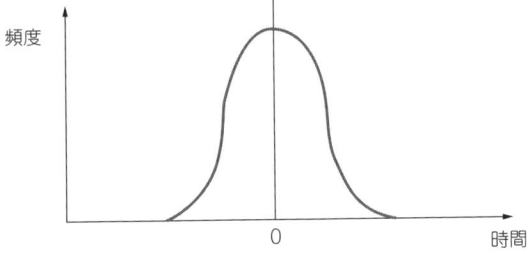

図 9.43 ジッタとは

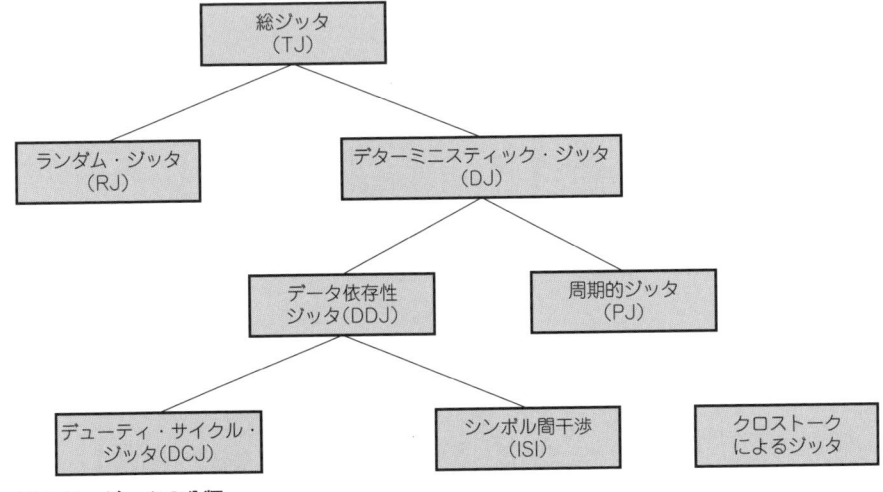

図 9.44 ジッタの分類

(a) ランダム・ジッタ大
サンプリング・ポイントがない

(b) ランダム・ジッタ小
サンプリング・ポイントがある

図 9.45　ランダム・ジッタ

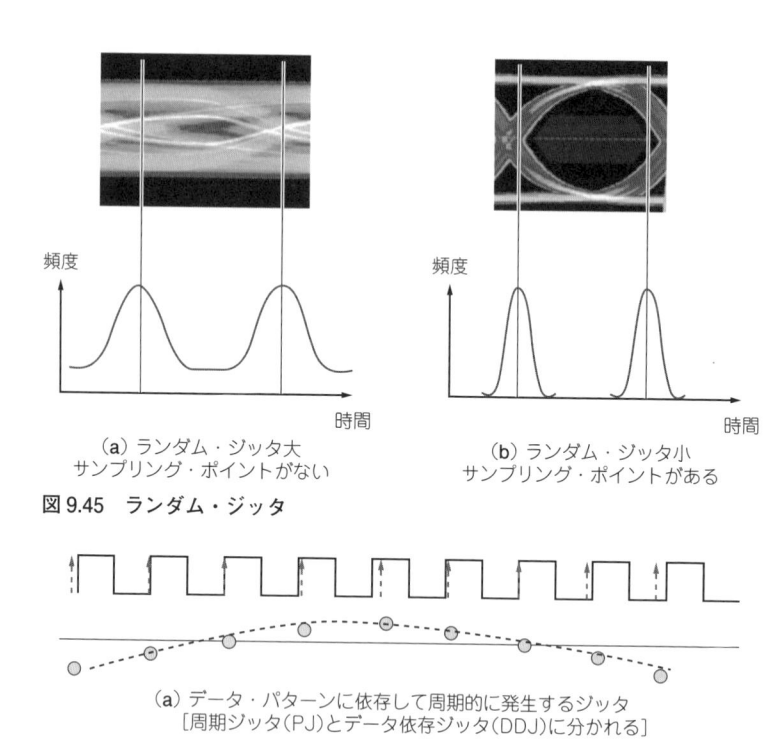

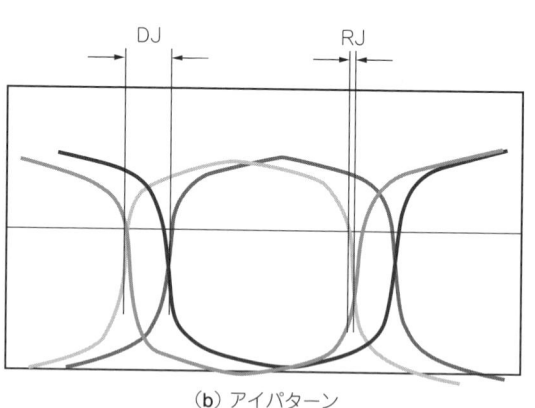

(a) データ・パターンに依存して周期的に発生するジッタ
［周期ジッタ（PJ）とデータ依存ジッタ（DDJ）に分かれる］

(b) アイパターン

図 9.46　デターミニスティック・ジッタ

合や，デューティのずれ，符号間干渉（ISI），信号の立ち上がり時間と立ち下がり時間のずれ，測定するデータの信号周期性によるジッタなど，ある決まった測定データの依存性に起因します（図 9.46）．例えば，測定データが A：「010101…」

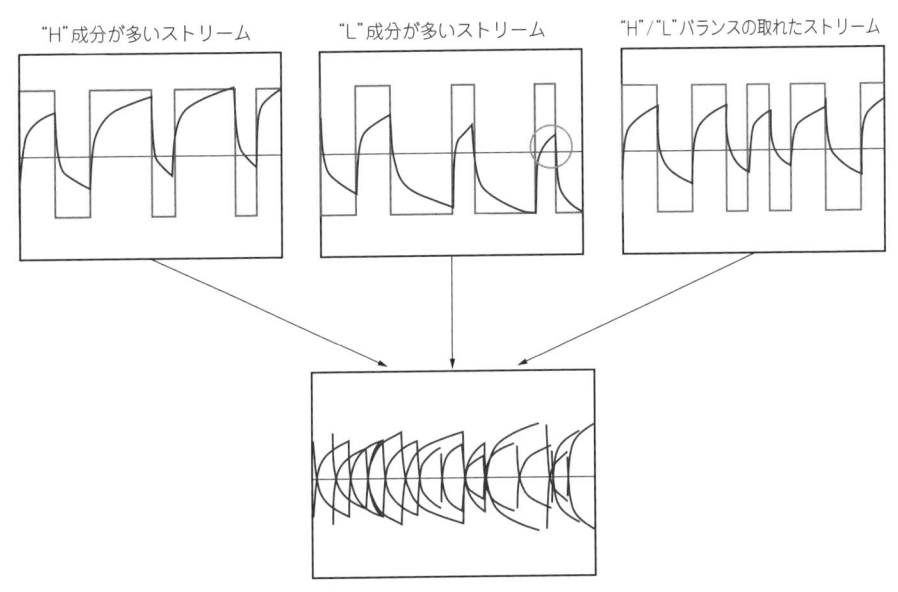

図 9.47　符号間干渉(ISI)によるジッタ

の中に B：「000010000…」のデータ・ストリームが含まれる場合，B の '1' は A の '1' に比べて遷移時間にずれが生じる場合があります．

　A の信号は DC バランスが取れているためコモン電位付近で振幅しますが，B の信号は '0' が続いた後の '1' が伝送線路にチャージするのに A の信号より長い時間を要します．これによりジッタが生じます(図 9.47)．また，測定信号を生成する基準クロックのデューティ・サイクルにずれが生じたり，測定信号のしきい値にずれが生じたりすると，測定信号のジッタが増加します(図 9.48)

　また，周期ジッタ(PJ)は，信号の周期性による電源ノイズにより生じるジッタと考えられます．ランダム・ジッタは測定時間を長くすればするほどジッタは増えていきますが，デターミニスティック・ジッタはある有限値になることが特徴です．

　周期ジッタや ISI ジッタ以外には，チャネル間クロストークや反射により生じるジッタがあります．チャネル間クロストークは，特に高速インターフェースでは注意が必要です．クロストークには，遠端で生じるクロストーク(FEXT: Far End Crosetalk)と，近端で生じるクロストーク(NEXT：Near End Crosetalk)があります(図 9.49)．

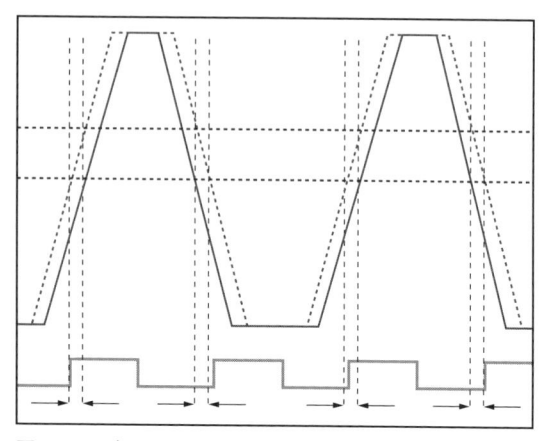

図 9.48 デューテイ・サイクルのずれによるジッタ

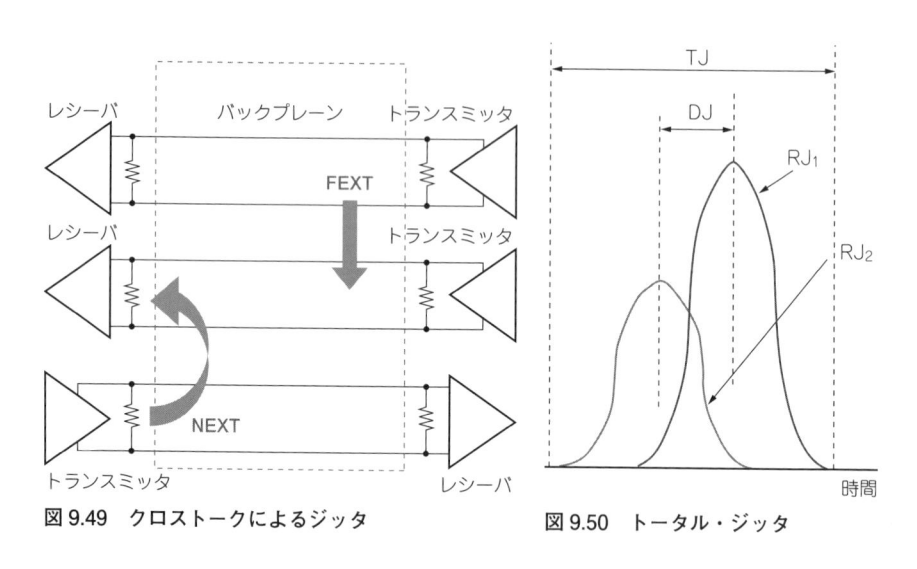

図 9.49 クロストークによるジッタ

図 9.50 トータル・ジッタ

　総ジッタ(TJ)のヒストグラムを図 9.50 に示します．この図では2つの RJ のヒストグラムがあります．ピークの高いヒストグラムが主なデータ・ストリーム(例えば，上記 A の信号)で RJ_1 で表されるランダム・ジッタを有します．それより頻度の少ないデータ・ストリーム(例えば，上記 B の信号)による RJ_2 で表されるランダム・ジッタを有します．これらのピーク位置のずれが DJ になり，全総和が TJ になります．

第10章 高速ディスプレイ・インターフェースのプリント基板設計

　高速インターフェースの動作周波数は年々高速化しており，プリント基板を設計する際には高速インターフェース回路自身が受けるノイズ対策だけでなく，高速インターフェース回路自身が発生するノイズ対策についても注意すべき項目が増えています．

　また，昨今の高速インターフェース回路を内蔵したSoCは電源電圧の低電圧化が進み，またコンシューマ機器では多数のアナログ回路とデジタル回路が混在しており，基板上のデジタル回路の電源から高速インターフェース回路の電源への干渉に対しても，よりセンシティブになっています．さらに，基板コストの低減も必須であり，いかに安価かつ高品質を確保するかが重要なポイントになります．

　そこで本章では，高速インターフェースのプリント基板設計の基本的な確認事項について説明します．

10-1 プリント基板設計における問題点

● 集中定数回路と分布定数回路

　伝送周波数が低い時代は，伝送線路の扱いを集中定数回路と見るか，分布定数回路と見るかをまず検討しました．集中定数回路と分布定数回路を図10.1に示します．集中定数回路では，ドライバの負荷は1つの容量で近似できます．信号の立ち上がり時間をt_rとすると，t_rは負荷容量Cと出力インピーダンスRの積に比例して大きくなるため，ドライバのドライブ能力を上げればt_rは小さくなっていきます．

　一方，分布定数回路では，伝送線路上を伝わる信号は波として進行波として考えます．信号波形の電流と電圧は比例関係にあり，その係数は特性インピーダンス$Z_0=\sqrt{L/C}$として知られており，抵抗の単位を持ちます．

　また，線路を往復する遅延時間をt_dとすると，$t_d=\sqrt{LC}$になります．したがっ

図 10.1 分布定数回路と集中定数回路

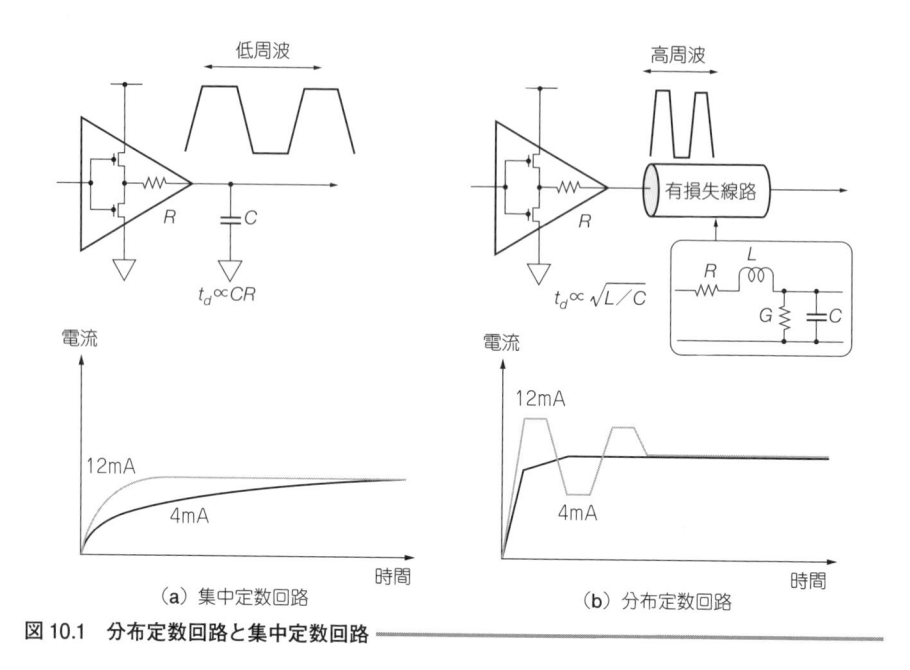

(a) 集中定数回路　　$t_d \propto CR$

(b) 分布定数回路　　$t_d \propto \sqrt{L/C}$

て，ドライブ能力を上げても t_r は小さくならず，出力インピーダンスが小さくなるため，伝送線路の特性インピーダンス Z_0 との整合がずれて反射が顕著になり，逆に信号波形が劣化してしまいます．一般的な伝送線路における特性インピーダンス Z_0 は 50 Ω，t_d はおおよそ 6ns/m 程度です．

また，線路を往復する遅延時間を t_d とすると，t_d が t_r より小さければ分布定数回路として考える必要があります．高速インターフェースの場合は，分布定数回路として伝送線路を検討する必要があります．

● 損失成分の考慮──有損失伝送線路でアイパターンは悪化する

周波数が低速だった頃はクロストークや反射が重要な確認事項でしたが，現在のように数 Gbps/lane になると伝送線路で発生する損失も考慮する必要があります．信号の周波数が高速になると，伝送線路の表面に電流が流れる，いわゆる表皮効果により伝送線路の抵抗値が高くなり，電流と抵抗の積による損失が増加してきます．その結果，高周波成分が減衰し，信号のアイパターンが悪化します．伝送線路の損失によるアイパターンの劣化を補償するためにトランスミッタ側にプリエンファシス，レシーバ側にイコライザが必要であることは，本書でも何度

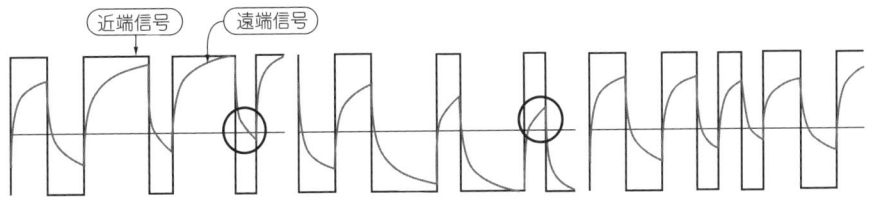

(a) "H"成分が多いストリーム　(b) "L"成分が多いストリーム　(c) バランスの取れたストリーム

図 10.2　DC バランス・コーディング

か説明しました．

　伝送線路の損失が顕著になると，図 10.2 のように"H"成分が多い信号や"L"成分が多い信号は，遠端(シレーバ側)ではDC成分のシフトが発生し，信号の"H"，"L"の識別が困難になります．したがって，"H"成分，"L"成分がある程度バランスされた状態(DC バランス)で伝送するコーディングを高速ディスプレイ・インターフェースでは採用しています．

　数 Gbps/lane の高速ディスプレイ・インターフェースでは，損失成分を考慮してプリント基板の設計を行うことが重要な視点になります．

● ディファレンシャル・モードとコモン・モード

　プリント基板を信号が伝送する際，信号対 GND 間だけではなく，隣接する信号配線にも考慮が必要です．隣接配線との信号伝播には，2つのモードがあります．一つはディファレンシャル・モード(ノーマル・モード)，もう一つはコモン・モードです(図 10.3)．

　ディファレンシャル・モードは，お互いの信号の進む方向が異なり，信号の符号は＋と－になるため，お互いの信号間に電気力線が発生し，信号間のインピーダンスは低くなります．コモン・モードは，お互いの信号の進む方向が同じなので信号の符号は＋と＋になり，お互いの信号間に電気力線は発生せず，信号間のインピーダンスは高くなります．

● 差動間スキュ (イントラペア・スキュ)——コモン・モード・ノイズの発生を抑止

　差動回路では，差動間のイントラペア・スキュによりコモン・モード・ノイズが発生しやすく EMI の原因となります．

303

差動回路は，＋ラインと－ラインがある電圧を中心（コモン電位）に，お互い正と負の反転した関係で伝送されます．理想的には，＋ラインと－ラインは時間的にずれることなくコモン電位で交わります〔図 10.4（a）〕．この状態ではコモン電位は一定でアイパターンは崩れず，また EMI も問題になりません．しかし，実際はトランスミッタのドライバ回路の立ち上がり時間と立ち下がり時間に差が生じたり，線路長のアンバランスによりスキュが生じることがあります〔図 10.4（b）〕．

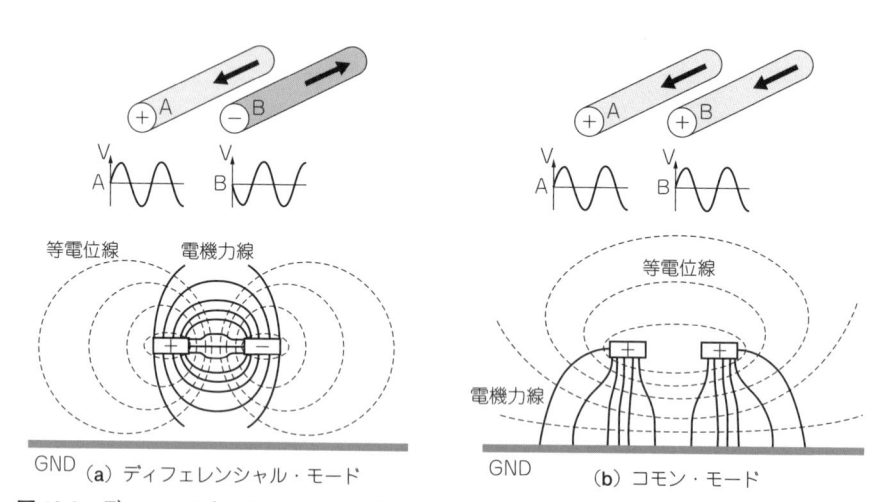

図 10.3　ディファレンシャル・モードとコモン・モード

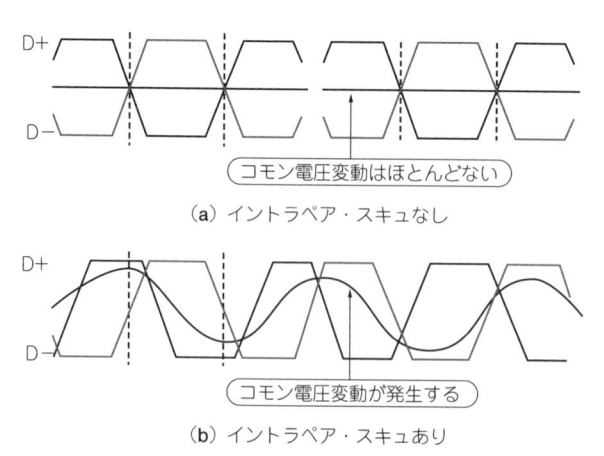

図 10.4　イントラペア・スキュによるノイズとは

この状態ではコモン・モードは発振し，EMIは増加します．プリント基板上で発生するコモン・モード・ノイズの対策用として，コモン・モード・フィルタがあります．コモン・モード・フィルタの有無による測定比較を図10.5に示します．

● 電源ノイズの発生源となるLSIの同時スイッチング

数Gbps/laneの伝送レートにおけるプリント基板上の電源ノイズは，正確な信号伝送を確保する上でセンシティブな問題の1つです．また，昨今のコンシューマ機器では，厳しいコストダウンの要求から，基板上の部品点数の削減，基板層の2層化，基板サイズの小型化が進んでいます．そのため，十分なノイズ対策が難しくなっているのが実情です．

LSI設計者は，プリント基板側でできる限り安定した電源を給電して欲しい，また電源/GNDは低インピーダンスをしっかり確保して欲しい，と考えがちです．一方，プリント基板設計者は，LSIはできる限りノイズを出さないで欲しい，かつノイズ対策はできる限りLSI側で実施して欲しい，と考えがちです．

そこで，電源ノイズはどのようにして発生するのか，図10.6を例に検討してみます．電源ノイズの発生源は，アクティブに動作するLSIの電流変動です．図10.6の例では，簡単のためにLSIのCMOSバッファで発生するノイズを示しています．

信号レベルが"L"から"H"，あるいは"H"から"L"に変化すると，CMOSバッファの充放電電流や貫通電流が流れます．これは，データ・バスの本数が多ければ多いほど大きくなります．特に，画像データが白から黒へ変化する場合，全デー

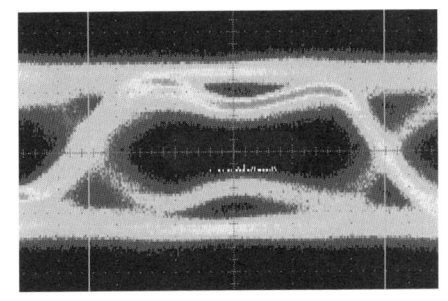

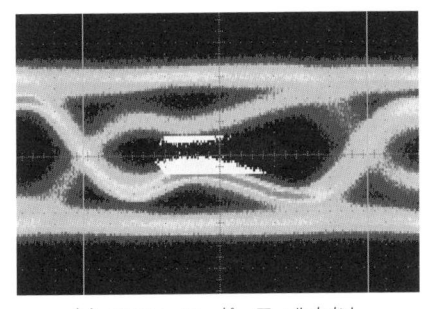

（a）コモン・モード・フィルタなし　　（b）コモン・モード・フィルタあり

図10.5　イントラペア・スキュによるノイズの例

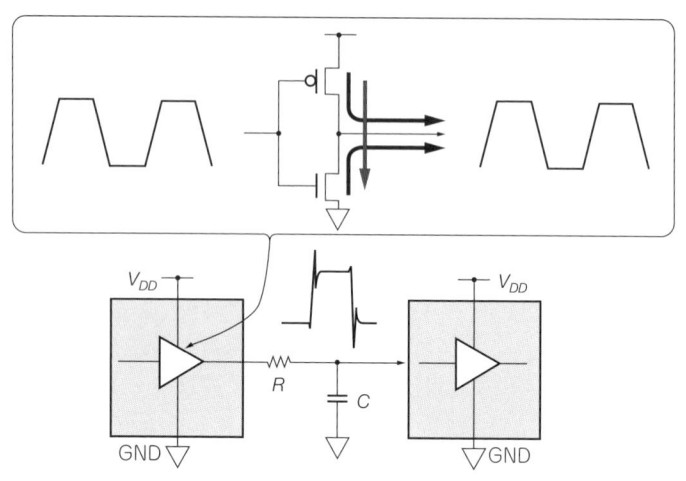

図 10.6　高速インターフェースのノイズ対策

タ・バスが一斉に"H"から"L"にデータが変化する同時スイッチングになるので，一度に大きな電流変動が発生します．

LSI の電源端子，GND 端子を含む端子のパッケージ・リードフレームやワイヤ線，パッケージ基板には寄生インダクタンスがあり，線路の寄生容量と合わせて共振が発生し，電源バウンス，GND バウンスが発生します．この電源，GND のバウンスがノイズとなって，信号品質に影響を与えます．特に，高速インターフェースでは周波数が高いため，信号の変化も高速になり，単位時間あたりのスイッチング・ノイズが増加します．

● 同時スイッチング・ノイズの低減

同時スイッチングによるノイズ量を ΔV とすると

$$\Delta V \propto M \times f\{I_{cc}, t_r, C, V_{cc}\} \quad \cdots\cdots\cdots\cdots (1)$$

で表されます．

ここで，M は同時に変化するバスの本数，I_{cc} はドライバの消費電流，t_r は回路の遷移時間，C はドライバの出力負荷容量，V_{cc} は電源電圧です．

ΔV を下げるには，出力バッファのドライブ能力 I_{cc} を下げる，スルーレートをつけて t_r をなまらせる，次段 LSI までの距離の短縮し負荷容量 C を下げる，ビデオ出力の同時変化するバス本数を低減する，電源電圧 V_{cc} を下げることが挙げられます．

10-2 プリント基板設計の注意点

本節では，高速ディスプレイ・インターフェースのプリント基板設計において注意するべきことを説明します．

● 高速インターフェースはノイズ対策に注意が必要
(1) パターンの電流容量を守る

高周波デバイスには消費電力が大きいものもあるので，プリント基板の配線パターン，ビアなどの電流量を満たすようにします．

(2) パターンの耐圧を守る

プリント基板の配線の耐圧を守ります．

(3) 電源 GND は近接させて配線する

EMI 対策の観点から，磁界の打ち消しを強化する必要があります．4 層では L2 層，L3 層を用いてプレーンにします．また，電源配線にリファレンス GND ベタを置きます．

(4) コモン・モード・ノイズの発生を最小化する

EMI 対策の観点から，リターン経路が途中で切れないようにします．電源配線にビアを極力使わないことが挙げられます．

(5) GND を強化する

EMI 対策の観点から，GND ビアを数多く配置する空き地は GND ベタで埋めるようにします．ただし，高周波デバイスの周辺は特性インピーダンス・コントロールなどの目的でスペースを空けている場合があります．

(6) 適切なレギュレータを選択

プリント基板では，様々な回路に異なる電源を供給するためレギュレータを使います．レギュレータにおいて電圧シフト量が大きい場合や消費電流が大きい場合は，電力変換効率の良いスイッチング・レギュレータを使用します．

アナログ回路などは，スイッチング・レギュレータのスイッチング・ノイズの影響を受ける場合があるため，リニア・レギュレータを使う場合もあります．

(7) 電源分離

A-D コンバータのアナログ回路部分のようにノイズの影響を受けやすい回路の電源は，他の電源とレギュレータを分けます．部品の削減などの目的でレギュレータを分けない場合は電源プレーンを分け，共通インピーダンスを小さくするため極力レギュレータ付近で分岐します．また，分岐後はフェライト・ビーズを

挿入して，電源間で回り込むノイズを遮断します．

(8) バイパス・コンデンサ

バイパス・コンデンサ（パスコン）の役割を，図 10.7 で考えてみます．電源回路から LSI までの線路の抵抗成分やインダクタンス成分，パッケージのリード・フレームやワイヤ線の寄生インダクタンス成分などによって，電源/GND ノイズが発生します．高速インターフェース・デバイスは周波数が Gbps/lane と高いため，電源/GND ノイズはその動作に致命的な影響を与える場合があります．

その対策として，LSI の電源ピンや GND ピンのすぐ近くにパスコンを配置し，電流が変化したときにパスコンから電流を供給して電圧変動を低減させます．以下に，その動作について説明します．

動作周波数が低いときは，電源プレーンのインピーダンス Z_1 がパスコンのインピーダンス Z_2 より低いため，電源プレーンから給電されます．動作周波数が高くなるにつれて，パスコンの Z_2 の方が Z_1 より低くなるため，パスコン側から給電されます．

パスコンの周波数特性を図 10.8 に示します．パスコンの内部には，容量だけではなく寄生抵抗や寄生インダクタンス（ESL：等価直列インダクタンス）が存在します．

図 10.8(a) のパスコンの等価回路図に基づくインピーダンスは，

$$Z = \sqrt{R^2 + \left(\omega L - \frac{1}{\omega C}\right)^2} \quad \cdots\cdots\cdots (2)$$

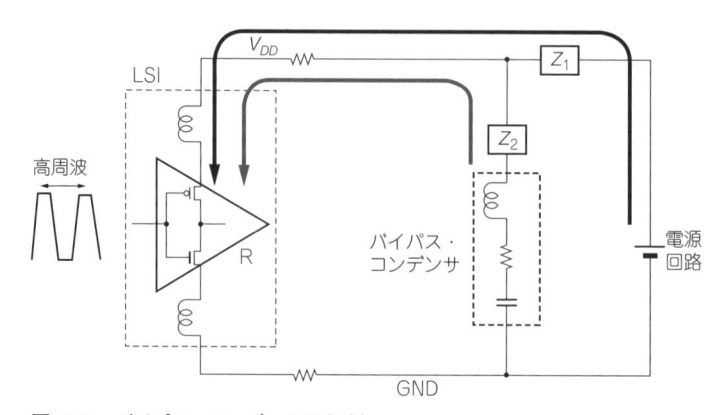

となります．

図 10.7　バイパス・コンデンサの役割

このパスコンの周波数特性を，図10.8 (b)に示します．容量 C の周波数特性である $1/j\omega C$ の特性，インダクタンス L の周波数特性である $j\omega L$ の特性，R の特性(周波数依存性なし)が合成されて(2)式が得られます．パスコンはある周波数まではインピーダンスが低下しますが，その後またインピーダンスは上がっていきます．

したがって，パスコンの容量値はノイズの周波数に応じて選択する必要があります．通常は，周波数範囲が広い場合が多く，高周波対策用と低周波対策用の2種類のパスコンを配置します．一般的に，低周波対策用は $10\mu F$ 以上の電解コンデンサを，高周波対策用は高周波領域でインピーダンスが下がる $0.1\mu F$ 以下のセラミック・コンデンサなどを使用します．

(9) デカップリング

次に，デカップリングの役割について説明します．デカップリング(De-Coupling)とは文字通り「減結合」を意味し，電源プレーンからインダクタンスを使って結合を減じるということを意味します．

デカップリングなしでパスコンをつけた例を，図10.9に示します．前述したように，パスコンの内部には寄生インダクタンスが存在するため，高速インターフェースなどの高周波デバイスではインピーダンスが高くなり，電源ノイズを除去する効果が妨げられる場合があります．また，機器内部には無線回路などのような外来ノイズの発生源があり，自身のプリント基板のアンテナを介してノイズ

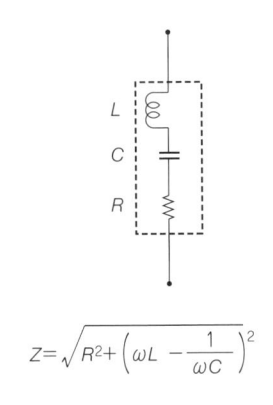

$$Z=\sqrt{R^2+\left(\omega L-\frac{1}{\omega C}\right)^2}$$

(a) バイパス・コンデンサ回路図　　　(b) バイパス・コンデンサの周波数特性

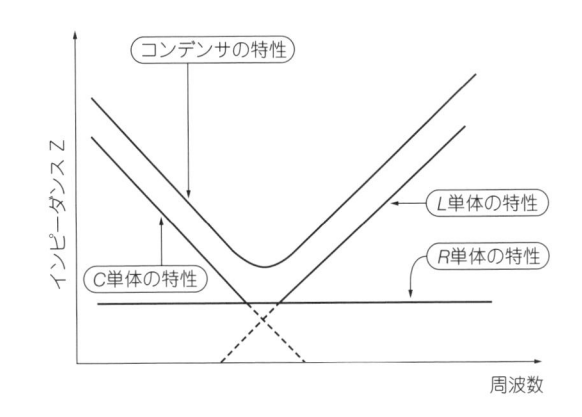

図10.8　コンデンサの周波数特性

が伝播し，電源/GNDラインを揺らす場合があります(**図10.10**).

したがって，高周波の場合は電源プレーンの方のインピーダンスが低くなってしまい，パスコンから給電できずに電源プレーンから給電してしまいノイズが発生します．したがって，高周波動作の場合，正しいデカップリングとバイパスを行う必要があります．

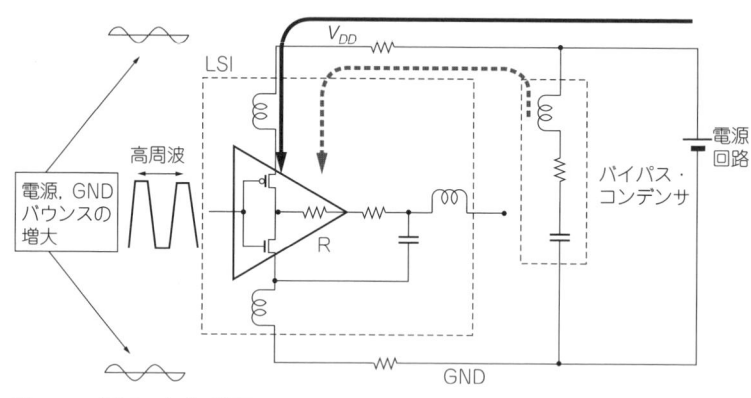

図10.9 電源ノイズの問題

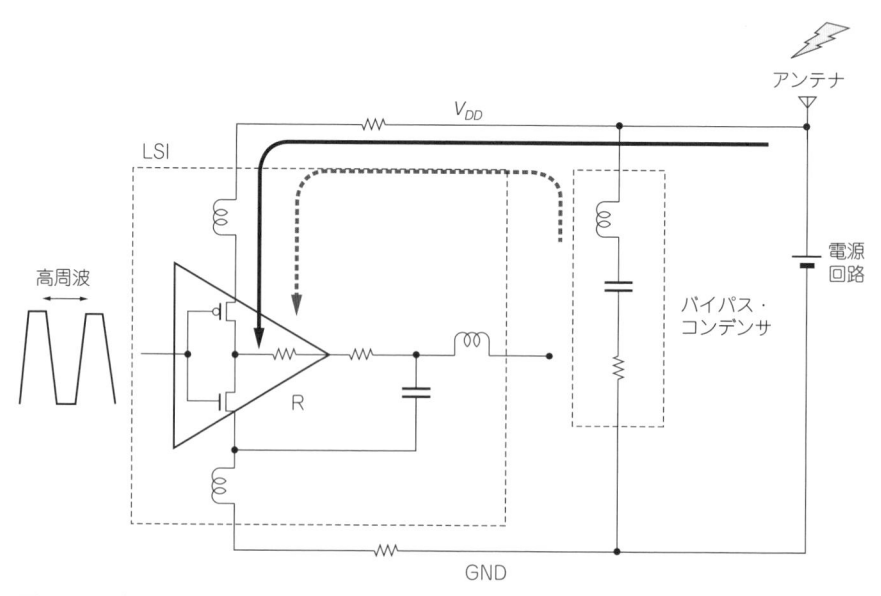

図10.10 外来ノイズの問題

揺らしたくない回路とレギュレータ部のインダクタンス結合を減じて，回路の直近にあるバイパス・コンデンサから電流を給電できるように，電源プレーンに適切にデカップリング・インダクタンスを配置します（**図 10.11**）．バイパスは，給電を電源プレーンのパスからバイパスしてコンデンサから適切に行うことを意味し，デカップリングとは異なる概念になります．

実際に電流を消費する（＝ノイズ発生源）のは LSI 内部のトランジスタなので，

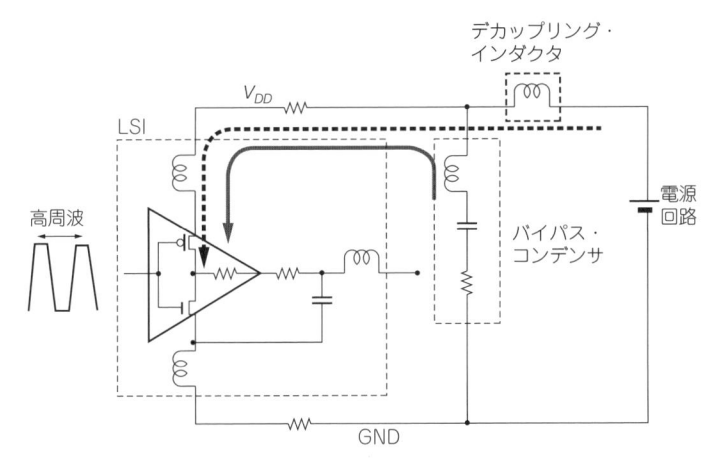

図 10.11 電源ノイズの対策

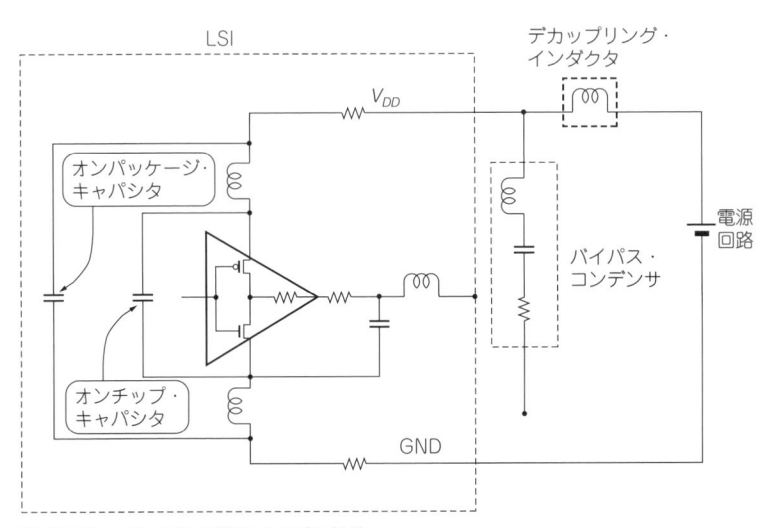

図 10.12 LSI 内部の電源ノイズの対策

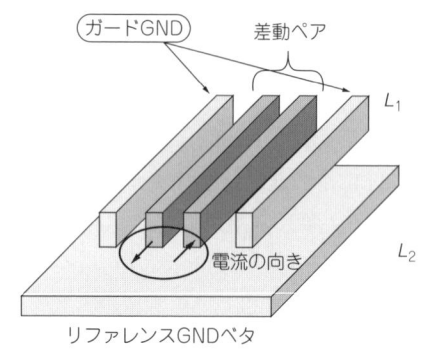

図 10.13　差動ラインの設計に関する注意点

LSI のピンから内部のトランジスタまでの経路の影響も考慮する必要があります．図 10.12 に，LSI 内部の寄生成分を考慮した等価回路を示します．電源／GND のノイズの発生を抑制するために，消費する回路（トランジスタ部）のできるだけ近いところの電源-GND 間にローカル・コンデンサを配置します．LSI のオンチップ・キャパシタやオンパッケージ・キャパシタが効果があります．

(10) 差動ペアの配置

差動ペアは，磁界の打ち消しを強化するため，ペア間隔を狭くします．また，コモン・モードはリターン経路とで磁界の打ち消しを強化しますが，ガードGND を近くに置くことと，リファレンス GND ベタを置くように注意します（図 10.13）．

(11) コモン・モード・ノイズの発生を最小化

EMI 対策の観点から，差動ペア間隔／近接 GND パターンとの間隔を変えないように注意します．また，差動ペアは対称に配線し，ビアは極力使わないようにします．

(12) 高速差動ライン

図 10.14 に Sink 機器の TMDS ラインの回路図例を，図 10.15 にレイアウト例を示します．TMDS ラインは高速差動ラインなので，前述したように差動ペアは磁界の打ち消しを強化するためペア間隔を狭くします．また，コモン・モードはリターン経路とで磁界の打ち消しを強化しますが，ガード GND を近くに置くこととリファレンス GND ベタを置きます．EMI 対策の観点から，差動ペア間隔／近接 GND パターンとの間隔を変えないように注意します．また，差動ペアは対称に配線し，ビアは極力使わないようにします．

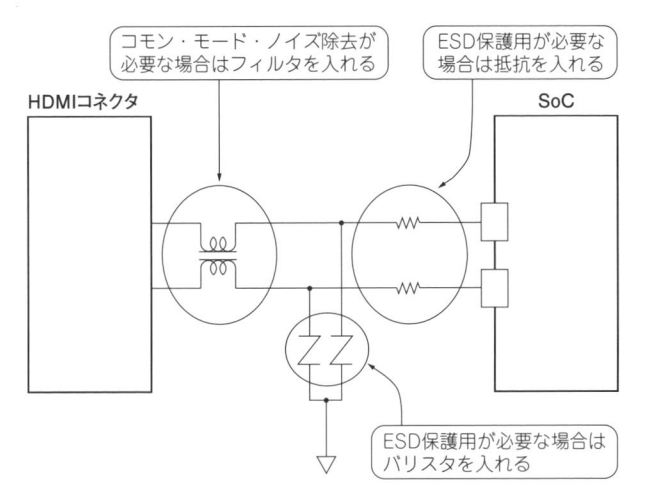

第 10 章　高速ディスプレイ・インターフェースのプリント基板設計

図 10.14　TMDS ライン周辺の回路

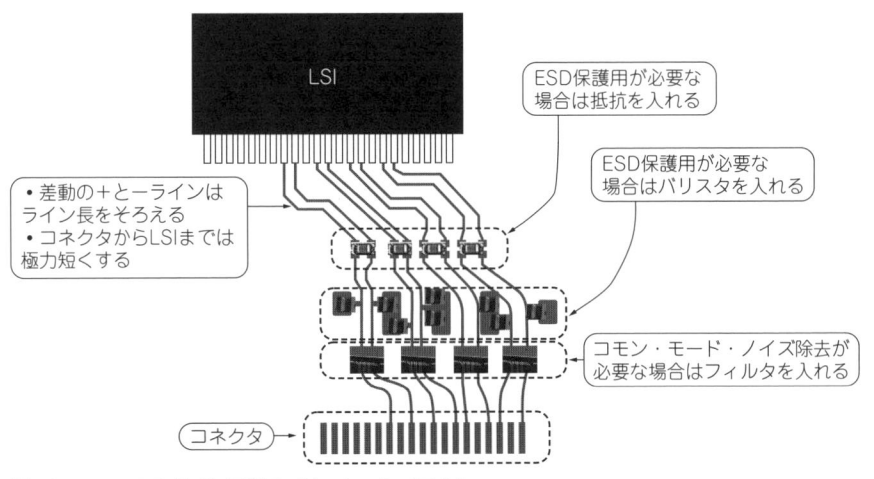

図 10.15　TMDS ライン周辺のパターン・レイアウト

　コモン・モード・ノイズを除去するため，コモン・モード・フィルタが使われる場合がありますが，EMI 対策としては効果があります．さらに，ESD 保護素子としてバリスタをつける場合があります．バリスタは，ある値以上の電圧がかかると抵抗が下がり電流が流れます．ESD 耐性は，このバリスタの種類によります．推奨は電圧ができるだけ低いことです．通常動作中は 3.3V なので，電流

が流れ始める電圧はおおよそ5V以上が目安になります．できるだけ低い電圧のほうが，ESD対策としては効果があります．

TMDSラインに直列抵抗を入れる場合がありますが，その目的は二つあります．一つは，ESD対策のためのダンピング抵抗として機能します．もう一つは，差動インピーダンス調整用です．ESD対策用としては，バリスタと一緒に使用すると耐性が大きく向上し，バリスタがないとあまり効果がありません．抵抗値を上げるほどESD耐性は上がりますが，この部分のインピーダンスが上がってしまうため，規格の上限を超えないようにする必要があります．推奨は6Ω以下です．また，差動インピーダンス調整をするとSoC近くでインピーダンスが下がることがあり，直列抵抗を入れてインピーダンスを上げる対策をすることもあります．

セットのESD試験規格としてIEC61000があります．IEC61000では，定められた試験環境を使って機器の端子（コネクタ）にESDガンで放電し，破壊しないか，画面が乱れても正しく正常復帰するかを確認します（図10.16）．ESD規格にはレベルが定義されており，機器の仕様に合わせて選択します．実際の試験は，ESDガンを使ってセットのコネクタ部分に放電します．放電には，接触放電と

レベル	接触放電	気中放電
1	2kV	2kV
2	4kV	4kV
3	6kV	8kV
4	8kV	15kV

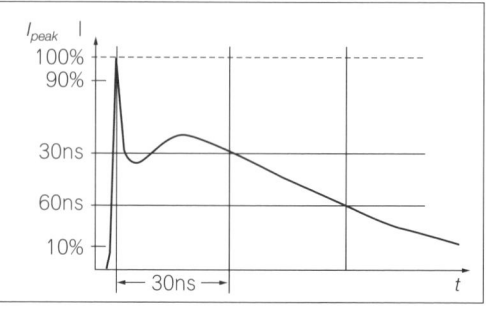

図10.16 セットのESD試験

気中放電があります．

● プリント基板の設計例

最後に，デジタル・テレビの信号処理用に設計されたプリント基板例を紹介します（図 10.17）．デジタル・テレビは非常に高機能化されており，その心臓部の役割を果たすのが中央に実装された信号処理用 SoC です．

SoC パッケージの小型化が進んでいますが，内部は CPU や画像処理エンジン，音声処理エンジン，高速インターフェース回路，アナログ回路など，様々な回路が集積されたプロセッサ・チップです．

CPU は OS 上で動作し，様々なミドルウェアやアプリケーション・ソフトウェアが動作します．また，映像のデコード処理やソフトウェア処理のバッファ・メ

図 10.17　デジタル・テレビのプリント基板の例

モリとして，外付けの DDR が実装されています．さらに，ソフトウェアはフラッシュ・メモリに格納されています．全ての CPU は信号処理用 SoC に内蔵されているため，外付けの CPU はありません．また，地上波放送などを受けるチューナ IC が左下に実装されています．この基板では CAN チューナが使われていますが，シリコン・チューナの場合も多くあります．なお，この基板は北米用のため BCAS カードがないなど，日本向けとは少し構成が異なります．

Appendix アナログ・ディスプレイ・インターフェース

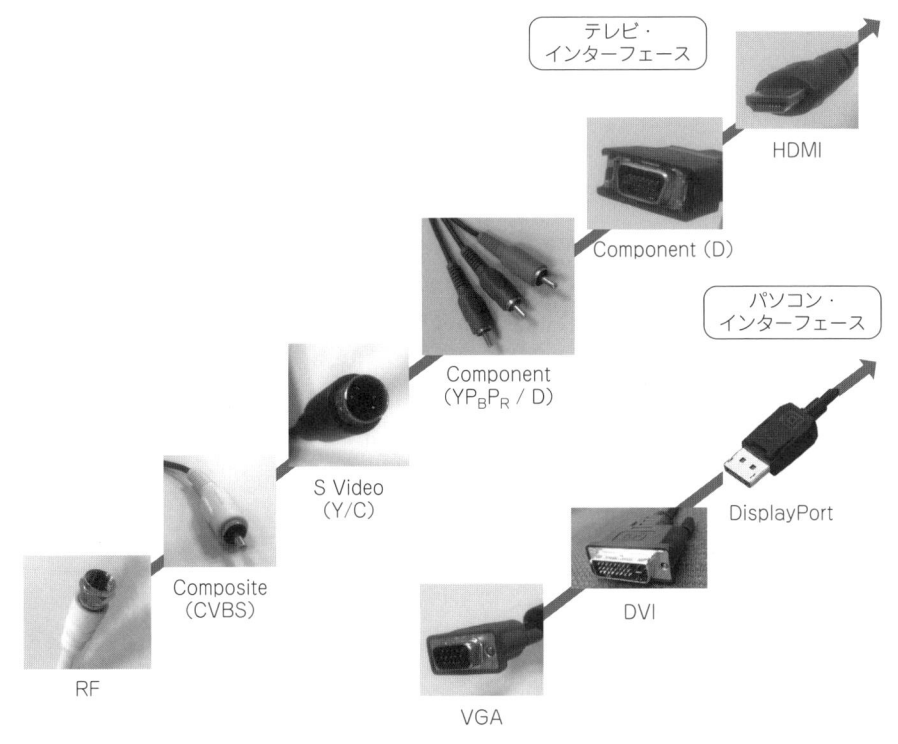

A-1 ディスプレイ・インターフェースの変遷

　図 A.1 に，コンシューマ市場におけるテレビおよびパソコンのディスプレイ・インターフェースの変遷を示します．テレビ信号のインターフェースには，RF，コンポジット(Composite)，S端子(S Video)，コンポーネント(Component)，HDMIなどがあります．この中でコンポジット，S端子，コンポーネントはアナ

図 A.1　ディスプレイ・インターフェースの変遷

ログ・インターフェースであり，HDMI がデジタル・インターフェースです．パソコンのディスプレイ・インターフェースには，VGA，DVI，DisplayPort がありますが，VGA がアナログ・インターフェースで，DVI と DisplayPort がデジタル・インターフェースです．

今日のディスプレイ・インターフェースは，HDMI や DVI，DisplayPort などの高速シリアル・インターフェースが主流になっていますが，これらの最新技術を学ぶ上で，レガシのディスプレイ・インターフェースであるアナログ・インターフェースの概要を理解しておくことは重要なことです．レガシのディスプレイ・インターフェースに関しては，多数の解説書があります[73][74][75][76][77]．

アナログ・ディスプレイ・インターフェースは，高速シリアル・インターフェースが普及している今日においても，依然として多くの送信機や受信機に搭載されており，機器の中で高速シリアル・インターフェースと共存している状況が続いています．

ここでは，レガシのアナログ・ディスプレイ・インターフェースについて説明します．

A-2 コンポジット

● CRT テレビで使われてきたアナログ・インターフェース

コンポジット信号(Composite/CVBS : Composite Video Blanking, and Sync)は，CRT(Cathode Ray Tube，ブラウン管)テレビにおいて使用されてきたもので，輝度信号と色信号が1つの信号に重畳されています．日本では，コンポジット信号を AM 変調して地上波アナログ放送として各家庭に配信してきました．

コンポジット信号は SD(Standard Definition)信号にのみ対応しており，HD(High Definition)信号には対応していません．重畳された信号は，輝度信号と色信号に完全には分離することができないため，残留成分がノイズとなってしまい画質を損なうことがあります．また，コンポジット信号は映像のみであり，別に音声ケーブルが必要です(図 A.2)．

コンポジット信号の波形を図 A.3 に示します．この波形は1走査線分の波形を示しています．最初に水平同期信号(HSYNC)があり，その後にカラー・バースト信号が続きます．カラー・バースト信号は 8〜12 サイクルの 3.58MHz の正弦波で，テレビ側で色信号と同期させるための基準信号になります．その後，輝度信号上に色信号成分が重畳されて，カラー信号が構成されます．

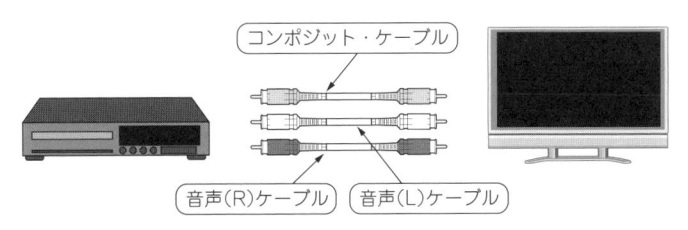

図 A.2　コンポジットによるインターフェース

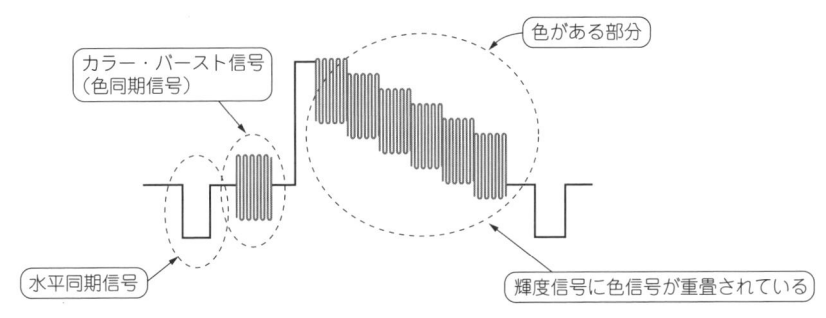

図 A.3　コンポジットの信号波形

A-3　S 端子(S Video)

● コンポジットより画質が改善されたアナログ・インターフェース

　S 端子(S Video)は，コンポジット信号の輝度信号(同期信号も重畳)と色信号を分離(Separate)して伝送する方式です．最初は，S-VHS 方式のビデオ・デッキに搭載されました．画質は，コンポジットと同様に SD のみです．Y(輝度)と C(色)が分離されているため，コンポジットの混合方式よりも画質は良好です．S 端子も，別途音声ケーブルが必要です(図 A.4)．

　S 端子信号の波形を図 A.5 に示します．この波形は，1 走査線分の波形を示しています．コンポジット信号は輝度信号に色信号が重畳されていましたが，S 端子では輝度信号と色信号を分離した 2 本の信号線で構成されます．

A-4　コンポーネント

● HD まで対応する高画質なアナログ・インターフェース

　コンポーネントは，S 端子の色信号(C)を色差信号の Pb(Cb)，Pr(Cr)に分離

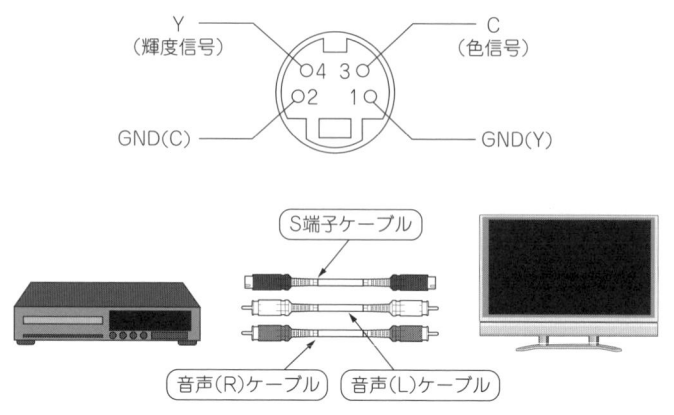

図 A.4 S 端子のピン配置とインターフェース

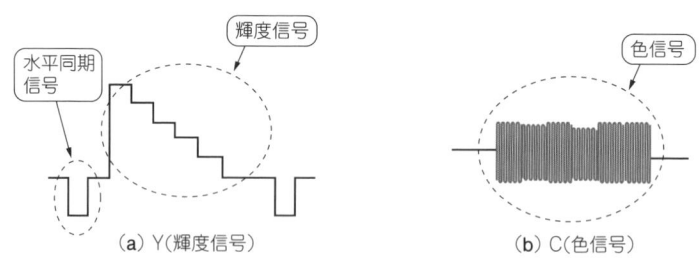

図 A.5 S 端子の信号波形

して伝送することにより，さらに画質の向上を図った方式です．コンポーネントには，画像を RGB に分離して伝送する方式と，輝度信号および色差信号に変換した輝度-色差を伝送する方式があります．一般に，色差方式が広く用いられています．

コンポジットと S 端子は SD までしか対応していませんが，コンポーネントは HD に対応しており，HD コンテンツをテレビに伝送することが可能になりました．コンポーネントも，別途音声ケーブルが必要です．そのため，音声 L/R ケーブルを合わせると 5 本ものケーブルが必要になります（図 A.6）．

コンポーネント信号の波形を図 A.7 に示しますが，輝度信号と色差信号（Pb, Pr）の 3 本の信号線で構成されています．この波形も 1 走査線分の波形を示しています．

320

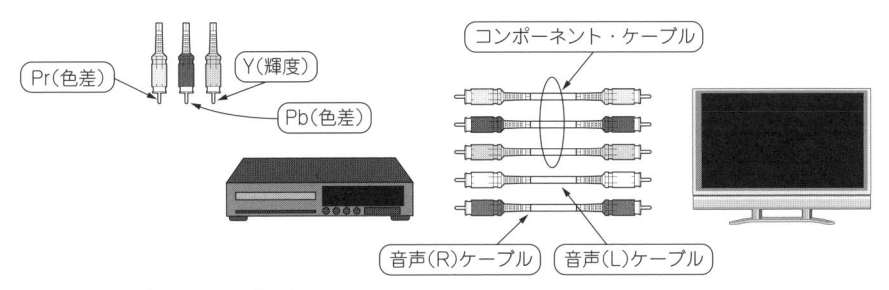

図 A.6　コンポーネントの端子とインターフェース

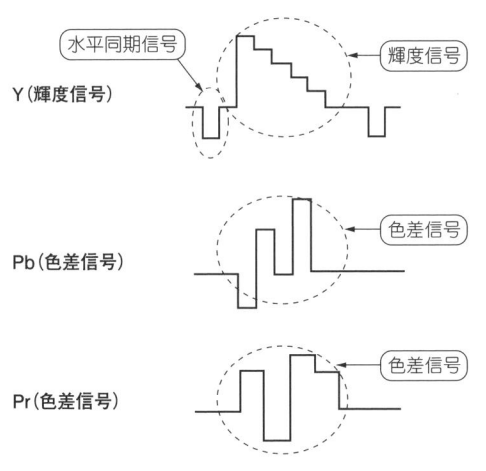

図 A.7　コンポーネントの信号波形

A-5　D 端子

● 1 本のケーブルになった高画質なアナログ・インターフェース

　コンポーネントは，映像だけで3本のケーブルが必要でした．また，コンポジット，S端子も，別途音声ケーブルが必要でした．このような映像のケーブルの煩雑さを解消するために，YPbPr/YCbCr を1本のケーブルにまとめたものがD端子です(**図 A.8**)．

　D端子には識別端子があり，電圧によって送信機が送信する映像フォーマットの走査線本数，インタレース / プログレッシブ，画角を受信機側で識別することができるようになりました(**表 A.1**)．また，D端子には**表 A.2**に示すようにD1からD5までの種類があり，D1，D2が標準(SD)画質で，D3，D4がハイビジョ

図 A.8　D 端子コネクタの外形（写真提供：秋月電子通商）

> **Keyword**
>
> ## RGB と YCbCr
>
> RGB は，光の三原色である R(赤)，G(緑)，B(青)を構成要素として作られた色表現で広くパソコンやディスプレイ機器に採用されています．
>
> RGB 各 8 ビット，合計 24 ビットで構成される場合，表現できる色は，2^{24} = 16,777,216 色となります．表現したい色を座標で示す場合の規格として，sRGB，AdobeRGB などがあります．
>
> YCbCr は，輝度信号 Y と 2 つの色差信号(Cb,Cr)を構成要素として作られた色表現で，Cb は B(青) − Y(色差)に，Cr は R(赤) − Y(色差)に特定の係数をかけて生成されます．
>
> SD 向けは YCbCr，HD 向けは YPbPr と表されます．RGB 信号との変換は，以下の式で表されます．
>
> ▶SD 信号の場合
> - 輝度：Y =　　　　　　　　　　0.299*R + 0.587*G + 0.114*B
> - 色差：Cb = 0.564*(B − Y) =　−0.169*R − 0.331*G + 0.500*B
>   　　　Cr = 0.713*(R − Y) =　　0.500*R − 0.419*G − 0.081*B
>
> ▶HD 信号の場合
> - 輝度：Y =　　　　　　　　　　0.2126*R + 0.7152*G + 0.0722*B
> - 色差：Pb = 0.5389*(B − Y) = −0.1146*R − 0.3854*G + 0.5000*B
>   　　　Pr = 0.6350*(R − Y) =　0.5000*R − 0.4542*G − 0.0458*B

Appendix　アナログ・ディスプレイ・インターフェース

表 A.1　D 端子の信号識別機能

各識別信号の電圧	識別信号 1 (有効走査線本数)	識別信号 2 (インターレース／プログレッシブ)	識別信号 3 (画角)
5V	1080	プログレッシブ	16：9
2.2V	720	未定義	4：3 (レター・ボックス)
GND	480	インターレース	4：3

この電圧値により，右の3つある識別信号の意味が決まる

表 A.2　D 端子の 5 つの規格

D端子規格	480i	480p	1080i	720p	1080p
D1	○				
D2	○	○			
D3	○	○	○		
D4	○	○	○	○	
D5	○	○	○	○	○

D端子には5つの規格があり，D1では480iまで，D5であれば1080pまで対応できる

図中ラベル：
- Pr（色差）
- Pr/GND
- 予備
- Pb/GND
- Pb（色差）
- Y/GND
- Y（輝度）
- ホット・プラグ検出
- 予備
- ホット・プラグ検出GND
- 制御信号（識別信号1）
- 制御信号（識別信号2）
- 予備
- 制御信号（識別信号3）

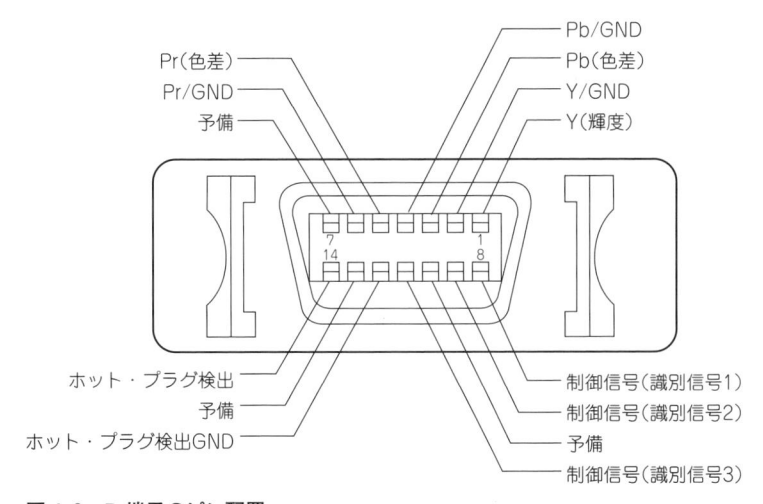

図 A.9　D 端子のピン配置

ン（HD）画質，D5 がフルハイビジョン（フル HD）画質に対応しています．D 端子のピン配置を**図 A.9** に示します．

　D 端子の D はそのコネクタの形状に由来しており，デジタルを意味するものではありません．信号自体は，アナログであることに注意が必要です．

コンポーネント信号，D端子ともアナログ信号で伝送するので，解像度が上がって高速になるにつれて画質が劣化するという問題は避けて通れません．また，映像だけの伝送であり，音声には別ケーブル(L/R)が必要です．さらに，デジタル・インターフェースに比べるとコンテンツ保護も不十分でした．

A-6 VGA

● パソコンのアナログ・インターフェース

パソコンのディスプレイ・インターフェースには，VGA(Video Graphics Array)，DVI，HDMI，DisplayPortなどがあります．

VGAはアナログ・インターフェースで，15ピンのコネクタに，RGBのアナログ・ビデオ信号とHSYNCとVSYNCの同期信号，DDC(Display Data Channel：

図A.10 VGAコネクタの外形

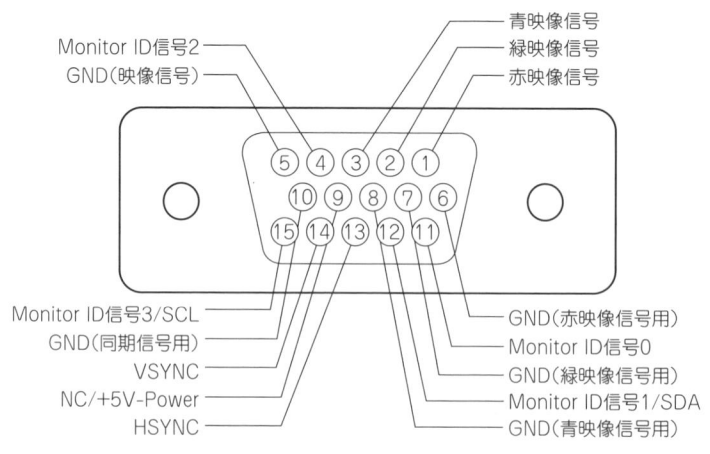

Monitor ID信号2
GND(映像信号)
青映像信号
緑映像信号
赤映像信号

Monitor ID信号3/SCL
GND(同期信号用)
VSYNC
NC/+5V-Power
HSYNC

GND(赤映像信号用)
Monitor ID信号0
GND(緑映像信号用)
Monitor ID信号1/SDA
GND(青映像信号用)

注：信号名は，レガシVGA(左側表記) ／ VESA DDC/E-DDC(Host)に基づく
図A.11 VGA端子のピン配置

Appendix アナログ・ディスプレイ・インターフェース

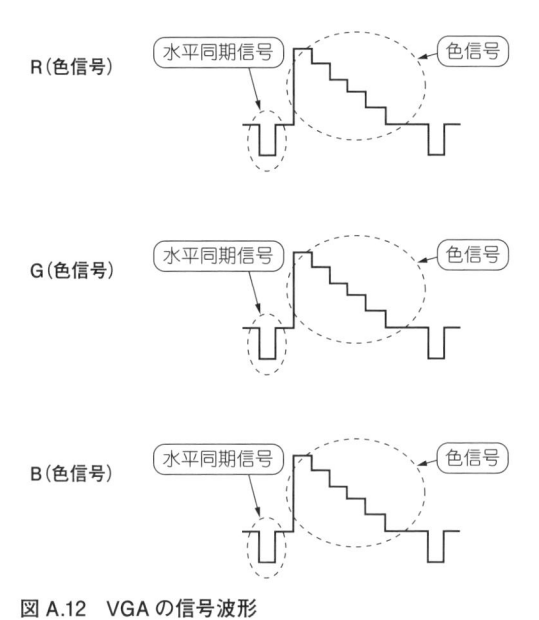

図 A.12 VGA の信号波形

SDA, SCL)を配置したものです(**図 A.10**). DDC を利用して, 送信機は受信機の性能を確認して最適なフォーマットで映像を送ることが可能です. **図 A.11** に, VGA の端子配置を示します. VGA も別途音声ケーブルが必要です.

VGA 信号の映像信号波形を**図 A.12** に示しますが, RGB の 3 本の信号線で構成されています. この波形も 1 走査線分の波形を示しています.

A-7 デジタル放送規格

● 4 種類ある世界のデジタル放送の仕様

デジタル放送は, HD(High Definition)として 1,920 × 1,080 の解像度, ディスプレイの縦横比は 16：9 を基本としています. 世界のデジタル放送の規格としては, ATSC, DVB-T, ISDB-T, DTMB の四つに分類できます(**表 A.3**)[77][78].

(1) ATSC(Advanced Television Systems Committee)

ATSC は, 米国で開発された地上波デジタル・テレビ規格であり, 米国, カナダ, メキシコ, 韓国で採用されています. 映像圧縮方式は MPEG-2, 音声圧縮方式は AC-3/Dolby Digital, 変調方式は 8VSB を採用しています. ATSC につ

表 A.3 世界のデジタル放送規格

	ATSC	DVB-T	ISDB-T	DTMB
映像圧縮方式	MPEG2	MPEG2/MPEG4/H.264	MPEG-2/H.264	MPEG2/AVS
音声圧縮方式	AC-3 Dolby Digital	MPEG2-BC Dolby Digital	MPEG-2-AAC	MPEG Dolby Digital
変調方式	8VSB	QPSK 16QAM/256QAM	DQPSK/QPSK 16QAM/256QAM	QPSK/16QAM/32QAM/64QAM
キャリア方式	シングルキャリア	マルチキャリア	マルチキャリア	シングルキャリア／マルチキャリア
アナログ停波	米国　　2009/6 カナダ　2011/8 メキシコ 2015 韓国　　2012/12	イギリス 2012/10 フランス 2011/11 ドイツ 2008/11	日本　　2011/7 ブラジル 2016	中国　2015
主な採用国	米国，カナダ，メキシコ，韓国	欧州，ASEAN，中東，アフリカ	日本，南米	中国

いては，下記から情報が得られます．
　　http://www.atsc.org/cms/
(2) DVB-T (Digital Video Broadcasting - Terrestrial)
　DVB-Tは世界でもっとも普及している規格であり，ヨーロッパ，ASEAN，中東，アフリカで採用されています．映像圧縮方式は，MPEG-2/H.264，音声圧縮方式はMPEG-2-BC，変調方式はOFDMを採用しています．DVB-Tについては，下記から情報が得られます．
　　http://www.dvb.org/
(3) ISDB-T (Integrated Services Digital Broadcasting，統合デジタル放送サービス)
　ISDB-Tは日本で開発された規格であり，日本，中南米で採用されています．映像圧縮方式は，MPEG-2/H.264，音声圧縮方式はMPEG-2-AAC，マルチキャリア変調のOFDM技術を使っているのが特長です．ISDB-Tについては，下記から情報が得られます
　　http://isdb-t.jp/
(4) DTMB (Digital Terrestrial Multimedia Broadcast)
　DTMBは，中国独自のデジタル放送規格です．映像圧縮方式は，MPEG-2/AVS，音声圧縮方式はDolby Digital，マルチキャリア／シングルキャリア変調技術を使っています．

参考文献

[1] インテル，プレスリリース"Leading PC Companies Move to All Digital Display Technology, Phasing out Analog", 2010年12月,

http://newsroom.intel.com/community/intel_newsroom/blog/2010/12/08/leading-pc-companies-move-to-all-digital-display-technology-phasing-out-analog

[2] "CE Installer Training", HDMI.LLC,

http://www.hdmi.org/learningcenter/installer_training.aspx#

[3] HDMI.LICENSING LLC, Authorized Test Center,

http://www.hdmi.org/manufacturer/authorized_test_centers.aspx

[4] Steve Venuti;"Introducing HDMI 1.4 Specification Features", HDMI.LICENSING LLC, 2009,

http://www.hdmi.org/download/press_kit/pressBriefing_hDMi1_4_Final_083109.pdf

[5] DCP.LLC, http://www.digital-cp.com/

[6] HDCP1.4規格書, "HDCP Specification v1.4", DCP.LLC,

http://www.digital-cp.com/hdcp_technologies

[7] Bob Crepps, "Update on HDCP Compliance Testing", HDMI.LICENSING LLC, 2007,

http://www.hdmi.org/devcon/presentations/2007_DevCon_DCP_English.pdf

[8] 特許庁標準技術集，クライアント上のセキュリティ技術／認証,"HDCPのAuthentication",

http://www.jpo.go.jp/shiryou/s_sonota/hyoujun_gijutsu/info_sec_tech/b-2.html

[9] 由雄淳一,"デジタルオーディオインタフェース規格の国際標準化",日本規格協会, 2007年2月,

http://www.jsa.or.jp/stdz/edu/pdf/b4/4_08.pdf

[10] 池田宏明,杉浦博明"拡張色空間の刻先標準化動向と広色域ディスプレイ"日本規格協会,

http://www.jsa.or.jp/stdz/edu/pdf/b4/4_02.pdf

[11] 杉浦博明，加藤直哉；"新動画用拡張色空間 xvYCC（IEC61966-2-4）",（社）電子情報技術産業協会 AV&IT 機器標準化委員会, 2006年8月30日.

[12] DVD Forum, "DVD Specifications for Read-Only Disc", Part 4 AUDIO SPECIFICATIONS, Version 1, 1998年3月,

http://www.dvdforum.org/

[13] Super Audio CD, "About Super Audio CD"

http://www.super-audiocd.com/aboutsacd/

[14] Super Audio CD, "Super Audio CDに関するよくある質問",

http://www.super-audiocd.com/faq/

[15] Dolby, "ドルビー TrueHDの詳細",

http://www.dolby.com/jp/ja/consumer/technology/home-theater/dolby-truehd-details.html

[16] dts, "DTS-HD Master Audio?",

[17] 河合隆史，盛川浩志，太田啓路，阿部信明；3D立体表現映像の基礎，第3章 3Dコンテンツの撮影，オーム社，2010年．
[18] M.W.Stockfisch；"Prospective standards for in-home 3D entertainment products"，Consumer Electronics(ICCE) ,Digest of Technical Papers International Conference, 2010.
[19] 小池崇文；"3Dディスプレイの将来像2012"，FPDの人間工学シンポジウム，2012年3月，
http://home.jeita.or.jp/device/lirec/symposium/fpd_2012/doc/2012_2B.pdf
[20] 総務省，放送サービスの高度化に関する現状，
www.soumu.go.jp/main_content/000186850.pdf
[21] NHK技術研究所，"次世代放送メディア"，NHK技研年報2011, p.4-p.15, 2011,
http://www.nhk.or.jp/strl/publica/nenpou-h23/2011-chap01.pdf
http://www.nhk.or.jp/strl/publica/nenpou-h23/index.html
[22] NHK技術研究所，"次世代放送メディア"，NHK技研年報2010, p.4-p.13, 2010,
http://www.nhk.or.jp/strl/publica/nenpou-h22/index.html
http://www.nhk.or.jp/strl/publica/nenpou-h22/2010-chap01.pdf
[23] "VESA Overview-VESA" VESA Asia Workshop 2013, May 2013,
http://www.vesa.org/wp-content/uploads/2013/05/VESA-Overview-Asia-2013-v4.pdf
[24] VESA, Authorized Test Centers (ATCs),
http://www.vesa.org/displayport-developer/compliance/
[25] Craig Wiley；"DisplayPort technical overview"，Jan 2011，VESA,
http://www.vesa.org/displayport-developer/newspapers/
[26] Alan Kobayashi；"DisplayPort Ver1.2 Overview"，Dec 2010, VESA,
http://www.vesa.org/displayport-developer/newspapers/
[27] Bob Crepps, Lexus Lee, "Understanding Multi-Stream", VESA Asia Workshop 2013, May 2013,
http://www.vesa.org/wp-content/uploads/2013/05/Understanding-MultiStream-Allion-VESA-Asia-2013-v5.pdf
[28] 原文雄；"今後主流となるDisplayPortの概要"，インターフェース2011年9月号, p.72-p.83, CQ出版社．
[29] Alan Kobayashi；" DisplayPort Update and Overview"，Oct 2007, Agilent,
http://www.home.agilent.com/agilent/application.jspx?nid=-33351.0.00&lc=jpn&cc=JP
[30] 特集「地デジ&テレビのハードウェアQ&A」，トランジスタ技術2011年7月号, p.55-p.136, CQ出版社．
[31] JOHN G.N.HENDERSON, WAYNE E.BRETL, MICHAEL S.DEISS, ADAM GOLDBERG, BRIAN MARKWALTER, MAX MUTERSPAUGH, AND AZZEDINE TOUZNI；"ATSC DTV Receiver Implementation"，Proceedings of the IEEE Vol94 2006.
[32] 馬場，野中，佐藤；"液晶ディスプレイの高コントラスト化を実現するLEDバックライト制御技術"，東芝レビューVol.64 No.6 (2009) , p.27-p.30．

参考文献

[33] 東芝,"液晶ディスプレイのバックライト制御技術",
http://www.toshiba.co.jp/rdc/rd/fields/09_p05.htm
[34] Alan Kobayashi ; "iDP TM (Internal DisplayPort) Overview. The New Digital Display Interface for embedded application. New Generation Large-Screen Display Internal Interface", Dec. 2010 VESA (Video Electronics Standard Association).
[35] Texas Instruments, "miniLVDS Specification" July 2003,
http://www.ti.com/lit/an/slda007a/slda007a.pdf
[36] K.RADKOVSKY, M.KASKA, Z.MOTYCKA, P.FIALA, P.DREXLER, T.JIRKUC, Z.SZABO2, E.KROUTILOVA2 ; "The Design of LVDS Bus with High EMC Compliance", Radioelektronika, 2007, 17th International Conference.
[37] Cho Kyoungrok, Lee Sang-Jin, Kim Seok-Man, Kim Doo-Hwan ; "Display Signal Interface Techniques for Mobile Applications", Quality Electronic Design (ASQED), 2011 3rd Asia Symposium.
[38] Hyun-Kyu Jeon, Yong-Whan Moon, Jeong-Il Seo, Joon-Ho Na, Hyung-Seog Oh, Dae-Keun Han ; "A Clock Embedded Differential Signaling (CEDS) for the Next Generation TFT-LCD Applications", SID 09 Digest P975 (2009).
[39] Richard I.McCartney, Marshall J.Bell, Susan R.Poniatowski ; "Evaluation Results of LCD Panels using the PPDS Architecture", SID 05 Digest P1692 (2005).
[40] Richard I.McCartney, Marshall Bell ; "Distinguished Paper:A Third Generation Timing Controller And Column Driver Architecture Using Point-to-Point Differential Signaling", SID 04 Digest P1556 (2004).
[41] Myeongjae Park, Yongjae Lee, Jaehyoung Lim, Byungil Hong, Taesung Kim, Hyoungsik Nam ; "Distinguished Paper:An Advanced Intra-Panel Interface (AiPi) with Clock Embedded Multi-Level Point-to-Point Differential Signaling for Large-Sized TFT-LCD Applications", SID 06 Digest P1502 (2006).
[42] Craig Wiley ; "Embedded DisplayPort. The New Digital Display Interface for embedded application", Dec. 2010 VESA (Video Electronics Standard Association).
[43] VESA news, "Mobile Battery Life and Display Performance Improves with Upcoming Release of eDP 1.4",
http://www.vesa.org/news/vesa-improves-mobile-device-battery-life-and-display-performance-with-upcoming-release-of-embedded-displayport-edp-version-1-4/
[44] Craig Wiley ; Embedded Computing Design, December 2012: Embedded DisplayPort (eDP) :Increased Flexibility and Power Savings Render Greater Display Efficiency VESA presentation,
http://www.vesa.org/displayport-developer/newspapers/
[45] vesa-enables-mobile-devices-to-share-full-hd-video-and-3d-content-on-any-display-with-release-of-mydp-standard
[46] "CE Installer Training", HDMI.LLC
http://www.hdmi.org/learningcenter/installer_training.aspx#
[47] "LVDS Owner's manual, Design Guide", National Semiconductor, 4th Edition, 2008.
[48] Mingdeng Chen, Jose Silva-Martinez, Michael Nix, Moises E. Robinson ; "Low-Voltage Low-Power LVDS Drivers", IEEE JOURNAL OF SOLID-STATE CIRCUITS, VOL.40, NO.2, FEBRUARY 2005.

[49] Inhwa Jung, Daejung Shin, Taejin Kim, Chulwoo Kim ; "A 140-Mb/s to 1.82-Gb/s Continuous-Rate Embedded Clock Receiver for Flat-Panel Displays" , Circuits and Systems II: Express Briefs, IEEE Transactions on Volume: 56.

[50] B.Casper, J.Jaussi; F. O'Mahony, M.Mansuri, K.Canagasaby, J.Kennedy, E.Yeung, R.Mooney ; "A 20Gb/s Embedded Clock Transceiver in 90nm CMOS" , Solid-State Circuits Conference 2006, ISSCC 2006, Digest of Technical Papers, IEEE International.

[51] Franaszek ; "Byte oriented DC balanced (0,4) 8B/10B partitioned block transmission code", US Patent, Appl. No.06/394, 045.

[52] Ming-ta Hsieh ; "Architectures for multi-gigabit wire-linked clock and data recovery" , Circuits and Systems Magazine, IEEE, vol.8, 2008.

[53] J.Kim and D.-K.Jeong ; "Multi-Gigabit-Rate Clock and Data Recovery Based on Blind Oversampling" , IEEE Communication Magazine, pp.68-74, Dec 2003.

[54] S.I.Ahmed and T.A.Kwasniewski ; "Overview Of Oversampling Clock and Data Recovery Circuits" , Canadian Conference on Electrical and Computer Engineering, pp.1876-1881, May 1-4, 2005.

[55] A. Pottbcker, U. Langmann, and H.-U. Schreiber ; "A Si Bipolar Phase and Frequency Detector IC for Clock Extraction Up to 8 Gb/s" , IEEE Journal of Solid-State Circuits, vol.27, no.12, pp.1747-1751, Dec 1992.

[56] J.C.Scheytt, G.Hanke, and U.Langmann ; "A 0.155-, 0.622, and 2.488-Gb/s Automatic Bit-Rate Selecting Clock and Data Recovery IC for Bit-Rate Transparent SDH Systems" , IEEE Journal of Solid-State Circuits, vol.34, no.12, pp.1935-1943, Dec 2003.

[57] X.Maillard, F.Devisch, M.Kuijk ; "A 900-Mb/s CMOS Data Recovery DLL Using Half-Frequency Clock", IEEE Journal of Solid-State Circuits, vol.37, no.6, pp. 711-715, Dec 2002.

[58] H.-H.Chang, R.-J.Yang, and S.-I.Liu ; "Low Jitter and Multirate Clock and Data Recovery Circuit Using a MSADLL for Chip-to-Chip Interconnection", IEEE Transactions on Circuits and Systems I:Fundamental Theory and Applications, vol.51, no.12, pp. 2356-2364, Dec 2004.

[59] R.Kreienkamp, U.Langmann, C.Zimmermann, T.Aoyama, H.Siedhoff ; "A 10-Gb/s CMOS Clock and Data Recovery Circuit with an Analog Phase Interpolator", IEEE Journal of Solid-State Circuits, vol.40, no.3, pp.736-743, Mar 2005.

[60] M.Y.He, J.Poulton ; "A CMOS Mixed-Signal Clock and Data Recovery Circuit for OIF CEI-6G 1 Backplane Transceiver", IEEE Journal of Solid-State Circuits, vol.41, no.3, pp.597-606, Mar 2006.

[61] M.Hsieh, G.E.Sobelman ; "Clock and Data Recovery with Adaptive Loop Gain for Spread Spectrum SerDes Applications", IEEE International Symposium on Circuits and Systems, pp.4883-4886, May 2005.

[62] Jae-sun Seo, Ron Ho, J.Lexau, M.Dayringer, D.Sylvester, D.Blaauw,; "High-bandwidth and low-energy on-chip signaling with adaptive pre-emphasis in 90nm CMOS", Solid-State Circuits Conference Digest of Technical Papers (ISSCC), 2010 IEEE International.

[63] Tae-Ho Kim ; "A 5-Gb/s Continuous-time Adaptive Equalizer and CDR using 0.18um CMOS", International SoC Design Conference, IEEE 2008.

[64] Won-Young Lee ; "An Adaptive Equalizer With the Capacitance Multiplication for DisplayPort Main Link in 0.18um CMOS", Very Large Scale Integration (VLSI)

Systems, IEEE Transactions 2011.

[65] Eakhwan Song, Jeonghyeon Cho and Joungho Kim ; "CAUSALITY ENFORCEMENT IN TRANSIENT SIMULATION OF HDMI INTERCONNECTS WITH MAGNITUDE EQUALIZATION", Electromagnetic Compatibility, 2007/EMC 2007, IEEE International Symposium.

[66] K.-Y.Kim, G.-S.Kim, S.-W.Kim ; "Low Power Continuous-time Equalizer Adopting a Clock Loss Tracking Technique for Digital Display Interface (DDI)" ,Consumer Electronics, 2008/ICCE 2008/Digest of Technical Papers, International Conference.

[67] Friede l Gerfers, Gerrit W.den Besten, Pavel V.Petkov, Jim E.Conder, Andreas J.Koellmann ; "A 0.2-2 Gb/s 6x OSR Receiver Using a Digitally Self-Adaptive Equalizer", IEEE JOURNAL OF SOLID-STATE CIRCUITS, VOL.43, NO.6, JUNE 2008.

[68] Ki Jin Han, Hayato Takeuchi, Madhavan Swaminathan ; "Eye-Pattern Design for High-Speed Differential Links Using Extended Passive Equalization", IEEE TRANSACTIONS ON ADVANCED PACKAGING, VOL.31, NO.2, MAY 2008.

[69] Payam Heydari, Ravindran Mohanavelu ; "Design of Ultra high-Speed Low-Voltage CMOS CML Buffers and Latches", IEEE TRANSACTIONS ON VERY LARGE SCALE INTEGRATION (VLSI) SYSTEMS, VOL.12, NO.10, OCTOBER 2004 1081.

[70] Payam Heydari, Ravi Mohavavelu ; "Design of Ultra High-speed CMOS CML buffers and Latches", Circuits and Systems, 2003, ISCAS '03 Proceedings of the 2003 International Symposium

[71] Massimo Alioto and Gaetano Palumbo "CML and ECL: Optimized Design and Comparison", IEEE TRANSACTIONS ON CIRCUITS AND SYSTEMS-I : FUNDAMENTAL THEORY AND APPLICATIONS, VOL.46, NO.11, NOVEMBER 1999

[72] Bo Wang, Dianyong Chen, Andrea Liao, Bangli Liang, Tadeusz Kwasniewski; "Optimized CML Circuits for 10-Gb/s Backplane Transmission with 120-nm CMOS Technology", Electron Devices and Solid-State Circuits, 2008, EDSSC 2008, IEEE International Conference.

[73] 村上;"トランジスタ技銃 SPECIAL No31, 特集「基礎からのビデオ信号処理」, CQ 出版社.

[74] 松井;"トランジスタ技銃 SPECIAL No52, 特集「ビデオ信号処理の徹底研究」, CQ 出版社.

[75] NHK(日本放送協会), "テレビ技術教科書(上)", NHK 出版.

[76] NHK(日本放送協会), "テレビ技術教科書(下)", NHK 出版.

[77] NHK(日本放送協会), "デジタルテレビ技術教科書", NHK 出版.

[78] ウィキペディア, 地上デジタル放送,
http://ja.wikipedia.org/wiki/%E5%9C%B0%E4%B8%8A%E3%83%87%E3%82%B8%E3%82%BF%E3%83%AB%E3%83%86%E3%83%AC%E3%83%93%E6%94%BE%E9%80%81

索引

数字・記号
+ 5V-Power ... 29
3D extension ... 131
3D 伝送フォーマット ... 72, 93
4K2K ディスプレイ ... 73
8K-UHDTV ... 74

アルファベット

A
AACS ... 34
AC 結合 ... 111, 277
AdobeRGB ... 40, 68
AdobeYCC ... 40
AiPi ... 174
ANSI-8B10B ... 110
ANSI-8B10B デコーダ ... 126
ARC ... 63, 76
ARC-Only モード ... 80
ARIB ... 74
ATC ... 34, 103
ATSC ... 325
Audio InfoFrame ... 222
AUX transaction ... 131
AUX-CH ... 104
AUX-CH Device Service ... 122
AUX-CH Link Service ... 122
AUX-Syntax ... 131
AVI InfoFrame ... 221

B
BE ... 116
BKSV ... 223
Blanking End ... 116
Blanking Start ... 116
BoD ... 92
BS ... 116

C
Cable ... 38
CCFL ... 151
CDR ... 87, 107, 126, 279
CEA-861 ... 21
CEC ... 40, 51
CIE ... 67
CIExy 色座標系 ... 67
Clarify details ... 131
Clear AVMUTE ... 201

Clock & Data Recovery ... 279
CMFB ... 269
CML ... 125
CML 型回路 ... 294
Common Mode Feed Back ... 269
Component ... 317
Composite ... 317
Compressed Audio ... 70
Content Protection BS ... 116
Content Protection SR ... 116
CPBS ... 116
CPSR ... 116
CPV ... 170
CTG ... 18
CTS ... 18, 46, 103
CVT ... 102

D
DCI ... 73
DCP.LLC ... 43
DC 結合 ... 110, 277
DC バランス ... 110
DDC ... 29
DDR ... 166
DDWG ... 23
Delay Lock Loop ... 271
Direct Stream Digital ... 71
Direct Stream Transport ... 71
Display ID ... 102
DisplayPort ... 17, 101
DisplayPort ケーブル ... 136
DisplayPort スタンダード・コネクタ ... 118
DisplayPort テスト仕様書 ... 18
DisplayPort 本体規格書 ... 18
DLL ... 271
DLL 型位相制御方式 CDR ... 284
DMT ... 102
Dolby Digital ... 48
Dolby True HD ... 71
DPCD ... 105
DPCD Correction ... 131
DPCD definition ... 131
DSD ... 71
DST ... 71

DTMB ... 326
DTS-HD Master Audio ... 71
DVB-T ... 326
DVD Audio ... 70
DVI ... 20, 23
DVI コネクタ ... 30
D 端子 ... 321

E
E-DDC ... 19
E-EDID ... 19
EDID_CTS ... 246
eDP ... 178
eDP 本体規格書 ... 18
Electrical ... 131
Electrical sub-block ... 123
Embedded DisplayPort ... 178
EPI ... 174
ESD 試験規格 ... 314
ESL ... 308

F
FAUX ... 131
FAUX speed Correction ... 131
FAUX モード ... 128
FE ... 116
FFC ... 253
Fill End ... 116
Fill Start ... 116
Frame Rate Control ... 87
FRC ... 87
FS ... 116

G
Gather ... 420, 449
GetConfiguration ... 135
GetDescriptor ... 131, 135
GET_DESCRIPTOR ... 439
GetInterface ... 135
GetStatus ... 133, 135

H
HBR ... 107
HBR-2 ... 107.131
HDCP ... 19, 42, 131
HDCP 暗号キー ... 223
HDCP 認証シーケンス ... 222
HDMI ... 17, 23
HDMI Vendor Specific InfoFrame ... 223
HDMI 関連規格書 ... 17

332

索引

HDMI コンソーシアム … 34	Manchester II コーディング … 128	Sink … 37
HDMI テスト仕様書 … 18	MCCS … 102, 122	SMPTE … 74
HDMI トランスミッタ … 82	MHL … 91	Source … 37
HDMI レシーバ … 84	Mini Connector … 131	Spread Spectrum Clock … 267
HEAC … 76	miniLVDS … 164	SR … 116
HEC … 64, 76	Mobile HD Link … 91	sRGB … 67
HPD … 29, 104	Mobility DisplayPort … 184	SS … 116
hybrid device … 131	MOI … 246	SSC … 267
I I/O トランジスタ … 109	MOS トランジスタ … 264	Stream Policy Maker … 129
I²C bus … 21	MSA … 116	Stream Source … 129
I²C over AUX Transaction … 129	MSA Correction … 131	STV … 170
I²S … 49	MSA definition … 131	Super Audio CD … 71
iDP … 160	MST … 131	sYCC … 40, 68
iDP 本体規格書 … 19	MTP … 132	S 端子 … 317
IEC … 67	MTP Header … 132	**T** TCON … 112, 147
IEC60958 … 21	MTPH … 132	TERC4 … 38, 46
IEC61000 … 314	MyDP … 184	Timing Controller … 112
IEC61937 … 21	MyDP 本体規格書 … 19	TLP … 168
IEC61966 … 21	**N** N … 46	TMDS … 27
InfoFrame … 46	Native AUX Transaction … 128	Topology Enhancement … 131
Internal DisplayPort … 160	**O** OE … 170	Transfer Unit … 115
Interoperability_CTS … 246	**P** P2P インターフェース … 173	TU … 115
ISDB-T … 326	P2P 接続 … 259	**U** UHDTV … 73
ISI ジッタ … 299	Packet detail … 131	Ultra High Definition Television … 73
Isochronous Transport Service … 120	PHY Correction … 131	Unit Interval … 251
ITU … 74	PHY definition … 131	Utility ピン … 77
ITU-R BT601-5 … 22	PHY_CTS … 246	**V** VBID … 116
ITU-R BT709-5 … 22	PLL … 266	VC Payload … 133
L L-PCM … 70	PLL 型位相制御方式 CDR … 282	VDC … 272
LED … 151	POL … 168	Vertical Blanking ID … 116
LFSR … 119	PPDS … 174	VESA … 101
Link Policy Maker … 129	Preamble … 46	VGA … 23, 324
Link_CTS … 246	**R** RBR … 107	**X** xvYCC … 68
Logical sub-block … 123	Repeater … 37	**Y** YCC … 40
LPCM … 48	RGB … 40	YCC422 … 40
LT Correction … 131	RGB444 … 40, 40	YCC444 … 40
LT definition … 131	**S** S Video … 317	
LVDS … 14	S/PDIF … 49	**あ・ア行**
LVDS ドライバ … 269	SACD … 71	アイパターン … 242, 250
LVDS トランスミッタ … 265	Scrambler Reset … 116	アクティブ映像期間 … 44
LVDS レシーバ … 270	SDP … 115	アダプティブ・イコライザ … 292
LVDS レシーバ・アンプ … 271	SE … 116	圧縮オーディオ … 70
M Main Link … 104	Secondary-data End … 116	圧縮ストリーム伝送機能 … 183
Main Stream Attribute … 116	Secondary-data Start … 116	暗号解除 … 226
	Set AVMUTE … 202	

アンダーフロー ……………… 47
イコライザ ………………… 290
位相インターポレータ型CDR
　　………………………… 284
色空間 ………………………… 40
インサーション・ロス ……… 251
インタオペラビリティ ……… 217
インタレーン・スキュ ……… 119
イントラペア・スキュ ……… 303
遠端漏話 ……………………… 253
エンベデッド・クロック … 90, 274
オーディオ・リターン・チャネル
　　…………………………… 77
オーディオ・レイテンシ ……… 69
オーバーフロー ……………… 47
オーバサンプリング型CDR
　　…………………… 281, 281
オーバドライブ ……………… 153
オープン・ドレイン型回路 … 293
音声クロック再生 …………… 48

か・カ行

ガード・バンド ………………… 46
カラーリメトリ ………………… 74
キー・セレクション・ベクタ
　　………………………… 223
寄生インダクタンス ………… 308
気中放電 ……………………… 315
近端漏話 ……………………… 253
クロストーク ………………… 252
クロック・ジッタ …………… 242
クロック・データ・リカバリ
　　………………………… 279
クロック情報埋め込み方式 … 274
ゲイン固定イコライザ ……… 292
ゲート・ドライバIC ………… 155
ケーブル ……………………… 38
減結合 ………………………… 309
コア・トランジスタ ………… 109
固定伝送レート方式 ………… 106
コモン・モード ……… 80, 303
コモン・モード・ノイズ …… 303
コモン・モード・フィルタ … 305
コモン・モード・フィードバック・
　　ループ回路 …………… 269

コントロール期間 …………… 46
コンプライアンス・テスト … 235
コンポーネント ……………… 317
コンポジット ………………… 317

さ・サ行

サイド・バイ・サイド …… 72, 94
差動回路 ……………………… 255
差動間スキュ ………………… 303
視差 …………………………… 97
システム・オーディオ・
　　コントロール ………… 55
システム・スタンバイ ……… 55
ジッタ ………………………… 296
ジッタ・トレランス ………… 248
シャッタ・グラス方式 ……… 95
周期ジッタ …………………… 299
集中定数回路 ………………… 301
周波数拡散クロック ………… 267
初期認証 ……………………… 223
シリアライザ …………… 125, 265
シリアル・インターフェース … 11
シンク ……………………… 37, 37
シングル・コアキシャル・ケーブル
　　………………………… 253
シングル・モード …………… 80
シングル・モード miniLVDS
　　………………………… 166
シングルエンド回路 ………… 256
シングルストリーム伝送 …… 114
垂直同期信号 ………………… 28
水平同期信号 ………………… 28
スーパハイビジョン ………… 74
スクランブラ回路 …………… 119
スタッフィング ……………… 115
スタブ ………………………… 174
スタンダード・ケーブル …… 82
ストリーム・クロック …… 125, 126
スペクトラム拡散 …………… 119
接触放電 ……………………… 314
相互接続性 …………………… 217
相互接続問題 ………………… 189
挿入損失 ……………………… 251
双方向通信 …………………… 127
ソース ………………………… 37

ソース・ドライバIC ………… 155

た・タ行

タイマ・プログラミング …… 55
タイミング・コントローラ … 112
単方向通信 …………………… 127
ツイストペア・ケーブル …… 253
ディープ・カラー …………… 65
定期認証 ……………………… 223
ディスプレイ制御機能 ……… 178
ディファレンシャル・モード
　　…………………… 79, 303
データ・アイランド期間 …… 46
データ・マッピング ………… 152
デエンファシス ……………… 286
デカップリング ……………… 309
デジタルシネマ ……………… 73
デシリアライザ ……………… 272
デスクランブラ ……………… 126
デターミニスティック・ジッタ
　　………………………… 296
デュアル・モード miniLVDS
　　………………………… 167
デュアル・リンク …………… 30
デュアル・リンク・コネクタ … 31
デューティ・サイクル ……… 242
電気サブブロック …………… 123
電源バウンス ………………… 306
伝送距離 ……………………… 258
伝送レート …………………… 258
等価直列インダクタンス …… 308
特性インピーダンス ………… 251
トップ・アンド・ボトム … 72, 84

な・ナ行

ニアエンド・クロストーク … 253
ノーマル・モード …………… 303

は・ハ行

ハイスピード・ケーブル …… 82
倍速処理 ……………………… 87
バイパス・コンデンサ ……… 308
パケット・データ …………… 46
バス・ドロップ方式 ………… 174

索引

パスコン ……………………… 308
バックライト ………………… 151
バックワード・コンパチビリティ
　………………………………… 38
パッシブ・グラス方式 ………… 97
パネル・セルフ・リフレッシュ機能
　……………………………… 178
パララックス・バリア方式 …… 97
パラレル・インターフェース … 11
バリスタ ……………………… 313
反射損失……………………… 252
半二重通信…………………… 128
ピクセル・エンコード ………… 40
ピクセル・レピティション …… 41
非クロック情報埋め込み方式
　……………………………… 276
ビデオ・レイテンシ …………… 69
ファーエンド・クロストーク
　……………………………… 253
符号間干渉…………………… 298
総ジッタ ……………………… 300
物理アドレス ………………… 51
プラグ・フェスタ …………… 238
プラグアンドプレイ …………… 59

プリアンブル ………………… 46
プリエンファシス ……… 125, 286
フル・レンジ ………………… 199
フレーミング・シンボル …… 114
フレーム・シーケンシャル方式
　………………………………… 95
フレーム・パッキング …… 72, 93
分布定数回路………………… 301
偏光方式……………………… 97
ポーリング …………………… 224

■■■ ま・マ行 ■■■

マイクロ USB コネクタ……… 185
マイクロパケット …………… 112
マルチストリーム・トランスポート・
　パケット …………………… 132
マルチストリーム伝送 ……… 114
マルチドロップ接続 ………… 259
マンセル・カラー ……………… 67

■■■ ら・ラ行 ■■■

裸眼方式……………………… 97
ランダム・ジッタ …………… 296

リターン・ロス ……………… 252
リップシンク ………………… 68
リニア・フィードバック・
　シフトレジスタ …………… 119
リピータ ……………………… 37
リミテッド・レンジ ………… 199
リモート・コントロール・パス・
　スルー ……………………… 55
リンク・シンボル・クロック
　……………………………… 125
リンク・トレーニング ……… 113
ルーティング・コントロール … 55
レーン ………………………… 15
レガシ・インターフェース …… 38
レンチキュラー方式 …………… 99
ロゴポリシ …………………… 239
ロジカル・アドレス …………… 53
論理サブブロック …………… 123

■■■ わ・ワ行 ■■■

ワイヤレス伝送 ……………… 91
ワンタッチ・プレイ …………… 53
ワンタッチ・レコード ………… 55

335

著者略歴

■長野 英生(ながの ひでお)

　1992年，三菱電機株式会社入社．現在，ルネサスエレクトロニクス株式会社にてディスプレイ用LSIの開発，高速インターフェースの技術開発，高速インターフェースのコンソーシアム活動などに従事．高速インターフェース関連の講演多数．
　Interface誌2013年4月号別冊付録「最新ビデオ規格HDMIとDisplayPort」，Interface誌2013年4月号「特集 知っておきたい！50の画像技術」，FPGAマガジンNo.1「三大インターフェース DVI, HDMI, DisplayPortの仕様」，映像メディア学会誌2012年11月号「DisplayPort」記事などを執筆．

- ●本書記載の社名，製品名について ── 本書に記載されている社名および製品名は，一般に開発メーカーの登録商標または商標です．なお，本文中では ™, ®, © の各表示を明記していません．
- ●本書掲載記事の利用についてのご注意 ── 本書掲載記事は著作権法により保護され，また産業財産権が確立されている場合があります．したがって，記事として掲載された技術情報をもとに製品化をするには，著作権者および産業財産権者の許可が必要です．また，掲載された技術情報を利用することにより発生した損害などに関して，CQ出版社および著作権者ならびに産業財産権者は責任を負いかねますのでご了承ください．
- ●本書に関するご質問について ── 文章，数式などの記述上の不明点についてのご質問は，必ず往復はがきか返信用封筒を同封した封書でお願いいたします．ご質問は著者に回送し直接回答していただきますので，多少お時間がかかります．また，本書の記載範囲を越えるご質問には応じられませんので，ご了承ください．
- ●本書の複製等について ── 本書のコピー，スキャン，デジタル化等の無断複写複製は著作権法上での例外を除き禁じられています．本書を代行業者等の第三者に依頼してスキャンやデジタル化することは，たとえ個人や家庭内の利用でも認められておりません．

[JCOPY] 〈出版者著作権管理機構委託出版物〉
本書の全部または一部を無断で複写複製(コピー)することは，著作権法上での例外を除き，禁じられています．本書からの複製を希望される場合は，出版者著作権管理機構(TEL：03-5244-5088)にご連絡ください．

高速ビデオ・インターフェース HDMI & DisplayPort のすべて

2013年8月1日　初版発行　© 長野 英生 2013
2021年9月1日　第4版発行
著　者　長野 英生
発行人　小澤 拓治
発行所　CQ出版株式会社
〒112-8619 東京都文京区千石4-29-14
電話　編集　03-5395-2122
　　　販売　03-5395-2141

編集担当者　山岸 誠仁／高橋 舞
DTP　クニメディア株式会社
印刷・製本　大日本印刷株式会社
乱丁・落丁本はお取り替えいたします
定価はカバーに表示してあります
ISBN978-4-7898-4643-1
Printed in Japan